これからの
乳牛群管理のための
ハードヘルス学〈成牛編〉

編著　及川 伸

緑書房

はじめに

酪農現場における乳牛管理の視点は個体から群（Herd：ハード）へと変化してきており，この30年における業界の大きなパラダイムシフトと言える。これは農場における飼養頭数の増加が第一義的な要因ではあるが，一方で，21世紀を迎え，農場の本質的な生産性の向上を図るうえで牛群レベルでの思考の重要性が認識されてきたことも大きく影響していると思われる。

農業の規模拡大に伴って技術革新も大きく進展している。すなわち，獣医療をはじめ飼養管理，搾乳管理，生産データ管理に新たな概念や技術が取り込まれている。また，畜舎構造や搾乳システムもハイテク化が進んでいる。さらには，国内における海外悪性伝染病の発生や農場HACCPの施行から家畜飼養に対する衛生概念の強化が図られている。

酪農場に携わる獣医師や畜産技術者は日進月歩で変化する技術や情報を的確に吸収し，牛群の生産性向上に努めることが使命である。また，そうした技術者たちは，個々の活動に終始するのではなく，時としてチームワークによって，それぞれの活動あるいは成果を有機的に連携させる必要がある。

これまで，乳牛のハードヘルス学に関する書籍はきわめて少なく，情報収集には各分野の専門家が色々な雑誌に発表した内容を拾い集める必要があった。そんな折，緑書房『臨床獣医』で乳牛のハードヘルスに関する連載を組んでいただける話になり，2015年6月から2017年3月まで連載された。専門家によるきわめて貴重な掲載内容であったことから，このたび，教科書形式にまとめられることとなった。執筆者の方々には連載内容を再度吟味していただき，必要に応じて加筆をお願いした。さらには，教科書として必要な追加項目を設けて，新たにご執筆の依頼をした。本書に掲載された内容は，単に机の上での学問からの外挿ではなく，現場での実践に役立つ，まさに実学としての果実と受け止めていただければと思う。

本書が，これから酪農の勉強を志す学生のみなさん，さらには現場で日夜牛群の健康管理にお励みの臨床獣医師をはじめ畜産技術者のみなさんのお役に立てば幸甚である。

最後に，ご多忙にもかかわらず快くご執筆を受け入れていただいた諸先生に心より感謝を申し上げたい。また，連載の企画から，単行本作成に至るまで，懇切に対応していただいた緑書房『臨床獣医』編集部の柴山淑子さんならびに松田与絵さん，そして同社の関係諸氏にこの場をお借りして深謝したい。

2017年11月
及川　伸

本文：291 ページ参照

牛の蹄病の識別

(ABC Hoof Lesion

Deverloper by Karl Bargi, Dörte Döpfer

病名と病態 / 病状スコア	A=White Line Abscess or Fissure ①白帯病 白帯膿瘍・白帯裂	B=White Line Bruise/Hemorrhage ②白帯出血 白帯の傷/出血	C=Corn/Interdigital Hyperplasia ③趾間結節/コーン 趾間過形成
1：軽度	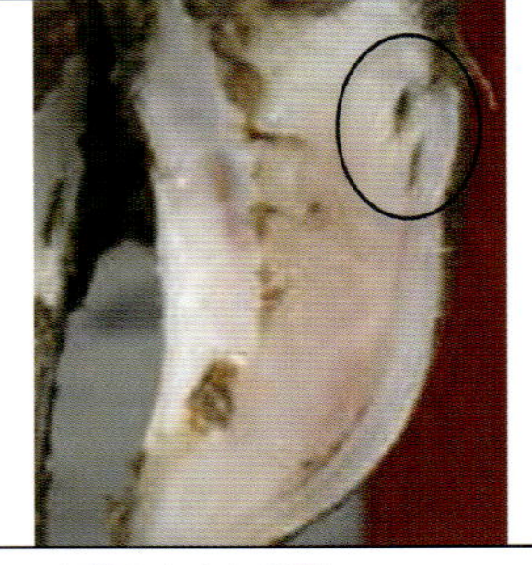	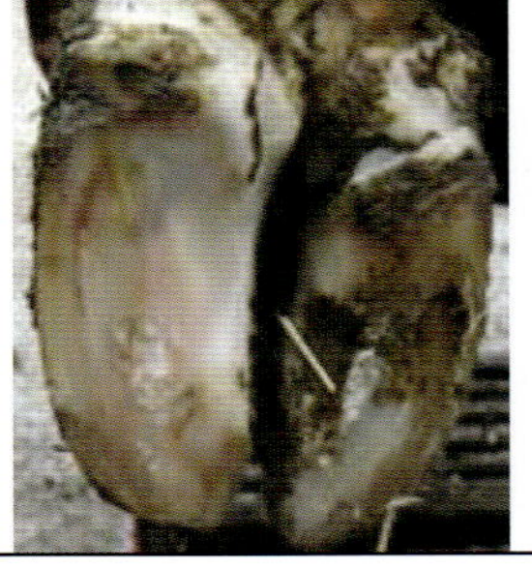	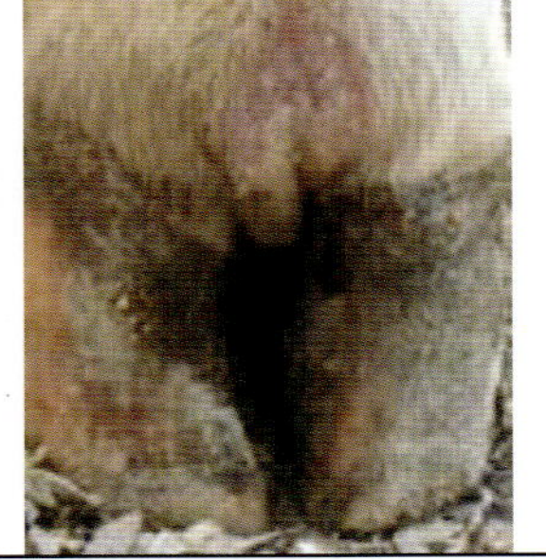
	白帯の小さな亀裂	外側蹄白帯に限局的な出血を認める	趾間にできた拇指頭大の結節
2：中度		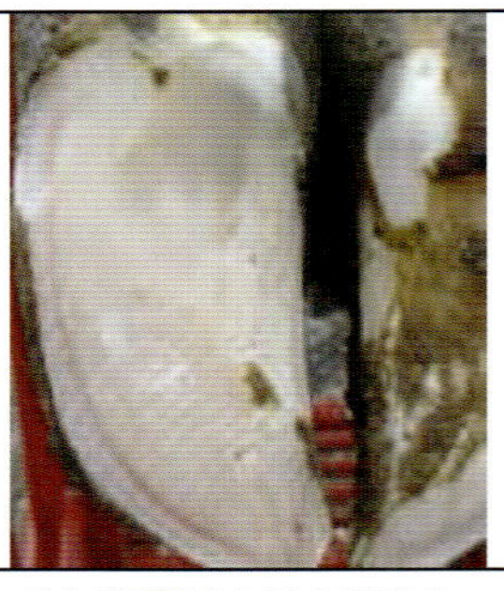	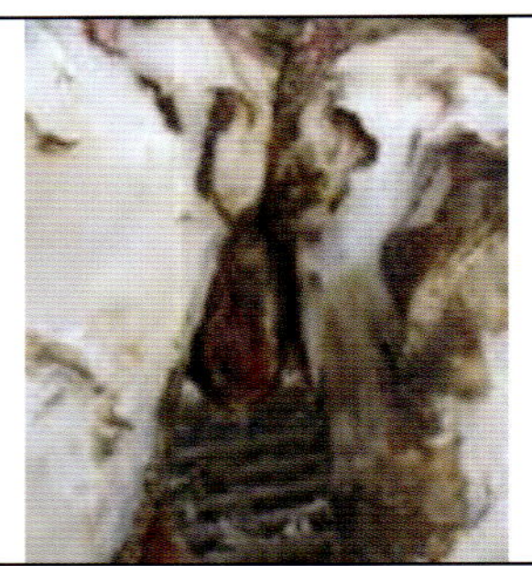
	より広く深い白帯の亀裂，蹄冠には達していない	出血が両蹄または 1 蹄の白帯全体に及んでいる	結節は拇指頭より大きいが趾間隙に収まっている
3：重度	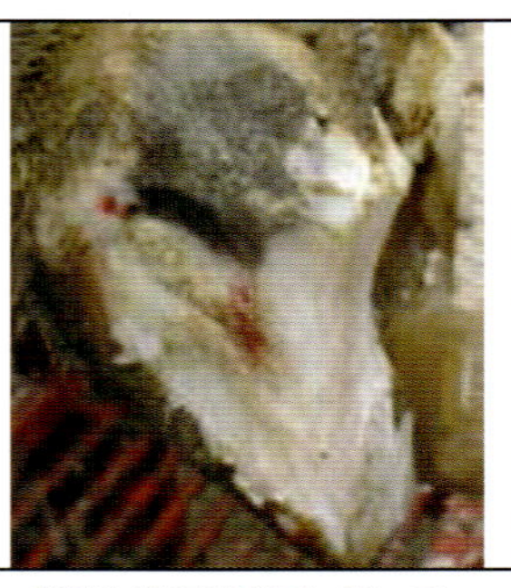		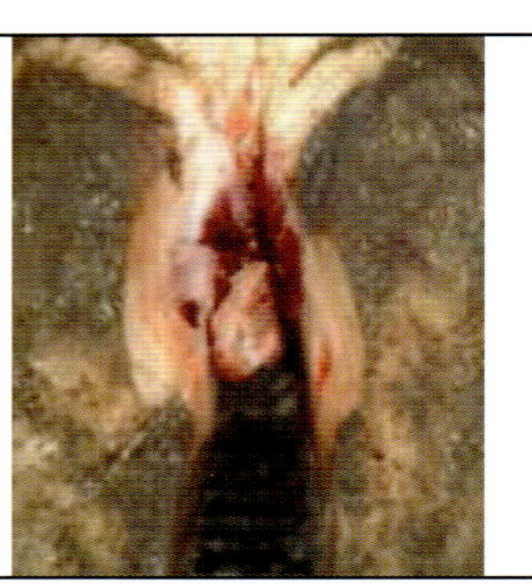
	亀裂や膿瘍が蹄冠に達している	蹄底と蹄壁の分離を伴う白帯全体の出血	大きな腫瘍のような結節

と病状スコア表

Scoring System)

and Nigel B. Cook（訳：阿部紀次）

D=Digital Dermatitis/Heel Wart ④疣状皮膚炎 趾皮膚炎(DD)		E=Heel Horn Erosion ⑤蹄球びらん	F=Foot Rot/Interdigital Phlegmon ⑥趾間腐爛/フットロット 趾間フレグモーネ
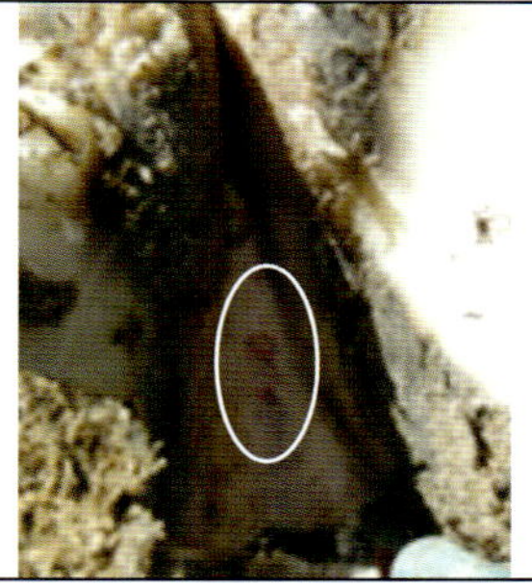	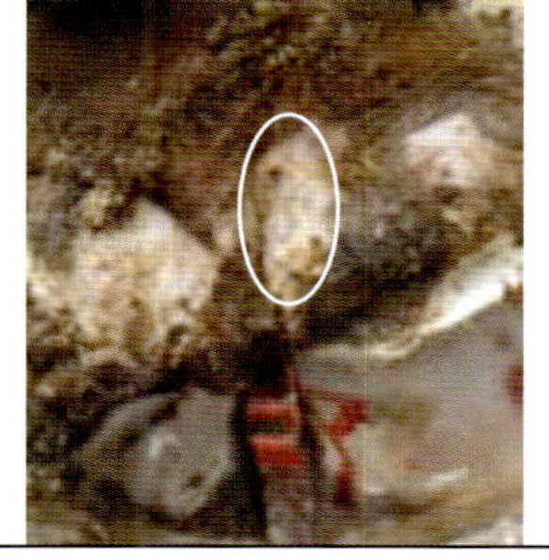	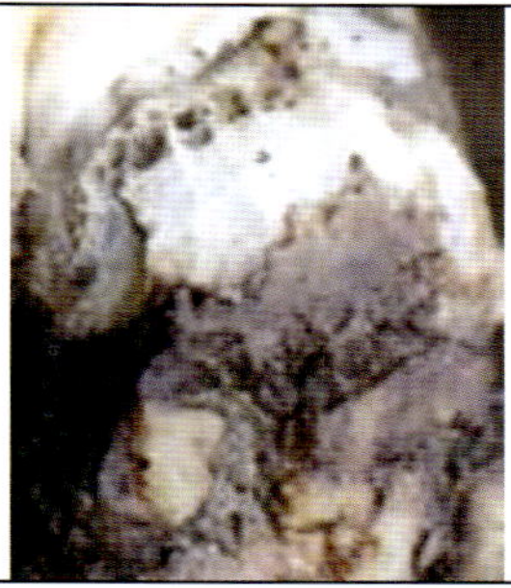	
M1：趾間皮膚の 2 cm以下のびらん	M1：趾皮膚の 2 cm以下のびらん	小さな瘢痕または亀裂	趾間皮膚の小さな亀裂と軽度の腫脹
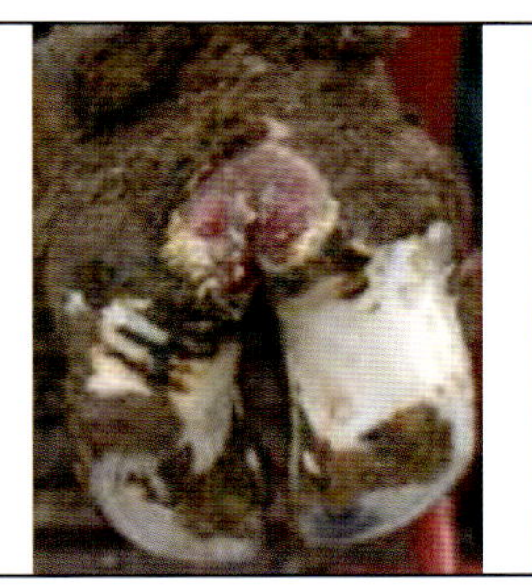	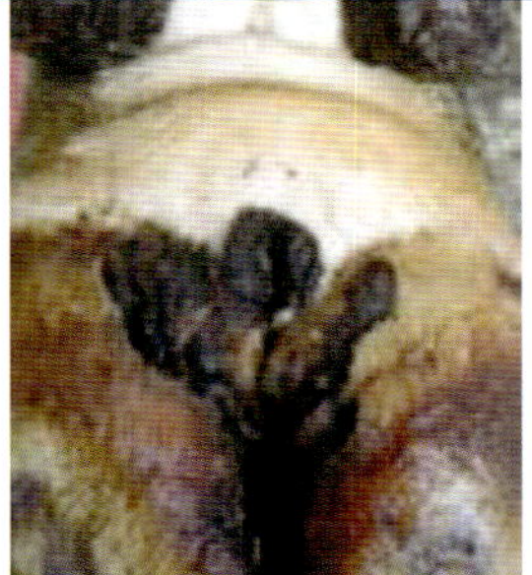	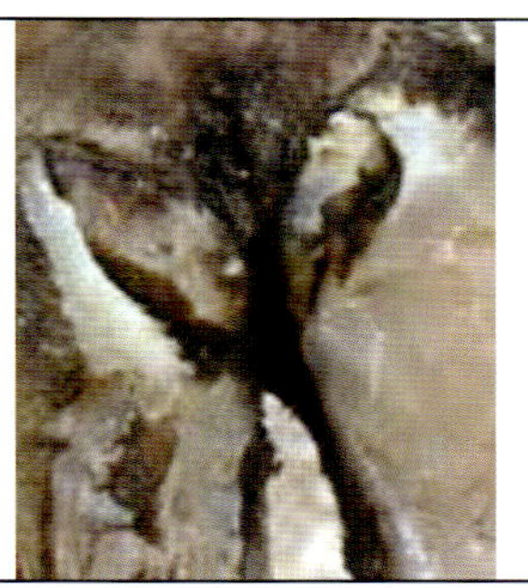	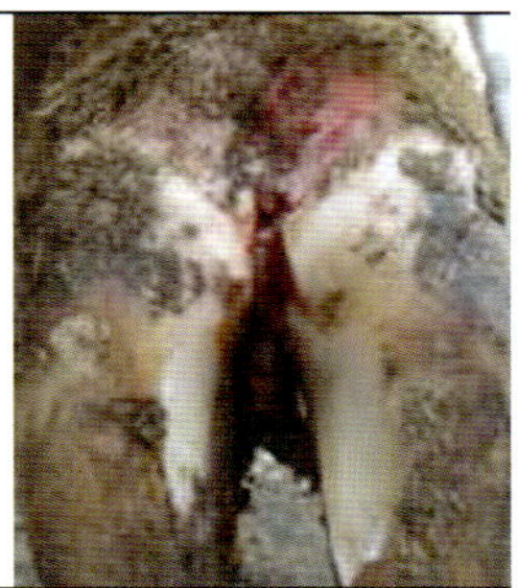
M2：2 cmを超えるイチゴ状の肉芽腫/潰瘍	M3：痂皮状態	蹄球に走る V 字型の亀裂（1 層）	趾間皮膚の亀裂，腫脹は趾間にとどまる
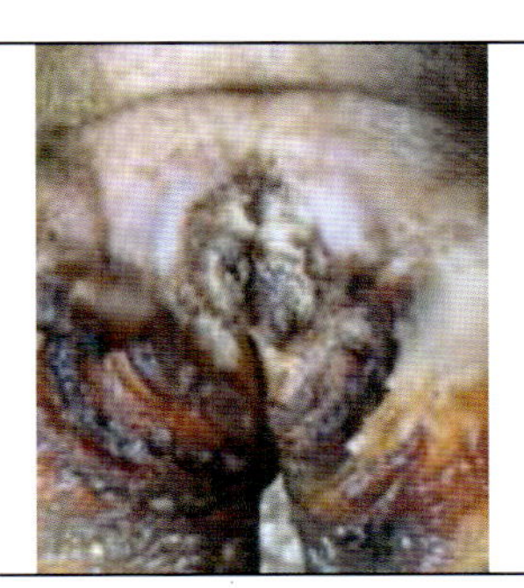	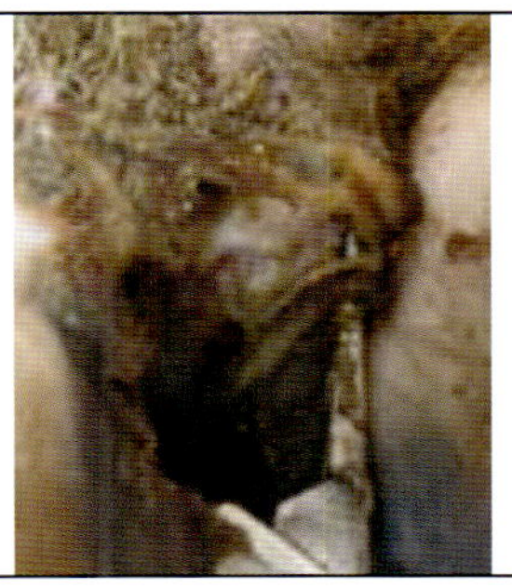	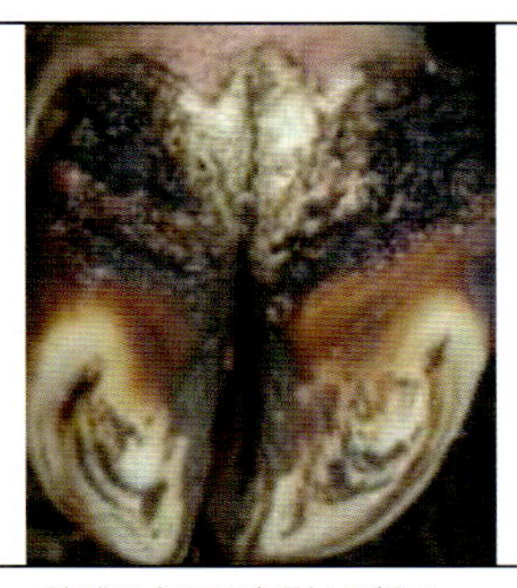	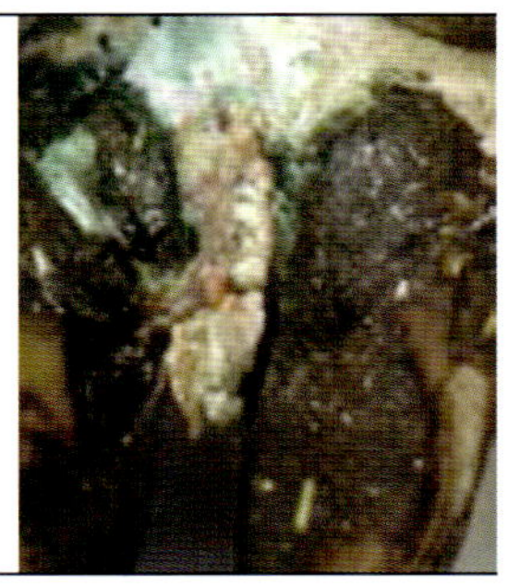
M5：過剰角化または増殖性の慢性病変	M4.1：M4 のなかの新しい M1 病変	蹄球の多層の亀裂とびらん	趾間が分割され，蹄冠周囲まで腫脹

図版提供：Nigel B. Cook（アメリカ・ウィスコンシン大学 教授）

本文：291 ページ参照

牛の蹄病の識別

(ABC Hoof Lesion

Deverloper by Karl Bargi, Dörte Döpfer

病名と病態 / 病状スコア	H=Sole Hemorrhage ⑦蹄底出血 血斑/挫跖	S=Sole Fracture/Heel Ulcer ⑧蹄底分離/蹄踵潰瘍	T=Toe Ulcer ⑨蹄尖潰瘍
1：軽度	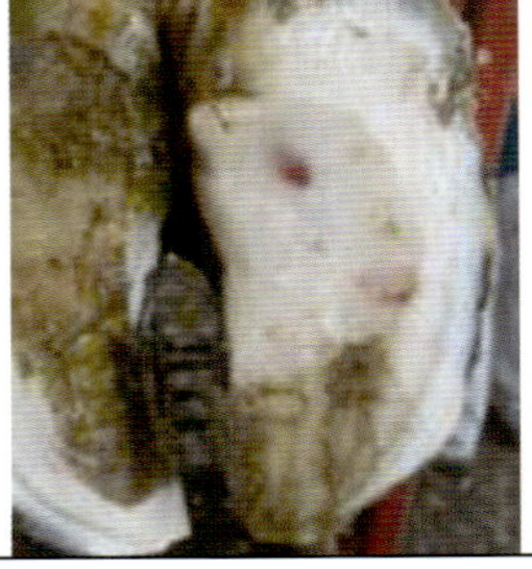	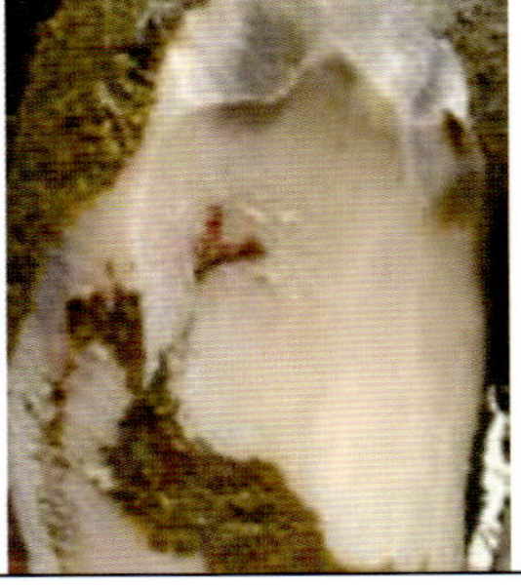	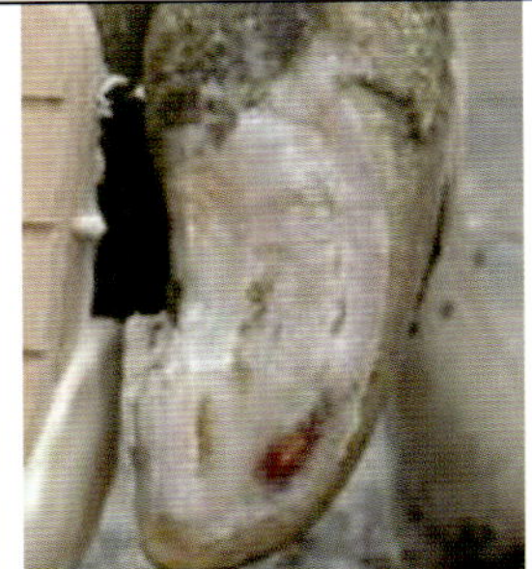
	典型的(好発部位)における表面的な出血	蹄踵と蹄底の間の小さな亀裂。蹄踵に向かって広がっていない	蹄尖部白帯の小さな亀裂
2：中度		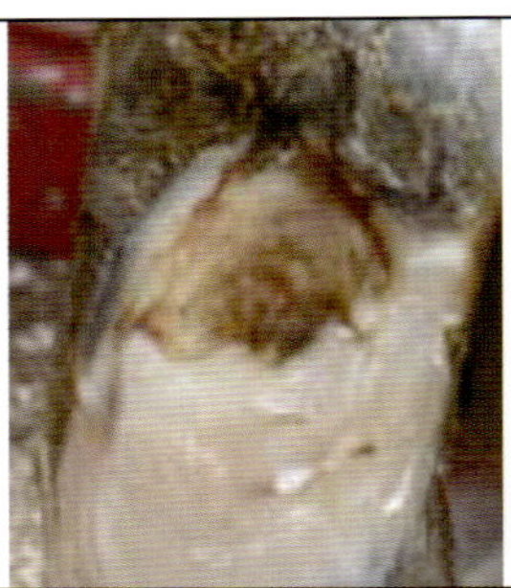	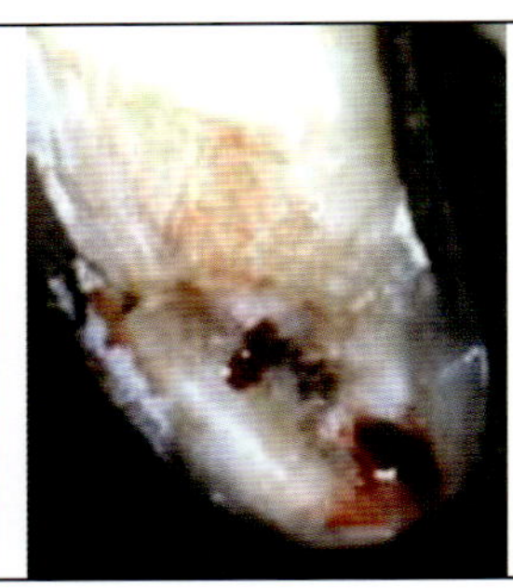
	典型的好発部位における深い出血	傷は蹄底角質の下に潜り込む(蹄踵に限局的)	蹄底蹄尖部角質が崩壊し真皮が露出
3：重度	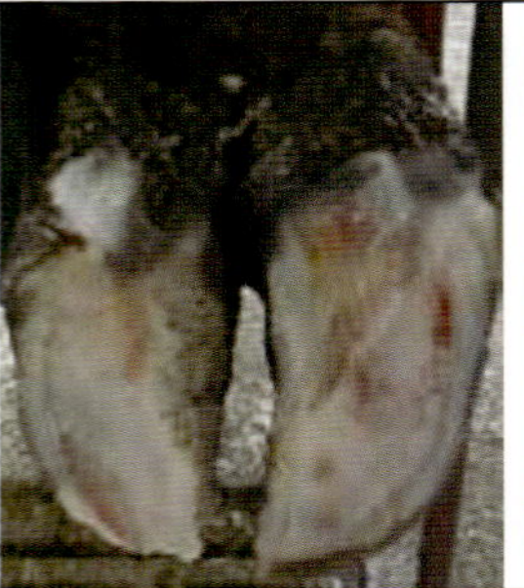	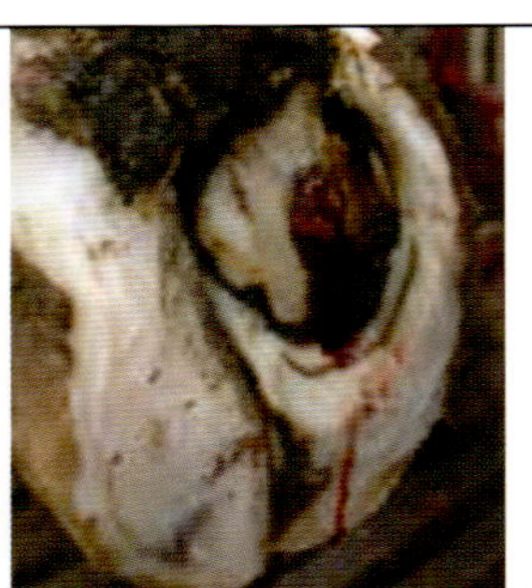	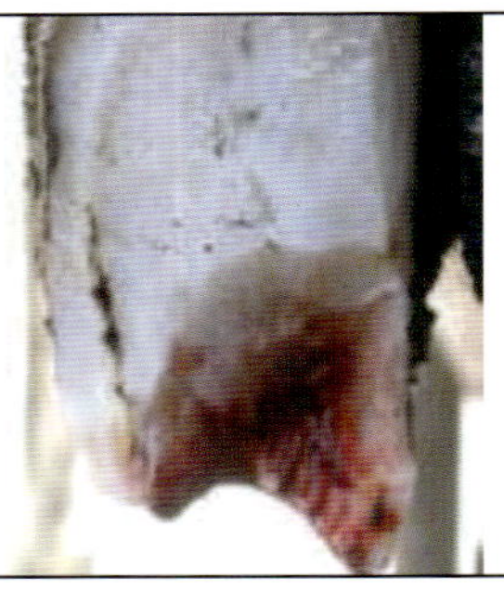
	蹄底面に広く広がる出血	蹄底と蹄踵が広く分離する。後肢内蹄にしばしばみられる	蹄尖部に広く広がった壊死は真皮から蹄骨に及ぶ

と病状スコア表

Scoring System)

and Nigel B. Cook（訳：阿部紀次）

U=Sole Ulcer
⑩蹄底潰瘍

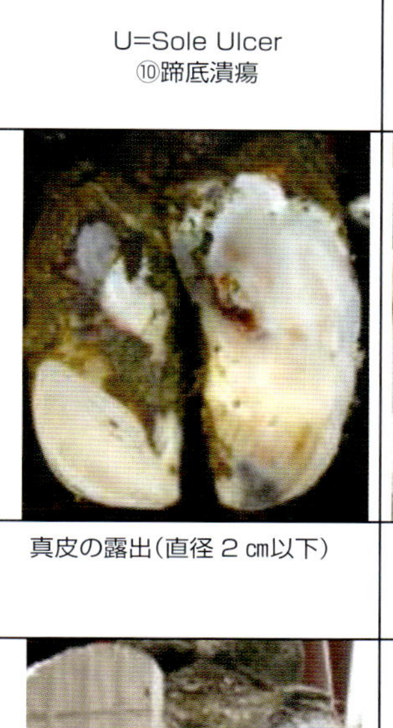

真皮の露出（直径 2 ㎝以下）

真皮の露出（直径 2 ㎝以上）

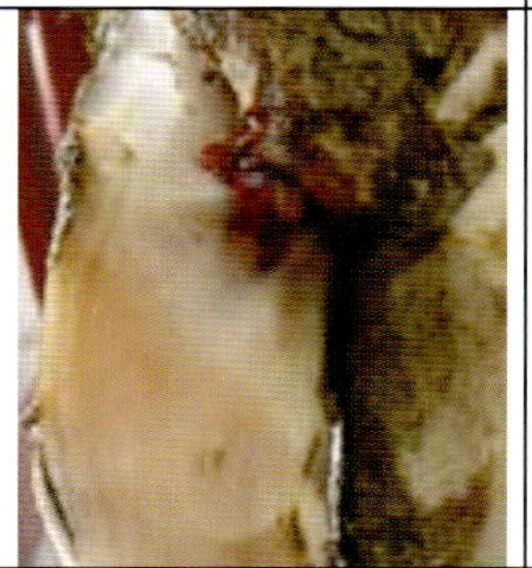

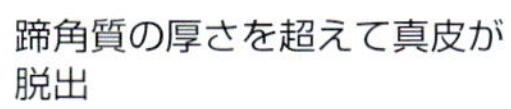

蹄角質の厚さを超えて真皮が脱出

G=Deep Digital Sepsis
趾の重度感染症
趾の深部感染症

M=Medial Cork Screw
内側蹄のコルク栓抜き蹄

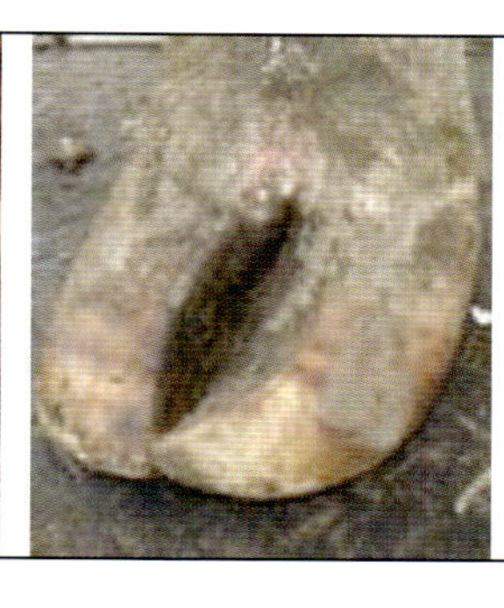

R=Lateral Cork Screw
外側蹄のコルク栓抜き蹄

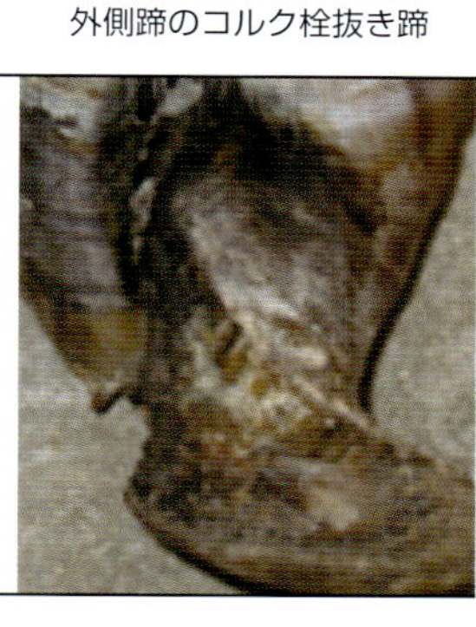

L=Upper Limb
上部運動器疾患

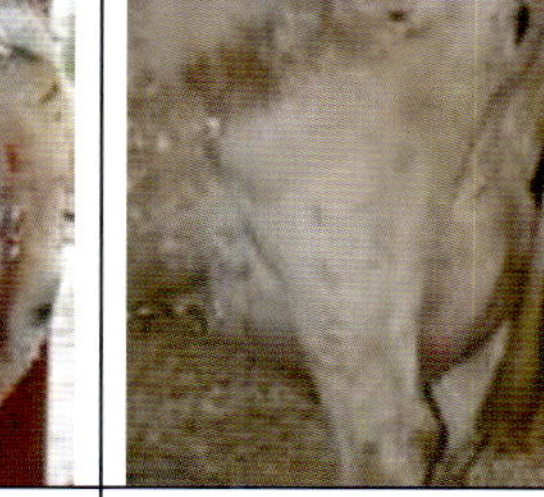

V=Vertical Wall Crack
縦裂蹄

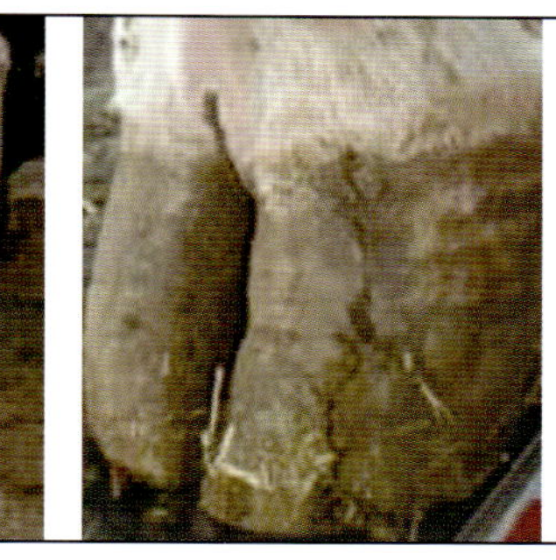

Y=Horizontal Fissure
横裂蹄

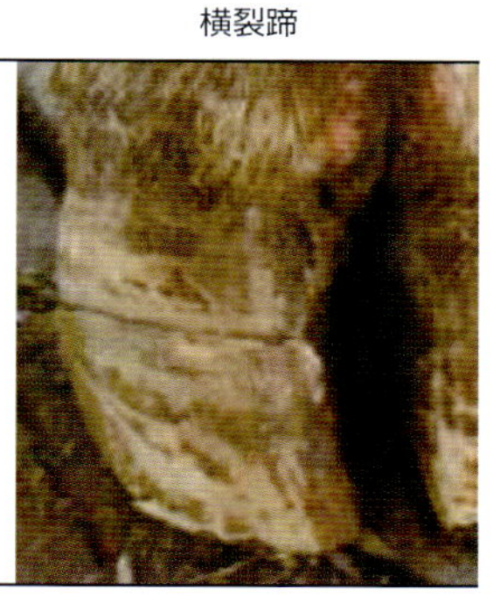

W=Hairy Attack/Non-Healing White Line
ヘアリーアタック/難治性白帯病

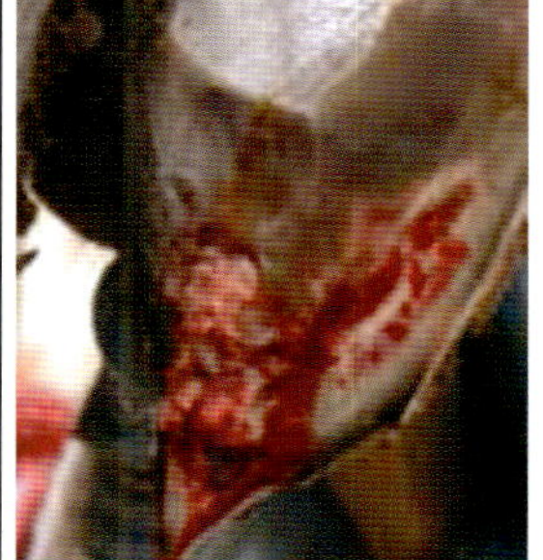

X=Axial Wall Crack
軸側蹄壁の分離

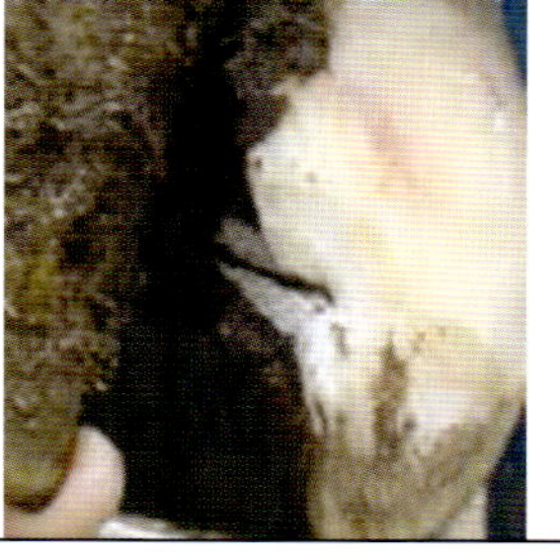

Z=Thin Soles
薄い蹄底

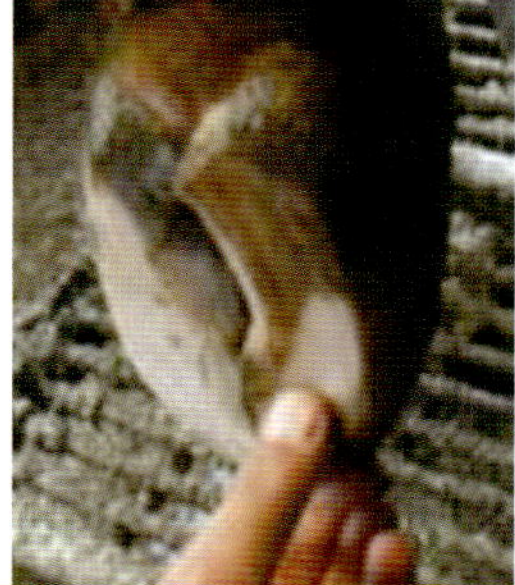

これらの９つの疾病は，病状の程度の分類はない

図版提供：Nigel B. Cook（アメリカ・ウィスコンシン大学 教授）

編著者・執筆者一覧

編著者

及川　伸　（酪農学園大学 獣医学群 獣医学類 ハードヘルス学ユニット）

執筆者（50音順）

阿部紀次　（壱岐市家畜診療所）
泉　賢一　（酪農学園大学 農食環境学群 循環農学類 ルミノロジー研究室）
榎谷雅文　（北海道デーリィマネージメントサービス㈲）
及川　伸　（上掲）
大場真人　（カナダ・アルバータ大学 乳牛栄養学）
奥　啓輔　（㈱トータル ハード マネージメントサービス）
翁長武紀　（酪農学園大学 獣医学群 獣医学類 獣医栄養生理学ユニット）
河合一洋　（麻布大学 獣医学部 獣医学科 衛生学第一研究室）
黒崎尚敏　（㈱トータル ハード マネージメントサービス）
小宮道士　（酪農学園大学 農食環境学群 循環農学類 農業機械システム学研究室）
瀬尾哲也　（帯広畜産大学 生命・食料科学研究部門 家畜生産科学分野 生産管理学系）
高橋圭二　（酪農学園大学 農食環境学群 循環農学類 農業施設学研究室）
田島誉士　（酪農学園大学 獣医学群 獣医学類 生産動物内科学Ⅰユニット）
田村　豊　（酪農学園大学 動物薬教育研究センター）
堂腰　顕　（（地独）北海道立総合研究機構 農業研究本部 根釧農業試験場）
中田　健　（酪農学園大学 獣医学群 獣医学類 動物生殖学ユニット）
中村成幸　（酪農学園大学 動物薬教育研究センター）
野　英二　（酪農学園大学）
西　英機　（北海道 農政部 食の安全推進局）
羽賀清典　（（一財）畜産環境整備機構）
樋口豪紀　（酪農学園大学 獣医学群 獣医学類 獣医衛生学ユニット）
平山紀夫　（麻布大学 客員教授）
福森理加　（酪農学園大学 獣医学群 獣医学類 ハードヘルス学ユニット）
蒔田浩平　（酪農学園大学 獣医学群 獣医学類 獣医疫学ユニット）
三好志朗　（エムズ・デーリィ・ラボ）
森田　茂　（酪農学園大学 農食環境学群 循環農学類 家畜管理・行動学研究室）

（所属は2017年9月現在）

目　次

第1章　基礎知識

第2章　牛を取り巻く環境要因

第3章　牛群における栄養管理

第4章　牛群における疾病コントロール

第5章　レベルアップのための追加項目

第1章
基礎知識

1－1

乳牛群に対するハードヘルスの基本的な概念とアプローチの原則

近年，酪農場での多頭化に伴い，現場における疾病対策の視点は，個体レベルから群（ハード）レベルへと移行してきている。この変化は，最近の四半世紀の間に酪農業界で起こった最も特筆すべきパラダイムシフトと言われており，生産性の向上を追求する現代の酪農においては当然の現象といえる。

生産動物に関わる獣医師の社会的使命として，①生産動物の健康維持，②生産性の向上と維持（経済性の追求），③生産動物に対しての適切な飼養環境の評価（動物福祉），④畜産公害の予防，⑤人獣共通感染症の予防の５つが示されている。特に，大規模化する農場に携わる獣医師においては，②と③のウエイトが大きくなってきているといえる。

群（ハード）レベルでの疾病を制御して効率のよい生産展開を図るためには，単に獣医学という一方向からのアプローチでは不十分であり，関連する多くの畜産学の分野から動物福祉学の視点あるいはコミュニケーション学も含めた多角的かつ総合的な取り組みが必要となり，そのような実践的な学問がハードヘルス学である。ハードヘルスを展開するには，群に対する基本的なスキルやその評価法などの習得が必要である。

牛群の健康改善（生産性向上）の概念

個体診療は，臨床症状を示している牛に対して診断を確定し，それに基づいて適切な治療を施すことで，その個体の健康と生産性を回復させる医療行為である。群レベルでの健康改善の場合，たいてい予防的観点から対象は臨床疾病ではなく潜在性疾病に向けられる（健康レベルが高い牛群の場合はその健康維持の確認となる）。健康改善の概念は，**図1**に示したとおり，牛群のポピュレーション（母集団の分布）を健康レベルの良好な方向にシフトさせるということである。すなわち，そのような集団のシフトが達成された場合，結果的に臨床型疾病はもとより潜在性疾病の発生割合を減少させることができ，群としての健康改善が図られることになる。健康レベルが不良な牛群の場合，臨床症状を呈するような個体のみをターゲットとし治療などによって改善を図っても，群としての究極的な健康度のアップには必ずしもつながらない。群としての健康度をあげるためには，集団の健康レベルを低下させているリスク要因を探し出し，取り除くかあ

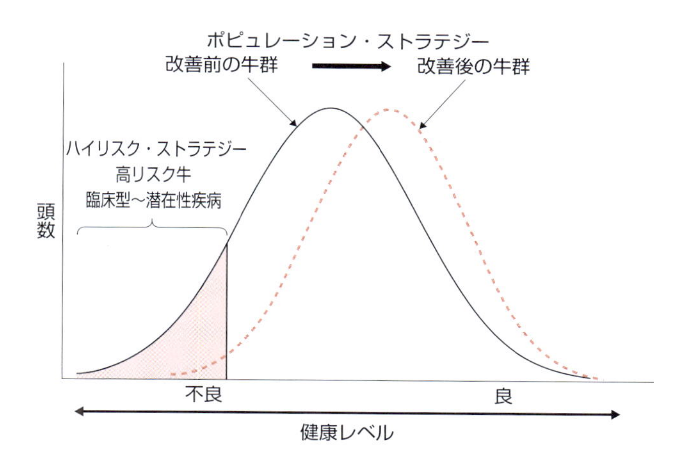

図１　牛群の健康改善の概念

るいは軽減することが必要であり，そのような取り組みをポピュレーション・ストラテジー（Population Strategy）という。一方，集団の疾病発生リスクの高い個体を対象として，それらに医療を施し，集団における罹患率や死亡率などを減少させることが必要な場合もあり，その取り組みをハイリスク・ストラテジー（High Risk Strategy）という。

予防のレベル

牛群における予防レベルは1～3次まで大きく3つに分類することができる。1次予防とは，基本的には疾病発生が認められない健康牛群に対して，定期的なモニタリングや予防接種などを実施することにより危険因子を除去して健康の維持や管理を図る予防をいう。2次予防とは，牛群に臨床型の疾病がみられないものの，各種のモニタリングで潜在性疾病の個体が摘発され（早期発見），早期の治療や対策が講じられる予防である。3次予防とは，牛群のなかにすでに臨床症状を示す疾病個体が散見されており，その疾病やそれに続く合併症などの群内での蔓延を予防するものである。より低次元の予防にシフトすることは，その牛群の健康レベルが向上しているということである。ブロイラー，採卵鶏，養豚の分野では，1次予防あるいは2次予防が以前から当然のこととして実施されていた。これは，生産性に関連するデータを一元管理する体制が早くから確立されていたからである。酪農においても，最近，徐々にデータの統合管理化の重要性が認識されており，整備が進んできている。

環境のリスク要因とそれらを評価する関連データ

乳牛の疾病のほとんどは分娩後2カ月以内に発生する（特に1カ月以内はハイリスク期である）。それは乳牛が分娩後に劇的なエネルギー変化，すなわち負のエネルギーバランス（Negative Energy Balance：NEB）に移行する特性を有しているからである。乳量や乳成分の増加に向けた遺伝的改良はこれまで堅調に進んできたが，それとは裏腹に効率のよいエネルギー代謝を持つ牛がなかなかつくれなかったことを反映している。NEBは通常1カ月半くらい続くことから，この時期に代謝疾病のみならず易感染症の発生も起きやすいといえる。また，一方では牛個体の免疫に関わる遺伝的素因も少なからず疾病発生に関連していることが示されており，そのような関連遺伝子を制御することによって，経済性に影響のある形質を損なわずにある程度は疾病発生をコントロールできることも報告されている（Mallardらは，高免疫応答性個体における疾病発生は低免疫応答性個体のそれと比べて約1/2であったと報告している）。

現実的に，酪農場において疾病発生のコントロールを考えるに当たり，最も重要視すべきことは，「牛の生活環境を適正に制御する」ということである。なぜなら，疾病の発生には環境からの種々のリスク要因が複雑に関与していることが知られているからである。**図2**に環境のリスク要因と疾病発生の関係を示した。牛の生活環境は採食環境，居住環境，搾乳環境に大別され，疾病発生および生産性低下に関連する多くのリスク要因が存在している。それら環境から生じる複数のリスク要因が重なり合い，絡み合って牛に作用しており，そのような状態が持続して，牛にとってある閾値を超えた時に臨床症状を伴った疾病として出現してくると考えられる。また，その閾値を超えなくとも生産性の低下や潜在性の疾病状態を誘導していることが推察される。したがって，環境におけるリスク要因を見つけ出し，少しでも取り除くような対策を講じれば，疾病発生や生産性の低下は改善されるはずである。このような地道な営みがハードヘルスの根幹となる。

環境からのリスク要因を抽出する際には，酪農生産に関連するデータの分析が不可欠である。乳牛群に関連するデータを**図3**に示した。実に多くのデータが存在していることが分かる。データはそれぞれ関連させて分析することが望ましいので，本来各種データが一元的に統合されるべきである。しかしながら，日本の場合，種々のデータはそれぞれ統括する関連機関で保管されており，必ずしも有機的につながっていない場合が多い。一部の地域では，農業協同組合が中心となって各種データの統合を推進しているが，今後，日本でもそのようなデータ管理システムの構築を進めていくべきである。ハードヘルスという概念が日本に入ってきたのは1980年代の終わり頃であり，すでに四半世紀が経過している。しかしながら，現実的に群管理としての取り組みが遅々とし

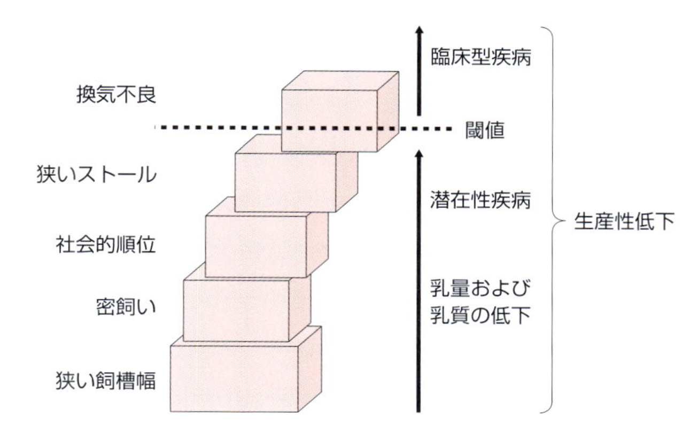

図２　乳牛群における環境のリスク要因と疾病発生

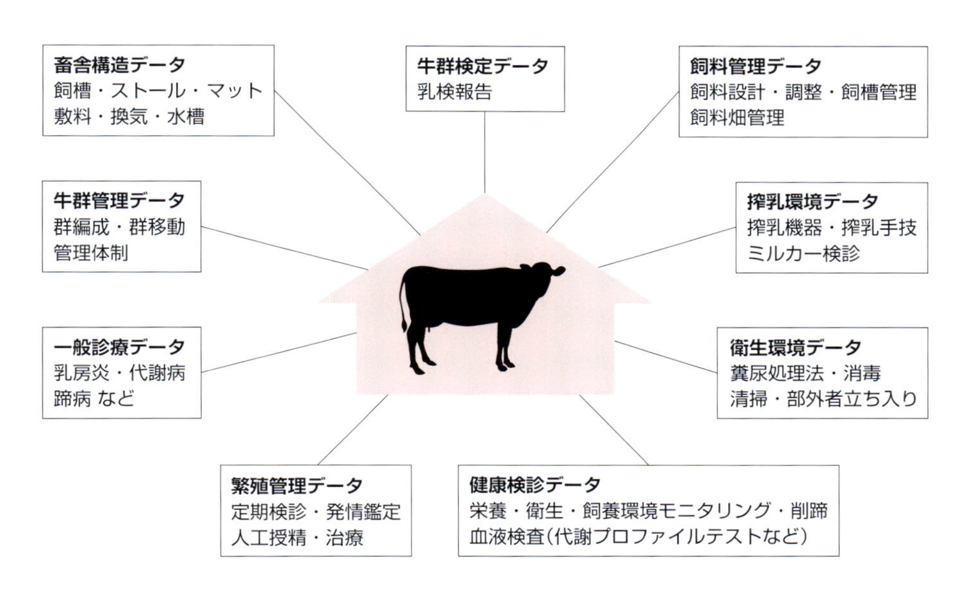

図３　乳牛群に関連するデータ

て進まなかった背景には，このようなデータ管理上の組織連携が充実されてこなかったことが１つの理由として挙げられるだろう。一方，北米では，すべての関連データは統合ソフトなどによって農場のパソコンに保存されているため，獣医師は最初の訪問時にそのデータを入手し，分析して，その後の対策を講じることができる。しかしながら日本と欧米との間にデータ管理に関する差異はあるものの，最初の農場訪問時に過去の診療データ（カルテ）と乳検データが入手できれば，十分に牛群の問題点を推察し抽出することができる。最近では，産業動物診療カルテのコンピュータ管理化が進められたり，乳検と疾病データを関連付けて管理するような体制が検討されてきていることから，今後，よりハードヘルス的な試みが実践しやすくなることが期待される。

牛群への基本的なアプローチ

上述のとおり酪農場の運営に際し，多くのデータが産出され，蓄積される。これらデータを効率よく利用し，生産性を維持・向上させるための管理獣医師あるいはアドバイザーサイドからの基本的なアプローチは，以下の大きな5つのステップからなる。

ステップ1：関連データの整理と評価

酪農場における改善目標を決定するために，現状を把握し評価する必要がある。その際，管理獣医師・アドバイザーは農場主あるいはマネージャーと現状認識を共有するために，いくつかの具体的な生産目標を数値で評価し，一定の様式などによって整理すると効果的である。そのようなプロセスでは，ベンチマーキング*が有効であるとされている。

酪農における具体的な目標項目としては，更新割合（育成牛および成牛の廃用，売却，死亡など），乳房の健康状態（臨床型および潜在性乳房炎，体細胞数など），繁殖（搾乳日数，空胎日数，授精回数，初回分娩月齢など），栄養状態（乳成分，ピーク乳量など），改良（産次の乳量，使用精液など），主な発生疾病などが挙げられる。日本では上記のデータは診療カルテデータおよび乳検データから得ることが可能である。

コンサルティングをする管理獣医師・アドバイザーは，蓄積されているデータを農場主あるいはマネージャーに分かりやすい情報として伝えるために，表やグラフに加工して提示する必要がある（情報の見える化）。また，データ管理上の留意点としては以下の3点が重要である。

①データ定義の明確化：各項目から算出される数値はいつでも同一の基準で算出されなければならない。例えば，死亡割合の算出の際，1年間の死亡経産牛を1年間の平均経産牛数で除するか，1年間の分娩頭数で除するかでは値が異なる。なお，疾病の発生を調査する場合においても，疾病の診断基準を明確にしておく必要がある（胎盤停滞は分娩後24時間以内に胎盤が排泄されないもの，潜在性乳房炎は個体乳1 mL中の体細胞数が20万以上で臨床症状のないもの，など）。

②データの適正な集積とフォーマット化：データは管理用のパソコンあるいはハードディスクに保存し，定期的な評価に際しデータ出力のフォーマットを作成しておくと便利である**。

③個人情報の管理：獣医師には守秘義務があるので，くれぐれもデータの管理には留意する必要がある。

表1　目標設定に際し注意すべき点

項　目	目標達成のために対策を実施すべきか？	
	NO	YES
将来的収益	低	高
対策のコスト	高	低
効果の出現時期	年単位	週単位
成功の確率	疑問	確信
失敗の影響	破産	最小限

Kelton ら，1998

＊：ベンチマーキングとは，「自社のビジネスプロセスの非効率的な箇所を改善するために，同じプロセスに関する優良事例（ベストプラクティス）あるいは目標基準と比較し，そのギャップについて分析する手法」であり，多くの業種で取り入れられている。畜産業界におけるベンチマークデータとしては，養豚での PigCHAMP データベースが有名である。
＊＊：実際，日本でも，一部の管理獣医師は北米で一般的に利用されている管理ソフト（Dairy Comp 305 など）を群管理に活用している。

ステップ2：目標の設定

ステップ1で得られた現況のデータに基づいて，農場主あるいはマネージャーとディスカッションをしながら，改善目標（あるいは維持目標）を設定し，それに基づく対策の大綱を決定する。現実的に適切な目標であるかどうかに関しては，**表1** に示す5つの項目について検討して決定することが肝要である。

ステップ3：モニター項目の設定

改善目標の達成を評価するために，すべての関連項目をモニターすることはできないので，現実的なモニター項目を設定する。項目として，最も知りたい状態を反映し得る項目を選定するべきである。項目の具備すべき点としては，正確な測定が容易であり誤差が少ないこと，そしてデータの時間的な遅れが少ないことが挙げられる。また，その改善すべき事象に関連している上流に位置する根本的な項目をモニターするべきである。例えば，育成群の分娩月齢が高いという問題点を改善していく場合，分娩月齢のモニタリングだけでは不十分であり，育成牛の妊娠月齢をモニタリングすることがより有効となる。

ステップ4：設定目標の見直し（再設定）

ステップ2において目標は設定されるが，実行していくうえで，より優先的かつ時限的に達成すべき目標が見つかったり，農場側からの要求が出てくることがある。管理獣医師・アドバイザーは絶えずそのような状況を見極め，農場側の意見を尊重し，柔軟に対応していく必要がある（このような対応を一般的にビジネス業界ではVoice of the Customerと呼ぶ）。

表2　酪農経営において参考となる情報

情報源	ランキング
獣医師	1.73
商業誌	2.03
ほかの酪農家	2.35
コンサルタント	2.56
大学研究者	2.78
エクステンション	2.94
メーカー営業	3.11
乳検からのアドバイス	3.53

Nordlund, 1998

ステップ5：PDCAサイクルの実践

ステップ1～4で決定した改善内容を受け，実際にフォローアップする方法としてPDCAサイクルを実施する。なお，目標達成への対策は時間を決めて時限的に行うべきであり，結果が出ても出なくても，次の行動を明確にする必要がある。得てして時間を決めずにだらだらと実施して，何も実りのないことは多くの人が経験するところである。

P（Plan）：目標を設定し改善の実現のためのプロセスを計画する。
D（Do）：計画を実行して，その成果を測定する。
C（Check）：測定の結果を目標と比較評価する。
A（Action）：プロセスの改善に必要な措置を実施する。

管理獣医師・アドバイザーは，牛群の生産性を向上あるいは維持させるため関連する多くのデータを分析評価し，分かりやすく農場側に提示しなければならない。しかしながら，膨大なデータをすべて分析評価する必要があるということではない。その農場では何について最優先に取り組まねばならないかを，農場主あるいはマネージャーと十分協議して，状況や要求を的確に掴み，まずはその項目から取り組むことが重要である。**表2**に古いデータではあるが，北米を代表する管理獣医師（Bovine Practitioner）であるDr. Nordlund（現・ウィスコンシン州立大学獣医学部名誉教授）の「酪農経営者が参考とする情報に関するアンケート調査」について示した。情報源として獣医師が最も信頼されているという結果になっている。この結果はむろん日本にも当てはまると思われる。獣医師の発言は重い（重要性が高い）。獣医師にとって，適切な情報（データ）の適切な分析と評価は不可欠である。

1－2

身体モニタリング

牛群の健康状態のモニタリング項目として重要なポイントは，モニタリングスキルの習得が比較的容易であること，実施に多くの時間が取られないこと，経費がかからないこと，そして当然のことではあるが，再現性が良好で成績評価が牛群管理に有効であることが挙げられる。本書で解説するモニタリング項目は，非常に手軽で普及性に富み，牛群の評価に有用な指標である。しかしながら，容易なモニタリングとはいえ，スコアリングにおける基本的なポイントおよびスコアリングデータの意味する内容はしっかりと捉えておく必要がある。

ボディコンディションスコア（BCS）

乳牛の体脂肪の蓄積量を評価するために考案された方法であり，牛群の栄養管理において基本的なモニタリング法である。約1カ月前からの栄養状態を反映する。ボディコンディションスコア（BCS）にはいくつかの方法が実施されているが，ここで紹介する方法は，米国・ペンシルベニア大学のDr. Fergusonによって考案された方法であり，習得のしやすさ，あるいは再現性が良好であることから，国内はもとより世界的に実践されている。BCSの範囲は1（極度な削痩）から5（強度の肥満）までの5段階であり，0.25単位でスコア化され，視診と触診を用いるものである。

1．評価の方法

図1に示すとおり，チェック部位は乳牛の後躯の骨盤側望（坐骨～股関節～腰角からなるライン），腰角，坐骨，仙骨靭帯，尾骨靭帯の5カ所である。最初のステップとして，骨盤側望がV字に見えるか，U字に見えるかを判定する。毛色によっては判断しづらい時があるので，その際は，反対側から評価してみる。V字に見えた場合は，そのBCSは3.00以下と判断される。次いで，腰角と坐骨を触診し，脂肪のパッド（皮下脂肪）の有無を確認する。両者に脂肪のパッドが確認されれば3.00となる。腰角上に脂肪のパッドがなく（角張る），坐骨上に確認されれば2.75である。さらに，坐骨の上にわずかな脂肪のパッドが確認できれば2.50と評価される。腰角および坐骨の上に脂肪

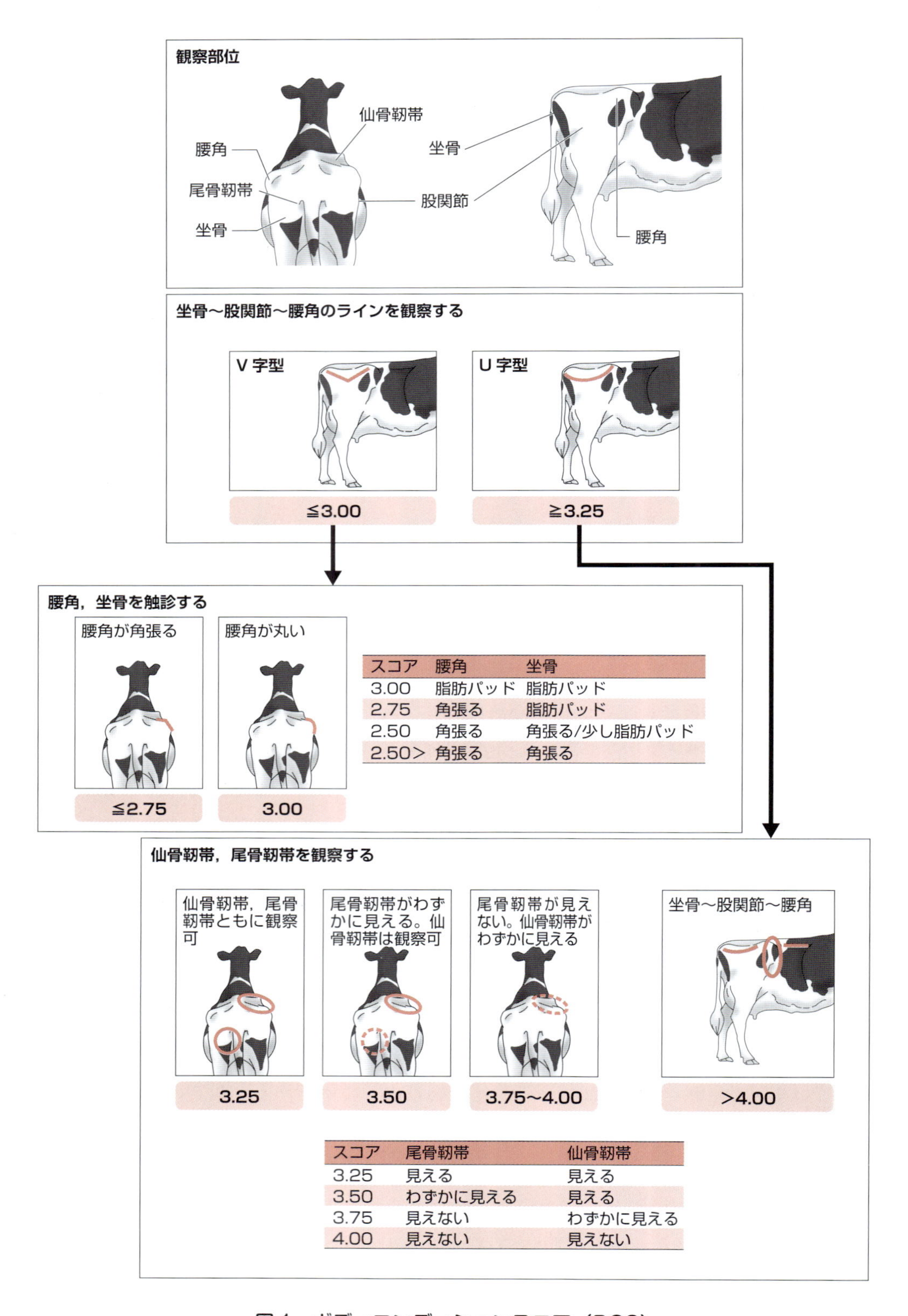

スコア	腰角	坐骨
3.00	脂肪パッド	脂肪パッド
2.75	角張る	脂肪パッド
2.50	角張る	角張る/少し脂肪パッド
2.50>	角張る	角張る

スコア	尾骨靭帯	仙骨靭帯
3.25	見える	見える
3.50	わずかに見える	見える
3.75	見えない	わずかに見える
4.00	見えない	見えない

図１　ボディコンディションスコア（BCS）

のパッドが触知されなかった場合は2.50未満となる。

骨盤側望がU字と判断された場合のBCSは3.25以上である。その場合，次のステップとして仙骨と尾骨の両靭帯を観察する（視診）。牛の後方から観察して，両靭帯が見えた場合は3.25となる。尾骨靭帯がわずかに見えて，仙骨靭帯が見える場合は3.50である。尾骨靭帯が見えなくなり，仙骨靭帯がわずかに見える場合は3.75である。両靭帯が見えない場合は4.00以上である。

この方法では2.50～4.00が評価できれば十分といわれている。その理由として，本法はこの範囲に高い正確性を有していること，2.50未満は異常な削痩，4.00以上は異常な肥満と判断され何かしらの対策がとられるので，この範囲外を細かく評価しなくても牛群管理上問題ないことが挙げられる。

2. 管理上のポイント

乾乳期の理想的なBCSは，3.00～3.75といわれている。乾乳期に肥満（4.00以上）の牛がよくない理由は，理想的なBCSの牛に比べて分娩前の乾物摂取量の低下が早まるからである（分娩の2週間前から低下しはじめる）。乾乳期から分娩初期における生理的な範囲を超えた過度な乾物摂取量の低下は，肝臓への非エステル型脂肪酸の動員を増加させ，脂肪肝，ケトーシスを引き起こすことになる。分娩後のBCSは4～6週にかけて低下するが，その低下は乾乳期と比べて，多くても0.75程度にとどめたい（BCS 1ユニット＝約60 kg）。BCSとしては最低でも2.50でとどめるべきである。7週目頃からBCSは徐々に回復してくるが，それが遅延すると繁殖成績に悪影響（発情の遅れ，卵巣静止，無発情，黄体機能低下など）を及ぼすことになる。BCS回復後の泌乳期では3.00～3.50程度が理想である。

牛群としてBCSが全体的あるいはある乳期において低いまたは高い，または乾乳期と泌乳初期の差が1.00を超えるような場合は，飼料給与について精査する必要がある。

ルーメンフィルスコア（RFS）

乳牛がどれくらい乾物を摂取しているかを端的に評価する方法であり，約12時間以内の採食状況を反映する。評価は5段階（スコア1～5）で，スコア1はほとんど飼料を採食していないこと，スコア5は非常によく飼料を採食していることを示す。ルーメンフィルスコア（RFS）は，ルーメンにおける飼料の消化の状態とも関連しているので，ほかの飼料管理または栄養管理上のモニタリング項目（BCSや糞便スコア）と関連させて評価するとより有効な牛群評価につながる。

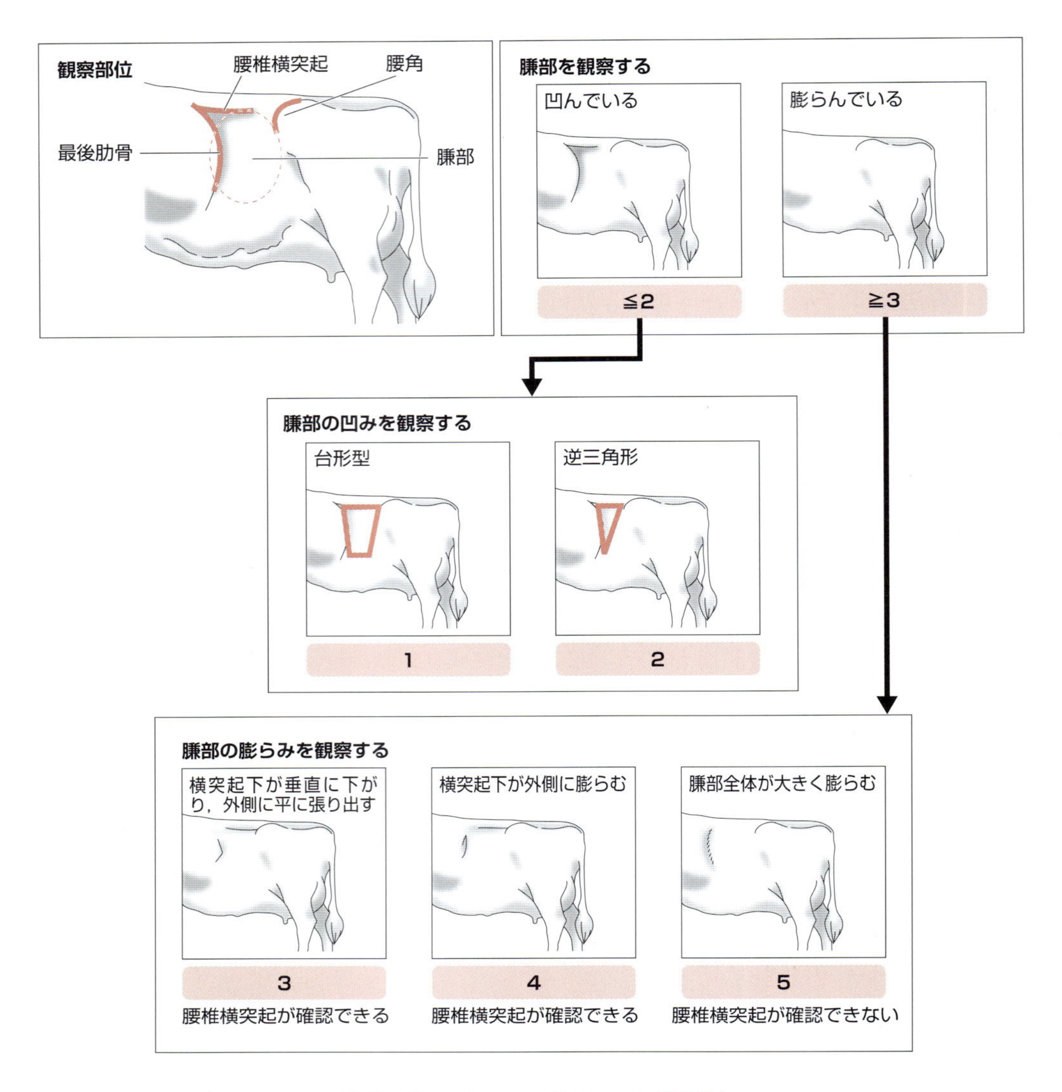

図２　ルーメンフィルスコア（RFS）

1. 評価の方法

牛が平らな床に起立して，冷静な状態の時，ルーメンの膨らみが観察できる左膁部を視診する（**図2**）。ルーメンは動くので牛が落ち着いて一番凹んでいる時に評価する。形が変形するので，決して手で押してはならない。

左膁部が凹んでいる場合（腰椎横突起下の皮膚が内側に掌の厚み１つ分以上折れ込んでいる），RFS は２以下と判定される。その凹みの形が台形の場合はスコア１，逆三角形の場合はスコア２と評価される。また，左膁部が凹まずに膨らんでいる場合（腰椎横突起下の皮膚が内側には折れ込まない），スコアは３以上である。腰椎横突起下の皮膚が垂直に下がり，外側に平らに張り出している時はスコア３である。腰椎横突起が確認でき，その下から外側に膨らんでいる場合はスコア 4，腰椎横突起下がはっきりと確認できず，膁部全体が大きく膨らんでいる場合はスコア 5 である。

2. 管理上のポイント

乾乳牛ではスコア 4~5 が望ましい（最低でも 3）。また，泌乳初期ではスコア 3 以上，泌乳中期以降は 4 以上を目指したい。スコア 3 からルーメンの充満度はまずまずと判断できるので，スコア 1，2，および 3 以上の 3 段階に分ける簡易法もある。牛群のモニタリング結果として，特に乾乳後期と泌乳初期では「スコア 3 以上が全体の 80%以上」を目標とする。なお，スコアが群として低い場合は，採食に関係する飼養環境（飼槽幅，飼槽密度〈放し飼い牛舎〉，給与回数，餌押し回数，飼料の嗜好生，飼料メニュー，換気，ストール環境，群編成〈放し飼い牛舎〉など）を検討する必要がある。

飛節スコア

飛節スコアは乳牛が居住しているストールの快適性を評価する指標である。この方法は，デンマークのパイロットプロジェクトで行われていた 10 段階評価を日本で利用できるようにアレンジしたもので，飛節周囲の擦り傷や腫れの程度を 6 段階（スコア 1~6）で評価している。

1. 評価の方法

観察するポイントは主として飛節外側であるが，飛節周囲全体を観察する（**図 3**）。スコアは左右で高い方を採用する。スコア 1 は飛節部に汚れがほとんどなく，擦れはなく，毛も滑らかであり，問題がない状態である。スコア 2 は飛節部の汚れがあり，毛は逆立って点状に毛の欠損が認められる。スコア 3 は毛の擦れが明らかに認められ，皮膚の露出が長径 5 cm以内（人差し指，中指，薬指の幅くらい）。スコア 4 は長径 5 cmを超える皮膚の露出がある。スコア 5 はさらに進んで腫れが観察される。スコア 6 は腫れている部分に出血，化膿，かさぶたが観察される。なお，飛節の外側以外で内側や飛端にも擦り傷や腫れがみられることがあるので，注意深く観察する。

2. 管理上のポイント

擦り傷がみられる場合は牛床マットとの摩擦や，牛床が滑りやすいことが考えられる。また，腫れが生じている場合は，牛床が硬すぎる，牛床が平らでない，敷料が少ない，ストールに構造的な問題があるなどが考えられる。牛床が短い場合はしばしば内側のスコアが高くなる。なお，ネックレールが低く横臥から起立の動作が取りにくい時は，牛が長時間にわたりストール内に滞在してしまい，結果的に飛節を痛める可能性が

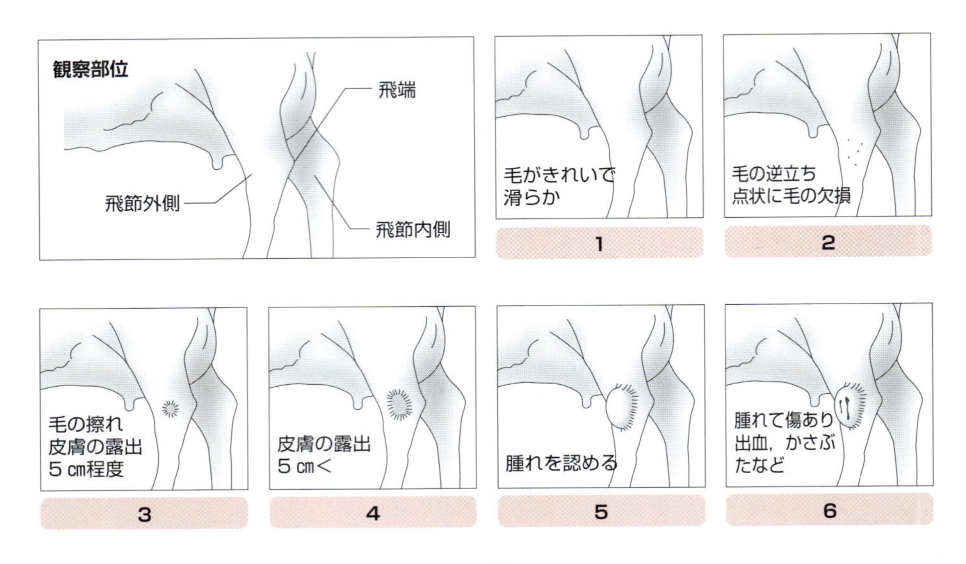

図3　飛節スコア

中田，2011 より作図

ある。したがって，スコアが高い場合は，牛床のみではなく，ストール全体を評価することが大切である。ストールの衛生状態が悪化している場合，飛節に外傷があると環境性細菌によって飛節周囲に炎症が惹起されることがあるので注意を要する。スコアが5より上では飛節が著明に腫れるので歩行にも影響を与える。特にフリーストール牛舎では飼槽へのアクセスが不十分になり，乾物摂取量が低下することもある。

本スコアの目標として，「スコア4以上を示す牛の割合が全体の20％以下」であることが推奨される。

糞便スコア

糞便スコアは消化器の状態あるいは給与飼料が適正であるかを評価するものであり，飼料設計の検討に重要な指針を与えてくれる。糞性状スコアと糞消化スコアの2者があり，それぞれ5段階（スコア1～5）で評価される。評価には，直腸からの新鮮な糞便を用いる。

1. 評価の方法

①糞性状スコア

図4に評価基準を示した。本スコアは糞便の水分含量を示しており，スコアの低い方が水分を多く含んでいることを表す。スコア1は水様性で，ほとんど固形物が見当たらない。しばしば，何かしらの消化管内感染症を疑う必要がある。スコア2は柔らかいク

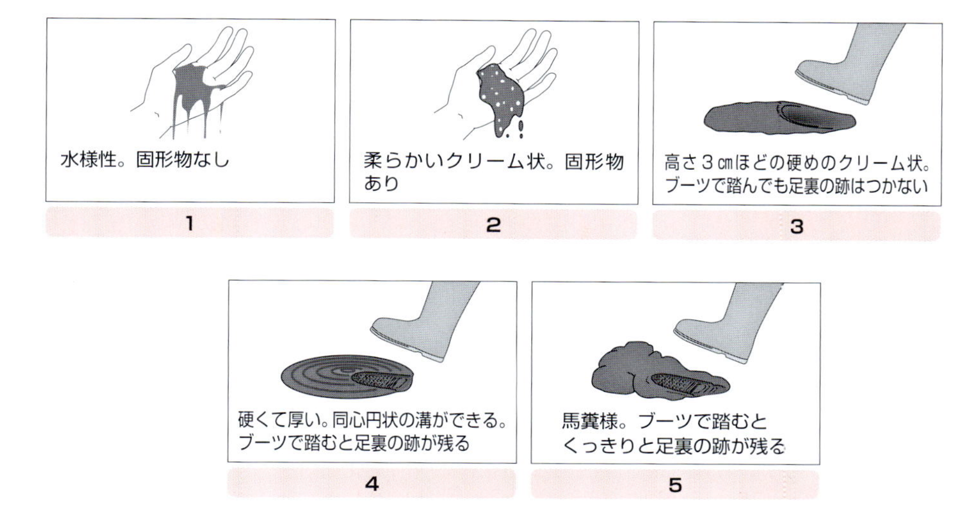

図４　糞性状スコア

リーム状で，固形物が含まれる。しかし，床に落下した際は一面に跳ね広がる。スコア3はカスタードクリーム様で，ブーツテスト（ブーツで踏んで靴の裏の跡が残るかどうかを見る）では靴裏の跡は残らない。スコア4は落下後同心円状に広がり，ブーツテストで靴裏の跡が残る。スコア5はまるで馬糞のように硬く，ブーツで踏むとその硬さがよく分かる。泌乳牛ではスコア3，乾乳牛ではスコア4が理想である。

②糞消化スコア

図5に評価の基準を示した。スコアが3を超えて高い時，消化が芳しくないことを表す。スコア1と2では，糞便に光沢感があり，スコア1では未消化な繊維はほとんどみられない。スコア3になると光沢感はなく，粗造感を持ち，繊維片がよく分かる。スコア4では粗造感が増し，2㎝を超えるような長い未消化繊維が出現する。スコア5は採食した飼料の一部が消化されずにそのまま排泄される。スコア1はすべての牛で理想となるスコアであるが，乾乳牛ではスコア2までにとどめておきたい。また，泌乳牛では，スコア3までは許容範囲である。

2. 管理上のポイント

糞性状スコアでは，しばしば水分含量が高いスコア1あるいは2が問題となる。集団で発生している場合は消化管内の感染症について検査する必要がある。また，ルーメン通過速度が速まってそのようなスコアになっていることが想定される場合は，飼料給与の方法やRFSなどをチェックする必要がある。むろん，飼料にカビなどの中毒性の物質が含まれているかどうかも調査する必要がある。また，そのような場合は糞消化スコ

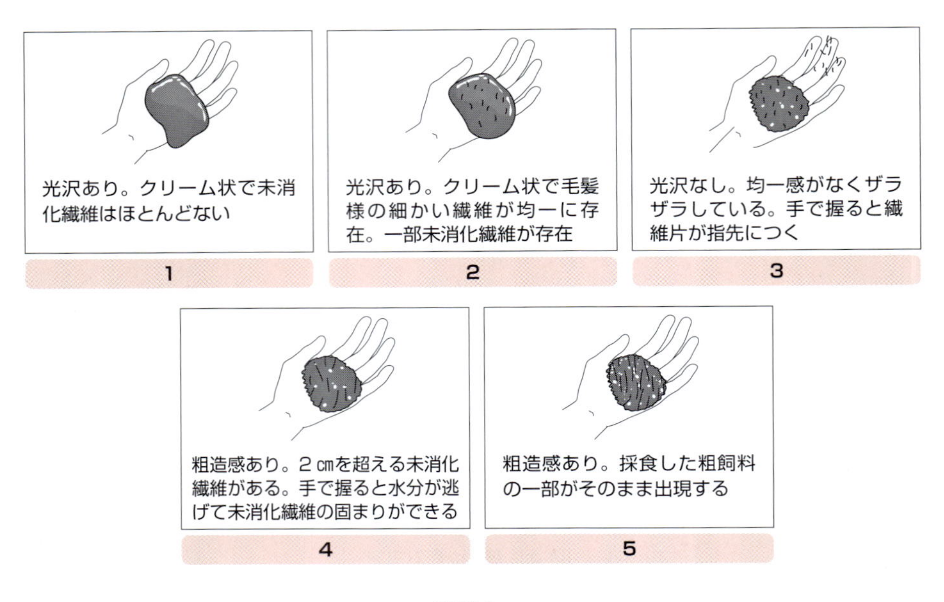

図５ 糞消化スコア

中田原図

アも高くなり，糞便の粗造感や未消化繊維も増加している。また，糞性状スコアが正常範囲であるにもかかわらず，糞消化スコアが高い場合は，飼料品質，給与体系をチェックする必要がある。

牛体衛生スコア

牛体衛生スコアは酪農場における牛の居住環境の衛生管理状況を評価し，乳房炎などの感染症の発生を予防するのに有用なモニタリングである。米国・ウィスコンシン州立大学の Dr. Cook はスコアを４段階で評価している。

1. 評価の方法

牛群が 100 頭未満の規模であれば全頭，100 頭を超える牛群では各ペンの少なくとも 25％の頭数をモニタリングすることが推奨されている。観察部位としては，**図６**に示すとおり，乳房（乳鏡から乳房，そして後ろから観察できる乳頭の周囲），下肢（飛節から蹄冠部までの外側部），大腿（飛節から上部の大腿，膁部，最後肋骨まで）の３カ所である。観察部位において，汚れている部分の面積の全体の面積に対する比率によってスコア 1～4 まで評価する。汚れ部位の面積比率は，スコア１で５％≧，スコア２で 10％≧，スコア３で 30％≧，スコア４で 30％＜である。なお，下肢と大腿スコアでは，左右で汚れの強い方をデータとして採用する。

スコア	汚れの割合	乳房(後部と側面の観察)	下肢	大腿
1	5%≧	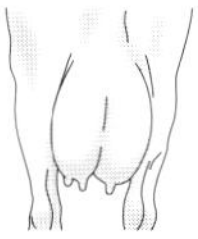 糞便はほとんどない	 糞便はほとんどない	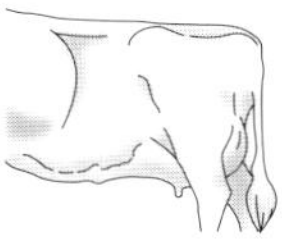 糞便はほとんどない
2	10%≧	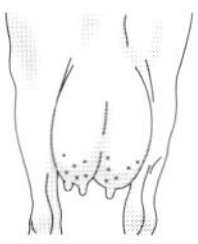 乳頭の近くに少量の糞便の跳ね返りがみられる	 蹄冠部の上部に少量の糞便の跳ね返りがみられる	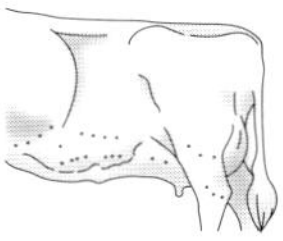 少量の糞便の跳ね返りがみられる
3	30%≧	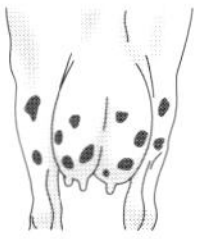 乳房の下半分に糞便が明らかに斑状にみられる	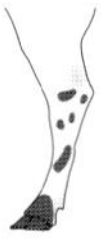 蹄冠部の上部に糞便が斑状にみられる	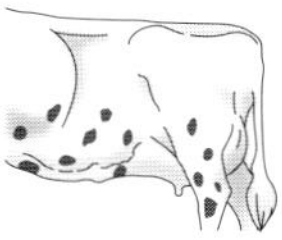 糞便が斑状にみられる
4	30%<	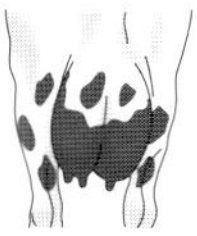 乳頭の上や周りを糞便が被っている	 飛節に向かって糞便が一様に被っている	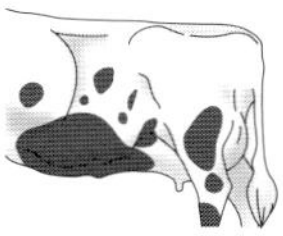 糞便がべったりと融合し，こびりついている

図6　牛体衛生スコア

Cook，2007より作図

2. 管理上のポイント

スコア3と4の合計がモニタリング数全体のどのくらいの比率になるかで牛体の衛生レベルを評価する。乳房スコアはストールの衛生管理状況を如実に反映する。したがって，スコアが群として高い場合は，ストールの衛生管理（除糞回数，敷料）あるいは，ストールのサイズ（狭い，広い，短い，長い）が適正でないことを示すので，その状況把握と改善の検討が必要となる。なお，大腿スコアもストール環境の状態を反映する。及川らのデータによると，乳房スコアが3以上の牛では，スコア2以下の牛に比べて約3倍乳房炎の罹患率が上昇することが示されている。下肢スコアの上昇は，しばしばフリーストールのような放し飼い牛舎において，通路の衛生管理が不十分な時に見受けられる。

牛体が汚れている場合，乳房炎，関節炎や趾皮膚炎などの環境由来の細菌感染症の発生リスクが高くなり，生産性に多大な影響を及ぼすので，日常のモニタリングが重要である。

なお，牛体衛生スコアの平均的なレベルとして，米国・ウィスコンシン州立大学では，スコア3と4の合計の割合が，繋ぎ飼い牛舎で，乳房20％，下肢25％，大腿30％，フリーストール牛舎で，乳房20％，下肢60％，大腿20％としている。

ロコモーションスコア（Locomotion Score）

ロコモーションスコアは，牛の跛行のレベルを評価する手法である。スコア1～5までの評価の要点が**図7**に示されている。正常な牛の背線は，立っている時も歩いている時も平らである（スコア1）。しかし，跛行の徴候を持つ牛（スコア2以上）は，その背線がアーチ状となり，歩幅が狭くなったり，肢を引きずったり，体重の負重を嫌うような状態が観察される。跛行は，骨折や脱臼あるいは関節炎以外のほとんどで，蹄病に関連している。本スコアは，牛が自由に歩き回れるフリーストール牛舎などでは肢蹄の状態のモニタリングにしばしば使用される。蹄病管理と連動させて用いると効果的である（「4－4　蹄の管理」参照）。スコアを評価する場合は，平らな場所で牛を自然な状態でゆっくりと歩かせることが肝要であり，絶対に後ろから追いまわしてはならない。

身体モニタリングは，日常の獣医療において臨床所見を記録する時に要するスキルとまったく同様である。一見これらスキルは抽象的に思えるかもしれないが，乳牛の生理学，飼養管理学あるいは畜舎構造学の理論に基づき，一定の基準で評価されているので，十分な客観性が得られる。しかしながら，スキルを磨いて確実なものにしていない場合は，あやふやなデータとなってしまう危険性もある。また，身体モニタリングは一切の器具機材を必要としないので経費がまったくかからないという最大の利点がある。モニタリングは同一の牛群に対して定期的に実施して，その変化の推移を確認することが大切である。スキルがさびつかないためにも常に観察することを怠らないようにしたい。百聞は一見に如かず（To see is to believe）である。

スコア		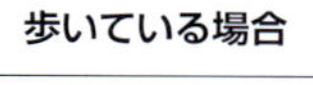
1 **正常**。立ち姿も歩様も正常。立っている時も歩行時も背線は平らで，大またで力強く歩く	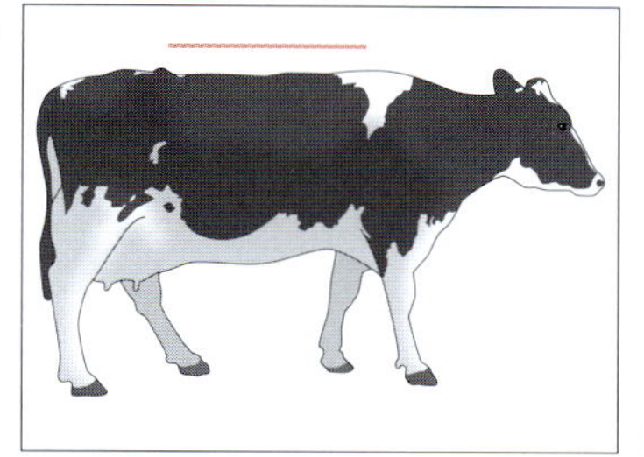	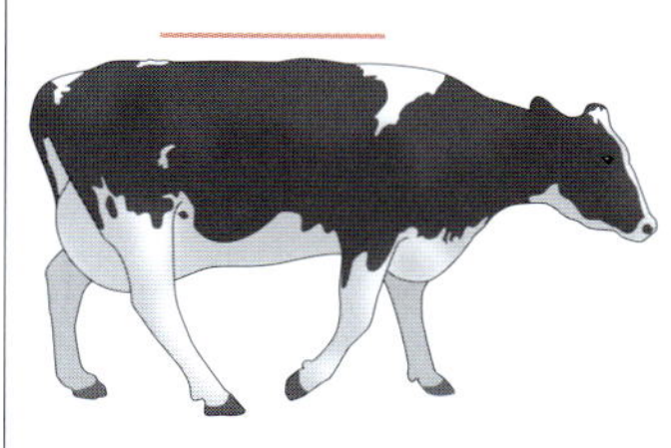
2 **軽度の跛行**。立っている時の背線は平ら。歩行時は背線がアーチ状になり，歩様は若干異常を示す	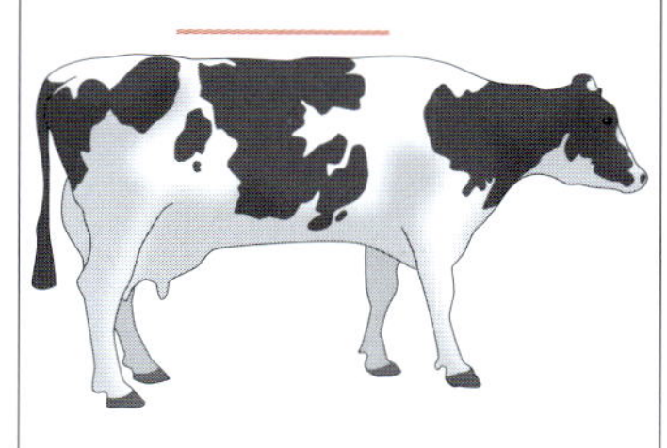	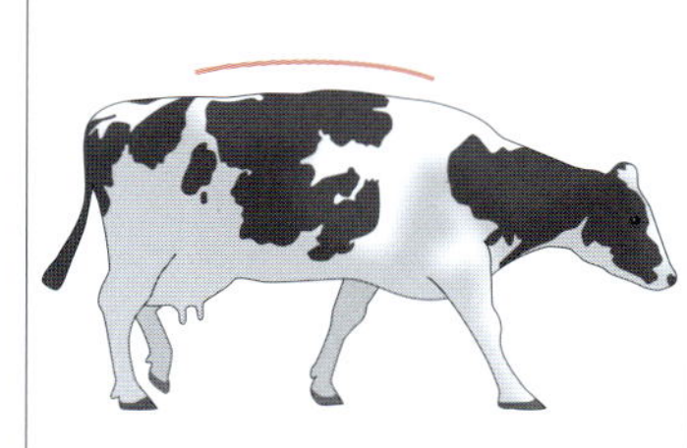
3 **中程度の跛行**。立っている時も歩行時も背線がアーチ状で，1肢または複数の肢の歩幅が狭い。痛めている肢から体重を移動させることにより，その向かい側の肢の副蹄がやや沈下している場合がある	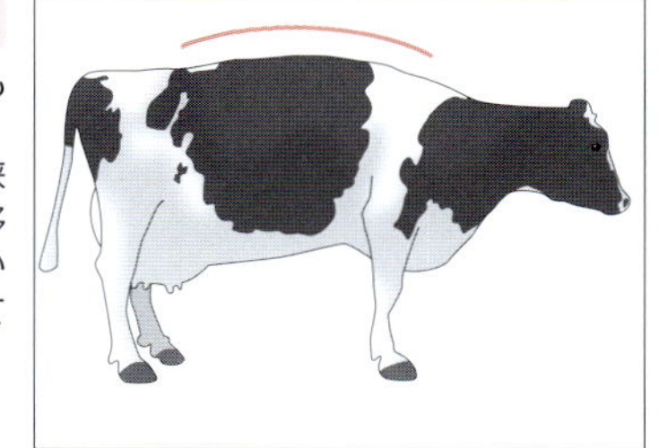	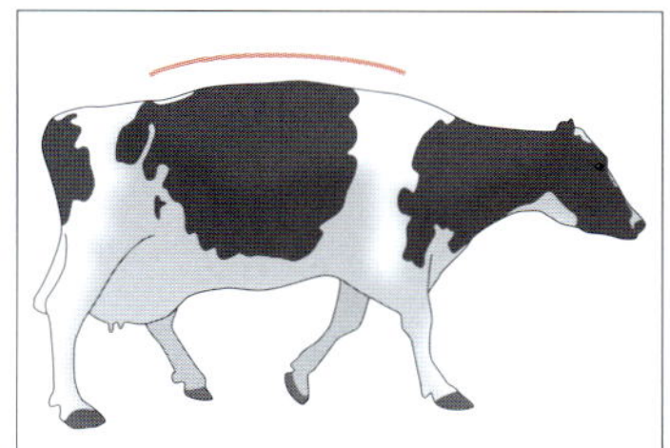
4 **跛行**。立っている時も歩行時も背線がアーチ状で，1肢または複数の肢をかばうようにして歩いているが，まだその肢に体重をかけることができる。痛めている肢の向かい側の肢の副蹄が明らかに沈下している		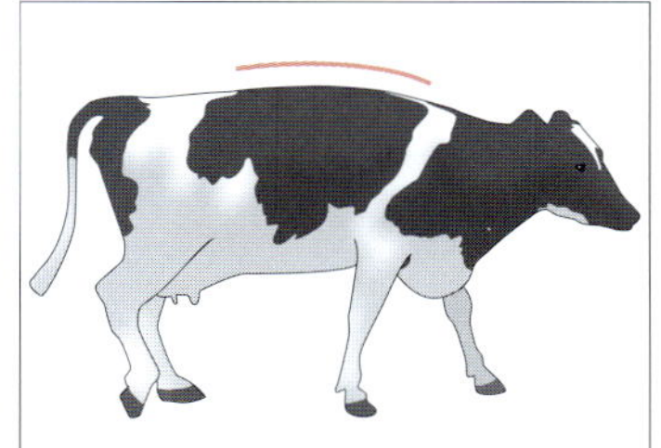
5 **重度の跛行**。背線は顕著なアーチ状を示す。動くことを嫌い，痛めている肢に体重をほとんどかけようとしない	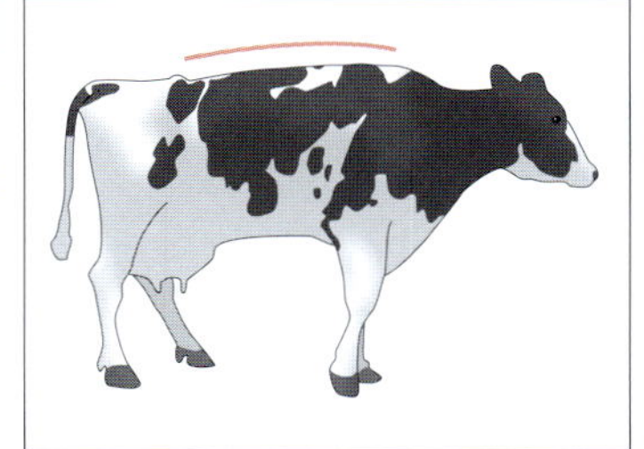	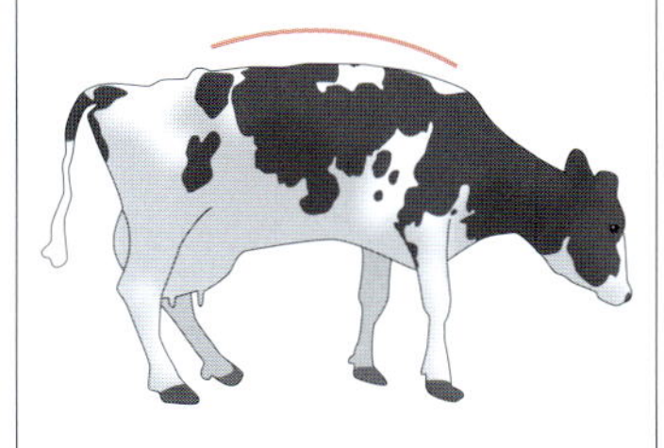

図7　ロコモーションスコア

資料提供：ジンプロ社〈https://www.zinpro.com〉

1－3

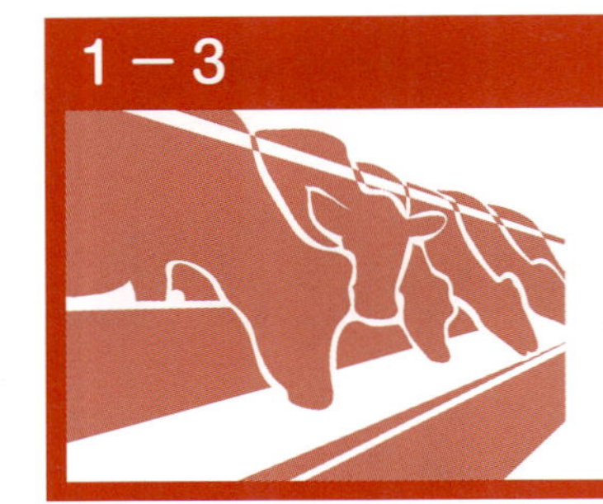

血液などのモニタリング

生体の代謝産物（血液，ルーメン液）を用いて，より具体的かつ客観的に生体における異常な変化（病態）を把握するモニタリング方法について解説する。

カットオフ値で潜在性疾病（病態）を診断するモニタリング

牛群における血液モニタリングとして，代謝プロファイルテスト（Metabolic Profile Test：MPT）が1970年代にイギリスのPayneらによって提唱された。日本におけるMPTは，牛群の損耗防止の観点から農林水産省の推進事業の対象ともなり，1990年以降，北海道農業共済組合連合会を中心に全国的に展開されてきた。具体的なMPTの検査項目として，**表1**に示すような項目が一般的に実施されており，その診断的な意義も確立されている。

一方，欧米では日本よりも早くにMPTの意義が認識されていたが，血液検査に費用を要することから広く普及するには至らなかった。それに代わって，検査コストの低減を主眼とする「最小限の検査で最大限の効果」を得るシステムが構築されている。これは，MPTのように検査された集団の平均値やバラツキを参考値と比較するというものではなく，各検査項目に閾値（カットオフ値）を設定し，その値を超えた場合（より高くなるか，あるいは低くなるか），見た目は健康であっても潜在的に異常な病態を有していると診断するものである（Threshould Biology）。すなわち，牛群にどれくらい潜在性の病態を有する牛が存在するかに着目している。

検査項目とそのカットオフ値は，関連する周産期疾病の発生や生産性低下との関係を評価した研究から設定されている。なお，この検査による評価では，検査対象は臨床型疾病を示す動物ではなく，外見上健康な動物を対象にしており（MPTでも同様），検査頭数に対する異常頭数の割合（有病率）で評価される。

現在確立されているカットオフ値による診断は，主として分娩前後の移行期に集中したものである。なぜなら，この時期はエネルギーやミネラルバランスが劇的に変化する時期であり，疾病発生にとって最もリスクが高いからである。評価される具体的な潜在性疾病（病態）としては，低エネルギー状態，潜在性ケトーシス，潜在性低カルシウム

表1　代謝プロファイルテストの一般的な検査項目

評価内容	項目
エネルギー代謝	非エステル型脂肪酸（NEFA），β-ヒドロキシ酪酸（BHBA），血糖・乳脂肪率，乳タンパク質率，乳量
肝機能	AST（GOT），γGTP（GGT），γグロブリン（炎症とも関連）
無機物代謝	カルシウム（Ca），無機リン（P），マグネシウム（Mg）
タンパク代謝	尿素窒素（BUN），アルブミン（肝機能とも関連）

＊しばしばボディコンディションスコア（BCS）がエネルギー代謝に加えられる

表2　牛群における潜在性疾病（病態）の評価指標

検査項目	評価される潜在性疾病（病態）	カットオフ値	警戒レベルの有病率＊	検査対象牛群	関連する疾病
血中非エステル型脂肪酸（NEFA）	低エネルギー状態	0.4 mEq/L≦	10%<	乾乳牛：実際の分娩日から2～14日前	脂肪肝，ケトーシス，第四胃変位
血中β-ヒドロキシ酪酸（BHBA）	潜在性ケトーシス	1.2 mmol/L≦	10%<	搾乳牛：分娩後3～50日	ケトーシス，第四胃変位
ルーメンpH	潜在性ルーメンアシドーシス	5.5≧	25%<	搾乳牛：分娩後5～150日（分離給与の場合は5～50日，TMR給与の場合は50～150日）	ルーメンアシドーシス
血中カルシウム（Ca）	潜在性低カルシウム血症	8.0 mg/dL≧	30%<	搾乳牛：分娩後12～24時間	乳熱

＊カットオフ値以上（異常値）を示す牛の全検査頭数に対する割合　　Oetzel, 2004・Cook ら，2006

血症，潜在性ルーメンアシドーシスが挙げられる。

潜在性疾病（病態）のモニタリング（表2）

1．非エステル型脂肪酸（NEFA）

血中非エステル型脂肪酸（NEFA）濃度はエネルギーの充足度を診断する際に用いられる。分娩の2～14日前に測定され，乾乳後期のエネルギーレベルが推定される。カットオフ値は0.4 mEq/Lであり，牛がそれを超える値を示している時は低エネルギー状態と診断され，分娩前からの肝臓の脂肪化，分娩後のケトーシスや第四胃変位などの周産期疾病の発生リスクが高くなることが知られている。血液サンプリングは朝の飼料給与直前の，最も高値を示すと考えられる時点が適当である。混合飼料（TMR）の朝晩2回給与の場合でも，基本的には不断給餌となっているが，朝の給与前が勧められる。

一方，最近のOspinaらの研究では，分娩後3～14日においてNEFA濃度が0.57 mEq/L以上を示した牛では，分娩後30日以内に発生する臨床型ケトーシス，第四胃変位，子宮炎のリスクが明らかに高まることが示されており，分娩後の指標としての研究も進んできている。

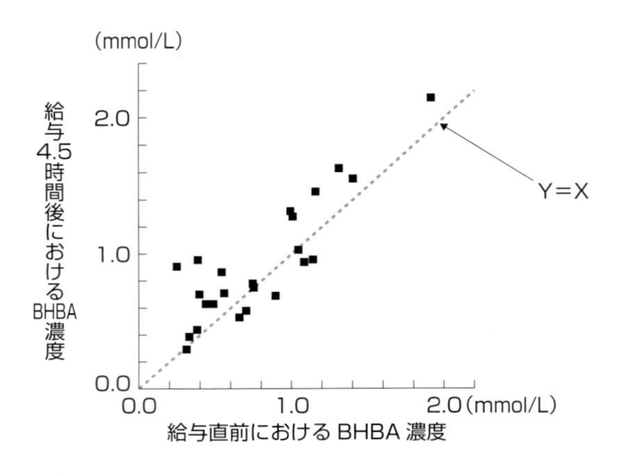

図1　飼料給与の時間経過と血液β-ヒドロキシ酪酸濃度との関係

及川，2008

フレッシュ牛群（n=24，フリーストール，飼養密度85%）にTMRを11：30に給与した。血液はTMR給与直前と給与後4.5時間後の16：00の2回，同じ牛から採取され，BHBA濃度が比較された

2. β-ヒドロキシ酪酸（BHBA）

血中β-ヒドロキシ酪酸（BHBA）濃度は，分娩後の初期に発生する潜在性ケトーシスについて，Ⅰ型とⅡ型の区別も含めて診断するために測定されている。以前は，分娩後の5～50日の牛を対象に検査されていたが，現在では分娩後の3～50日の牛に変更になっている。その理由は，最近のMcArtらの研究から，分娩後のかなり初期段階から潜在性ケトーシスが発生していることが分かったからである。すなわち，特に大規模農場では分娩後5日目に，すでに潜在性ケトーシスのピークがあったことが報告されている。

カットオフ値も数年前までは，1.4 mmol/Lであったが，最近ではその後の関連疾病の発生をかんがみて1.2 mmol/Lが推奨されている。1.2 mmol/Lを超える牛はその後，臨床型ケトーシスや第四胃変位などの周産期疾病を発症するリスクが高くなることや，低乳生産との関連性が高いことが分かっている。

血液サンプルは，飼料給与後4～5時間が望ましい。それは，飼料給与によって血中ケトン体がいくらか上昇するので，最高値を捉えるためには一定時間の猶予が必要だからである。**図1**にTMR給与直後と4.5時間後の血中BHBA濃度の関係を示した。**図1**からも分かるように，追跡検査した牛の71％（17頭/24頭）において，4.5時間後にBHBA濃度が上昇している。

BHBA濃度のゴールドスタンダードは血液であり，**写真1**のようなポータブル測定器が全世界的に普及している。一方，血液以外にもBHBA濃度の測定には乳汁と尿が活用されている。乳汁を用いたBHBA濃度の検査として，以前はアセト酢酸濃度が定性的に評価されていたが，感度が低い方法であったため，群レベルでの評価には推奨され

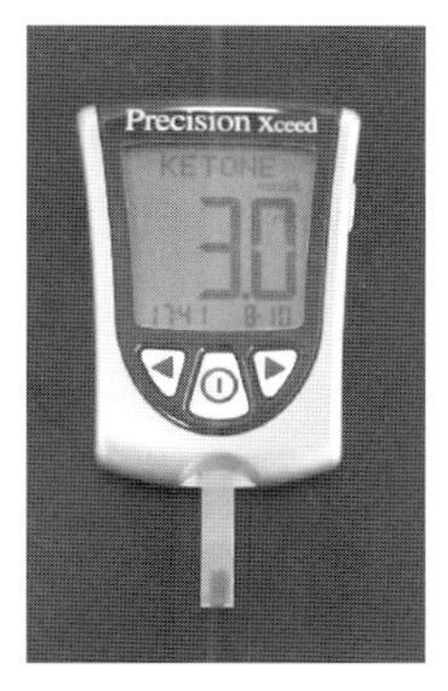

写真１　BHBA 濃度のポータブル測定器
本体にカートリッジを差し込み，血液を１滴測定部位に染み込ませる

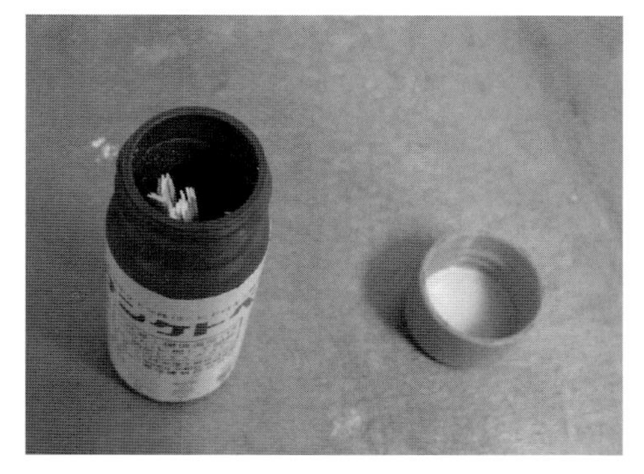

写真２　乳汁中の BHBA 濃度を測定するスティック

なかった。しかし，乳汁中の BHBA 濃度を判定する試験紙（サンケトペーパー，㈱三和化学研究所，**写真2**）が開発され，各国で利用されるようになった。この試験紙は血液と比較しても感度，特異度とも高いので，現場における有効な指標となっている。また，乳検などで報告される乳タンパク質率（P）と乳脂肪率（F）を用いて算出される P/F 比が泌乳初期に 0.7 未満の場合は潜在性ケトーシスが疑われるため，さらに精査する必要がある。これら乳成分データは容易に入手できるので，定期的な牛群評価として有用といえる。

尿を用いた潜在性ケトーシスの診断として，尿中のアセト酢酸が用いられているが，従来の半定量の製品は特異度が低かった。しかしながら，現在では新しく尿スティックが改良され，特異度，感度ともに良好な製品が市販されている（Ketostix, Bayer Corp. Diagnostics Division, Elkhart, Indiana, USA）。

3. ルーメン pH

ルーメン pH は潜在性ルーメンアシドーシスの評価に用いられる。すなわち，pH が 5.5 を下回る場合に潜在性ルーメンアシドーシスと診断される。カットオフ値を下回ると，ルーメンアシドーシスに関連して跛行，下痢，低生産性，低ボディコンディションスコアなどのリスクが高くなる。

ルーメン液のサンプリングにはルーメン穿刺が推奨されている。日本ではまだ通常検査になっていないが，適正な手順で実施すれば牛にとっても危険性はほとんどない。経口あるいは経鼻カテーテルでルーメン液を採取する方法もあるが，唾液が混ざってしまう危険性が大きく信憑性に欠ける。

ルーメン穿刺の方法としては，まず針（16 G 程度，長さ 15 cm程度）を刺入する部位となる左側膝蓋骨の 30 cm程度前方の臁部を毛刈りし，剃毛する（おおむね 3 cm四方）。次いで，同部位を十分に消毒する。ひとりが頭部を，もうひとりが尾を根部から前方に

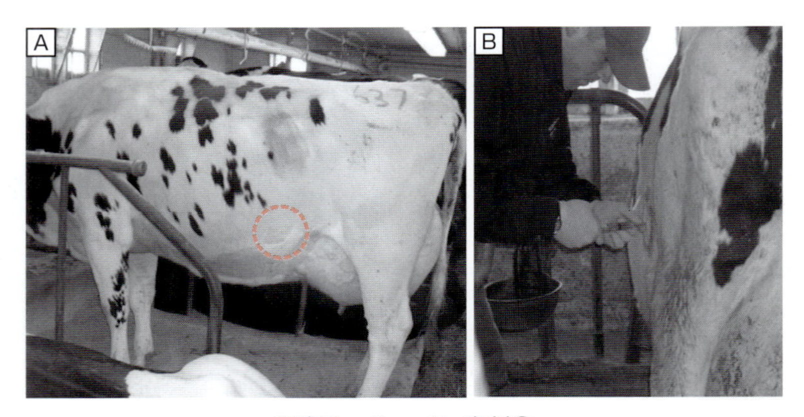

写真 3　ルーメン穿刺①

A：穿刺する部位は茶色の丸の部位，B：実際のルーメン穿刺の様子　　及川原図

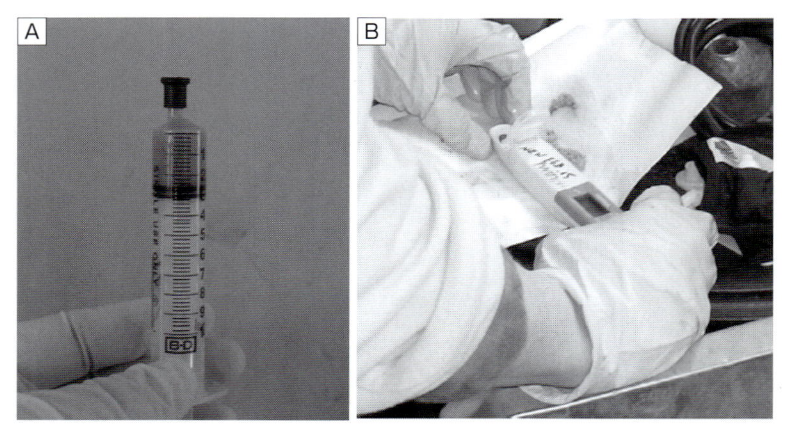

写真 4　ルーメン穿刺②

A：採取されたルーメン液，B：ルーメン液の測定（ポータブル pH メーター）　　及川原図

押し上げて保定したら，術者は速やかに針を術部に刺入して注射筒を装着し，おおむね 1 mL 程度のルーメン液を採取する（**写真 3**）。その後，針を抜去し，刺入部位を消毒する。注射筒内の空気を排除し，先端をゴム栓などで止める（**写真 4**）。サンプルは速やかにポータブルの pH メーターあるいは実験室の機器で測定する。なお，穿刺は 1 度に 2 回までとする。

サンプリングの時期として，分離給与の場合は分娩後 5～50 日，TMR 給与の場合は分娩後 50～150 日が推奨されている。

なお，BHBA の項目で示した P/F 比を測定し 1.0 を超えている場合はルーメンアシドーシスを疑うことがある。一方，潜在性ルーメンアシドーシスの乳タンパク質率に対する影響が明確でないことから，この指標を疑問視する研究者もいる。しかしながら，ルーメン pH と乳脂肪率との関連性についてはよく知られており，以下の式で推定することがある。

ルーメン pH＝4.44＋(0.46×乳脂肪率%)

4. カルシウム（Ca）

血中カルシウム（Ca）濃度は潜在性低 Ca 血症を診断するために測定される。血液の採材は分娩後 12〜24 時間の間とされている。カットオフ値は 8.0 mg /dL であり，それを下回る場合，乳熱の発生リスクが高くなる。農場で低 Ca 血症の対策を実施している場合，本モニタリングをすることでその取り組みの正当性が評価できる。サンプリング時間は上記の項目と違って，特に採食との関係は気にしなくてもよい。なお，現場において Ca を測定できる機器が普及している。

5. サンプルの保存方法

血液サンプルは一般に尾静脈あるいは頚静脈から採取し，速やかに 4℃保存する。現場では保冷剤の充填されたアイスボックスを携行し，診療の合間に採血したとしてもサンプルをボックス外に放置することは絶対に避けるべきである。

牛群レベルでの検査数と結果の評価（表 3）

現場において有用なサンプリング方法として 1 牛群当たり 12 頭の採材が推奨されている。これは，75% 信頼区間に基づくものであり，農場モニタリングではコスト面からも実際的なサンプリング数と思われる。NEFA と BHBA では，12 頭中カットオフ値を超える（異常値の）頭数が，0 頭の場合は陰性牛群，1〜2 頭の場合は警戒牛群（NEFA：低エネルギー警戒牛群，BHBA：潜在性ケトーシス警戒牛群），3 頭以上の場合は陽性牛群（NEFA：低エネルギー牛群，BHBA：潜在性ケトーシス牛群）と診断される。ルーメン pH では，12 頭中 0〜1 頭の場合は陰性牛群，2〜4 頭の場合は警戒牛群（潜在性ルーメンアシドーシス警戒牛群），5 頭以上の場合は陽性牛群（潜在性ルーメンアシドーシス牛群）と評価される。また，Ca 濃度では，カットオフ値を下回る頭数が 12 頭中 0〜2 頭の場合は陰性牛群，3〜5 頭の場合は警戒牛群（潜在性低 Ca 警戒牛群），6 頭以上の場合は陽性牛群（潜在性低 Ca 牛群）と判断される。NEFA，BHBA，ルーメン pH，Ca の陰性〜陽性の区分は，それぞれの検査項目における警戒すべき有病率に基づいて設定されており，NEFA と BHBA では 10%＜，ルーメン pH では 25%＜，Ca では 30%＜である。

なお，12 検体を採材する際，大規模農場では 1 回の訪問で可能であるかもしれないが，小規模農場では十分な数を確保できない場合がある。例えば，BHBA 濃度を検査

表3　牛群レベルでの検査数と結果の評価

牛群評価*	検査項目			
	NEFA	BHBA	ルーメン pH	Ca
	（12 頭検査中の陽性頭数）			
陽性	12	12	12	12
	11	11	11	11
	10	10	10	10
	9	9	9	9
	8	8	8	8
	7	7	7	7
	6	6	6	6
	5	5	5	5
	4	4	4	4
	3	3	3	3
警戒	2	2	2	2
	1	1	1	1
陰性	0	0	0	0
警戒すべき有病率	10%<	10%<	25%<	30%<

NEFA= 血中非エステル型脂肪酸，　Cook ら，2006 を一部改変
BHBA= 血中 β - ヒドロキシ酪酸，Ca= 血中カルシウム，ルーメン pH= ルーメン液の pH
＊牛群評価は，75％信頼区間に基づいている

する時，1 回の農場訪問で 7 頭が採材できてそのうち 3 頭がカットオフ値以上であった場合は，その牛群は潜在性ケトーシス牛群と診断できるが，2 頭だけが異常値であった場合は，その牛群が陽性か警戒かの判断がつかないので，採材を重ねる必要がある（1～2 週間間隔で何度か訪問する）。その際は，同一個体に対する反復採材は避けなければならない。

血液などのモニタリング方法は，疾病コントロールをするうえで非常に重要な潜在性疾病（病態）に焦点を当てている。これらのモニタリングは，その他の身体モニタリングなどを組み込んだ牛群の健康管理プログラムとして実行することで，よりいっそう関連する周産期疾病の予防や繁殖成績の改善を講じる際に有用であり，生産性の向上に貢献できる手法である。北米では，小規模酪農場から大規模酪農場までこのプログラムが実施されている。最近，日本でも普及してきている。

最小限のモニタリングコストで牛群に対して有効な評価ができるプログラムの導入は牛群の健康管理において非常に有用である。

1－4

疫学的視点からのデータの扱い方

乳牛群のハードヘルスを実践するに当たっては，動物集団における健康状況または疾病を起こしている原因を「客観的」に理解して介入を実施し，さらにその効果を検討することが不可欠であり，そのために疫学は強力なツールとなる。疫学は，「特定の集団における健康に関する状況あるいは事象の分布あるいは規定因子に関する研究」と定義されている学問体系である。

調査計画

ステップ1．目的の設定

疫学を用いるうえで最も大切なことは，明確な目的を設定することである。目的を設定するうえで考慮すべき事項として，以下が挙げられる。

①特定の疾病・問題の発生またはその増加に気が付いているか。
②問題と考える疾病・事象について，その原因にある程度アタリがついているか。
③対象は地域，特定の農場，牛群全体，もしくは成長ステージなどに限定されているか。

①と②は「仮説の設定」に関する内容である。仮説とは，「以前と比較して疾病Ａが多くなっている」「疾病Ｂの原因は○○ではないか」というような，観察から来るアイデアのことである。仮説を立てる際に，疾病・問題が特定の集団に限局しているならば，その限局された集団に絞って考えると仮説が明確になりやすい。

仮説ができたならば，統計学を用いて仮説を検証する。その結果，もしある原因が特定の疾病を起こしていたならば，その原因を取り除くことで牛群の健康は向上するはずである。このように，疫学には以下のような論理的流れ（疫学のサイクル：**図1**）があるので，これからどの部分の作業を行うのか，目標を明確にすることが重要である。目標の具体例としては，「Ａ地区で○○性乳房炎が増加しているので被害状況を知りたい」といったオープンなものから，「○○病を低減させたいので，疑っている因子が確かにリスク因子（疾病の要因）であるか確かめたい」「○○病の農場内感染ルートとして水平感染を疑っているのでこれを確かめたい」といった具体的な目標が挙げられる。

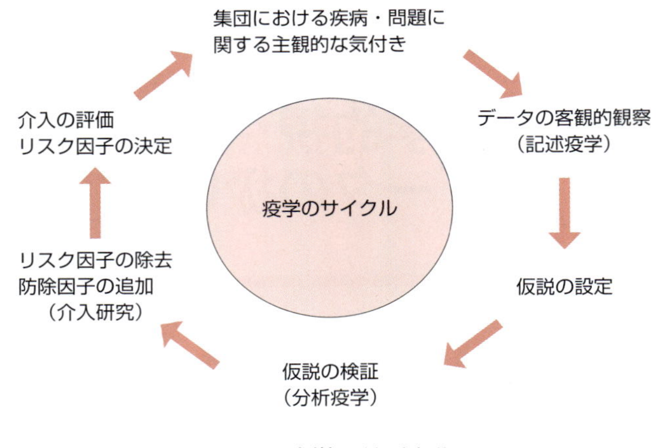

図1　疫学のサイクル

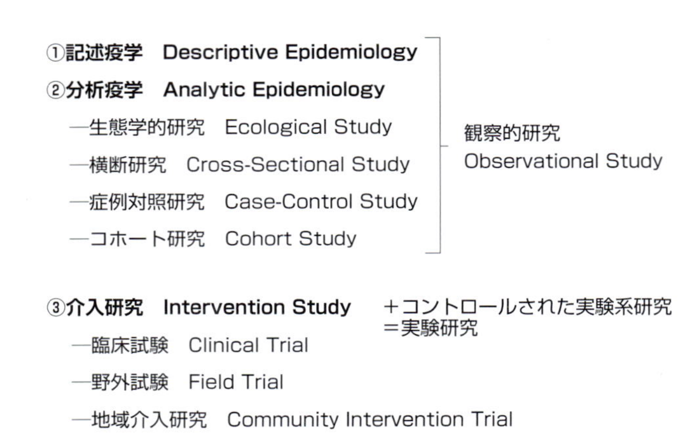

図2　疫学的調査方法とその分類

ステップ 2.　疫学的調査方法の選択

ステップ1で「疫学のサイクル」を紹介したが，ここからは疫学的調査方法とその分類について，さらに詳細に説明する（**図2**）。

①記述疫学

記述疫学とは，疾病発生の頻度とパターンを時間・場所・属性について，表やグラフ，地図におとして表現することである。属性には，牛という個体レベルではその種類や系統，月齢，性別など，また農場レベルでは畜主の情報や経営形態などが含まれる。このように客観的に観察することにより，疾病の原因は何であるかという仮説が設定できる。詳しくは後述する。

②分析疫学

分析疫学のうち生態学的研究とは，都道府県や市町村といった集団ごとに疾病の数を集計し，農場レベルまたは個体レベルでの集団間の疾病発生頻度と疾病要因の曝露状況の違いから，曝露と疾病との関係を分析する方法である。

横断研究とは，対象となる集団をある一時点で調査し，疾病発生頻度を観察する方法である。この研究は有病率算定によく用いられるが，質問票や乳検データなどから疾病発生要因として疑われる因子への曝露状況を調査し，疾病発生との関係を分析することもできる。しかし横断研究は一時点での調査であるため，「以前の曝露によって病気が発生した」という時間的関係性に基づく仮説の検証ができない。このため，統計学的に有意であっても因果関係の示唆にとどまる。

症例対照研究は，疾病が発生している農場または牛個体を症例とし，症例群と同数またはその2倍の農場，または牛個体を対照群として無作為に抽出し，原因が疑われる因子への過去の曝露状況を比較することによって，曝露と疾病発生との関係性を分析する方法である。酪農においては，牛群検定などで蓄積されたデータが非常に多いため，獣医師や畜産アドバイザーがデータセット全体を扱うことしか考えていない場合は，どう分析したらよいか悩むことが多い。この点，症例対照研究は症例群と対照群を選択することで，曝露と疾病との関係がかなり明確に見えることが多いので，臨床獣医師やアドバイザーにとって使い勝手のよい方法である。対照群の選定は，農場であれば経営形態や規模，牛個体であれば成長ステージなどについて，症例群と一致（マッチング）する条件のなかから疾病を発症していない農場または牛を選択すると，他要因による誤差が生じない。

コホート研究は，農場または牛個体を，観察したい要因の曝露群と非曝露群に分け一定期間観察し，疾病発生数を比較することで，曝露と疾病発生との関係を分析する方法である。コホート研究では，曝露が先にあって結果である疾病が発生するため，時間的関係が明確で信頼性が高い方法である。

ここまで説明した分析疫学手法は，目的に応じて適したものを選択する。

③介入研究

介入研究とは，分析疫学によって示唆・推定されたリスク因子（疾病・問題を起こす因子）を除去するか，ワクチン接種や暑熱対策としてのスプリンクラー設置など防除効果を加える介入群と，介入しない対照群を一定期間観察し，介入群において対照群と比較して疾病発生の減少を確認することにより曝露と疾病発生との関係を決定する方法である。本研究について臨床現場で気を付けることは，観察期間終了後に対照群にも介入群と同様の処置をするなど，倫理上の配慮を行うことである。また倫理的問題発生の防止のため，農場経営者から書面でのインフォームドコンセントを受けておくべきである。

ステップ3．データの種類の理解

大まかな流れが掴めたところで，次に重要なのは，データの種類の認識である。生データには，①動物の数，疾病発生数，空胎日数，産次数など数えることのできる「カウントデータ」，②発生の有無，性別など二者択一の「二項データ」，③カウントデータや二項データの積み重ねからつくられる「割合データ」，④所属農協など3種類以上の選択肢からなる「カテゴリカル・データ」，⑤体重，泌乳量，体温などの「連続データ」がある。

これに加えて，⑥時間当たりの頻度を表す「率」，⑦分子が分母に含まれない割り算（例えば，男性の数÷女性の数である男女比）の「比」がある。

ステップ4．サンプル数の計算

疫学研究を実施するに当たり，サンプル数の計算は非常に重要であり，誤った方法で計算されたサンプルで得られた結果は精度の面で信頼性が担保されない場合がある。

サンプル数の計算では，①有病率など割合を推定したい，②症例対照研究やコホート研究で2群の割合が異なることを検定したい，③連続数（正規分布するもの）の平均値が2群で異なることを検定したい，④牛群内にその疾病があるかないかを見定めたい，⑤発生率やオッズが異なることを検定したい，といった目的によってそれぞれ計算式が異なる。また，以下に述べる標本抽出方法によって計算式が異なるので注意する。

さらに乳検データなど，過去にさかのぼると何万件といった大量のデータにアクセスできる場合は，それらデータを一括して不用意に分析すると，サンプル数が多すぎることにより統計学的有意差が生じてしまい，実際の関係性を反映しないといった問題が起こる。このため「自分は何を知りたいのか」ということを明確にしたうえで，蓄積データから農場，牛，月などで絞り込み，サブ・データベースをつくり分析するような研究計画を立てるべきである。

ステップ5．標本抽出方法の検討

分析には，母集団（農場や牛など）すべての情報を用いる場合（センサス）と，集団に属する農場または牛個体を選定（標本抽出）して用いる場合とがある。標本抽出は非確率論的抽出方法と確率論的抽出方法に分けられる（**表1**）。非確率論的標本抽出は有意抽出と利便抽出に分けられる。有意抽出は特定の特徴がある個体集団・農場を主観的に選択する方法である。利便抽出は仲のいい農家にお願いするなどの例が挙げられるが，こういった農家ではすでに獣医師やアドバイザーとの共同作業で疾病対策に積極的に取り組んでいることが多いため地域全体のなかでも成績がよく，母集団全体の特徴を正確に表さないことが多い。このような標本の母集団から見て一定の方向性のある偏りのことを，バイアスと呼ぶ。

表1　標本抽出方法の種類

非確率論的抽出方法
有意抽出　Purposive Selection
利便抽出　Convenience Sampling
確率論的抽出方法
単純無作為抽出　Simple Random Sampling
系統無作為抽出　Systematic Sampling
層化無作為抽出（層別抽出）　Stratified Random Sampling
集落無作為抽出　Cluster Sampling
多段階無作為抽出　Multistage Sampling

バイアスが生じると，せっかく時間と経費をかけて実施した研究成果が信頼できないことになり，農場に不利益をもたらすだけでなく，ほかの獣医師などに誤った情報が伝わり，誤った対策が広範囲で取られることにもなりかねない。このため，標本抽出は適切な確率論的抽出方法を選択して実施すべきである。

無作為抽出では，マイクロソフトエクセルの乱数発生装置（=RANDBETWEEN（1,全数））を用いるのが便利である。単純無作為抽出は標的集団のなかから，計算されたサンプル数の標本を無作為に抽出する方法である。系統無作為抽出は，集団を順番に並べ，最初に抽出する個体・農場を無作為に抽出した後，一定の間隔で標本を抽出する方法である。層化無作為抽出は，集団を市町村や農業協同組合といった単位，農場経営形態などのカテゴリー，牛の成長ステージといった「層」に分け，それぞれの層に同じ割合でサンプル数を設定して無作為に抽出する方法である。集落無作為抽出は，前述のような単位を「集落（クラスター）」と呼び，クラスターを無作為に抽出した後クラスター内の個体全頭を抽出する方法である。多段階無作為抽出は，所属農協，農場など複数の段階でそれぞれ無作為に抽出する方法である。単純無作為抽出，層化無作為抽出，集落無作為抽出，多段階無作為抽出ではサンプル数の計算方法が異なるので，成書を参考にすべきである（獣医疫学会，2011）。

これらの標本抽出の考え方は疫学研究の基本であり，ステップ2の各疫学的調査方法すべてに応用される。

データの収集

ステップ1で目的が明確になり，疾病・問題発生を表す指標，またリスク因子であることを疑う因子の曝露の有無または程度を表す指標を設定したら，ステップ2,3,4を踏んで計画を立てる。データの収集は，主として①官公庁などから公表されているデータを使用する場合，②臨床獣医師やアドバイザーの所属機関の蓄積データを使用する場合，③農場での聞き取りによって情報を得る場合，④獣医学的に診断し情報を得る場合

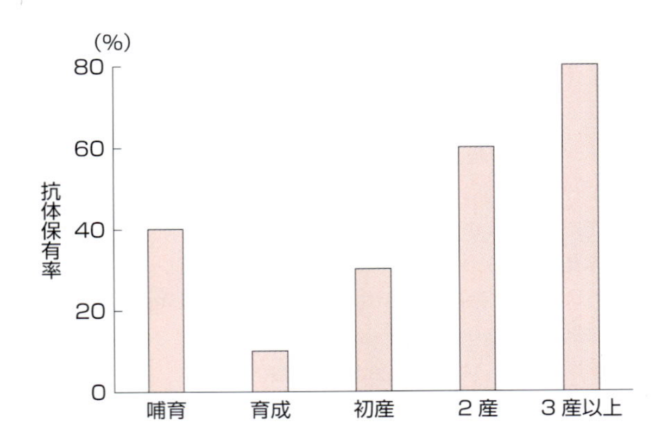

図3　ある疾病の成育ステージ別抗体保有率の変化（仮想データ）

が挙げられる。質問票の設計には，農場関係者や他獣医師およびアドバイザーとのディスカッションや参加型調査を用いるなどして，問題の全体像が反映されるような内容にすべきである。

記述疫学

記述疫学とは疾病発生の頻度とパターンを属性・場所・時間について把握する調査方法である。疫学手法の高度化，細分化が進むなかでも普遍的に重要であり，疫学調査では必ず最初に実施する方法である。

農場での正確な記述疫学調査を可能にするのは，定期的な観察と記帳・記録の習慣である。牛群検定に参加することでデータが集積されていると，何か異変に気付いた時に過去にさかのぼり，速やかに記述疫学を実施できるので非常に重要である。

1. 疾病発生パターンを属性について記述する

属性は，生物学的属性と社会学的属性の２つに分けられる。

①生物学的属性

生物学的属性には，年齢，品種・系統，性別，体格，生産能力，乳期，栄養状態などが含まれる。牛の場合，年齢よりも成育ステージと産歴がより多く用いられる。**図3**に，ある伝染性疾病のステージ別抗体保有率を示す（人工的に作成した仮想データ）。この疾病には，哺育期には40％の牛が抗体を保有しているが，育成期にいったん保有率が下がり，初産，２産，３産以上とステージが進むごとに抗体保有率が高くなっている。この図から，この農場では常に感染リスクが存在するため年齢とともに感染牛の割合が高くなる，哺育期の抗体は移行抗体による可能性がある，といった「仮説」を設定

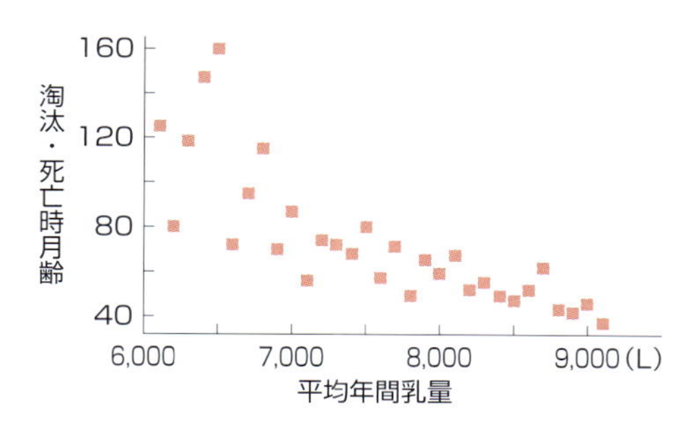

図4　ある牛群における平均年間乳量と寿命の関係（仮想データ）

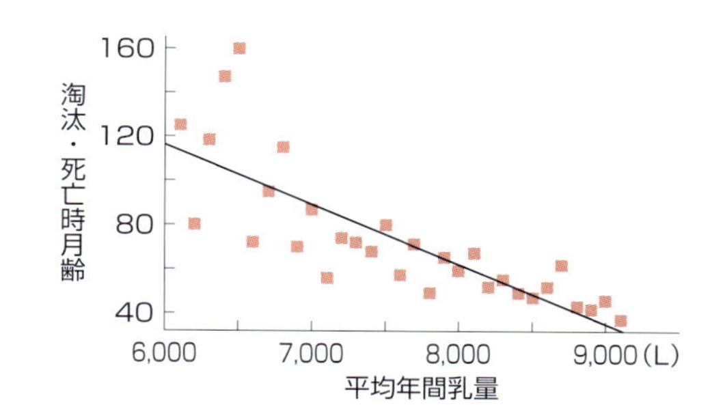

図5　図4に回帰線を加えたもの

淘汰・死亡時月齢＝−0.027×平均年間乳量＋277.3

することができる。この**図3**の考えは，多くの健康管理上の問題分析について応用できる。例えば，X軸に初産以降の産次を並べ，空胎期間をY軸に取ると，産次が進むにつれ繁殖成績がどのように変化するかを観察することができる。

このような可視化は，棒グラフだけでなく，散布図でも可能である。例えば，**図4**に人工的に作成したデータを用いて，泌乳能力と淘汰・死亡時月齢との関係を表す（本データは事実に基づくものではなく，散布図がいかに役立つかを理解するためのものである）。この例からは，泌乳能力が高まるにつれエネルギーの収支を合わせるためにルーメンや体全体への負荷が大きくなり，事故が起こりやすくなるという「仮説」が設定できる。

さらに散布図で観察されたデータに直線回帰（Y=aX+bの関係性を解く）を加えると，2つの因子間の関係性がよりはっきりする。**図5**は**図4**に直線回帰の結果を加えたもので，この仮想データの場合，Y切片bは277.3，傾きaは−0.027，傾きのP値は0.01以下で，平均年間乳量と寿命との間に有意な負の関係性が認められた。ここで紹介した回帰分析は多くの種類のコンピュータソフトで実施可能である。コンピュータソフトにはRのように無料でダウンロードでき，複雑な処理が可能な優れたものもある。

人間には目から得た「形」の情報から物事の関係性を見抜く能力が備わっているので，このように2つの因子間の関係性を目で見ることで推測するステップは重要である。

②社会学的属性

社会学的属性としては，まず農場経営者や飼育担当者の年齢・性別・教育・農業経験年数・婚姻，世帯人数などの個人属性がある。農場属性としては家族経営・法人経営といった経営形態や，放牧主体，繋ぎ飼い，フリーストールなどの飼育形態，飼育規模が挙げられる。さらに牛群検定への加入の有無や，農業協同組合の組合員あるいは非組合員の別なども社会学的属性である。また，リスク因子として挙げられる可能性のある衛生対策についても，この範疇であると考えられる。

表2　黄色ブドウ球菌性乳房炎の搾乳牛年間発生率

項目	種類	年間発生率
飼育形態	繋ぎ飼い	2.0%
	フリーストール	2.0%
搾乳前消毒	A 剤使用	1.7%
	B 剤使用	2.1%
	実施しない	2.3%
搾乳後ディッピング	C 剤使用	3.0%
	D 剤使用	1.1%

ここでは，ある地域の9農場でかつて搾乳後ディッピング剤の種類で黄色ブドウ球菌性乳房炎の発生頻度に差が見られた事例について紹介する。**表2**に飼育形態，搾乳前消毒剤，搾乳後ディッピング剤に関しての搾乳牛での年間発生率を示す。

表からは，黄色ブドウ球菌性乳房炎の発生に飼育形態と搾乳前消毒は関係ないが，搾乳後ディッピング剤C剤が関与していることが疑われる。このように，属性について疾病との関連性を記述することによって，非常に多くの有用な情報が得られる。

2. 疾病発生パターンを場所について記述する

ある疾病について，陽性農場と陰性農場の分布を地図で確認することは非常に重要である。地域をよく知る獣医師であれば，発生原因に思い当たることがよくある。**図6**に2009年における全国の地方別牛白血病ELISA抗体陽性率を示す。この例では大まかな地方別の疾病分布を示しているが，都道府県別，市町村別などのより詳細な分布や，発生農場と非発生農場の分布も，地勢や河川，道路，と畜場，昆虫の分布などと併せて表示することで，発生原因の仮説の検討や，防疫対策の立案，衛生対策の評価などに用いることができる。

もちろん「場所」の記述は農場間のみならず農場内においても重要である。場所に加えてさらに「時間：いつ発生したか」を地域の地図または農場内図に記入していくと，仮説が浮かび上がってくることが多い。

3. 疾病発生パターンを時間について記述する

「時間」についての疾病発生パターンとは，時間が経過するなかで捉えられる疾病頻度の変化のことである。地域である時期に疾病の発生頻度が高くなった場合，時期が共通して起きた変化について，疾病の特徴を考慮しながら調査すると，原因と考えられる因子を見つけることができる場合がある（一致法）。

また疾病によっては，季節変動や，集団免疫割合の変化による数年周期の循環変動がみられる。県や国家単位の集団では，**図7**の牛白血病の例のように長期的増加傾向がみられる場合は，組織的な対策を検討しなければならない。

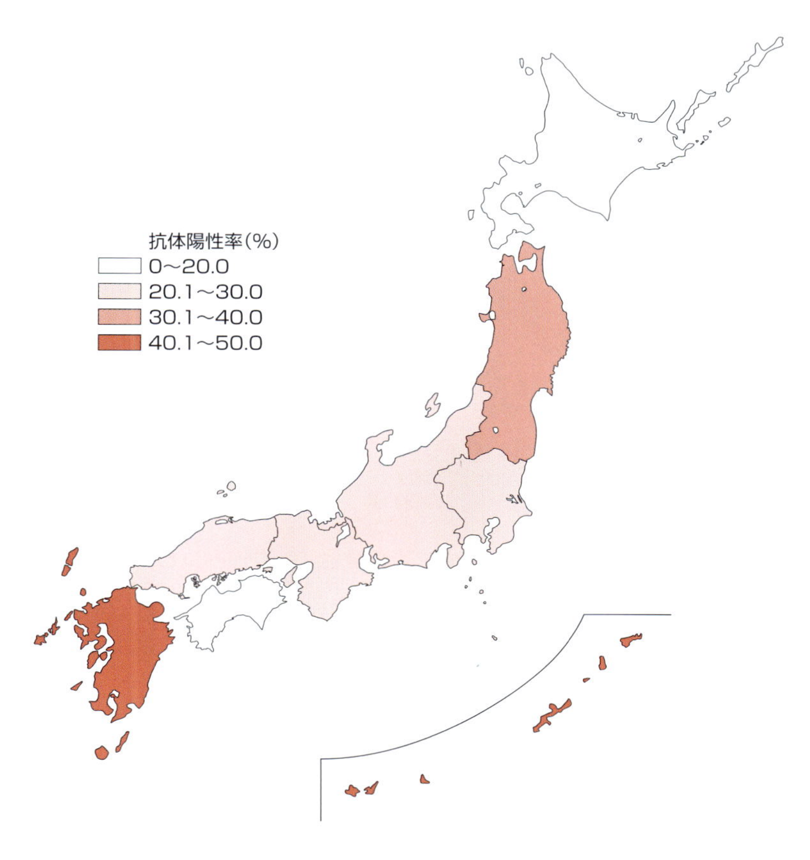

図 6　2009 年の牛白血病 ELISA 抗体陽性率の地方別表示

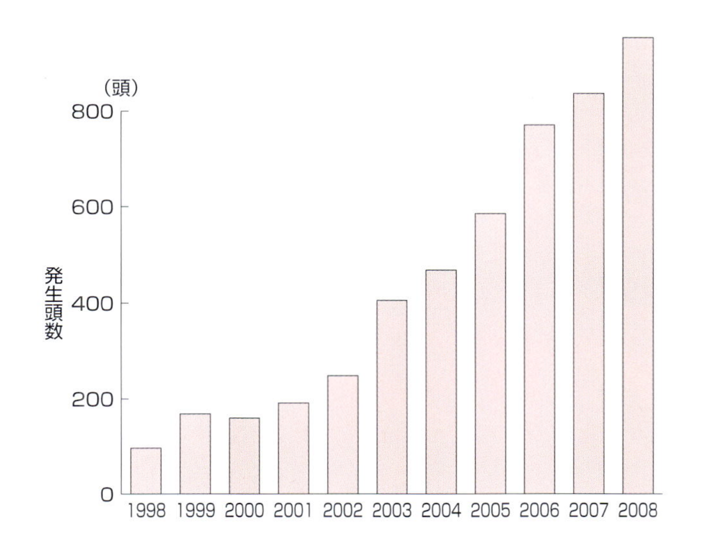

図 7　我が国における牛白血病発生頭数の推移

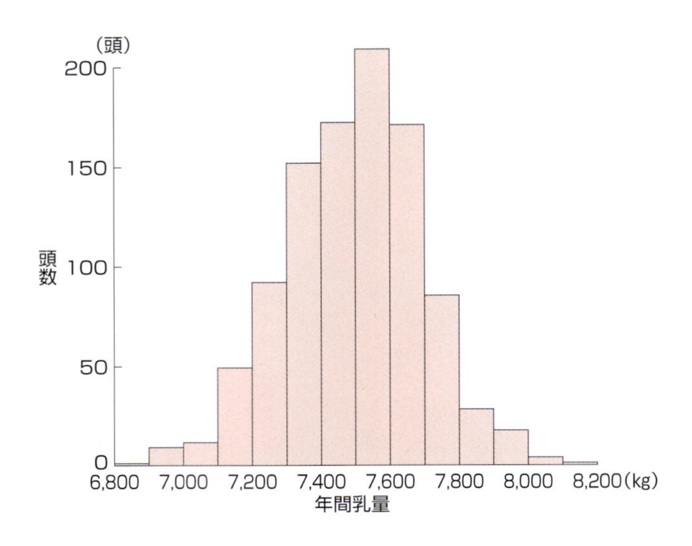

図 8　ある地域における乳牛の年間乳量ヒストグラム（仮想データ）

データの解釈と統計学的分析の要点

記述疫学からさらに踏み込んで，データの解釈と統計学的分析について基本的なことを解説する。ここではあくまで統計の取り掛かりを提供し，詳細な統計方法とその理論の説明については省略する。

1. データの代表値

データが収集できたら，自分で理解するために，また農場関係者や獣医師間，さらに学会や論文発表をとおして他者とコミュニケーションを取るために，データの特徴を言い表すことが必要になる。この第一のステップがデータの代表値の計算である。

乳量や体重などの連続データ，頭数や体細胞などのカウントデータ，また複数の農場におけるそれぞれの有病率（病気を持っている頭数 / 全体の頭数）のような二項データが基になった割合データでは，算術平均が最も用いられる。

現場で得られたデータはまず度数分布図（ヒストグラム）で示してみるとよい。**図 8**に人工的に作成した仮想の年間乳量データ（平均 7,500 kg，標準偏差 200 kgの正規分布から 1,000 頭分の値を無作為抽出して作成）による 100 kgごとの度数を用いたヒストグラムを示す。このデータは一瞥して左右対称であり正規分布しているように見える。この 1,000 頭分の年間乳量について同じ正規分布から複数回無作為抽出して算術平均を求めると，若干の誤差は生じるが，結果は何度試してももちろんほぼ 7,500 kgに近い値となる。正規分布はこのとおり平均値と標準偏差という 2 つの「パラメータ」で規定され

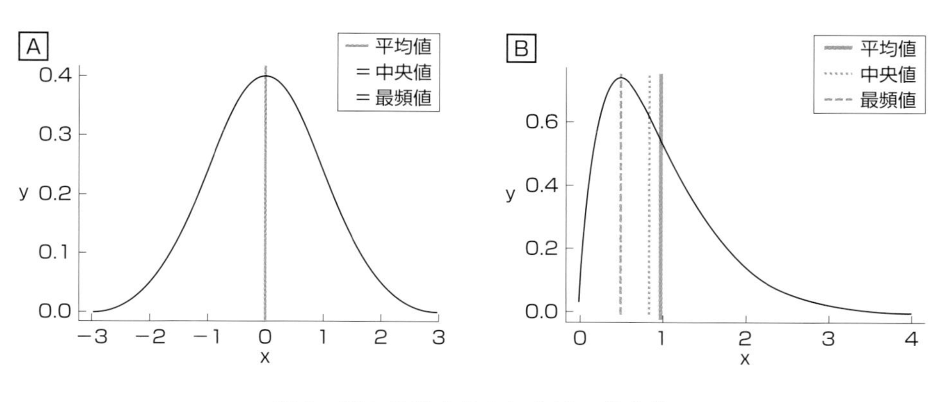

図 9　異なる確率分布における代表値

A：正規分布の場合，平均値は中央値，最頻値と等しくなる
B：歪んだ確率分布の場合，平均値，中央値，最頻値はそれぞれ異なる

る。このような「パラメータ」によってデータを数学的な分布に当てはめて統計学的解析を行う手法を「パラメトリック」な解析といい，これに対してパラメータによる規定を行わず，数値の大小でランク付けなどを行うことによって解析する方法を「ノンパラメトリック」な解析という。

さて，代表値についてさらに論考を進めるに当たり，見やすさの利便性からデータを確率分布に当てはめたとして**図 9** を用いて説明する。

図 9：B のように，正規分布しないデータの場合，平均値は中央値，最頻値とは異なる。このような場合，中央値を示すと，データの形を最もよく伝えることができる。ただし，割合を表す確率分布で最も「もっともらしい値」を伝えるには，最頻値が用いられる。

2. データのバラツキ

データのバラツキ（分布の横幅の広さ）を表すには，パーセンタイルや標準偏差が用いられる。これらを正しく理解するに当たり，バラツキは平均値を求めるうえの不確かさ（Uncertainty）と，データ自体のバラツキである変動（Variability）という 2 種類に分けられることを覚えておく必要がある。

不確かさは「知識の欠如」と呼ばれるものである。最も簡単な例として，有病率などの割合が挙げられる。ある疾病について 10 頭を検査して 3 頭陽性であった場合，有病率は 30% であるが，同じ有病率であったとしても，100 頭を検査して 30 頭の陽性を得た場合とでは得られた知識の量が異なる。**図 10** にこれらの「不確かさ」を割合の確率分布であるベータ分布を用いて示す。最頻値は最も「もっともらしい」30% を示していることに変わりはないが，「不確かさ」の幅が異なる。95% 信頼区間で示すと，10 頭採材の場合は 11〜61%，100 頭採材の場合は 22〜40% であり，100 頭採材した方が不確か

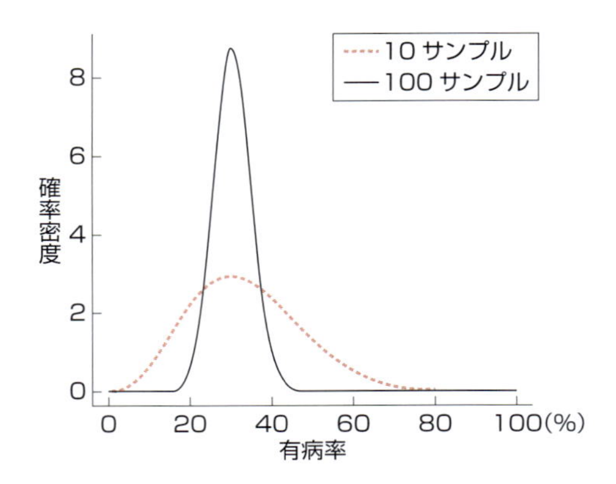

図 10　有病率 30%の場合の異なるサンプル数における「不確かさ」の確率分布

有病率 30%は最頻値を示しており，100 サンプル採材した方が「不確かさ」は少ない

さは少ない（信頼性が高い）。ちなみに中央値は両方とも 32%である。計算方法は統計ソフト R などにプログラミングされており，ベータ分布はサンプル数を n，有病頭数を d とすると，有病率 p を以下のように表すことができる。

$$p=\mathrm{beta}(d+1,\ n-d+1) \quad \cdots①$$

これに対して，変動は実際のシステム上のバラツキのことで，よく乳量や体重などの連続数で用いられる。変動の程度を表すのに，データの最も小さい値から最も大きい値まで順番に並べた時に，全体を 100% として何パーセント目に当たるかを表すパーセンタイルが用いられる。計算により導くならば，変動はまず，各データにつき平均値（$\bar{x}$）からどれくらい離れているかそれぞれ計算したものを合計し，自由度（この場合データ数引く $1=n-1$）で割って（ほぼ）1 検体当たりの変動を示した分散 s^2（式②）で表す。

$$s^2=\frac{1}{n-1}\left\{(x_1-\bar{x})^2+(x_2-\bar{x})^2+\cdots+(x_n-\bar{x})^2\right\} \quad \cdots②$$

分散はデータの二乗を用いた値，すなわち実測値の二乗スケールのため数値の大きさを認識しにくい。そこで，平方根を用いてデータと同じスケールに戻したのが標準偏差 s（式③）である。これも（ほぼ）1 検体当たりの「変動」であるが，例えば乳量や体重をkgというように，平均値と同じ指標で示されるので分かりやすい。

$$s=\sqrt{s^2} \quad \cdots③$$

それではこのような連続データについて，「平均値」の信頼区間はどうだろうか。平均値の信頼区間は，変動ではなく「真の平均値」がどれくらいの幅のなかに位置するのかを示す「不確かさ」の尺度である。平均値の信頼区間の計算には t 分布を用いる。t 分布の式は正規分布の式より簡便であるが，十分にサンプル数が多い場合（よく 30 以上というルールが用いられている）両分布は近似するので，正規分布に基づいて物事を考えたい場合，簡便である。このため，統計学的計算にはよく自由度（n −1）の場合のｔ値が用いられている。式④は正規分布を示すデータにおける平均値の95％信頼区間の計算を示す。

$$95\%信頼区間 = \bar{x} \pm t_{0.05(n-1)} \times \frac{s}{\sqrt{n}} \quad \cdots ④$$

ちなみに $t_{0.05}$ 値（両側確率で5％までの誤差を許容する場合のｔ値）は，サンプル数が非常に小さい場合は大きく，サンプル数が大きくなるにつれ1.96に近付き安定する。式③で標準偏差ｓを割っているサンプル数ｎの平方根はサンプル数が大きくなると当然大きくなるので，十分なサンプル数が得られていると信頼区間が狭くなることがよく分かるはずである。このように，サンプル数が増して知識が増えることによって「不確かさ」が減少するのである。

なお，Ｒなどの統計ソフトを用いると，データから得られた平均値と標準偏差（正規分布の場合），またほかの分布の場合それぞれ解かれたパラメータで規定された確率分布から，それら分布の「パーセンタイル」を求めることによって平均値の信頼区間を求めることも可能である。この場合のパーセンタイルは平均値を求める確率分布の信頼区間であって，上述のデータそのものの「パーセンタイル」とは意味が異なることを理解しておく必要がある。

3. 連続数の平均値の比較

臨床あるいは畜産指導現場において，乳量など連続数の平均値を，調べたい因子に曝露されている群，されていない群で比較する場合，まずシャピロー検定などを用いてデータが正規分布しているか確認する必要がある。正規分布している場合，次に分散が2群の間で異ならないか確認する。正規分布しており，かつ分散が異ならない場合はパラメトリックなｔ検定を実施する。正規分布していないか，分散が異なる場合には，ノンパラメトリックなｔ検定（ウェルチのｔ検定）や，ウィルコクソン順位和検定などのほかのノンパラメトリックな検定を実施することができる。また両者が正規分布する場合，分散分析（ANOVA）も行うことができる。

ただし，同じ群で介入の前後の値を比較したい場合などは，同一個体の個体差の影響を受けており（これを対応のある場合という），対応のある２つの値の差を用いて検定するなど方法は異なるので区別が必要である。ノンパラメトリックの場合はウィルコクソン符号順位検定などが用いられる。

4. カウントデータの平均値の比較

体細胞数や動物の頭数などのカウントデータは，よくポワソン分布に従うことが知ら

表３　２×２表の例（a～dには該当する頭数が入る）

	疾病あり	疾病なし
曝露要因あり	a	b
曝露要因なし	c	d

れている。ポワソン分布は１つのパラメータを持ち，正規分布とは異なる。このため２群のカウントデータを比較するには，t分布が正規分布に従うことを仮定したt検定を用いることはできない。カウントデータの比較の例としては，ある疾病が侵入している農場と清浄農場の飼養頭数を比較する場合や，陽性個体と陰性個体の体細胞数の比較が挙げられる。この場合の検定にはやはりウィルコクソン順位和検定などのノンパラメトリックな方法が用いられる。

もう１つの方法としては，カウントデータの対数を取ると正規分布になることが知られており（対数リンクという），これを応用した一般化線形モデルのポワソン誤差が用いられる。

5. 割合の平均値の比較

図10からも分かるとおり，割合は当然０と１の間で表現されるものであり，正規分布しない。このため割合の形になってしまっているものは，t検定をするわけにはいかない。獣医療あるいは畜産指導現場では，**表3**のように割合は全体の頭数のうちの罹患頭数など，カウントデータから算出される場合が多い。この場合，２群の間で割合が異なるか検定するカイ二乗検定が用いられる。

ただし，a～dのうちどれかに該当する数が少なく，それぞれの行と列の和を用いて計算される各セルに入るべき期待値のいずれかが５以下の場合は，カイ二乗検定による推定が不正確となる。このような場合はフィッシャーの直接確率検定を用いる。

6. サンプル数

統計を実施するうえで十分なサンプル数の確保は重要である。しかし残念ながら，すべての検定に共通のサンプル数というものはない。上記に示したような目的ごとに，また研究計画ごとにサンプル数の計算方法は異なるので，成書を参考にされたい（獣医疫学会，2011）。

さらに現場では，農場にたくさんサンプルを取らせてもらう時間もなかなかないので，同一農場で数年かけてサンプル数を増やしたり，かなり離れた地域で追加のサンプルを得たりすることがある。これは統計学的に耐え得るのだろうか？　広い地域で調査計画を立てる場合，層化無作為抽出などにより適切な標本抽出が行われることはまったく問題ない。しかし特に同一農場で時間をかけて数回サンプルが収集される場合，同一環境による影響と，異なる年による気候要因などの影響を受ける。このように時間縦断的に採材されたサンプルは「独立」でないと見なされ，サンプル間の自己相関がある問題を「疑似反復（Pseudoreplication）」と呼ぶ。このような構造のデータはまったく使えないというわけではなく，混合効果モデルなどでデータの構造を正しく表現し，適切に対処すれば正しく計算することができる。

目的に沿ったデータ分析の手法

1. 3群以上の平均値の比較

連続数の平均値において3群以上で比較する場合，それぞれの組み合わせについての検定が必要となるが，この際信頼区間を大きめに見積もって（頑健性という）検定する必要がある。これを多重比較検定といい，いくつかの方法がある。簡単な例ではボンフェローニ修正（Bonferroni Correction）があり，これは有意水準を仮説の数で割る，すなわち3群の比較では $P=0.05/3=0.017$ を下回った時に有意と判断する。

3群以上の割合を比較する場合にはカイ二乗検定を用いることができるが，P 値が0.05以下の場合，これは3群以上のうち少なくとも1群で，ほかの群と有意に異なることを意味する。このため，この場合も割合の多重比較検定が必要となる。

2. 2つの変数間の関係性を調べたい場合

最高気温と乳量との関係など，2つの変数間の関係性を調べたい場合，両者の相関を見る相関検定を行うことが多い。2つの変数が双方とも正規分布している場合は，ピアソンの相関検定が用いられる。これに対して少なくともいずれかが正規分布していない場合，スピアマンの相関検定が用いられる。

さらに正確な関係性を調べたい場合，2つの変数が両方とも正規分布する場合は回帰分析が用いられる。回帰分析では回帰式の傾きが有意に0と異なるかが焦点となる。よく割合やカウントデータがY軸に取られているのに回帰直線が示されている発表に遭遇する。割合とカウントは0を下回らないし，割合は1を超えることがないのでこれは正確には間違いである。カウントデータの場合，先に述べた対数リンクを用いた一般化線形モデルのポワソン誤差で対数スケールでの線形化が図られるが，回帰線のプロットを元のカウントのスケールで示そうとするならば，指数曲線が描かれる。また割合データは一般化線形モデル二項誤差ではロジット（ロジット関数はロジスティックの逆関数）リンクを用いるが，割合のスケールに戻すとS字曲線が描かれる。割合についても，X軸を取る変数の増減によってY軸すなわちロジット〈割合P／（1－P）の対数〉が比例，または反比例して増減するかを示す。「傾き」が有意に0と異なるかが焦点となる。

3. 曝露と疾病発生との関係性の強さを調べたい場合

臨床あるいは畜産指導現場では臨床獣医師や畜産アドバイザーの「野性のカン」で，ある因子が疾病を起こしているのではないかという関係性に気付くことがある。この時，曝露と疾病発生との関係性を統計学的に調べるために，前述の**表3**を用いて行う計算がある。相対リスク［{a／(a＋b)}／{c／(c＋d)}］はコホート研究の結果を用いて算出される。獣医療あるいは畜産指導現場では，ほとんどの場合，横断研究か症例対照研究が用いられるので，オッズ比［(a×d)／(b×c)］が用いられる。Rなどの統計ソフトを用いると P 値が算出されるので，関係性の検定を行うことができる。

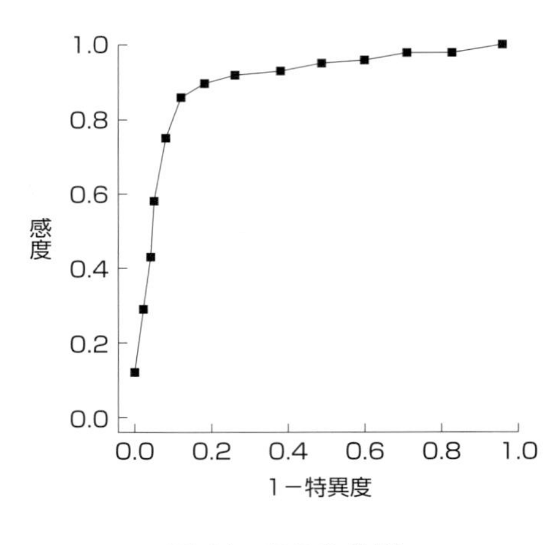

図11　ROC曲線

4. 簡便な診断方法の有効性を評価したい場合

臨床現場では迅速な診断結果が求められるため，よく観察に基づく簡便な診断指標の評価が行われる。これには正確な診断系によるゴールドスタンダードと比較した，感度と特異度を用いてROC曲線（Receiver Operating Characteristic Curve，**図11**）が用いられる。ROC曲線は，ある検査についてカットオフ値を多数設定し，それぞれのカットオフ値を用いた場合の感度と特異度を計算して示す曲線である。この曲線で最も左上を通るのが至適カットオフ値である。また複数の診断方法を比較する際は，最も左上を通るものが最良の検査方法である。

感度と特異度について，**表4**を用いて説明する。感度（または敏感度）とは，「真に疾病に罹患している個体を陽性であるといい当てる力」のことで，**表4**ではa／(a＋c)のことである。そして特異度とは，「真に疾病に罹患していない個体を陰性であるといい当てる力」のことで，**表4**ではd／(b＋d)のことである。現場でこの知識は常に必要であり，検査する時に自分が何をやっているのかを分かって実施していることが，特に感染性疾病の清浄化では重要である。例えば，感度40％の検査をしている時は6割方罹患個体を「見逃し」ていることを分かっておくべきであり，また特異度70％の検査により淘汰を勧めているのは，3割の健康動物を本当は罹患していないのに「濡れ衣」で淘汰していることにほかならない。このように，集団での伝染病の蔓延防止には，高精度の診断方法が手に入らない段階では，見逃しと濡れ衣が起こることは理解しておくべきである。

表4　感度と特異度を考えるうえでの2×2表（a～dには該当する頭数が入る）

検査結果	疾病あり	疾病なし
陽性	a	b
陰性	c	d

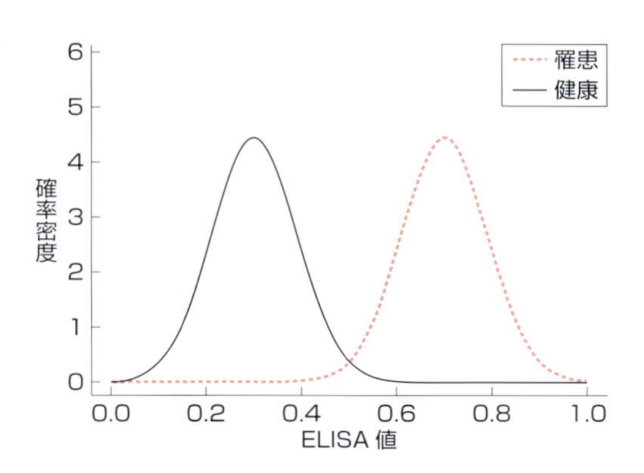

図12　感度と特異度はトレードオフの関係

診断におけるカットオフ値は，**図12**のELISAの例にあるとおり，感度と特異度のトレードオフの関係にある。カットオフ値を左にずらすと見逃しは減るが濡れ衣は増える。右にずらすと濡れ衣は減るが見逃しが増える。疾病の種類と検査の役割（スクリーニングか確定診断かなど）によってカットオフ値の設定を考慮すべきであるが，前述のROC曲線の役割は，客観的に最適なカットオフ値を設定できることにある。

5. 複数の因子間の影響を考慮してリスク因子を正しく調べたい場合

野外では様々な因子間でそれぞれ関係性があり，これらの関係によって原因と疾病発生との関係に様々なバイアスがかかっている。このため上述のような統計を1つの因子ごとに行う「単変量解析」結果は，ある程度疑ってかかるべきである。因子間のバイアスを調整しながら正しい関係性を導くためには，一般化線形モデルや重回帰分析による多変数解析（Multivariable Analysis）を実施する。よく和書には「多変量解析」と書かれているが，これは英語ではMultivariate Analysisに相当するもので，実際は目的変数（Y = a X + bのような線形式の場合Yに当たるもの）が2つ以上の場合に目的変数間の関係性を正しく解くのに用いられるものである。洋書ではこれと区別して上記のように書かれるので，日本語では「多変数」解析と表現すべきではないかと提案したい。

また，サンプル数の項で説明したとおり，疑似反復の問題がある場合は正しく階層構造を表現したモデルを用いて適切な対処を心掛けるのは，正しい結果を得るうえで重要である。

臨床あるいは畜産指導現場で使える疫学的視点からのデータの解釈と統計学的方法の要点について紹介した。多くの場合に該当するのではないかと考えるが，調査計画が正しくなければ正しい統計学的解析にたどり着くことができない。最も大切なのは「simple is the best, but not simpler」ということではないだろうか。1つの曝露因子を考えるならば，現場では多くの因子が関与していることを忘れずに，特に症例対照研究を用いて，ほかの気になる因子とともに1つずつ関係性を明らかにしていく努力を継続していただきたい。急がば回れで，その方がかえって農場の問題を解決する近道になる。

1－5

牛群の健康度とベンチマーク

獣医師あるいは酪農関係の技術者にとって，自分の関わっている牛群が健康かどうかを把握することはきわめて重要なことであるが，これまでその健康という概念は抽象的な評価にとどまってきた。近年の効率的な生産を追求する酪農経営において，牛群の健康をより客観的に評価するモニタリング項目が求められ，いくつかの有効な指標が提示されている。すなわち，それら指標は同地域あるいは他地域の牛群と比較可能な項目であり，ベンチマークにも応用可能である。ここでは，いくつかの指標によって評価された牛群の健康度合いを「健康度」と表現している。これらは牛群の健康診断に有用であるので，その内容を概説する。

牛群の健康度の指標

牛群の健康状態の評価として，その牛群における1年間の更新割合，分娩から30日以内および60日以内の更新割合，死亡割合，第四胃変位発生割合が有用な指標であるとされている。農場における改善策実施後の成果判定にもこれら指標は有効である。

調査期間を1年としている理由は，農場主あるいは従事者が振り返って見当が付く期間であり，それ以上の期間を調査しても牛群を取り巻く状況が変化しているので，現実的な問題として認識しづらいからである。調査の1年間は4月から3月というように必ずしも年度とする必要はなく，例えば，牛群に問題が発生して，それを解決するために農場訪問する時などは，しばしばその調査時からさかのぼって1年間ということになる。また，更新割合とは，1年間にどのくらいの牛が牛群から離脱していったかを客観的に見るものであり，死亡，廃用，売却を合計した割合となる。また，その更新理由を明確にすることで詳細な分析ができる。特に分娩から60日までの更新割合に着目するのは，ほとんどの疾病がこの時期に集中し，死廃となっている実態があるからである。なお，第四胃変位発生割合を調査指標とするのは，本疾病はほとんどが手術適応なので牛群において発生している疾病を把握するうえで最も信憑性が高く，加えて本疾病が移行期の飼養管理の失宜に関連して泌乳初期に発症することから，管理の改善に際し有用なデータになるためである。

表1　経産牛における死廃売却などの概要（例）

調査年月：20x1 年 7 月～ 20x2 年 6 月

経産牛の平均頭数*1	分娩頭数*1	廃用・売却頭数*2	死亡頭数*2	四変頭数*2,3	更新割合*4	分娩後 60 日までの更新割合			死亡割合*5	四変発生割合*6
						0 ～ 30 日	31 ～ 60 日	0 ～ 60 日		
211	200	60	18	23	37.0%	9.0%	0.9%	9.9%	9.0%	11.50%
				目標：	30.0%	＜ 4%	＜ 2%	＜ 6%	＜ 4%	＜ 4%

＊ 1：乳検データより算出（20 × 1 年 7 月～ 20 × 2 年 6 月）　　及川，2011
＊ 2：NOSAI の病傷データから抽出
＊ 3：四変頭数：左方変位 15 頭，右方変位 8 頭
＊ 4：更新割合（%）＝（廃用・売却頭数＋死亡頭数）÷経産牛の平均頭数× 100
＊ 5：死亡割合（%）＝死亡頭数÷分娩頭数× 100
＊ 6：四変発生割合（%）＝四変頭数÷分娩頭数× 100

これら健康度に関する指標を算出するためには，1 年間における経産牛の月平均頭数，分娩頭数，廃用頭数，売却頭数，死亡頭数，第四胃変位発生頭数を把握する必要がある。これら頭数の把握には種々の方法があると思うが，しばしば農場における健診の際に，経産牛の月平均頭数と分娩頭数は乳検データ，それ以外は診療獣医師のデータ（農業共済組合の病傷データおよびカルテデータ）から得ることができる。以下に各指標の計算式を記す。

$$\text{更新割合(\%)} = \frac{\text{廃用頭数}+\text{売却頭数}+\text{死亡頭数}}{\text{経産牛の月平均頭数}} \times 100$$

$$\text{死亡割合(\%)} = \frac{\text{死亡頭数}}{\text{分娩頭数}^{*}} \times 100$$

$$\text{第四胃変位発生割合(\%)} = \frac{\text{第四胃変位発生頭数}}{\text{分娩頭数}^{*}} \times 100$$

＊：死亡割合と第四胃変位発生割合の分母に分娩頭数を用いるのは，死亡あるいは第四胃変位の発生はほとんどが分娩を経験した牛に起こるからである。

表 1 に及川らが実際に飼養管理の問題解決のため依頼を受けた農場のデータを掲載した。特徴として，第四胃変位発生割合が非常に高く，その後の合併症などの発生から死亡割合と分娩から 30 日以内の更新割合（売却はなく死亡割合の内容と一致）も高値を示していた。年間の更新割合も高く，牛群構成として初産の割合が約 40%となっていた。**図 1** に更新割合と分娩後日数（30 日区切り）との関係をグラフで示した。この牛群では，更新のほとんどが経産牛であり，泌乳初期と後期に二極分化していることが分かる。泌乳初期は死亡，廃用が多く，後期では繁殖成績の思わしくない牛が売却されていた。この二極分化は一般的な傾向であるが，このケースの場合は泌乳初期に割合が異常に高いことが問題であった。グラフで可視化することにより牛群で実際の起きているイ

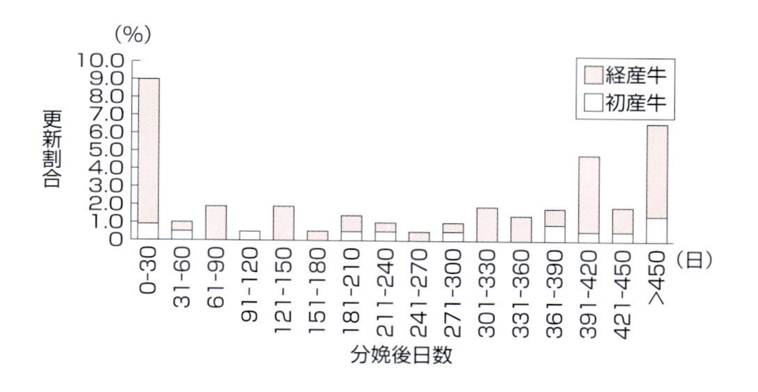

図 1　分娩後における更新割合の推移（20x1 年 7 月～ 20x2 年 6 月）

及川，2011

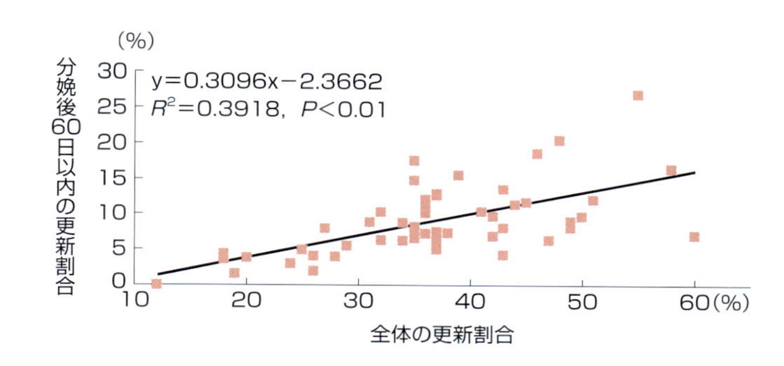

図 2　全体の更新割合と分娩後 60 日以内の更新割合との関係

Nordlund ら，2004
ウィスコンシン州の 51 の牛群対象，全体の更新割合の平均は 37%（範囲 12～60%）

ベントを乳期ごとに把握し，評価できる。

Nordlund らは，**図 2** に示したように，分娩から 60 日以内の更新割合が高い牛群では，全体としての更新割合も高いことを述べている。すなわち，これは更新割合が高い牛群では泌乳初期の健康管理に不備があることを物語っている。全体の更新割合が 30% 以下の牛群では 60 日以内の更新割合が 6% 以上を示す群はごくごくわずかであると言及している（更新割合 30%>，60 日以内の更新割合 6%>は，それぞれ目標値〈ベンチマーク〉となっている）。なお，これら指標を評価する際，頭数の増減が前の 1 年間と比べて 20% を超えて変動している場合，データは注意して評価する必要がある。

更新理由の明確化

前述のとおり牛群における更新割合は健康度の指標であるが，更新理由を明確にして

表2　更新理由による分類例（平均経産牛頭数 70 頭）

牛番号	更新月日	乳房炎	乳頭損傷	第四胃変位	乳熱	繁殖障害	関節炎	蹄病	脱臼	肺炎	心不全	低乳質	低乳量
1125	2014.12.2	0.5		0.5									
1345	2014.12.26		0.3		0.3		0.3						
1356	2015.1.15	1											
1987	2015.2.23									0.5	0.5		
2011	2015.3.6			0.25	0.25							0.25	0.25
1876	2015.4.24		0.3									0.3	0.3
1987	2015.5.15	0.3		0.3		0.3							
1222	2015.6.7			0.3							0.3	0.3	
1801	2015.8.10					1							
1455	2015.10.1			1									
1778	2015.11.20							0.5	0.5				
1811	2015.11.30	0.5		0.5									
計		2.3	0.6	2.85	0.55	1.3	0.3	0.5	0.5	0.5	0.8	0.85	0.55
割合(%)*		3.3	0.9	4.1	0.8	1.9	0.4	0.7	0.7	0.7	1.1	1.2	0.8

*：計÷70 頭×100

おくことはその後の農場の運営方針を考える際にも重要である。更新は積極的更新と消極的更新の 2 つに大別できる。前者は，生産性，作業効率，乳質などの向上あるいは個体価格や廃用牛価格の動向に影響されるものである。また，後者は疾病や事故，乳質規制などに関連するものである。2001 年の酪農総合研究所の報告によると，牛の更新理由として，①繁殖成績が悪いこと（76.3%），②疾病が多いこと（62.9%），③乳質が悪いこと（46.4%），④乳量が伸びないこと（33.0%），⑤扱い難いこと（29.9%），⑥血統（20.6%），⑦年齢・産次（18.6%），⑧その他（18.6%）が挙げられており（複数回答），疾病のウエイトが大きいことが分かる。

疾病別に更新理由を分類する場合，1 頭の牛が複数の疾病に罹患していることがあり，その分類に戸惑うことがある。その場合は以下のような方法で分類することを推奨する。例えば，ある牛の廃用理由が乳房炎と第四胃変位だった場合は，それぞれを 0.5 頭分にカウントする。また，3 つの疾病があった場合は，それぞれ 0.3 頭分，4 つの疾病の場合は 0.25 頭分とする（**表 2**）。そして，理由ごとに該当する頭数の総計を求め，経産牛頭数で割って，それぞれの割合を算出する。こうすることで，その牛群の更新理由の重み付けが可能となる。

ベンチマーキング

牛群の健康度の算出方法などを前述したが，「どのレベルであれば健康か？」「どのレベルであれば不健康か？」の判断基準を設定しなければならない。**表 1** にはそれぞれの項目に目標値が記載されているが，これらは北米で一般的に設定されている目標値であり，及川らも北海道のいくつかの地域を調査した結果から牛群の健康診断においてこれらの値を用いている。このような値を基準と考えて，牛群を評価することも 1 つの評価の仕方であり，その値はベンチマーク（基準，目標）と呼ばれる。牛群においてあるベン

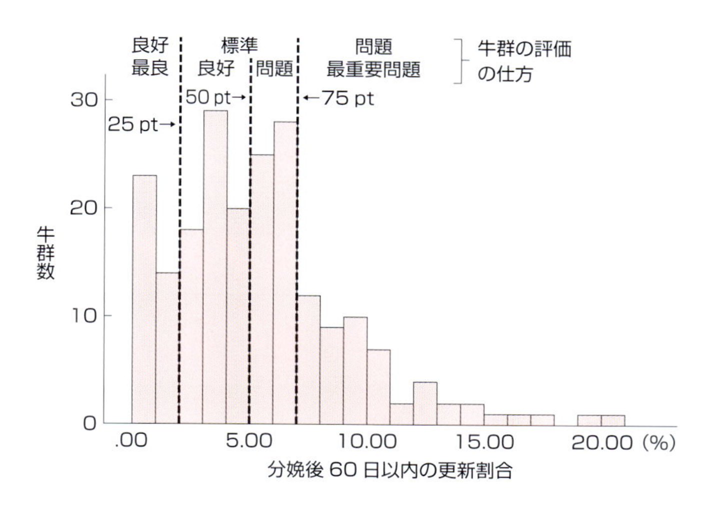

図 3　H地域の牛群における分娩後 60 日以内の更新割合のヒストグラム

牛群数＝210
25 パーセンタイル値（25 pt）＝2.7%，50 パーセンタイル値（50 pt）＝5.0%，75 パーセンタイル値（75 pt）＝7.0%

チマークを設定して，その到達に向けて改善策を実施して，結果として生産性の向上を図るシステムをベンチマーキングというが，そのベンチマークの設定に確固たる決め方はなく，基本的にはその牛群（農場）の運営方針による。多くの農場は農業協同組合や農業共済組合に所属するか，乳業会社に一元的に出荷しているので，農協や農済単位，地域単位あるいは企業単位で設定されるのが現実的と思われる。

地域における健康度のベンチマークを決める方法として，一般的に以下のような分類が行われている（**図 3**）。すなわち，地域の全牛群における健康度の指標としての死亡割合や更新割合などを算出し，25 パーセンタイル値*，50 パーセンタイル値，75 パーセンタイル値を求める。25 パーセンタイル値以下を最良群，25～50 パーセンタイル値の間を良好群，50～75 パーセンタイル値の間を問題群，75 パーセンタイル値以上を最重要問題群と評価する。または，分布の状態を考慮して，25 パーセンタイル値以下を良好群，50～75 パーセンタイル値までを標準群，75 パーセンタイル値以上を問題群と評価することもある（状況次第）。目標とするベンチマークの値として，しばしば 50 パーセンタイル値あるいは 75 パーセンタイル値の近辺の切りのよい値を用いることがある。

＊パーセンタイル値：対象が 100 ある場合の 25 パーセンタイル値は，小さい値から数えて 25 番目に位置する値，50 パーセンタイル値は小さい値から数えて 50 番目に位置する値を意味する。

地域全体の牛群を対象として健康増進を目指す場合は，各牛群における健康度の指標について，それぞれのパーセンタイル値を求めて，地域牛群のなかのどのポジションに

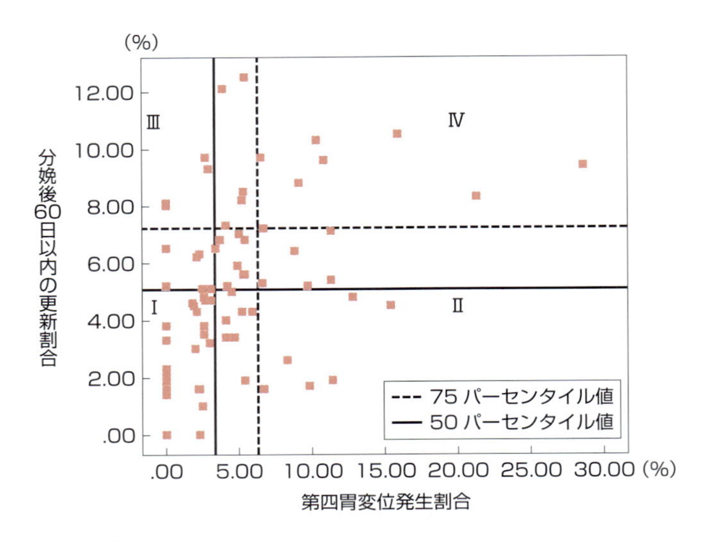

図5　K地域の牛群における第四胃変位発生割合と分娩後60日以内の更新割合との関係（n=80）

位置するかを通知し，改善意識を高めることも有用である。**図4**に山崎らが実施した牛群の健康診断報告書の例を参考として記載した。また，地域牛群の健康度の概略を把握し，特に移行期の飼養管理改善牛群への対策を検討する場合，以下のような分類も有用である。すなわち，**図5**に示すようにX軸に第四胃変位発生割合，Y軸に分娩後60日以内の更新割合を取り，それぞれ50パーセンタイル値（あるいは75パーセンタイル値）で区切ると4つの事象に分かれる。Ⅰはどちらの値も低く良好群である。Ⅳはどちらの値も高く，移行期の飼養管理の不備が危惧される最重要問題群である。Ⅱは，第四胃変位発生割合は高いが更新割合は高くないので，移行期の飼養管理はそんなによくないが重篤な疾病を引き起こすレベルではなく，早期改善が期待される問題群である。Ⅲ群では更新割合は高いが，その原因は第四胃変位発生割合が高くないことから，移行期の飼養管理ではなく，それ以外の問題点が危惧される群である。Ⅱ～Ⅳを最終的にⅠへと移動させるためには，それぞれの事象の特徴に基づいた改善アプローチが必要である。その意味でも管理の対象となる牛群をこのように分類し，把握しておくことは有効である。

牛群の健康を改善あるいは維持管理する際には，何かしらの指標が必要である。1年間を通じて牛群に出入りする牛の移動を明らかにすることは，牛群の健康度を評価するうえできわめて有効な指標となる。

2014年10月5日
酪農学園大学ハードヘルス
XXXXX NOSAI XX 家畜診療所

牛群の健康診断報告書

農場名：R 農場

	分析項目		分析値	基準値
飼料分析結果	乾物給与量	(kg)	10.3	12-13
	代謝エネルギー	(Mcal)	26.0	24-26
	ME 充足率	(%)	109.6	110-120
	代謝タンパク(MP)給与量	(g)	998	1100-1300
	NFC	(%)	34.9	30-34
	デンプン	(%)	21.5	-19
	NDF	(%)	45.4	40-45
	粗飼料割合	(%)	64.7	<70
カルテ分析結果	DA 発生割合	(%)	6.7	<4
	死廃割合	(%)	5.6	<4
	更新割合	(%)	21.2	<30
	0－30 日更新	(%)	5.4	<4
	31－60 日更新	(%)	1.8	<2
	0－60 日更新	(%)	7.2	<6
血液検査結果	BHBA 異常割合	(%)	16.7	<10
	NEFA 異常割合	(%)	10.0	<10
	Glu 異常割合	(%)	0.0	<10
	21 日間 BHBA 異常	(%)	28.6	<10
	14 日間 NEFA 異常	(%)	11.1	<10
モニタリング結果	乾乳牛平均 BCS		3.23	3.00-3.50
	乾乳牛低 BCS 割合	(%)	0.0	
	乾乳牛高 BCS 割合	(%)	0.0	
	フレッシュ牛平均 BCS		3.02	2.75-3.25
	フレッシュ牛低 BCS 割合	(%)	8.3	
	フレッシュ牛高 BCS 割合	(%)	0.0	
	乾乳牛 RFS 異常割合	(%)	10.0	
	フレッシュ牛 RFS 異常割合	(%)	66.7	

総合評価

項目	得点※
DA 発生割合	1
粗飼料割合	3
BHBA 異常割合	2
NEFA 異常割合	2
死廃割合	1
乾乳牛平均 BCS	3

※得点の概要
1＝要検討　2＝標準　3＝良好

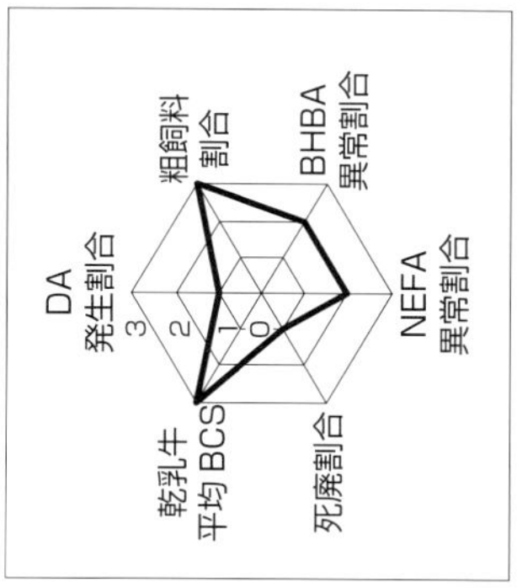

DA
発生割合
粗飼料
割合
BHBA
異常割合
NEFA
異常割合
死廃割合
乾乳牛
平均 BCS
3
2
1
0

コメント

結果は上記表およびグラフのとおりです。
牛群の健康管理の参考にしてください。

＊調査時期
飼料分析・血液検査・モニタリング：2014 年 9 月調査
カルテ分析：2013 年 9 月～2014 年 8 月

図 4　牛群の健康度を盛り込んだ健康診断報告書の例（山崎ら）

身体モニタリング，血液検査，飼料分析を移行期の牛を対象に健康診断を実施し，加えて健康度の指標を分析した。調査データを最終的に地域の基準値を基に得点化し，自分の牛群がどのレベルかが分かるようにしている。得点の分類は 25，50，75 パーセンタイル値，ヒストグラムの形から決定された

ME：代謝エネルギー，NFC：非繊維性炭水化物，NDF：中性デタージェント繊維，DA：第四胃変位，BHBA：β-ヒドロキシ酪酸，NEFA：非エステル型脂肪酸，BCS：ボディコンディションスコア，RFS：ルーメンフィルスコア

1－6

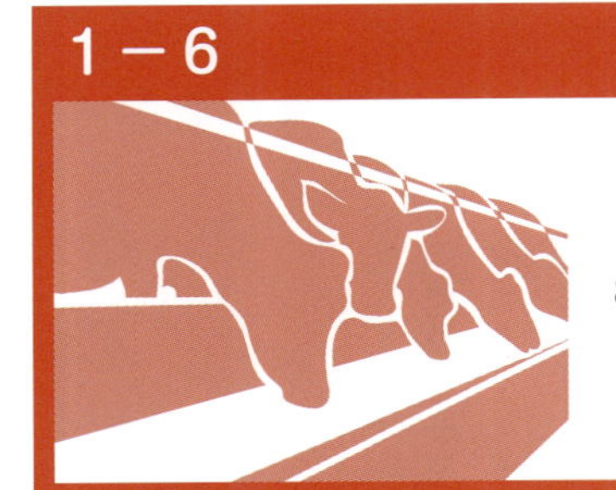

牛群検定事業

牛群検定の意義と役割

世界初の乳牛の泌乳能力検定は，今から100年以上前の1895年1月，デンマークのヴァイエン村ではじまった。20世紀に入り先進的な酪農業を目指す国々に広がり，今日ではそれぞれの国の飼養管理形態に合わせた乳牛改良の基盤となり，酪農を支える事業となっている。日本での牛群検定事業は，任意に検定に参加している農場が飼養している経産牛全頭について，日々発生しているきわめて多岐にわたるデータのなかから乳量，乳成分，体細胞数，飼料給与状況，飼料単価，乳価，繁殖記録などのデータを毎月1回，検定員の立会の下に牛個体ごとに記録し，これらを集計・分析して「検定成績表」として農場にフィードバックしている。酪農場は成績表より，飼養管理，繁殖管理，乳質管理，牛群改良の現状を確認し経営に役立てている。また，優れた雌牛の選抜確保および種雄牛の後代検定を推進するもので，乳用牛改良の基盤事業となっている。

「牛群検定データは牛からのメッセージ」と考え，そのメッセージを読み取り，分析し，農場および地域の生産情報をつくりあげることで，生産の問題を客観的に評価することができる。したがって，牛群検定データは，酪農経営における経済的損失を未然に防ぐために，また農場での経営改善の取り組み後の成果を評価するために利活用できるデータである。

牛群検定の普及状況

図1に牛群検定の普及状況を示した。すなわち，左から全国，北海道，都府県，それ以降は東北から九州および沖縄までの地域別に，検定農家比率（成畜農家戸数に対する検定農家の比率）および検定牛比率（経産牛頭数に対する検定牛頭数の比率）を表している。全国の検定農家比率は51.2％であり，半数の農家しか牛群検定に加入していない。また，全国の検定牛比率は61.4％であり，経産牛5頭に3頭の割合しか検定を行っていない。検定農家比率の高い地域は，北海道，九州，中国であり60％を超える加入

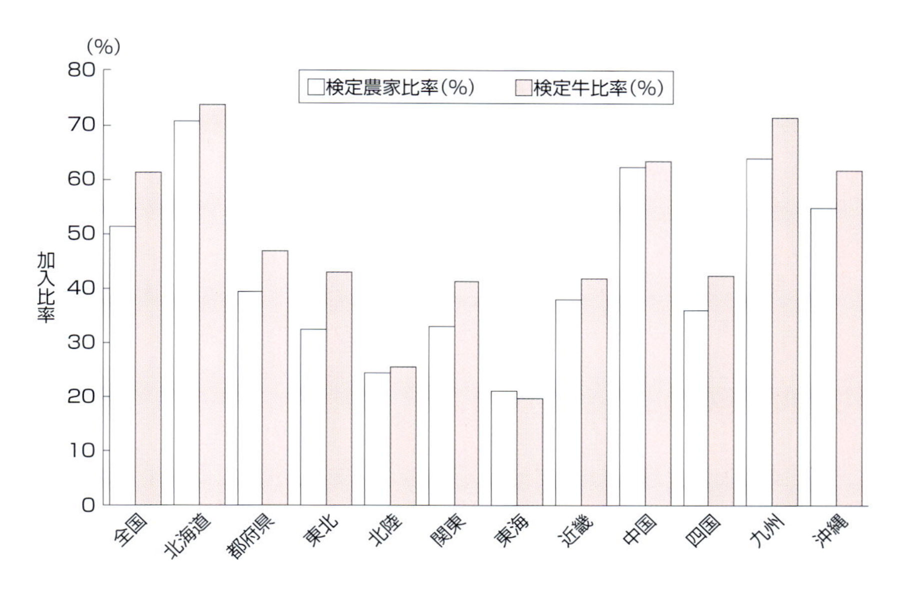

図１　牛群検定の普及状況：地区別（2016．3）

率である。検定農家比率は地域により 21.1〜70.8％と加入状況に差が大きい。検定農家比率と検定牛比率から，東海を除いて農家比率よりも牛比率が高い。このことは，全国的に経産牛頭数規模の大きな農場が加入する割合が高いことを示している。日本では，粗飼料自給型の酪農，輸入飼料依存型の酪農，草地型酪農，中山間酪農，集約放牧酪農，舎飼い酪農など，牛の飼われている環境は様々であり，このようにそれぞれの環境に適した牛の改良が必要とされる国は，諸外国にはほとんどないかもしれない。

牛群検定加入の重要性

検定農家比率が高い国では，それぞれの農場が５年または 10 年先の自分自身の農場の経営形態に合った飼いやすい牛群をつくりあげるために検定を利用している。乳牛の改良に熱心なデンマーク（乳牛改良指標として S-index を採用）では，種雄牛候補牛の後代検定精液が年間の人工授精の３割を占めている。そのため，改良の速度は大変速く，乳量の改良はほぼ目標に達し，その後，乳質，作業性（搾乳スピード，気質など），繁殖能力，健康性（乳房炎の抵抗性，長命性など）の改良も進められている。国内で，改良の速度を高めるためには，多くの農場が検定に参加し，毎年，多くの種雄牛候補を立てて，率先して後代検定を行い，自分の農場の牛群に合った種雄牛を見つけることが重要である。

日本の乳用牛群検定は，基本的に毎月検定を行い検定加入農家の経営に役立つ情報を提供している。本事業の目的は，各地域で飼養されている乳牛を，それぞれの地域・飼養環境下で飼いやすく生産効率の高い乳牛に改良していくことである。国内のそれぞれの地域で農場の飼養管理形態が多岐にわたっていることから，飼いやすく長命，そして連産につながる地域の酪農経営を支える種雄牛の多様性という考え方も必要となるであろう。しかし，全国の検定加入農家数は全体の農家の半分である。日本のように，南北に長く山脈の連なる国では，気候，土壌，飼料作物の生育および種類が地域で異なるために，酪農形態が国内でもかなり異なる。それぞれの農家が改良の意識を高め，自分の経営形態に合った牛づくりのために，広く検定に参加することが望ましい。

牛群検定成績表のチェックポイント・評価

牛群の検定成績表は，検定加入農家に配布される最も一般的な表である。**図2，図3**は，北海道および都府県の検定成績表（牛群成績）であり，それぞれの部分に情報の見出しを付した。

これらのうちで，牛群の管理に役立つポイントについて紹介する。

1．牛群構成（図2，図3の2段目左および下段中央）

検定日の牛群構成の情報には，経産牛頭数，搾乳牛頭数，搾乳日数率（搾乳牛率と同義），平均搾乳日数（搾乳日数と表記），および分娩頭数（初産，雌分娩）がある。これらの数値は，分娩間隔，乾乳日数，分娩時期，分娩頭数の偏りによって変化する。

乾乳日数60日，分娩間隔400日，分娩時期が均等に分布している場合，搾乳日数率は（〈400－60〉/400）×100＝85（%），平均搾乳日数は（400－60）÷2＝170（日）となる。実際の平均搾乳日数は，搾乳牛すべての搾乳日数の平均値である。分娩頭数が少なく分娩間隔が延長する場合は，搾乳日数率は増加し，搾乳日数は大きくなる。経営効率が高いとされる分娩間隔380～400日を目標とすると，乾乳期間60日の場合は，搾乳日数率85%以下，搾乳日数170日以下が基準となる。

検定日の産次別牛群構成には，搾乳牛の産次別頭数（割合），経産牛の平均産次数・平均年齢，除籍牛の平均産次数・平均年齢がある。それぞれの数値が年間を通して安定していることが望ましい。毎月の報告からは牛群構成の推移を知ることは難しいが，検定の生データを利用することで容易にグラフを作成することができる。

検定の生データ（北海道：INDRECM4，都府県：LN_COW_RESULT）を利用し，産次区分による月ごとの牛群構成の推移をグラフ化することができる（**図4**）。例は，新規就農した農場であり，月を追うごとの産次構成の変化を見て取ることができる。また，妊娠している牛のデータを利用することで，7カ月先までの大まかな頭数の推移を予測することもできる。過去にさかのぼり現在までの頭数，および産次別頭数の推移を知ることで，現在に至る状況，牛群更新の状況を読み取ることができる。頭数が安定

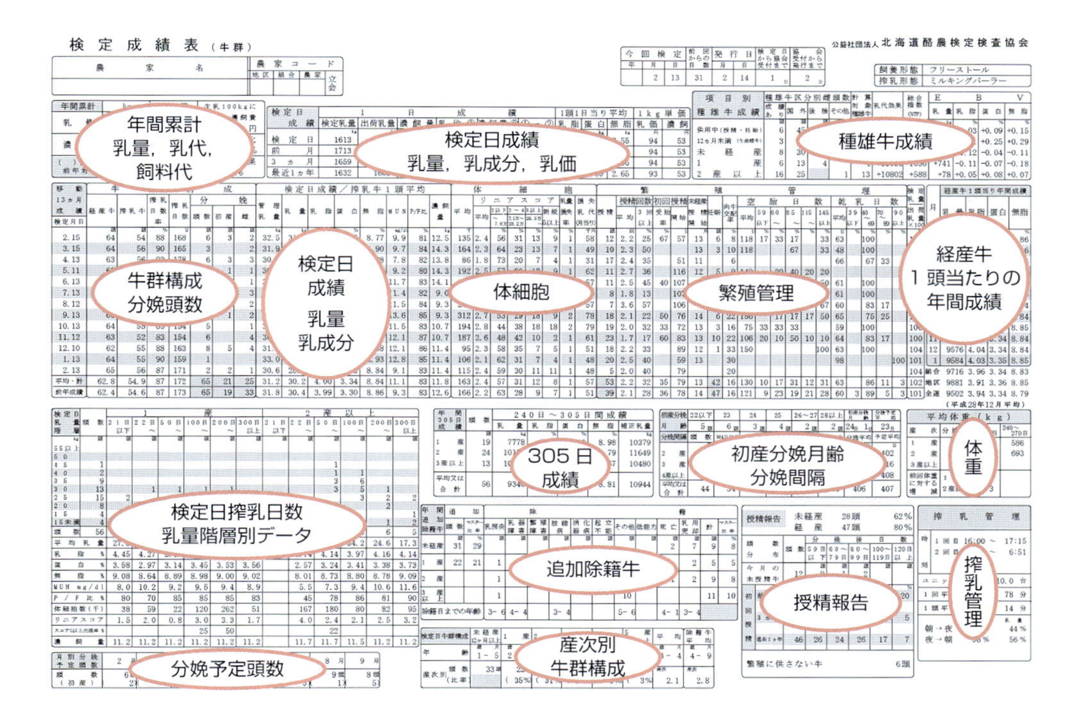

図２　検定成績表（牛群）の項目概要：北海道

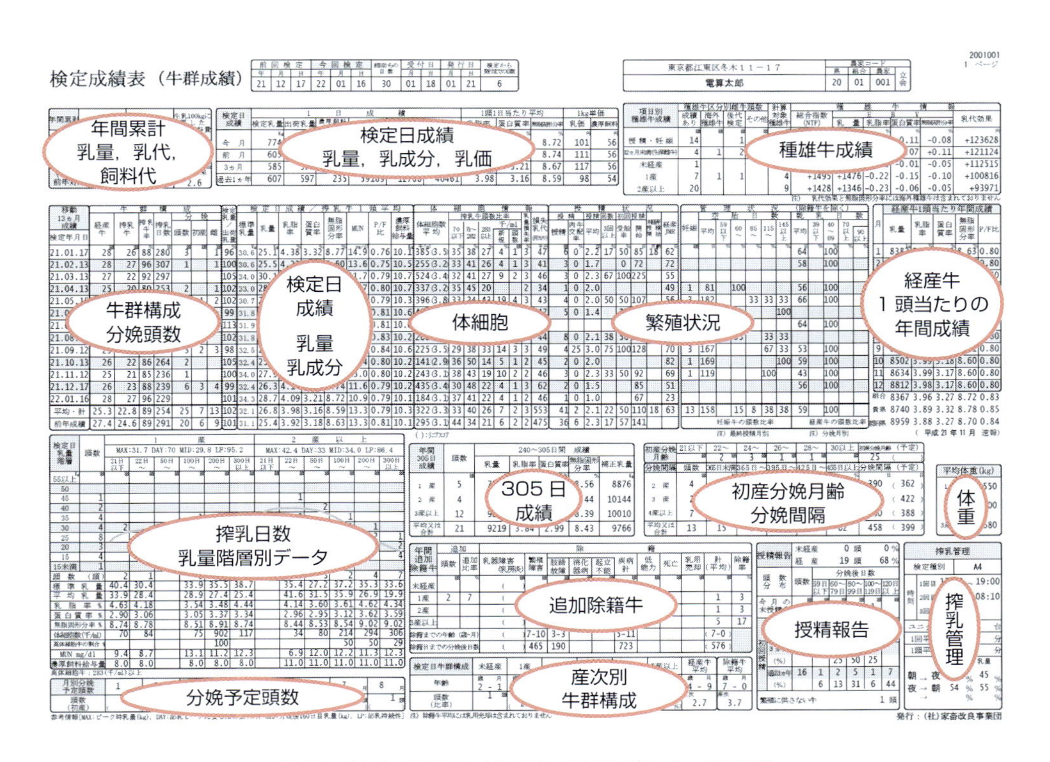

図３　検定成績表（牛群）の項目概要：都府県

（一社）家畜改良事業団 HP〈http://liaj.lin.gr.jp/〉より転載

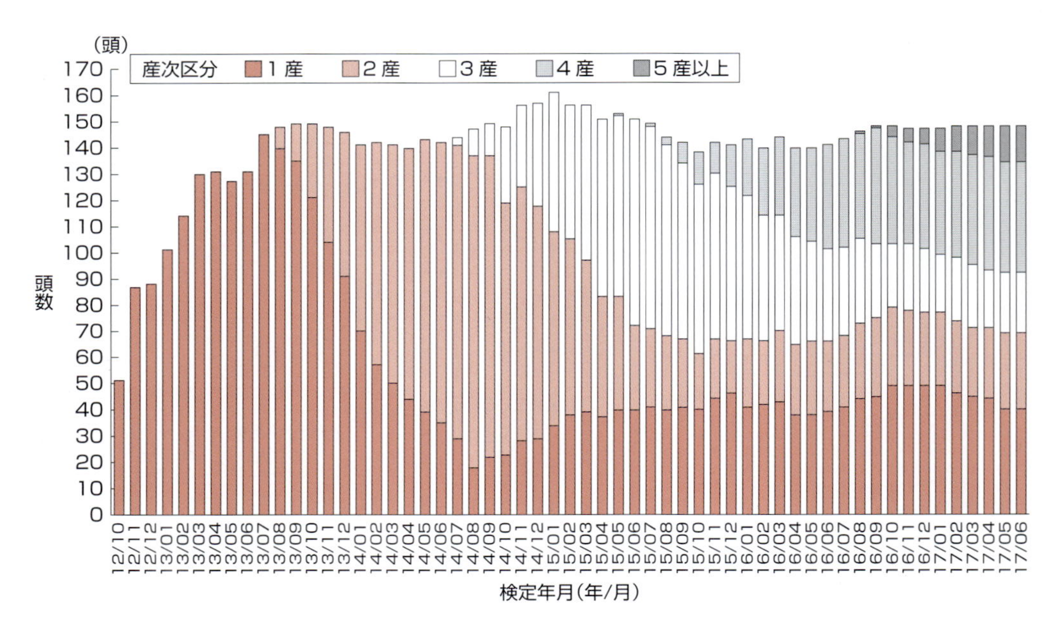

図4 産次別搾乳牛頭数の推移の1例

し，産次別頭数割合が安定し1産から5産にかけて順に頭数が減少していることが理想である。頭数と産次別頭数割合の安定は，適切な牛群管理により健康が維持され，年間を通して繁殖性が維持されていなければ保つことができない。頭数の減少が著しい産次，逆に頭数が増加している産次がある場合は，除籍および繁殖の状況について関連する産次で確認を行う。牛群構成は，その農場の疾病の発生，繁殖状況，および生産と密接に関連しているため，最初に注目する項目である。

2. 生産（図2，図3の2段目左2番目：検定日成績，2段目右：年間成績，3段目左：搾乳日数乳量階層別データ，3段目中央：305日成績）

乳生産の情報には，経産牛1頭当たりの平均年間成績，産次別の305日成績，検定日の1頭当たりの平均成績，検定日の搾乳日数／乳量階層別データがある。

年間成績は，検定日からさかのぼって過去1年間の1頭当たりの乳量の平均値である。個体の能力以外に繁殖成績，飼養管理も反映し，年間の収益性を読み取ることができる。分娩間隔が長く，泌乳後期の牛が多い牛群では，年間成績の乳量が低くなる。牛群の乳生産能力（305日乳量）よりも年間成績が低い場合は，牛群の搾乳日数，繁殖状況の確認を行う。

305日成績には，産次別の305日乳量と個体ごとに補正した補正乳量（分娩後月齢72カ月，分娩季節を同じ季節に補正）が示されている。産次別補正乳量から，乳生産能力の改良が進んでいるかを知ることができる。乳生産能力の改良を進めている農場の達成

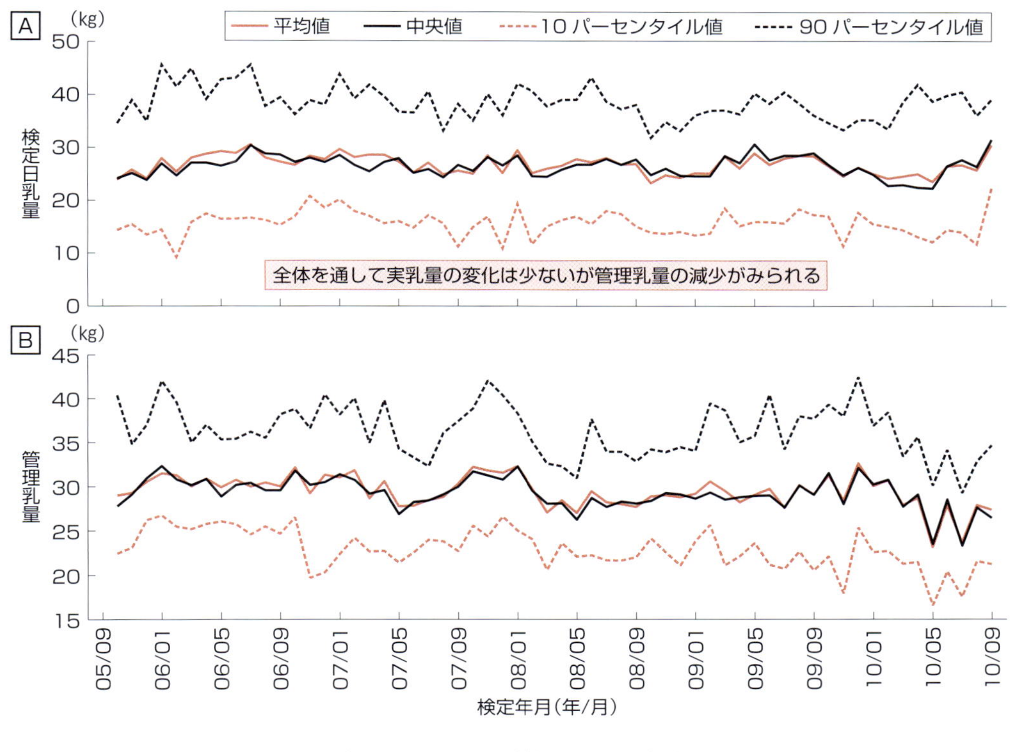

図5　検定日乳量および管理乳量の推移の1例

の1つの目安は，産次の低下に従い補正乳量が増加していることである。しかし，牛の更新スピードが速い農場では，この数値が6歳時の補正数値であることから，あまり参考とならないこともある。また，生データから産次別の305日乳量の推移を知ることもできる。

検定日成績は，検定日の平均成績が示されている。個体の乳生産量は，産次，季節，搾乳日数により異なるため，管理状況を同じ状況下で確認する目的で，北海道においては2産，4～6月分娩，搾乳日数120日を基準に補正した乳量が管理乳量（都府県では標準乳量）である。管理乳量（標準乳量）の変化が大きい時は，管理上に問題があることがあり，その原因を確認する。

検定日乳量および管理乳量（標準乳量）の推移から，管理上注意が必要な時期を読み取ることもできる。**図5**には，生データ（北海道：INDRECM4，都府県：LN_COW_DATA）から検定日乳量および管理乳量の推移をグラフ化した例を示す。茶実線が平均値，黒実線が中央値（群の真ん中の値），黒点線が90パーセンタイル値（100頭いた場合の下から90番目の値），茶点線が10パーセンタイル値（100頭いた場合の下から10番目の値）の推移であり，全体の変化，点線の間の広がり（バラツキ）方をみる。バラツキが少なく，安定していることが望ましい。実際の検定日乳量より管理乳量（標

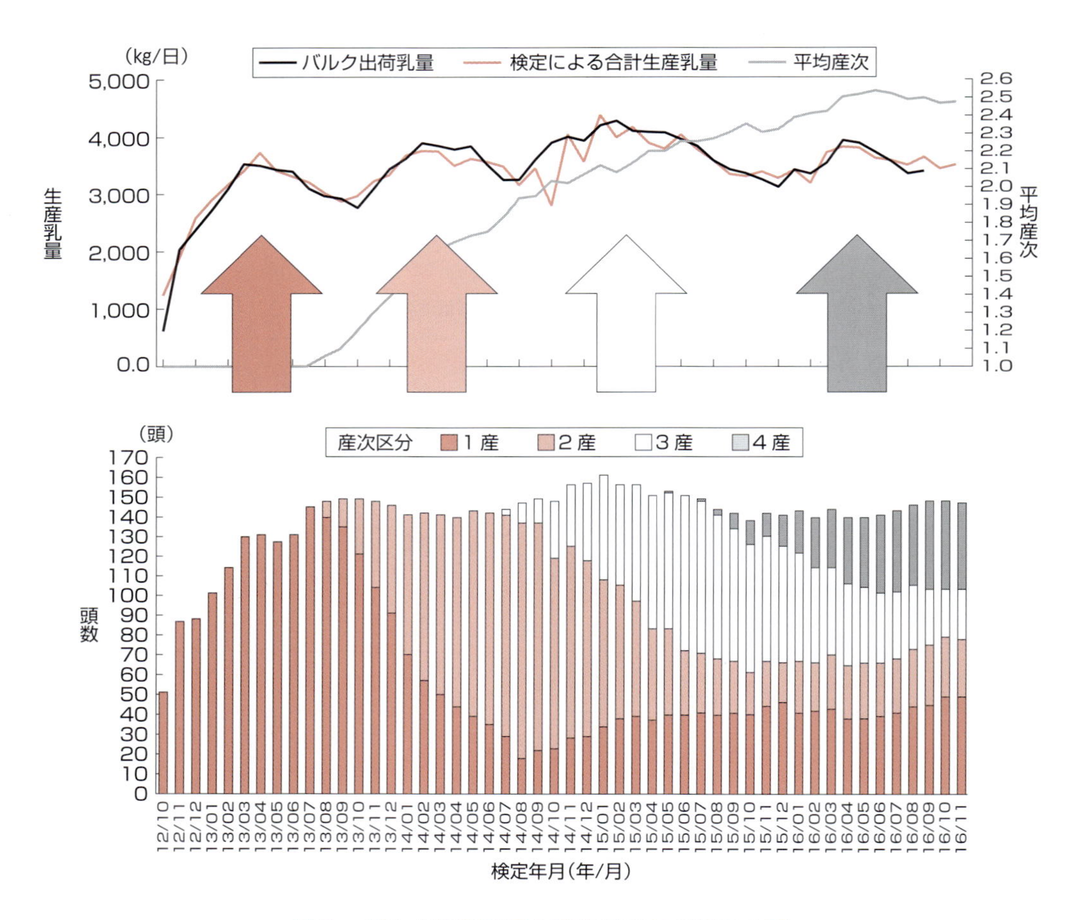

図6　バルク出荷乳量と産次構成の推移の1例

準乳量）が大きい場合，初産の頭数割合が多いことや，泌乳後期の牛が多い（分娩時期の偏りがある）ことも考えられ，逆に検定日乳量より管理乳量（標準乳量）が小さい場合，分娩後泌乳最盛期の牛が多いことや，3産以上の牛が多いことも考えられるので，管理の問題を考える際には，注意が必要である。

生産状況の複合的な分析も行うことができる。例として検定日における酪農場の生産乳量の推移と産次構成のグラフを作成し，併記している（**図6**）。これから分かることは，生産乳量の推移を牛群の平均産次数の変化で予測した場合，出荷乳量はわずかに増加していくことが期待されていたが，はっきりとした増加が現在認められない。その要因を産次別頭数割合の変化から考えることで，農場の2産，3産での分娩直後の除籍につながる問題や，4産以降の繁殖の問題などが考えられる。

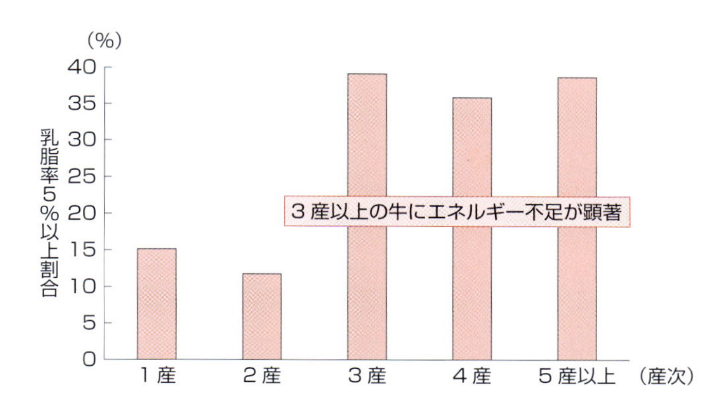

図7　2009年度における分娩後50日以内の乳脂率5%以上の産次別出現頭数割合の1例

3. 管理（図2，図3の1段目左：年間累計，2段目中央：体細胞，2段目右2番目：繁殖管理・状況，3段目右2番目：分娩間隔，下段右2番目：授精報告，4段目中央：追加除籍牛，下段左：分娩予定頭数，下段右：搾乳管理）

管理の情報のポイントを，①乾乳期の管理，②繁殖状況の把握の2点に絞って説明する。

乾乳期の管理の影響は，分娩直後の乾物摂取量に現れるため，搾乳日数別成績の50日未満の乳脂率，タンパク質率と乳量を見る。分娩直後は生理的に乾物摂取量に対して乳生産量が大きくエネルギーバランスが負になる。この時に不足するエネルギー分を補うため体脂肪の動員が起こり，乳脂率が高くなり，タンパク質率が低くなる。乳脂率4.5%以上，タンパク質率3.0%未満，乳量20 kg以下だった場合，個体を特定し，問題要因の排除に努める。生データの利用により，産次別に分析することで，問題となる要因の特定に役立てることもできる（**図7**）。

繁殖状況は，過去の状況を知る情報とこれからの生産に関係する情報とを見極める。空胎日数，授精回数，分娩間隔は，受胎が確認された個体や分娩が終了した個体からの情報である。授精報告では，任意授精待機期間後に，安定して授精が行われているか，授精が遅れている牛がいないかを確認する。経産牛の授精割合は，分娩間隔が400日，授精待機期間80日とすると，$(400-80)\div400\times100=80\%$である。分娩間隔が長い，または生理的空胎日数が短い場合は，授精割合は80%を上回らなければならない。生データからすべての経産牛を対象に，授精が実施された頭数割合，受胎の確認された頭数割合，授精を実施した頭数に対する受胎の確認された頭数割合の推移をグラフ化することができ（**図8**），さらに，これらを産次別に作成すると，繁殖の問題の分析に役立つ。生データを利用して，繁殖状況の問題点を可視化することもできる。例は，授精開始に問題があるのか，受胎に問題があるのか説明するために作成した図である（**図9**）。この例の農場は，受胎しにくい状況が2年前から継続して起こっていることが理解できる。繁殖や生産の問題は，産次別に可視化することでより具体的な対策を立案すること

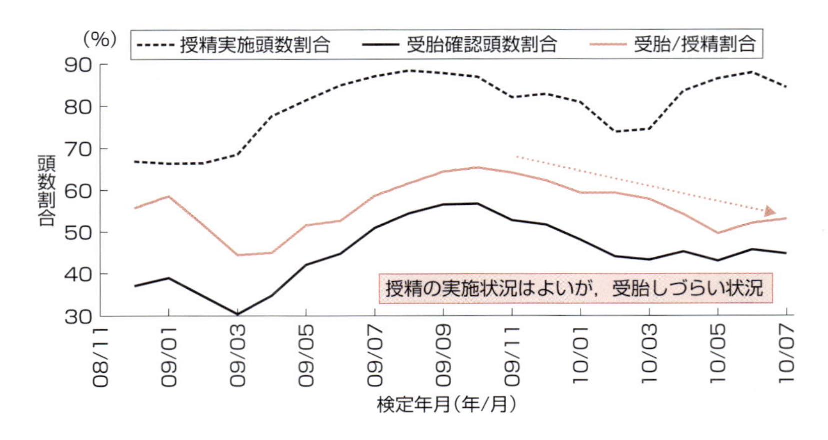

図８　経産牛の授精実施頭数割合，受胎確認頭数割合，授精実施頭数に対する受胎確認頭数割合の推移の１例

授精実施頭数割合は，80～90%近くのかなり高い状態を，受胎確認頭数割合は45%付近を，授精受胎率は50～60%を推移している

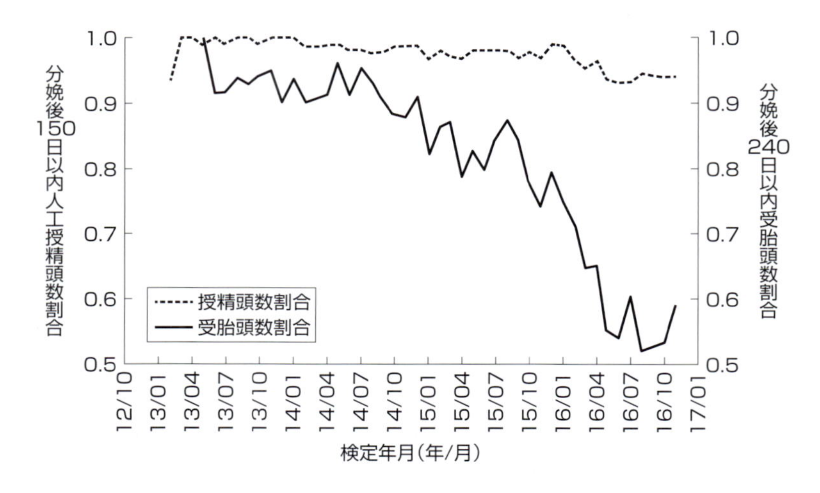

図９　150日以内授精実施割合および240日以内受胎頭数割合の推移の１例

ができる。

実施上の留意点

乳用牛群検定成績の情報量はとても多く，牛群成績の各項目の読み方については，北海道では北海道酪農検定検査協会〈http://www.hmrt.or.jp/index.html〉，都府県では家畜改良事業団〈http://liaj.lin.gr.jp/index.php〉の情報を参考にするとよい。コンピュータの画面上で農場の情報がグラフ化されて読み取ることができるようになってきてい

る。興味がある場合は，各団体のWebシステムについて検索してみるとよい。

検定の生データを利用して作成したグラフをいくつか提示した。これに診療データを含めることで，時系列に従ったものの見方，産次別の分析などから，具体的な問題が見えてくることがある。最終的には，総合的な見方が必要であり，そのために成績表に慣れることからはじめてもらいたい。

References

1−1

- LeBlanc SJ, Lissemore KD, Kelton DF, et al.：*J Dairy Sci*, 89, 1267-1279（2006）
- Radostits OM：*Principles of health management in food-producing animals, Herd Health*, 3rd ed, Radostits OM ed, 1〜46, WB Saunders company, Philadelphia（2001）
- 及川 伸：獣医畜産新報，61（7），547-554（2008）
- Rose G：予防医学のストラテジー（曽田研二，田中平三 監訳），67-110，医学書院（2006）
- 及川 伸：日獣会誌，68，33-42（2015）
- Grummer RR：*Vet J*, 176, 10-20（2008）
- Mallard BA, Emam M, Paibomesai M, et al.：*Jpn J Vet Res*, 63, 37-44（2015）
- 及川 伸：牛は訴えている Dairy Japan 増刊号 10-13（及川 伸，三好志朗 監修），デーリィ・ジャパン社，東京（2013）
- Reneau JK, Kinsel ML：*Records system and herd monitoring in production-oriented health management programs in food-producing animals, Herd Health*, 3rd ed, Radostits OM ed, 107-146, WB Saunders company, Philadelphia（2001）
- Kelton DF, Lissemore KD, Martin RE：*J Dairy Sci*, 81, 2502-2509（1998）
- Nordlund K：*Bovine Pract*, 32, 58-62（1998）

1−2

- Ferguson JD, Galligan DT, Thomsen N：*J Dairy Sci*, 77, 2695-2703（1994）
- Hulsen J：カウシグナルズチェックブック—乳牛の健康，生産，アニマルウェルフェアに取り組む（及川 伸・中田 健 監訳），デーリィマン社（2013）
- 及川 伸 監修：乳牛群の健康管理のための環境モニタリング，酪農ジャーナル臨時増刊号（2011）

1−3

- Cook N, Oetzel G, Nordlund K：*In Pract*, 28, 510-515（2006）
- 及川 伸：乳牛の潜在性ケトーシスに関する最近の研究動向，日獣会誌，68（1），33-42（2015）
- 及川 伸 監修：乳牛群の健康管理のための環境モニタリング 酪農ジャーナル臨時増刊号（2011）
- Oetzel GR：*Vet Clin Food Anim*, 20, 651-674（2004）
- Ospina PA, Nydam DV, Stokol T, et al.：*J Dairy Sci*, 93, 546-554（2010）
- McArt JA, Nydam DV, Oetzel GR：*J Dairy Sci*, 95, 5056-5066（2012）

1−4

- Porta M：疫学辞典 第5版，㈶日本公衆衛生協会（2010）
- 獣医疫学会：獣医疫学 基礎から応用まで 第二版，近代出版（2011）
- Thrusfield M：*Veterinary Epidemiology*, 3rd ed, Wiley-Blackwel（2005）
- 鷲巣月美，門平睦代，木村祐哉：動物医療現場のコミュニケーション，緑書房（2014）
- 小林創太：日本における牛白血病ウイルスの浸潤状況と伝播に関する疫学的研究，岐阜大学大学院連合獣医学研究科博士論文（2015）
- Kulldorff M：*Commun Stat Theory Methods*, 26, 1481-1496（1997）
- 農林水産省：家畜衛生統計（1999-2009）
- 村上賢二：日獣会誌，62（7），499-502（2009）

・Crawley M：*The R Book*, 2nd ed, John Wiley & Sons, Ltd（2013）
・獣医疫学会：獣医疫学 基礎から応用まで 第二版，近代出版（2011）
・Thrusfield M：*Veterinary Epidemiology*, 3rd ed, Wiley-Blackwel（2005）
・Hidalgo B, Goodman M：*Am J Public Health*, 103, 39-40（2013）

1－5

・Nordlund KV, Cook NB：*Vet Clin North Am Food Anim Pract*, 20, 627-649（2004）
・及川 伸 監修：乳牛群の健康管理のための環境モニタリング 酪農ジャーナル臨時増刊号（2011）
・USDA Part III：Reference of dairy cattle health and health management practices in the United State 2002. Fort Collins（CO）：USDA; APHIS; VS, CEAH, National Animal Health Monitoring System（#N400. 1203）（2002）
・Lomore M, Cady R：US dairy replacement strategy：macroeconomics, microeconomics, or biology? In：Proceeding of 36th Annual Convention of the American Association of Bovine Practitioners, Columbus, OH, 2003. Rome（GA）：American Association of Bovine Practitioners, 90-95（2003）
・扇 勉，志賀永一 共編著：乳牛の供用年数を考える―その実態と決定要因，酪農総合研究所乳牛供用年数検討委員会，酪総研選書，No.67（2001）

1－6

・農林水産省：畜産統計調査〈http://www.maff.go.jp/j/tokei/kouhyou/tikusan/index.html〉2017年10月19日参照
・（公社）北海道酪農検定検査協会：牛群検定成績〈http://www.hmrt.or.jp/index.html〉2017年10月19日参照
・（一社）家畜改良事業団：牛群検定〈http://liaj.lin.gr.jp/index.php〉2017年10月19日参照

第2章
牛を取り巻く環境要因

2－1

成牛牛舎

建築物としての牛舎

牛舎構造を検討するための予備知識として，工学的・物理学的視点から建築物として牛舎を取り上げる。

1. 建築基準法での緩和措置

国内で建設される建物は，建築基準法に基づいて設計，施工する必要がある。建築基準法を適用して牛舎施設を建設すると，住宅並みに頑丈にする必要があり，建設コストの高い施設となってしまう。しかし，牛舎は生産施設であることから，機能的で新しい技術を取り入れるため改築や建て直しができるよう，安く経済的であることが求められる。こうしたことから，牛舎は一般住宅と異なり，乳牛は収容されているが作業者が常時滞在する施設ではないことから，作業者の滞在時間をもとに強度を低減できるように，市街化区域以外に建設する場合には「畜舎設計規準」として建築基準法の緩和措置が設けられている（徳永，2001）。積極的にこの制度を利用することで，機能的で低コストな牛舎の建設が可能である。

2. 設計図面と実寸法，空間

建築図面の寸法は中心間距離で示される。このため，実際の通路幅や牛床長などは，壁の厚さやコンクリートの厚さがあるため，設計図の寸法で示されたものよりは狭くなる。牛舎各部の推奨寸法は，「空間の長さ」（内寸）であることが多いので，壁の厚さやコンクリートの厚さを考慮して寸法を決めたり，コンクリート壁の立ち上がり位置を調整して実際の空間寸法を確保する必要がある。推奨牛床幅は仕切り柵の中心間距離で示されるので，パイプの太さが5㎝程度であれば問題はない。

また，平面図から立体的な構造をイメージすることは非常に難しく，予定していなかったところにパイプが配置されていることもある。これを防ぐためには，設計者との詳細な打ち合わせが必要であり，細部であっても立面図やイメージ図をつくってもらう

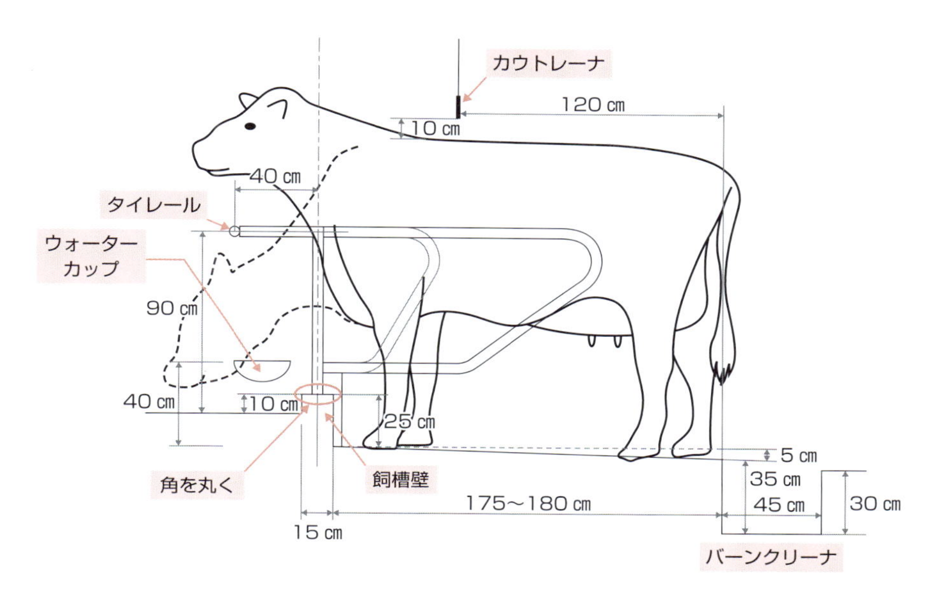

図1　繋ぎ飼い牛床の概略図

高橋原図

とよい。特に注意が必要な場所としては，牛床の長さ，牛床列両端の牛床幅，牛床前面空間である。

3. 断熱の重要性

寒冷地では，牛舎の寒冷化と壁面の結露防止対策として，断熱材が多く用いられる。牛舎の断熱というと寒冷地の問題と思われるかもしれないが，温暖地も含め断熱を考慮しなければならない部位がある。それは，屋根面である。天気のよい夏季の日中には，屋根の表面温度は70℃以上にもなる。この熱がそのまま屋根裏に伝わり，輻射熱として牛舎内の乳牛に注ぐことになる。暑熱対策および寒冷化・結露防止対策として断熱材の活用は有効である。

乳牛飼養方式と牛舎構造詳細

乳牛飼養方式のうち，繋ぎ飼い牛舎と放し飼い牛舎（フリーストール牛舎）の構造について，留意すべき点を検討する。

1. 繋ぎ飼い牛舎

繋ぎ飼い牛舎では，乳牛は係留された状態で過ごす。このため，牛床の快適性が重要となる。標準的な乳牛の体型をもとに，繋ぎ飼い牛床の概要図を**図1**に示した。

写真１　繋ぎ飼い牛床で身繕いする乳牛

①係留方法

繋ぎ飼い牛舎がスタンチョン牛舎と呼ばれてきたように，乳牛の首を挟んで繋留するスタンチョンが長く用いられてきたが，乳牛の快適性やアニマルウェルフェアの観点から，チェーンで繋ぐチェーンタイ方式に替わってきた。

乳牛の快適性を考え，スタンチョンからチェーンタイ方式へ変える場合，乳牛の動きがより自由となるため，牛床がバーンクリーナの上に少し延長するように牛床マットを敷き，斜め横臥を防ぐために仕切り柵を設置する。

チェーンタイ方式では，チェーンは飼槽柵（タイレール）に固定し，長さは採食，横臥休息，飲水だけでなく乳牛が身繕いできる長さとする（**写真１**）。

②牛床

成牛の牛床の寸法は，幅 125～130 cm（仕切り柵中心間距離），牛床長さ 175～180 cm とする。牛床長さは飼槽壁内側から後部縁石端までの長さで，乳牛が横臥した時の前肘から尻までの長さに５cm程度追加する。

牛床列両端の幅はコンクリートの立ち上げを高くすると，コンクリートの厚さの半分だけ狭くなるので，両端であっても仕切り柵を取り付け，その外側にコンクリートの立ち上げを設置する。

牛床床材は，耐久力があって衝撃力の小さいものを選択する。仕切り柵が牛床から立ち上がっていると，フリーストールで利用されているゴムチップマットレスのような連続した資材は利用できない。近年多く採用されているサスペンド型の仕切り柵では，ゴムチップマットレスも利用できる。EVA（ポリエチレン資材）マットは柔らかさを確保できるが，利用により伸びてしまうため，伸びすぎた部分をカットして適切な長さを

表1　牛床資材の衝撃力

牛床資材名	衝撃力(N) 平均	衝撃力(N) 最大	厚さ(mm)	備　考(裏面形状)
コンクリート	8,796	13,542	−	−
放牧地	1,659	1,910	−	−
砂(模擬牛床)	991	1,518	150	−
ゴムチップマットレス	2,334	2,452	50	−
EVA マット A	1,149	1,160	30	平面
EVA マット B	2,611	2,628	30	平面
EVA マット C	917	978	80	平面
ゴムマット A	6,295	6,584	19	平面
ゴムマット B	5,609	6,009	25	平面
ゴムマット C	5,173	5,375	30	平面
ゴムマット D	3,578	3,638	25	丸突
ゴムマット E	3,324	3,403	30	溝
複合マット	1,454	1,500	30	平面
ゴムチップ成型マット	2,461	3,011	50	丸溝

高橋，2008

維持する。ゴムマットは厚さや，裏面の形状によって衝撃力が異なる（**表1**）。いずれの床資材であっても，敷料の適切な利用は乳牛の快適性を向上させる。

牛床は飼槽側が高くバーンクリーナ側が低くなるように傾斜を付ける。牛床前後で5〜7.5 cmの高低差となるようにする。

通路と牛床の段差は，乳牛管理のしやすさや乳牛の出入りを考えて決定する。牛床が高いと直腸検査作業がしにくいなどの問題が生じるため，段差は5 cm以内とする（Anderson，2008）。

③仕切り柵

フリーストール牛舎と同じサスペンド型が利用されている。仕切り柵を設置することで，斜めに横臥することを防ぎ，どの牛も快適に横臥できるようになる。繋ぎ飼い牛舎では牛床で搾乳するため，ミルカー装着位置では仕切り柵は短くしている例が見られる。形状は横臥した時に，乳牛の腰や背中が柵に当たらないようにする。

④飼槽柵・飼槽壁・飼槽

飼槽柵（タイレール）は乳牛が無理なく採食できるように，採食時に首が飼槽柵に当たらない位置に設置する。また，立ち上がった時に柵が邪魔になって後蹄が牛床端にかかるほど下がらなくてもよいような高さとする。乳牛の大きさによって飼槽柵は前後あるいは上下の調整ができるようにする。牛床側からの高さは100〜110 cm程度，前方に30〜40 cm程度の範囲で設置し，採食時に乳牛の首が当たらず，自然な姿勢で起立した時に喉が当たらないようにする。

飼槽壁は乳牛が横臥した時に，前肢を投げ出した姿勢でも横臥できるように，乳牛側

写真2　繋ぎ飼い牛床で前肢を前に出して休息する乳牛
飼槽壁をあまり高くしない

の高さを20～30 cmとする（**写真2**）。また，形状は前肢を傷つけないように角を取る。飼槽側の高さは10～15 cmとする。

飼槽の牛床からの高さは，飼槽壁前後の高さの差となる。飼槽が低すぎると，採食時に前足を曲げ，前膝を着いて採食するので，少なくとも10 cm以上とし，できれば15～17.5 cmとする。

飼槽は平らな構造で餌押しが容易にできたり，掃除がしやすいようにする。飼槽は少なくとも60 cmの幅でセラミックタイルやレジンコンクリート仕上げとし，サイレージの酸で腐蝕しないようにする。滑りやすい表面仕上げは作業者が滑って怪我をする原因となり，また，乳牛が起立する時に自然な動作で前肢を飼槽の上に出すので，滑ることで起立動作が不自然となってしまうことがある（**図2**）。餌は60 cm以内に寄せておくようにする。

⑤カウトレーナ

設置位置は，牛床長が170～180 cmの場合は牛床後端から120 cmの位置で，乳牛の背中から5～10 cmの高さとする。トレーニング中は5 cmの高さ，トレーニング終了後は10 cmの高さとする。排尿，排糞時以外は接触しないようにする。乳牛が入れ替わった時には，必ず適切な位置に調整する。

2. 放し飼い牛舎（フリーストール牛舎）

放し飼い牛舎，特にスリーストール牛舎の場合には，牛床構造は糞尿処理方式と密接に関連しているため，糞尿処理についても十分に留意する必要がある。

①牛床構造

効率的な乳生産や疾病予防のため，乳牛は1日当たり10～15時間は牛床で横臥・休

図２　乳牛の起立動作

起立時に前肢を一歩前に出す　　高橋原図

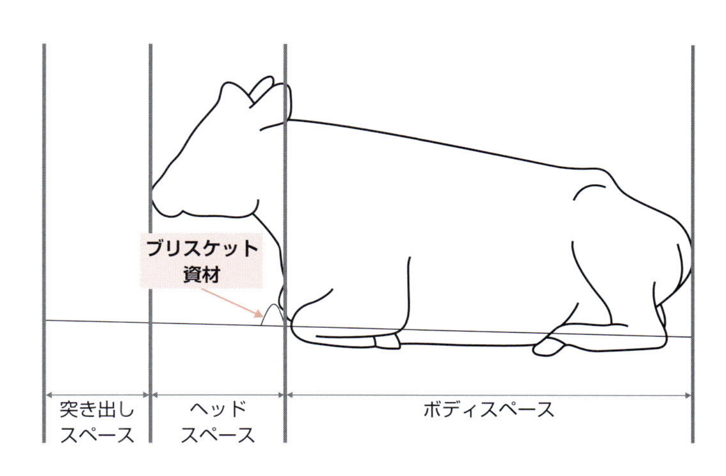

図３　牛床必要空間の概要

高橋原図

息する必要がある。1日の半分以上を過ごす牛床を快適な場所として設計，維持管理することが，きわめて重要である。

（1）寸法

牛床の寸法は，収容されている乳牛の大きさに合わせて設計する必要がある。成牛牛舎の場合，初産牛，経産牛で体格が大きく異なるため，大きさに合わせて牛床を設計する。

牛床長は，横臥した時の尻～前肢までのボディスペースと，頭部のヘッドスペース，起立・横臥時に頭を突き出すための突き出しスペースが必要である（**図3**, NRAES-24, 1986）。牛床の前面が壁の場合と，牛床が向かい合わせの場合で突き出し

表２　フリーストール牛床の寸法例

乳牛の種類	寸　法(cm)		
	牛床長さ（前面壁／対面牛床）	ブリスケット～縁石	牛床幅
初産牛	250～260／240～250	175	120
経産牛	275～300／250～260	180	120～125

Cook ら，2004・Cook, 2009 などから改変

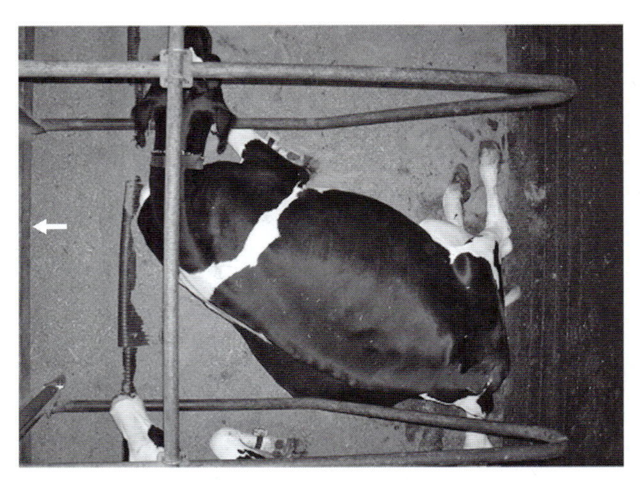

写真３　フリーストール牛床で斜めに横臥した乳牛

牛床前に角パイプ（矢印）が設置されている　根釧農試

スペースの長さが異なる。前面が壁の場合には，頭を突き出す時に乳牛が恐怖を感じない程度に長くする必要があり，経産牛では275～300 cmと長い寸法が推奨されるようになっている。対面牛床の場合には中央部に柵やパイプがない条件で，250～260 cm必要である（**表2**，Cook，2009）。

牛床の幅は乳牛が横臥した時の幅をもとに決められており，120～125 cmで設計する。しかし，この寸法は建築資材の寸法にも影響を受ける。日本では木材の寸法は360 cmが基準となっており，120 cm×3頭分で設計すると端材を生じないで建設できる。乳牛が斜め横臥すると牛床幅は狭くなるので，まっすぐに横臥できるように，牛床前面に柵や障害となる資材を設置しないようにする（**写真3**）。

牛床の高さは，糞尿処理の方式とも関係がある。かつてトラクタースクレーパで多量の糞尿を押すような牛舎では，牛床の高さを糞尿が入らないように30 cm以上としたりしていたが，バーンスクレーパで短い間隔で除糞をするようになり，牛床の高さも乳牛がアクセスしやすいように最大でも20 cm程度とするようになった。

(2)　ブリスケット資材，ネックレール

ブリスケット資材は，乳牛が横臥する範囲（ボディスペース）を示す資材で，板

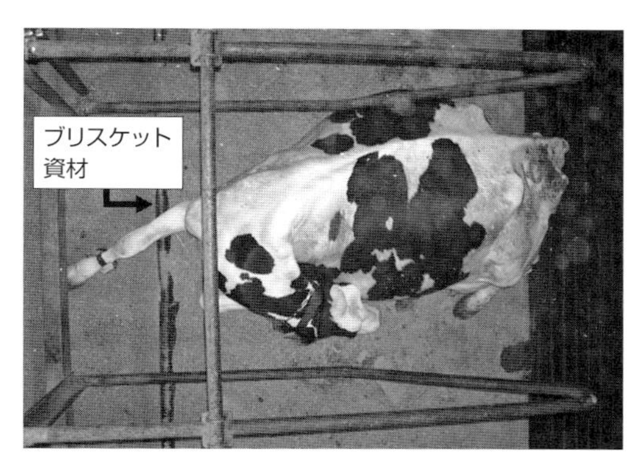

写真４　フリーストール牛床で前肢を前に出して休息する乳牛

写真５　フリーストール牛床の前に敷料を置いた牛舎

牛床前の横パイプや，牛床前に敷料などを置くと起立動作を妨げる

写真６　ネックレールと乳牛の佇立位置

A：短い牛床，B：長い牛床

（ボード）やパイプが利用されている。牛床後端の縁石から175〜180 cmの位置に設置する。ブリスケット資材は横臥時に牛が前足を投げ出した時に，傷をつけたり痛みを感じないような資材を用いる（**写真4**）。ブリスケット資材の前の空間には敷料などを積み上げないようにし，牛の突き出し動作を妨げないようにする（**写真5**）。

ネックレールは，牛床で起立した時に，後肢の蹄が牛床末端まで下がるようにする資材で，仕切り柵（隔柵）の上レールに載せるのが一般的である。牛床での起立動作時にぶつからないようにし，また，横臥時にネックレールが気にならない位置に設置する（**写真6**，Anderson，2007）。

(3) 仕切り柵（隔柵）

フリーストール牛舎の仕切り柵（隔柵）は様々な形状のものが利用されてきた。隔柵の形状は，乳牛の頭の突き出し方向で変化してきた。牛床が短く側方突き出しとしてい

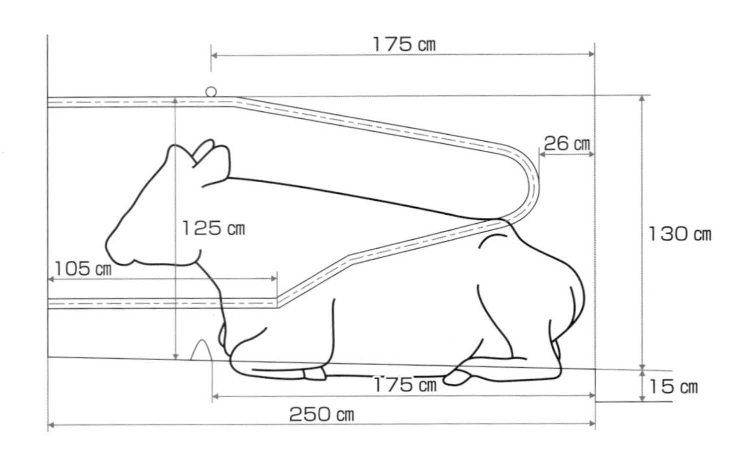

図4　フリーストール牛床の寸法と隔柵（ノッチドボトム型）の形状

高橋原図

た時には，ミシガン型やワイドループ型が用いられてきた。牛床が長くなり自然な横臥起立動作として前方突き出しとなってからは，隔柵の上部レール後端を傾斜させ下部レールに上側の曲りを付けた，ノッチドボトム型が広く利用されている（**図4**，MacFarland ら，2016）。

このほかにも，様々な形式の隔柵が検討され利用されているが，導入利用に当たっては乳牛の横臥・起立動作を妨げないこと，横臥時に乳牛に当たらないこと，腰や背中にこぶができたりしないことなど，乳牛の快適性に配慮されていることを確かめる。

(4)　牛床資材

牛床の条件は，乳牛をしっかりと支えられること，衝撃力が小さい（柔らかい）資材を用いること，横臥時の快適性が確保されることである。利用可能な資材としては，ゴムチップマットレス，EVA，ゴムマット，砂がある。それぞれの資材の衝撃力は**表1**に示した。資材のみで3,000 N以下，敷料と併せて2,000 N以下となる資材を選択する（高橋，2008）。

砂については糞尿処理が困難となることから，利用に当たっては熟慮が必要である。

②通路

放し飼い牛舎では乳牛が動くことで，休息，採食，搾乳などの飼養管理ができる。そのための通路の条件としては，滑らないこと，歩きやすいこと，耐久性があることが挙げられる。通路仕上げとしては，コンクリートにダイヤモンド目地や縦溝の目地を切る方法と，通路用ゴムマットを敷く方法がある。

写真７　乳牛の採食姿勢の比較

Ａ：放牧地，Ｂ：牛舎内飼槽，前肢を並べた姿勢

飼槽側通路は，採食時に長時間立つことになるので，通路用ゴムマットを敷くことも有効な方法である。これに対して，牛床の間や外側の通路は移動での利用で長時間立っていることがないので，コンクリート目地でも十分である。通路用ゴムマットは乳牛の足にかかる負担を軽減するが，牛床の快適性が十分に確保されていないと，広い通路に横臥する乳牛が出現する。通路に横臥すると糞尿で牛体が汚れ，乳房炎の原因となる。

コンクリート目地のつくり方は，コンクリートが生乾きの状態で板に目地に当たる棒を取り付けて押す方法が，仕上げ後の表面が平らになって乳牛の歩行にも問題がない。これに対して鉄筋で溝形状の枠をつくって押す方法は，目地の間のコンクリートが盛り上がるので，薦められない。目地の寸法はダイヤモンド目地では15～20 cmごとに幅1.0～1.5 cmの目地を付けたダイヤモンド目地や，4～7.5 cmごとに1.0 cm幅の目地を付けた縦溝がある。縦溝の場合，目地の間を15 cm以上と広くすると，乳牛が滑りやすくなるため推奨できない（Gooch，2003）。

③飼槽

乳牛は，放牧地では前足を交互に前に進めて採食するが，牛舎内の飼槽では前足を揃えて採食する必要があるため，放牧地での採食姿勢を取ることができない（**写真7**）。前足を揃えて採食するので，飼槽柵の形状や寸法や餌の状況によっては，首を前方に伸ばさないと採食できないため前蹄に体重がかかりすぎ，問題を引き起こす。このため，前蹄に体重がかかりすぎないように，飼槽形状や寸法に留意するとともに，餌押しが重要になる（**図5**，NRAES-201，2008）。

3．敷料

繋ぎ飼い牛舎，フリーストール牛舎ともオガクズや乾草，麦稈，戻し堆肥などの敷料を利用する。牛床資材だけでは十分な快適性を確保することは難しい。また，蹄に糞尿

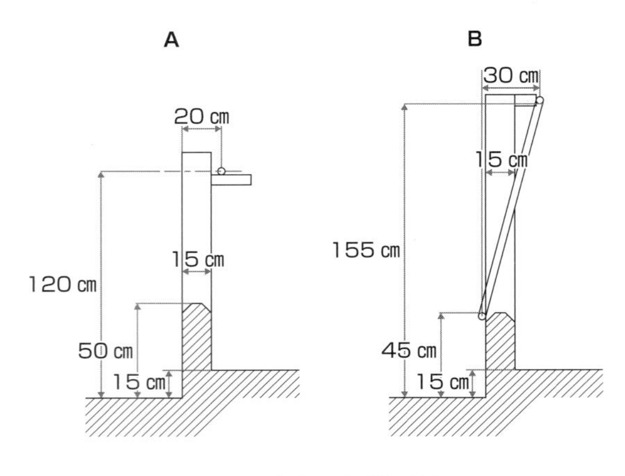

図５　成牛の飼槽形状
A：飼槽柵パイプ，B：セルフロックスタンチョン　　高橋原図

がついた状態で牛床にあがるので，この糞尿をからめ取る敷料がないと牛床が糞尿で汚れ，牛体，特に乳房の汚れにつながる。

特に，砂を牛床に用いる場合には，液状処理が困難となるばかりか堆肥処理も重さによる運搬作業や水分調節材の混入作業が困難となるので，利用場面を乳房炎対策牛房に限定する，糞尿処理方式を決着するなどしてから砂の牛床を選択する。

4．飲水施設

繋ぎ飼いではウォーターカップが用いられることが多い。ウォーターカップは２頭ごとに１台設置する。飲水速度に対応した毎分15～20 Lの吐出量が得られるように，配管径を太くする。連続水槽の場合は，飼槽柵との位置を調整し，採食姿勢を妨げず自然な飲水姿勢が得られる位置とする。さらに，飼槽の状態が確認しやすく，掃除が容易な位置とする。

フリーストール牛舎では横断通路に水槽型の給水器を設置する場合が多い。水槽を設置する横断通路幅は，飲水している乳牛の後ろを乳牛が通れるように十分広く，３牛床分である3.6 m程度は確保する。パーラ出口から戻り通路周辺に設置して搾乳後に飲水させることも有効とされている。乳牛の動きを妨げない場所を選定する。水槽型給水器の設置高さは60～80 cmとする。水槽の水深は牛の口が2.5～5 cm水の中に入るように最低8 cmとする。設置する水槽の数は15～20頭ごとに少なくとも１台設置するか，20頭当たり最低60 cmの飲水幅を設置する。牛群１群に少なくとも２カ所の給水器が必要である。

乳牛は水温17～28℃の常温を好むとされる。寒冷時には水温が低すぎると飲水量の低下を招くので注意する（Looper，2007）。

表3　主なパーラ形式別の作業能率例

パーラ形式	規模	作業者数（人）	搾乳能率（頭／時）	搾乳能率（頭／時間・搾乳ストール）	備考
ヘリンボーンパーラ パラレルパーラ	D8	1	64～ 80	4～5	
	D8	2	72～ 88	4.5～5.5	
	D10	1	80～ 90	4～4.5	
	D10	2	90～100	4.5～5.5	
パラレルパーラ	D12	1	84～ 96	3.5～4	
	D12	2	96～101	4～4.2	
	D16	2	122～128	3.8～4	
アブレストパーラ	S6	2	42～ 48	7～8	
	S8	2	56～ 64	7～8	
タンデムパーラ	D3	1	36～ 42	6～7	
	D4	1	48～ 56	6～7	
	D5	2	60～ 70	6～7	
ロータリーパーラ	36	1～2	140～160	3.8～4.4	12分／回転
	50	1～3	200～214	4～4.3	12分／回転
	50	1～3	150～170	3～3.4	15分／回転

S：単列，D：複列　　　　高橋

搾乳施設

1. パーラの種類

放し飼い牛舎で搾乳をする場所はミルキングパーラとなる。パーラの方式には，片側ずつ群として出入りするヘリンボーンパーラ，パラレルパーラと，1頭ずつ出入りするアブレストパーラ，タンデムパーラ，ロータリーパーラがある（MWPS-7，2013）。

主なパーラ形式別の搾乳能率の例を**表3**に示した。

①ヘリンボーンパーラ

乳牛は搾乳ピット側に尻を斜めに向けて並ぶ（**図6**）。ミルカーユニットは乳牛の横から装着する。乳房間の距離は120 cm程度で，6頭複列から10頭複列程度が一般的である。12頭複列より大きくなるとパーラの長さが長くなり作業者が数名必要となる。退出方式は急速退出が一般的である。搾乳ストールの寸法は，1頭当たり幅90～120 cm×長さ90～120 cm程度である。退出通路幅として150～240 cmを確保する。

②パラレルパーラ

乳牛は搾乳ピット側に尻を直角に向けて並ぶ（**図7**）。ミルカーユニットは乳牛の後脚の間から乳房に取り付ける。乳房間距離は最も短く，75～85 cm程度である。6頭複列から12頭複列が一般的である。退出方式は急速退出が一般的である。

搾乳ストールの寸法は，1頭当たり幅75～85 cm×長さ180 cm程度（頭部を除く）である。退出通路幅は150～240 cm程度とする場合が多い。

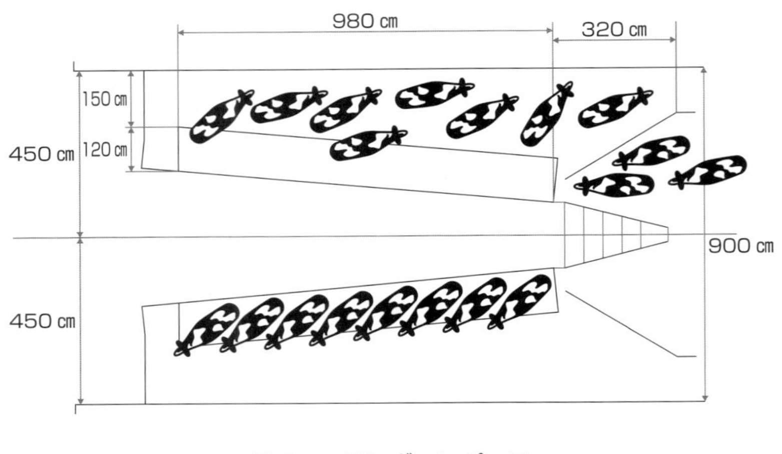

図６　ヘリンボーンパーラ

高橋原図

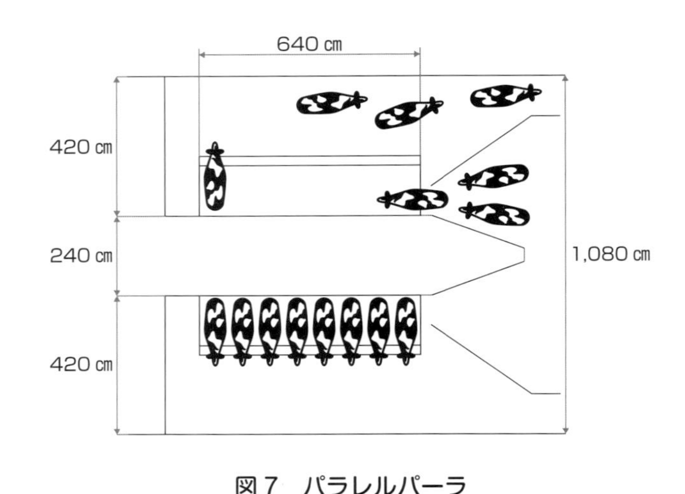

図７　パラレルパーラ

高橋原図

ヘリンボーンとパラレルを組み合わせ，牛を斜めに並べ，後肢の間から搾乳するパラボーンパーラと呼ばれるパーラもある。

③アブレストパーラ

乳牛は１頭ごとに搾乳ストール後方から入り，横に並んで搾乳される。搾乳終了後は前方に通り抜ける。作業者の立つ床面の高さより搾乳ストールの高さを高くして，無理のない搾乳姿勢がとれるようにする。６頭から８頭の単列，あるいは複列として用いられる。

搾乳ストールの寸法は，１頭当たり幅 90 cm×長さ 180 cm（頭部の長さは除く）程度

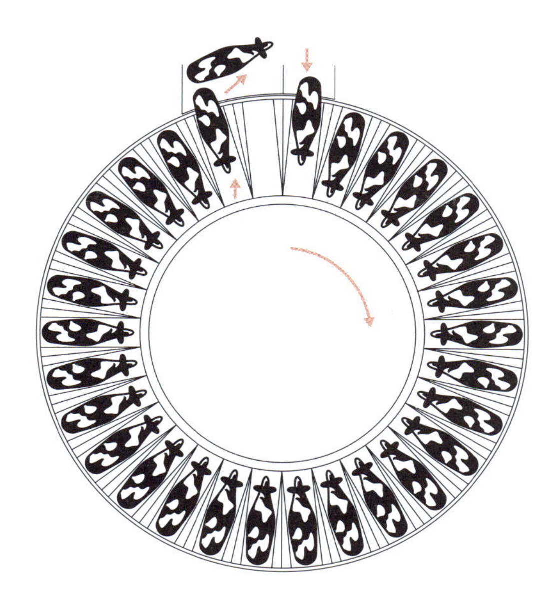

図8　ロータリーパーラ（タンデム）

30 搾乳ストール　　高橋原図

である。前方の退出通路は搾乳中の乳牛の頭の部分を加えて 150～180 cmで，作業者のピット幅は 60～90 cmである。

④タンデムパーラ

乳牛は1頭ごとに搾乳ストールの側方から出入りし，縦に並んで搾乳される。作業者は搾乳ピット内からミルカーユニットを装着する。側方から乳牛の状態がよく観察できる。しかし，乳牛が縦に並ぶため乳房間の距離は 250 cm程度と広く，3頭複列から5頭複列が限度である。

乳牛が1頭ごとに出入りできるので，搾乳終了から乳牛退出，次牛入室までを自動制御する自動ゲート開閉装置を装備したものも利用されている。退出通路は両側に配置する場合が多い。

搾乳ストールの寸法は，1頭当たり幅 90 cm×長さ 250 cm程度である。側方の入退出通路は，90～120 cm程度である。前方の横断通路幅は 120～150 cm程度，戻り通路幅は 90～120 cm程度である。

⑤ロータリーパーラ

ロータリーパーラは回転するターンテーブルの上に円形に搾乳ストールが配置され，牛は移動しながら搾乳される（**図8**）。搾乳ストール数は 30～36 で 50 以上の大型施設も利用され，大規模飼養頭数農場で利用されている。搾乳位置がロータリーの内側のロータリーヘリンボーンと外側のロータリータンデムの両方式がある。大規模化が進むなかで，搾乳ストールが多く設置できる外側搾り方式が利用されている。外側搾りでは，乳房清拭やミルカーの装着作業に2～3名，ポストディッピング作業に1名が必要となる。

2. 待機室

待機室は搾乳していない牛と搾乳が終了した牛を区分できるようにする。1頭当たりのスペースは1.2～1.4㎡で，パーラ入り口に向かって上り傾斜をつける。パーラに牛を追い込むためと群分けをするために，クラウドゲートを利用する。

パーラ入り口に牛が滑らかに移動できるように，斜めに柵を設置する。多くの柵では進入角度が広いため入り口付近で立ち止まったり，入り口を塞いでしまうことが多い。待機室の面積が広くなるが，進入角度を狭くして横からも追い込めるようにする。また，パーラへの進入が容易にできるように，パーラ内と待機室の間は，待機室にいる牛からなかが見えるようにしたり，パーラ入り口付近の照度の差がないように待機室側の明るさにも配慮する。また，入り口に段差が生じないようにする。

3. 搾乳ピット，搾乳ストール

搾乳作業者が立つ搾乳ピットは作業者の移動と清拭用のタオルなどの用具を置くために，幅180～240㎝程度とする。ピットの深さは作業者の身長に合わせて決定するが，複数の作業者が搾乳する場合には身長の高い人に合わせた深さとする。90～100㎝程度とし，作業者が腰をかがめなくて作業ができるようにする。乳房を洗浄する時に洗浄水が腕を伝って流れてくることを防ぐために肘を曲げて搾乳できるよう，移動可能な台を置き身長の違いを吸収する。

ヘリンボーンパーラなどで搾乳ストールのピット側に尿溝をつくりグレーチング（溝にかける柵状のフタ）をする場合があるが，乳牛の移動を妨げたり，蹄に負担がかかりすぎるので尿溝は設置しない方がよい。ピット側を高くし，退出側に向けて床に排水勾配をつけ，搾乳ストールの床に水溜まりができないようにする。

2－2

飼養管理と乾物摂取量～現場で注意したいポイント～

Goffは乳牛における栄養と疾病との関連性を**図1**のように示している。我々がしばしば遭遇する疾病はそれぞれ何かしらの関係を持っており，臨床症状の表現形が多少違ってはいるものの，一連の生産病症候群とも考えられる。この図では，特に乾物摂取量（DMI）の低下が疾病発生の重要な根源となっていることが示されている。食い込みのいい牛，左膁部が十分に膨れている牛はまずは健康であるという単純な判断はあながち間違いではなく，むしろ最も大切な臨床所見の1つである。

牛群の健康状態，特にDMIに関連した所見を得る際，ルーメンフィルスコア（RFS）やボディコンディションスコア（BCS），糞便スコアや血液検査のモニタリングが有用であることについては，「1-2　身体モニタリング」で述べたとおりである。ここでは牛の身体に関する事項ではなく，DMIに関係する飼養環境に焦点を当てて，農場訪問時にまずは気に留めてもらいたいチェック項目を解説する。

飼養密度

繋ぎ飼い形態では1つのストールに1頭が収容されているので，飼養密度は問題にならないが，フリーストールのような放し飼い形態では，しばしば飼養密度が問題となる。フリーストール形態において飼養密度を算出する式は以下のとおりである。

飼養密度（%）＝飼養頭数÷ストール数×100

これまでの成書によると，2列のストールを有するペンにおける飼養密度は泌乳中期から後期で120%まで許容可能であるとされているが，及川の経験によると100%程度にとどめた方が無難と思われる。それは，100%を超えるとDMIの摂取量が減少するリスクが高くなり，さらには牛体の衛生状態が悪化するからである。ただ，飼槽スペースを十分に取れるような管理状態であればまだ可能かもしれないが，実際規模が大きくなればなるほど，そのような牛舎を建築することは難しい。また，移行期の飼養密度は85%程度に抑えることが望ましい。これは，この時期のDMIの低下を極力抑えるため

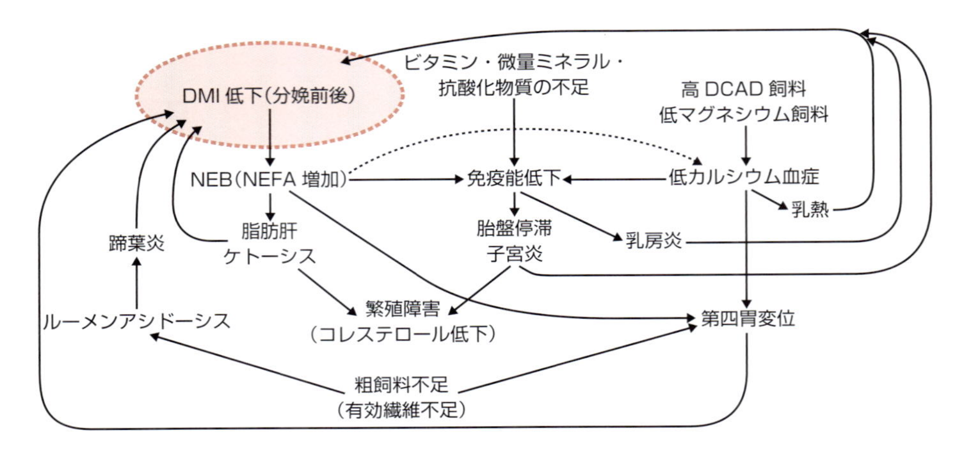

図１　栄養と疾病の相互関係

Goff，2006 を一部改変加筆

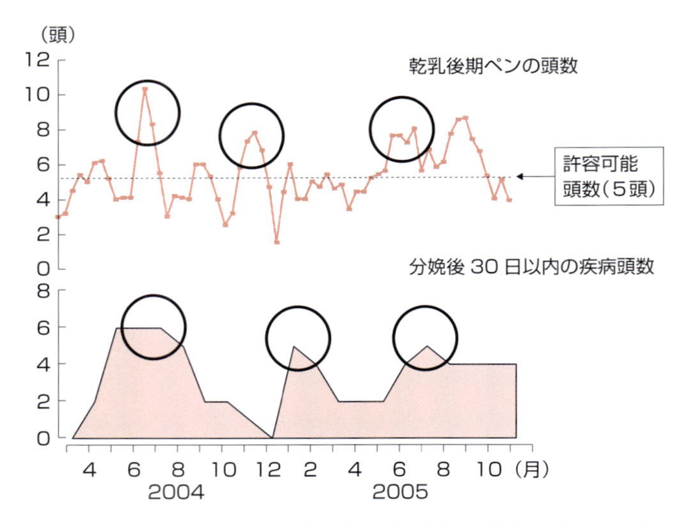

図２　乾乳後期ペンの飼養頭数と分娩後の疾病発生の関係

及川，2008

であり，このくらいの余裕を取っておくことで飼養密度の急な変動を抑えることができるからである。なお，3 列のストールでは，牛に対して飼槽が足りなくならないように勘案して，頭数を調整する必要がある。

図 2 に，ある酪農場におけるフリーバーン形態の乾乳後期ペンの頭数と分娩後の疾病発生との関係を示した。このペンでは，1 頭当たりの居住面積を 9 ㎡（できれば 10 ㎡以上を推奨）と見積もって，最大 5 頭まで許容可能であった。しかし，飼養頭数は 1～11 頭の範囲で変化しており，頭数の多かった時期に引き続いて疾病発生が多くなっているのが分かる。多くの酪農家がこのような経験を持っていると思われるが，実感が持

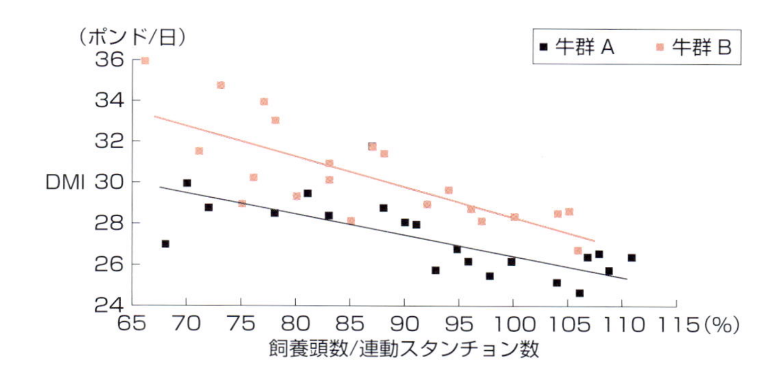

図 3　乾乳後期ペンにおける飼槽密度と乾物摂取量（DMI）の関係

及川，2008

てないのが実態ではないだろうか。管理獣医師や畜産アドバイザーとしては，実際の飼養頭数と疾病の関係を分析して酪農家に示し，場合によってはペンの頭数や移動時期の変更，あるいは農場全体としての飼養頭数について検討する必要がある。

フリーバーンにおける飼養密度の算出には以下の式を用いる。

飼養密度（%）＝飼養頭数÷（牛の全居住面積÷9～10 ㎡）×100

飼槽密度

飼槽に関しては飼槽幅が重要とされ，これも放し飼い形態の農場では注意を要する項目である。ここでいう飼槽密度とは，飼養頭数に対して適切な飼槽幅がどれくらい確保できているか（充足されているか）を評価するものである。**図 3** に乾乳後期ペンにおける飼槽密度と DMI との関係の調査成績を示した。このペンでは飼槽が連動スタンチョンとなっていた。横軸は飼養頭数を連動スタンチョン数で除した割合を示す。つまり，100%とは飼養頭数とスタンチョン数が同じであり，90%とはスタンチョン数に比べて飼養頭数が 10%少ないことを表している。また，110%とは反対にスタンチョン数に比べて飼養頭数が 10%多いことを示している。縦軸は DMI である。図からも明らかなように，飼槽密度は 100%より少ない方が DMI の増加が期待されることが分かる。乾乳後期には特に DMI の低下がその後の疾病発生に関連して心配されるので，なおさら密度は少なく，頭数は少なめが推奨される（移行期の飼養密度と関連）。

フリーストールやフリーバーン形態では，連動スタンチョンではなく単にネックバーがあるタイプがしばしば見られる。このような場合，飼槽密度は以下のように求める（**図 4**）。まずは，飼槽の 1 区画（柱と柱の間）を測定し，それを 1 頭当たりの理想的な長さで割り（おおむね 1 頭当たり 0.7 m），理想的には何頭がその区画に許容可能である

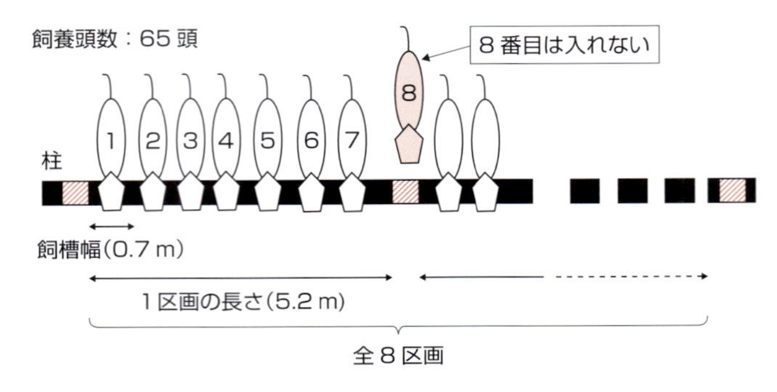

図 4　飼槽密度の計算

1 区画当たりの許容頭数：7 頭（5.2m÷0.7m＝7.4 頭）
全 8 区画当たりの許容頭数：7 頭×8 区画＝56 頭
飼槽密度（%）：65 頭（飼養頭数）÷56 頭（許容頭数）×100＝116.1%

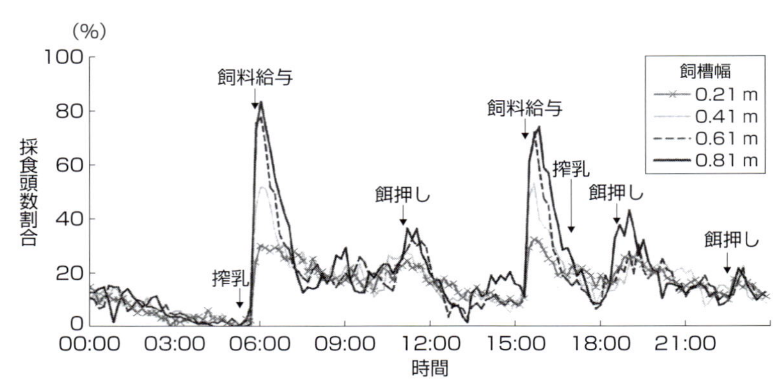

図 5　牛群における 1 頭当たりの飼槽幅と採食頭数割合の関係

Huzzey ら，2006

かを算出する。同様に全区画を測定し全体の理想的な許容頭数を割り出す。そして実際の飼養頭数を全区画の理想頭数で除して，その割合を計算する。移行期牛における理想的な飼槽幅は最近では 0.75 m ともいわれているので，移行期牛がいるペンではこの長さを用いて算出することが望ましい。なお，牛群においての 1 頭当たりの飼槽幅と採食との関係では，**図 5** に示すとおり，飼槽幅が狭くなった場合，採食行動が抑制されることが示されており，飼槽幅が DMI コントロールの重要な要因となっていることが分かる。

移行期における牛のペン移動

図 6 は乾乳期のペン移動と DMI の変化を 4 つの型に分類したものである。2 型は，分娩 16 日前に別のペンに移動したところ DMI が低下し，それが回復するのに 5 日を要したことを表している。また，3 型と 4 型は分娩 3～9 日前に別のペンに移動したも

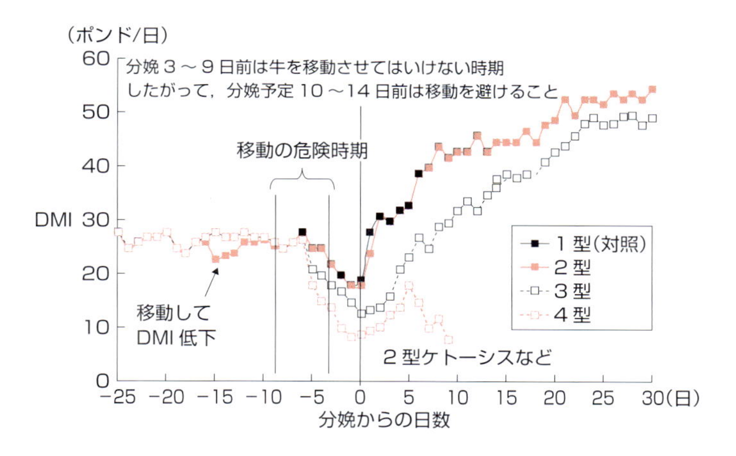

図 6　乾乳期におけるペン移動と乾物摂取量（DMI）の変化

Oetzel, 2005

ので，その後どちらの DMI も対照の 1 型あるいは 2 型と比べて明らかに減少していることを示している。特に，分娩後の DMI の回復は 1 型に比べて著しく遅延しており，3 型はどうにか回復していったが，4 型は分娩後に 2 型ケトーシスなどに罹患したことを示す。分娩房に 3～9 日間滞在させられる場合は，3 日以下あるいは 10 日間の滞在と比べて，分娩後 60 日以内の死廃率が 2.3 倍も高くなることが示されている。また，乳量の低下も引き起こされる。以上のことから分娩前のペン移動の仕方によって大きく DMI が低下することがあり，疾病発生ひいては生産性低下を誘発する可能性がある。及川らも，分娩前にペン移動を多く行う農場では牛のルーメン充満度が低く，分娩後の疾病発生が多くなることを経験している。

放し飼い形態で飼養されている牛の移行期の移動は極力少ないことが，ストレスを引き起こさないポイントとされている。すなわち，分娩予定の 10～14 日前の移動は自粛して乾乳後期ペンにとどめおき，分娩房には 24 時間以内（長くても 48 時間）の滞在にして，分娩後は特に問題の認められない場合は泌乳初期ペン（フレッシュペン）に移動させることが，ストレスの軽減につながるといわれている。得てして，分娩後は健康観察のためのペンに入れることがあるが，その観察はフレッシュペンで行う習慣をつければ問題ない。搾乳後にペンに戻り，新鮮な飼料をしっかりと食べるかどうかを観察し，食欲が低下している牛（ルーメンフィルスコアが 2 以下の牛）を処置対象に考えればよい。なお，しばしば観察ペンにおいて疾病牛の同居が見られるが，これは飼養管理上最もよくない。

飼料の給与量と餌押し

DMI の低下に関係のある飼養管理で忘れてはならないのが給与量である。十分な飼料給与が行われなければ，牛としても摂取することができない。これは至極当たり前のことであるが，時々給与量の不足している牛群に遭遇することがある。分離給与では個々の牛の採食量を把握することは容易であるが，放し飼い形態ではなかなか把握しづらいと思うかもしれない。しかし，例えば混合飼料（TMR）給与形態で1日2回朝夕の給与を行っている農場を日中訪問した場合，飼槽にどれくらい TMR が残っているかをまずは確認することが大切である。すなわち，夕方5時に2回目の給与を実施している農場を，その2時間前の3時に訪問した際にどのくらい TMR が残っているかを単純に確認することである。その際，飼槽が空っぽであったり，きわめて残飼が少なくなっていれば給与量が少ないと考えて，ルーメンフィルスコアを確認してみる。体の小さい牛や産次数の低い牛が十分な DMI を得ることができていない可能性が考えられる。このように，その牛群にとって飼料の給与状態が適正であるかどうかは，次の給与前の状態から大まかではあるが判断可能である。

飼料給与後に飼槽からはみ出し飛び散った飼料を掃き寄せて，牛の食べやすい位置に戻すことを「餌押し，あるいは餌寄せ」というが，これは DMI を低下させないためには非常に重要な管理の1つである。**図5**が示すとおり，餌押しを実施した後に，採食のため飼槽に集まってくる牛の割合が増加しているのが分かる。このように餌押しは牛の採食行動の刺激となるので非常に重要な作業であるため，1日に4～6回実施したい。農場訪問時に，飼槽の餌の量もさることながら，このことがしっかりと行われているかをモニタリングすることも DMI 低下を防ぐ意味から重要である。

水場

飼料設計の重要性もさることながら，牛が水を十分に摂取できているかも DMI と密接に関係している。飲水量が少なければ DMI も低下する関係にある。水も重要な飼料であり，飲水環境をチェックすることが重要である。ウォーターカップの汚れや水槽の水面の状態を目視し，それらが異常だった場合は，管理者とともに状況を調査する必要が出てくる。また，血液検査としてヘマトクリット値を測定し，35％以上の個体割合が検査頭数の 25％を超えている場合，脱水警戒牛群と見なして水場をチェックする。

なお牛群の DMI 低下と関連している飼養環境項目は上述以外にも換気の問題があるが，それについては「2-3　換気システムと暑熱対策」を参照されたい。

2－3

換気システムと暑熱対策

換気システム

牛舎における換気の目的は，①乳牛にとって快適な環境を提供すること，②病原菌の増殖を抑える環境を提供すること，③構造物が劣化しない環境を提供することである。言い換えると，換気が悪い牛舎では暑熱ストレスなどによる乳量低下，乳房炎などの感染症の増加，構造材劣化による耐久性の低下が発生し，大きな経済的損失をもたらすことを意味する。

1. 必要換気量

換気システム設計の基礎となる牛舎内の必要換気量は，主に牛から出る水分と二酸化炭素を牛舎の外へ排出するために必要な空気量として示される（**表1**）。牛舎内の空気量（容積）を基準とすると，夏は1時間当たり40〜60回（1時間当たり牛舎容積の40〜60倍の空気を交換する），冬は4回といわれている。暑熱期に必要換気量を下回ると，温度と湿度の上昇により暑熱ストレスが増加する一方で，厳寒期に最低換気量を上回ると牛舎内の凍結が問題となる。

牛舎内の換気量を評価する場合，牛舎内外に温湿度計を設置して，夏と冬に実施するのが望ましい。夏期は夜間における牛舎内の最低温度がその時の外気温と同等になること，冬期では夜間の相対湿度が80％以下，最低温度が平均－4℃以上となることが望ましい。

また，換気状態を評価する方法として，風速や二酸化炭素濃度を計測する方法がある。夏期は牛舎内の平均風速が1.0 m/秒以上，二酸化炭素濃度は600 ppm以下であり，冬期では0.2 m/秒以上，800 ppm以下が目安となる。

2. 換気の方式と構造

①自然換気システム

自然換気システムは風の力と牛舎内外温度差を利用して換気する方式である。そのた

表１　乳牛における必要換気量

	寒冷期(冬)	温暖期(春・秋)	暑熱期(夏)
哺乳牛(0～2カ月齢)	0.42	1.42	2.83
育成牛(2～12カ月齢)	0.57	1.70	3.68
育成牛(12～24カ月齢)	0.85	2.26	5.09
成牛(630 kg)	1.42	4.81	13.30

単位：m³/分/頭　　MWPS-7, 1996
換気量は，寒冷期で舎内容積の1/15(m³/分)，暑熱期で2/3(m³/分)としてもよい

写真１　側壁開口部

写真２　妻面の開口部（ドア上部にも開口部を設置）

め，夏期は換気量を最大化できるように，できるだけ外気を牛舎に取り入れられる構造にする一方で，冬期は牛舎内に進入する冷たく乾いた空気の侵入を制御して，牛舎内の暖かく湿った空気と混合しながら，牛舎外に排出できる構造にする。

自然換気牛舎における夏の換気は側壁開口部のカーテンを開放することにより，一方の側壁開口部から外気を取り入れて，もう一方の側壁開口部から牛舎内の空気を排出できるようにする。この時，側壁開口部はできるだけ広いほうが望ましい（**写真1**）。特に積雪地帯では，軒の深さを120 cmにすると，屋根からの落雪によるカーテンの破損を防ぐことができる。また，牛舎の妻面（給餌・除糞機械の出入り口；妻面開口部）も換気量の調整のために，できるだけ開放できる構造にする（**写真2**）。

また，北海道などの寒冷地において最低換気量を維持するためには，側壁上部の軒開口部と屋根の軒部分に牛舎幅に応じた幅で連続的に設けた開口部（オープンリッジ）から外気を取り入れて，牛舎内の牛に暖められた空気と混合して，棟開口部から常時排出できる構造にする必要がある。この時，屋根角度は3/10（間口10 mにつき，高さ3 m）よりも傾斜させることが必要である。冬期の軒と棟の開口部の長さは牛舎の長さと同等であり，開口幅（X）は間口3 mにつき5 cmとなる。なお，最低気温が－20℃を下回るような厳寒地域における開口幅（X）は間口3 mにつき4 cmとすることにより，牛舎内の凍結を防ぐことができる（**図1，2**）。

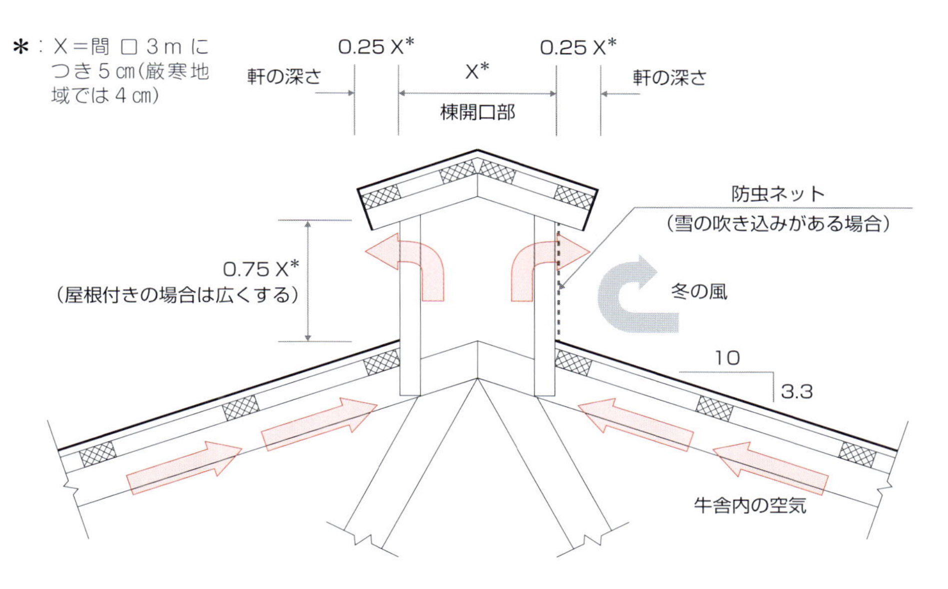

図1　自然換気牛舎の棟構造（屋根付きのオープンリッジ）

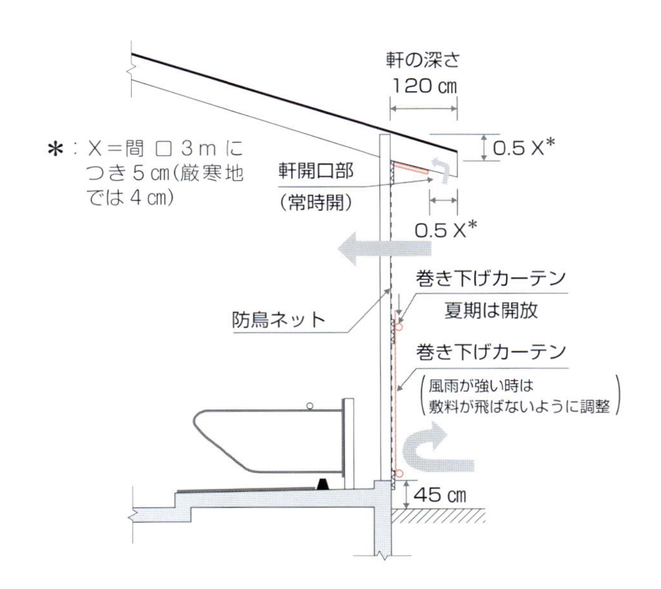

図2　自然換気牛舎の側壁および軒構造

例えば，間口が24 mの牛舎では，軒と棟の開口幅は40 cm，厳寒地域では32 cmとなる。軒の開口幅は両側に1/2（0.5 X）ずつ設け，暴風雪地帯では**写真3**のように軒先に開口部を設けることで雪の吹き込みを防止することができる。また，暴風雪地帯において棟開口部に屋根かけする場合は，開口幅は両側に0.75 Xと広げ，雪が吹き込む側の開口部に防虫ネットを設置することが勧められる。

写真３　暴風雪地域における自然換気牛舎の軒開口部

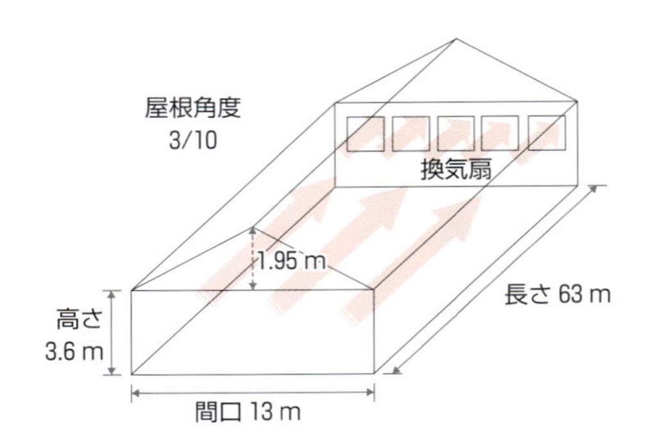

図３　タイストール牛舎におけるトンネル換気

②強制換気システム

強制換気システムは換気扇などの機械を用いた換気であり，タイストール牛舎では陰圧換気の１つであるトンネル換気が一般的である。トンネル換気は妻面に換気扇を設置して，換気扇により牛舎内の空気を排出することで牛舎内を陰圧状態にし，もう一方の妻面から新鮮な空気を取り入れて換気する方式である（**図3**）。そのため，牛舎の気密性を高くする必要があり，窓や側壁のドアなどからすきま風が入らない構造にする必要がある。

トンネル換気における換気扇の設置台数は，

〔牛舎の容積（㎥）×必要換気回数（回／時）〕÷換気扇１台当たりの風力（㎥／分）

で計算できる。例えば，**図3**の牛舎（間口13 m，長さ63 m，軒の高さ3.6 m，屋根角度3/10であり，屋根と天井が一体化している場合）において，暑熱期に必要な換気扇台数を求める場合，

牛舎容積＝牛舎妻面の面積×牛舎の長さ

となる。牛舎妻面の面積は

間口13 m×軒高さ3.6 m＋（間口13 m×軒から棟までの高さ1.95 m÷2）≒59.5 ㎡

であることから，牛舎容積は

59.5 ㎡×牛舎の長さ（63 m）＝3,748.5 ㎥

写真４　トンネル換気における換気扇設置例（夏期）

写真５　トンネル換気における換気扇設置例（冬期）

となる。夏の換気は 60 回 / 時必要なことから必要換気量は

3,748.5 ㎥×60 回 / 時＝224,910 ㎥ / 時

となる。換気扇 1 台当たりの能力を 345 ㎥ / 分（一般的なカタログでは 1 分当たりの風量となっているため，1 時間当たりに変換すると 20,700 ㎥ / 時）とすると，必要換気量を満たすためには，

224,910 ㎥ / 時÷20,700 ㎥ / 時≒10.9 台

となり，11 台以上の換気扇が必要になる（**写真 4**）。なお，給気口は換気扇の能力を低下させない面積を確保する必要がある。

一方，冬期における換気回数は 4 回 / 時であるため，14,994 ㎥ / 時となり，必要換気扇台数は 1 台にも満たないため，回転数を調節できる換気扇を用いることが勧められる（**写真 5**）。

温熱環境が乳量に及ぼす影響

1. 温熱環境に対する乳牛の生理的変化

乳牛（ホルスタイン種）の適温域は 5～20℃，上臨界温度（臨界高温）は 27℃である。気温が高まるにつれ熱生産も増大するため，乳牛は血管拡張による熱放散の促進，発汗やあえぎ呼吸（**写真 6**）によって蒸散の促進をすることで，熱放散を促進して体温を維持する必要がある。このように，上臨界温度（臨界高温）を越えると乳牛の代謝量が増加するため，暑熱対策には熱生産による代謝を維持するための水や栄養給与が重要

写真6 あえぎ呼吸している乳牛

表2 気温と風速が乳量に及ぼす影響

気温(℃)	風速(m/秒)		
	0.18	2.24	4.02
適温	100	100	100
27	85	95	95
35	63	79	79

適温範囲を100とした時の値(%) 日本飼養標準 乳牛, 1999

であるといえる。

2. 乳牛の体温調節性反応と乳量への影響

乳牛の暑熱ストレスを評価する指標として，温湿度指数（THI）が一般的に用いられており，計算式は THI＝0.8 T＋0.01 H（T－14.3)＋46.3〔T は気温（℃)，H は相対湿度（％）を示す〕となっている（Johnson, 1962)。

THI が 72 を超えると乳量の低下が起こるといわれている。例えば，湿度 60％では気温で 27℃以上，湿度 80％では 24℃以上がこれに相当することから，湿度の影響が大きいことに注意する必要がある。また，温度と風速の関係では，風が強いと乳量の低下が小さくなるため（**表2**），暑熱対策は気温だけでなく，湿度と風のコントロールが重要であるといえる。

また，古本らの研究（1988）では，暑熱期の乳牛の熱生産量は夜間（20～21 時）に高く，直腸温は 16 時から深夜に最高値に達することが明らかとなっている。また，上野らの報告（1998）では，THI がその 2～3 日後の乳量に大きく影響すること，最低気温 THI の方が最高気温 THI より影響が大きいことが示されている。

そのため，夜間から早朝にかけての気温が最も低くなる時間帯に，乳牛の放熱量を最大化させることが暑熱対策に重要であるといえる。

暑熱対策

酪農経営にとって暑熱ストレスによる乳量や繁殖性の低下は大きな経済的損失となっている。多くの暑熱対策から有効な方法を選択して実施するためには，基本となる暑熱時における乳牛の生理的変化や乳量への影響，対策のポイントを知ることが重要となる。

1. 水の給与

暑熱対策で最も重要なのは水である。乳牛の飲水量（L/日）は〔1.53×乾物摂取量

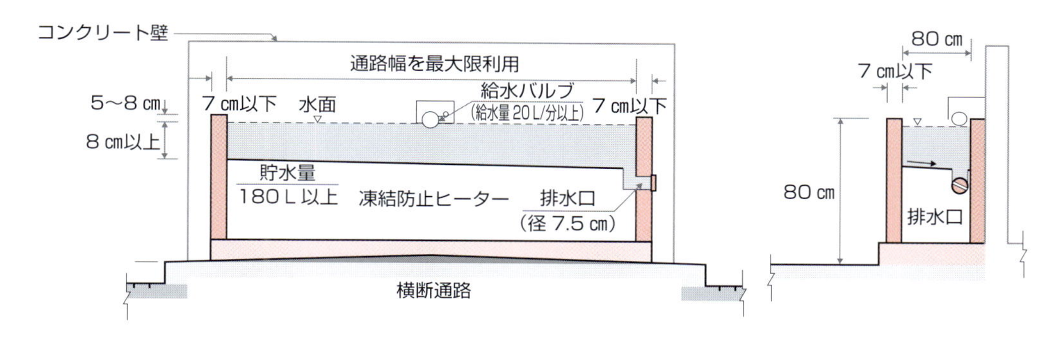

図４　給水器構造（フリーストール牛舎）

（kg／日）＋1.33×日乳量（kg）＋0.89×飼料の乾物率（％）＋0.57×最低気温（℃）−0.30×日降水量（mm）−25.65〕の式で表され，高泌乳牛において暑熱時の水の必要量は最低でも 120 L/ 日であり，十分な飲水量を確保することが重要となる。

①給水器の管理

暑熱対策において最初にすべき対策は，給水器の点検と清掃である。普通，牛は水面に口を当てて吸うように飲水するが，給水器が汚れていると水面を舌でなめるように飲水する行動が多くなる。これは，舌で給水器から水を外に飛ばして，できるだけきれいな水を飲もうとするためである。

また，牛の飲水速度は 18 L/ 分であり，給水器の吐水量（水が出るスピード）が制限されると飲水量は低下する。そのため，給水器の清掃時には給水器の吐水量が 20 L/ 分以上あるかどうかも確認する必要がある。

②給水器の構造

フリーストール牛舎などの場合は，牛群の約 15％の乳牛が飼料摂取のピーク後に給水器に集中するため，牛同士の闘争を最小限にする必要がある。そのため，給水器の長さは横断通路に設置できる最大限の長さにして，牛舎に配置されている給水器の幅の合計が少なくとも１頭当たり 10 cm以上にする必要がある。

また，給水器は少なくともすべての横断通路に設置し，横断通路の幅（給水器の幅を除く）は牛の通行の妨げにならないように 3.6 m 以上確保する必要がある。また，吐水量と貯水量は１台当たり４頭以上の牛が同時に飲水しても，水がなくならないように設計する必要がある（**図４**）。牛は水を飲む時，顔を水面に対して 60 度の角度で突っ込み，口を 3～4 cm水面下に沈め，鼻は水面から出した状態で飲水する。そのため，給水器の構造は牛が水を飲みやすいように高さ 80 cmとし，水面は 5～8 cm，深さを 8 cm以上にするのが適当である。

繋ぎ牛舎におけるウォーターカップは，高泌乳牛では1頭に1台とし，水の配管の太さは10 cmとする。水圧が低い場合は補助タンクを設置して，10台以上のウォーターカップを同時に使っても，吐水量が20 L/分以上確保できるようにする必要がある（写真7）。

写真7　給水設備（上部に水タンクを設置）

2. 代謝の促進

暑熱時には体温維持のために代謝量が増加し，必要とするエネルギーも増加することから，それに合わせて補給することが不可欠である。また，暑熱により食欲の減退が起こることから，飼槽構造や飼料給与方法により，飼料摂取量の低下を最小限にすることが求められる。

①飼料給与方法

暑熱下において十分な飼料摂取量を確保するためには，暑熱により増加した代謝量を補う栄養管理が重要である。そのため，基本となる草地管理とサイレージ調整，飼料設計が重要であり，暑熱により食欲が低下しても十分な栄養を満たすことができる栄養管理が不可欠である。

飼料設計では，特に消化性の低い粗飼料の給与は，反芻胃内での熱生産量を高めるため，消化性の高い粗飼料が望ましい。また，ミネラル・ビタミンは代謝を維持する生体調節機能に不可欠であり，暑熱により不足するおそれがあるため，増給する必要がある。

飼料給与方法としては，夜間から早朝にかけての温度が比較的低い時間帯に飼料摂取量を最大化することが重要であるため，夜間給餌や掃き寄せにより，早朝でも飼槽に十分な量の飼料がある状態にする。

②飼槽構造

飼槽は乳牛の採食に制限を与えない構造にすべきである。そのため，乳牛の採食可能範囲をできるだけ広く確保することが求められる。タイストール牛舎ではタイレールの位置が重要であり，牛床面からの高さは100 cm以上必要である（「2-1　成牛牛舎」参照）。

フリーストール牛舎の飼槽では，ネックレールの高さは通路床から120 cm，飼槽壁の高さは50 cmとする。

3. 換気構造

暑熱による影響は気温だけでなく，湿度や風の影響が大きいことから，牛舎内の換気量を最大化することが重要になる。また，夜間のTHIは乳量に大きな影響を及ぼすため，夜間から早朝の舎内温度をできるだけ下げることがポイントとなる。換気構造については，前述の換気システムを参照されたい。

写真 8　送風機の設置例

4. 送風機とミスト噴霧

送風機とミスト噴霧は暑熱により蓄えられた体熱を直接的に放熱させる方法であり，暑熱対策として多くの農場で採用されている。しかし，これらの技術を導入しても十分な効果が得られない事例が多い。これは，送風機とミスト噴霧は前述した水や飼料給与，換気対策が前提となっているためである。

①送風機

牛舎内に送風機を設置する場合，自然換気を妨げないように設置することが基本となる。牛の熱放散を促進するために，牛に直接風が当たるように設置する。そのため，送風機は牛床の上部のほか，フリーストール牛舎では飼槽の上部にも設置する必要がある（**写真 8**）。

②ミスト噴霧

効果的なミストの噴霧方法は，牛体表面積の約75％を細霧により濡らすことである。この時のミスト噴霧量は120 mL/分であり，さらに送風を組み合わせるのが効果的である。

以上のように，乳牛の暑熱対策は送風やミスト技術の採用を優先することが多いが，効果的な対策は水や栄養給与による代謝の促進と換気による舎内環境の調節であり，これらを優先して実施することが重要である。

2－4

搾乳機器と乳房炎

搾乳システムの基本構成

搾乳システムの基本構成を**図1**に，クロー部分の基本構造を**図2**に示す。繋ぎ牛舎であればパルセーターラインとミルクラインは牛舎内に配管される。ミルキングパーラ搾乳でも基本構成要素は同じであるが，ミルクメーター，自動離脱装置，牛が出入りするゲートの開閉装置，洗浄関連装置，冷却装置などが付随する。なお，ミルクラインが乳房の位置よりもかなり上（乳牛の頭の上など）に設置されているものをハイライン（一般的な繋ぎ牛舎のミルカー），ミルクラインの位置が乳房の位置より少し上に位置している場合をミドルライン，ミルクラインの位置が乳房よりも低い位置にあるものをローライン（一般的なミルキングパーラ）という。

1. ライナーゴム

図3に搾乳中のティートカップシェル，ライナーゴムおよび乳頭の縦断面を示す。休止期には，ティートカップシェルとライナーゴムの間にパルセーターから空気が入り大気圧と等しくなる。そしてクローから供給される真空圧と大気圧によってライナーゴムが閉じる。ライナーゴムの閉鎖に伴いクローからの真空圧が遮断され乳頭が圧迫されるので，真空圧で吸われることで生じる乳頭のうっ血が解除され，乳頭マッサージが行われる。一方，搾乳期にはティートカップシェルとライナーゴムの間の空気が吸い出されて真空になることでライナーゴムの内側と外側の真空圧が等しくなり，ライナーゴムの弾力によりライナーゴムが開いて乳頭から乳が吸い出される。ここで重要なことは，ライナーゴムはパルセーターからの真空圧ではなく，ライナーゴム自身の弾力で開くということである。

以上のように，ライナーゴムは搾乳性に大きく関わっているため，劣化するまで使用するものではなく，使用回数によって定期的に交換することが勧められる。ライナーゴムの交換頻度は，次式を参考にしてもらいたい。

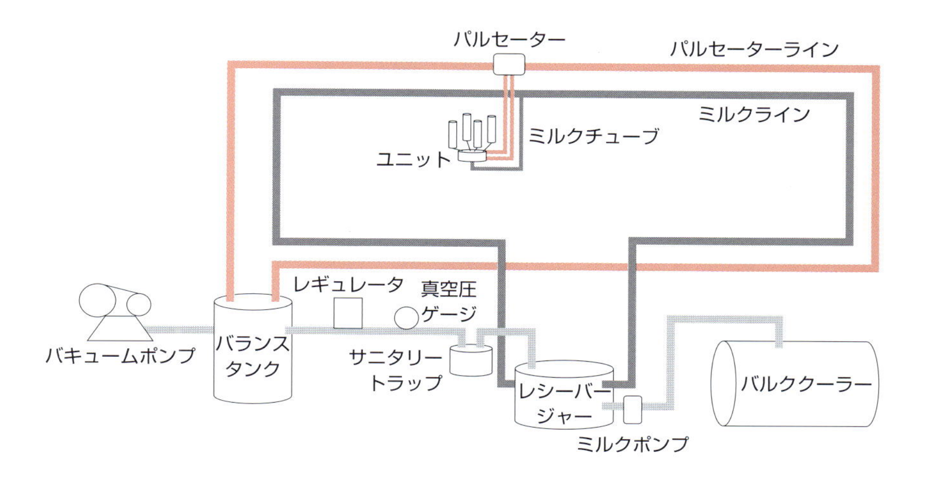

構造の名称	役割
バキュームポンプ	搾乳と洗浄に必要な真空をつくる
バランスタンク	真空をシステム内に分岐させる ゴミや水分，誤って吸入した乳や洗浄液を除去する
レギュレータ（調圧器）	システム内の真空をコントロールする
真空圧ゲージ	システムの真空圧を表示する
サニタリートラップ	システムの乳接触部分と真空部分を分離し 乳の汚染を防止する
レシーバージャー	真空条件下で乳と空気を受け，乳のみをミルクポンプへ送る
ミルクポンプ	レシーバージャーの乳をバルククーラーへ送る
ミルクライン	乳をレシーバージャーに移送する クローへ搾乳のための真空を供給する
パルセーター	ユニットへ大気と真空を交互に供給する
ユニット	乳頭に接し，乳を搾る

図１　搾乳システムの基本構成

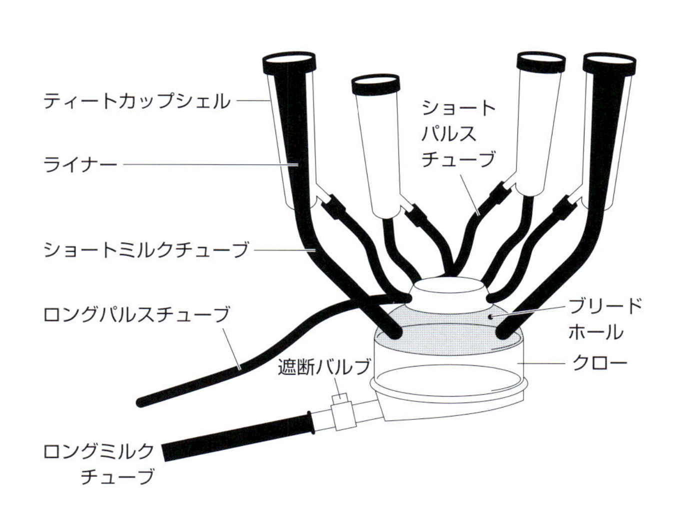

図２　クロー部分の基本構造

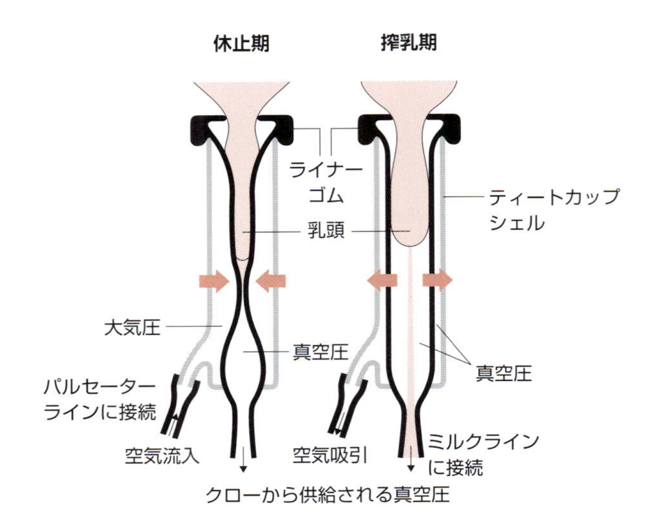

図 3　ライナーゴムの動きと機械搾乳

表 1　ライナーゴムの拍動と搾乳原理から乳房炎を防ぐために考えるべきこと

確認するべき項目	乳房炎につながる因子
パルセーターの異常	乳頭口の異常，搾乳時間の延長，搾乳不能 パルセーターの空気取り入れ口は定期的な掃除が必要
パルスチューブの破損	搾乳時間の延長，乳頭口の異常
ライナーゴムの劣化	搾乳時間の延長，乳頭口の異常
泌乳量の増加に伴うクロー内圧の低下	不完全な乳頭マッサージ
ライナーゴムの硬さ	不完全な乳頭マッサージ

$$\text{ライナーゴムの使用限度日数}=\frac{\text{搾乳使用ユニット数}\times 1{,}500\text{ 回（メーカー指定使用回数）}}{\text{搾乳頭数}\times 2\text{ 回（搾乳回数）}}$$

また，ライナーゴムは洗浄剤によっても傷むため，長く使用しても洗浄回数 180 回（2 回搾乳 3 カ月間）までといわれている。基本的なライナーの拍動原理（機械搾乳の原理）から乳房炎を防ぐために考えるべきことを**表 1** に示した。

2. ミルクチューブ

ミルクチューブ（**図 1，2**）は，「真空圧をクローに供給する」と同時に，「乳を真空圧でミルクラインまで運搬する」という 2 つの役割を持っている。クロー内圧を保つために，ミルクチューブの太さは，ハイラインでは口径 16 ㎜，ローラインでは口径 19 ㎜が推奨される。長さは短い方がよいが，搾乳作業に支障を来さない程度とする。チューブの長さや部分的狭窄などの問題がある場合，クローへの真空供給が遮断される時間が長くなるため，結果として乳房炎のリスクが高まる。

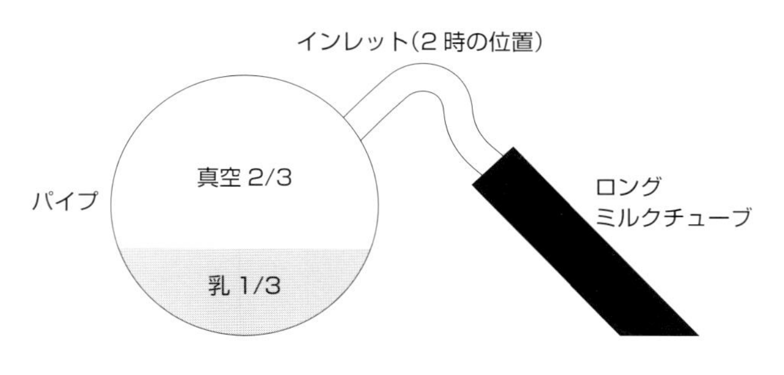

図4　ミルクラインの断面と役割

3. ミルクライン

ミルクチューブ内を吸い上げられた乳はミルクラインに入る（**図1**）。ミルクラインは「乳を流してレシーバージャーまで運ぶ」「ロングミルクチューブを通じてクローへ搾乳するための真空を伝える」という2つの役割を持つ。乳がミルクラインのパイプ下部1/3程度を静かに流れている状態が理想であり，上部2/3はクローへの真空を供給する空間を確保する必要がある（**図4**）。ミルクライン内部が乳でいっぱいになると搾乳に必要な真空が絶たれ，ユニットの脱落やライナースリップを引き起こしやすくなる。レシーバージャーに入る乳が噴出し，飛び散った痕がある場合は，ライン内の乳の流れに異常があり，乳房炎のリスクが高まっていると推察される。ミルクラインに空気を多く入れてしまうような搾乳作業によって，この現象は発生しやすくなる。また，ミルクラインの入り口であるインレット部分は，ライン内の乳量が増えても真空を吸い込めるようにするために時計の針2時の位置に取り付けるようにする（**図4**）。

ミルクライン内の乳は，上記の理由によりミルクラインの傾斜による重力で運搬されなければならない。このため，ミルクラインには一定の傾斜（1%）が必要である。ミルクラインにたわみや逆勾配，狭窄部分などがあると，その部分に乳が溜まることで真空が通る空間が圧迫され，十分な真空供給ができなくなってしまう。ミルクラインにおいて傾斜の一番高い部分をハイポイントといい，そこから2スロープに分かれて処理室のミルクラインの最も低い位置にあるレシーバージャーに向かう。つまり，ハイポイントは牛乳処理室とは対角線上あるいは反対側の位置となる（**図5**）。搾乳作業は処理室に近い（傾斜が低い）場所からはじめ，ハイポイントに近い（傾斜が高い）場所が最後になるように行うとよい（**図6**）。また，搾乳ユニットは1スロープ（ハイポイントから処理室までのライン）当たりの台数を少なくし，できるだけ使用する搾乳ユニットの間隔を広くする搾乳順が基本となる（**表2**）。ミルクラインの構造に合わせて，搾乳順と使用台数を搾乳前にあらかじめ検討すべきある。搾乳順を変えるだけでも，乳房炎の発生リスク，搾乳時間，労働負荷は大きく異なる。

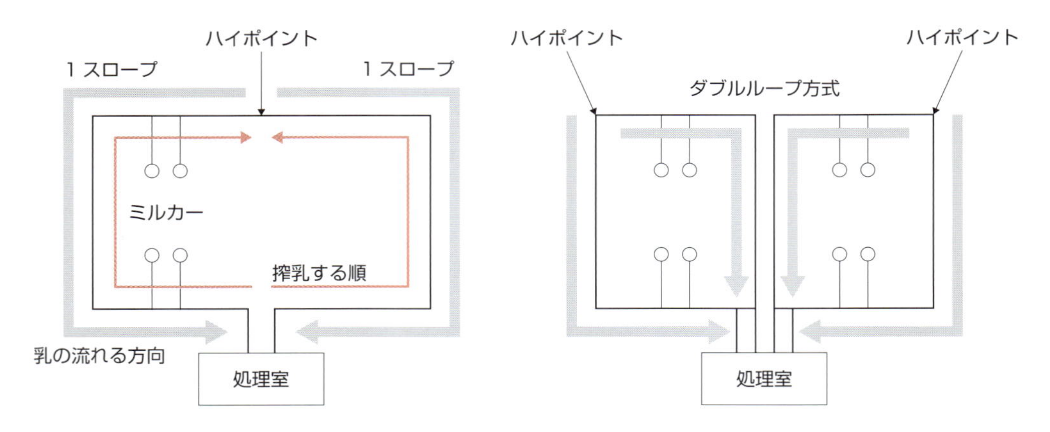

図 5　ミルクラインの配管パターンと搾乳順

牛舎の増築時や，大きな牛舎の場合には，ダブルループを形成する配管にすると，1 スロープの距離が半分で済む。もしくは牛舎に傾斜を付ける

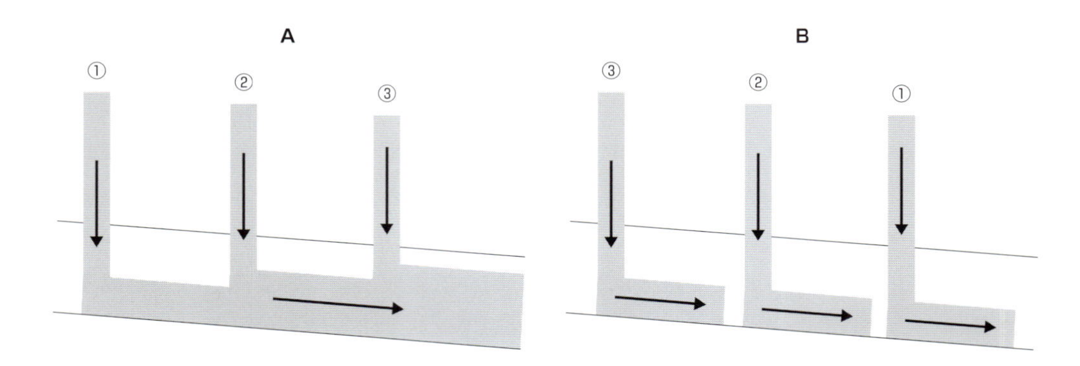

図 6　搾乳順とミルクライン内の乳の関係（①②③は搾乳順）

A：傾斜の高い位置から低い位置への順で搾乳すると，乳が流れている配管中にさらに乳を押し込むことになり，乳の流れが滞る
B：傾斜の低い位置から高い位置の順で搾乳すれば，流れ込む乳を制約する要素がなくなる
ミルクラインの傾斜がしっかりと取れていない場合に，搾乳順は，乳房炎発生リスクになり得る

表 2　1 スロープ当たりの許容ユニット数

ミルクラインのパイプサイズ（インチ）	乳量 8,000 kg未満牛群	乳量 8,000 kg以上牛群
1.5	1	0
2.0	2～4	3
2.5	3～6	4
3.0	6～9	6

※ユニット数は実際には 1 分間当たりの流量で考えなければならない

搾乳システムの設定圧

ミルクラインの位置によって搾乳システムの設定圧が異なる。また，酪農場ごとに各種装置の有無，ミルクチューブの長さや口径，乳牛の泌乳能力などにより設定圧を変えなくてはならない。不適切な設定圧が乳房炎を起こしている場合も多くある。

1. クロー内圧の設定

ミルカー設定圧の考え方は，真空圧ゲージが付いている場所の真空圧ではなく，搾乳中のクロー内圧を想定したうえで決めることが基本となる。クロー内圧はミルクライン，ミルクチューブを通じて供給されるので，クローからの乳の流れに影響される。

ハイラインでは，搾乳した乳をミルクラインまで吸い上げる必要があるため，クロー内圧の損失（リフトロス）が起こる。ハイラインのクロー内圧はこの真空圧の損失を想定して，一般的に 50 kpa 程度とするが，実際に搾乳中の乳頭にかかる真空圧は 40 kpa 以下程度となる。搾乳中はクロー内圧が設定圧より低下するが，乳が出なくなると設定圧に戻っていく。搾乳終了間近に必要とされるクロー内圧が 35〜42 kpa であるのに対し，乳頭にかかるクロー内圧は 50 kpa 近くまで上昇するため，高すぎる真空圧が乳頭口を痛め，乳房炎の原因となる。一方，ローラインのミルキングパーラでは乳を吸い上げる必要がないので，設定圧そのものを低くできる。搾乳終了間近でもクロー内圧はハイラインと比較して低く，乳頭を傷めにくい（**図7**）。

ミルクラインの位置と流量によるクロー内圧変化の関係を**図7**に示した。ハイラインではリフトロスの影響で，流量の増加とともにクロー内圧が急激に低下している。自動離脱装置を取り付けた場合，ミルクチューブがより長くなるため，搾乳中の真空圧はさらに低下する。ミルクメーターを取り付けることでチューブはさらに長くなり，搾乳時間の延長と乳頭への負荷の増加につながるため，牛群検定時には設定圧を微調整する必要がある。一方，ローラインでは乳をミルクラインまで吸い上げる必要がないため，流量が多い場合でもクロー内圧は低下しにくく，ハイラインより高い真空圧で乳を吸い出せるので搾乳性が向上する。さらに，流量が少ない場合のクロー内圧はハイラインよりも低いため，搾乳終了間近の過搾乳も少ない。このような観点から考えれば，ハイラインよりローラインの方が乳頭を傷めにくく搾乳性がよいシステムといえるが，現実的にはシステムに色々な装置が組み込まれて複雑になるため，一概にはいえない。

2. クロー内圧の役割と搾乳能力

クロー内圧は射乳量（1 分間の搾乳量）が多くなると低下し，射乳量が少なくなると元の設定圧に戻ろうとする（**図7**）ため，射乳量の少ない牛では高いクロー内圧が，射

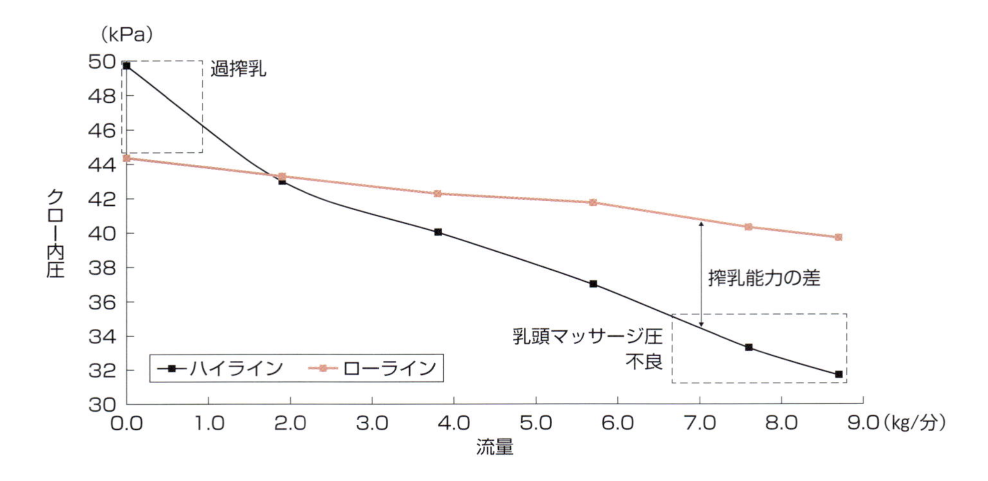

図7　ハイラインおよびローラインにおける乳の流量とクロー内圧変化の関係

乳量の多い牛では低いクロー内圧が乳頭にかかる。搾乳中のクロー内圧が高すぎると，乳を吸い出す時に乳頭口に損傷を与える。一方，低すぎるとライナー1拍動での搾乳量が少なくなり，搾乳時間が延長して乳頭口を傷める。また，乳頭マッサージが適切に行われないことなどから，さらに乳頭口を痛めてしまう。このようにクロー内圧は低くても高くても乳頭口に損傷を来し，乳房炎のリスクを高め，体細胞数の上昇が生じることになる。

機械搾乳と乳房炎

1. ドロップレッツ現象タイプⅠ（乳頭内への逆流）

何らかの理由（ミルカーや搾乳の問題）でライナースリップが起こると，急撃に吸い込まれた空気がクローへ流れ込み，クロー内圧は急撃に低下する。空気を吸い込んだライナーと対側のライナーは拍動を繰り返しているので，ライナーゴムが開いた瞬間に乳頭下の部分に陰圧が生ずる。この陰圧（真空圧）は，空気が瞬間的に流れ込んだクロー内圧よりも高くなるので，乳が乳頭側に向かって逆流する。この数ミリ秒の間に起こる一連の現象をドロップレッツ現象タイプⅠ（Reverse Pressure Impact Type Ⅰ）という（**図8**）。この時，乳頭口や乳頭壁の汚れ（細菌）が乳の逆流によって乳頭口に入る。搾乳開始時点であれば入り込んだ細菌は搾乳に伴い再び出ていくが，搾乳終了時点では細菌感染につながり，乳房炎発生のリスクが高くなる。なお，過搾乳がある場合はより危険性が高くなる。

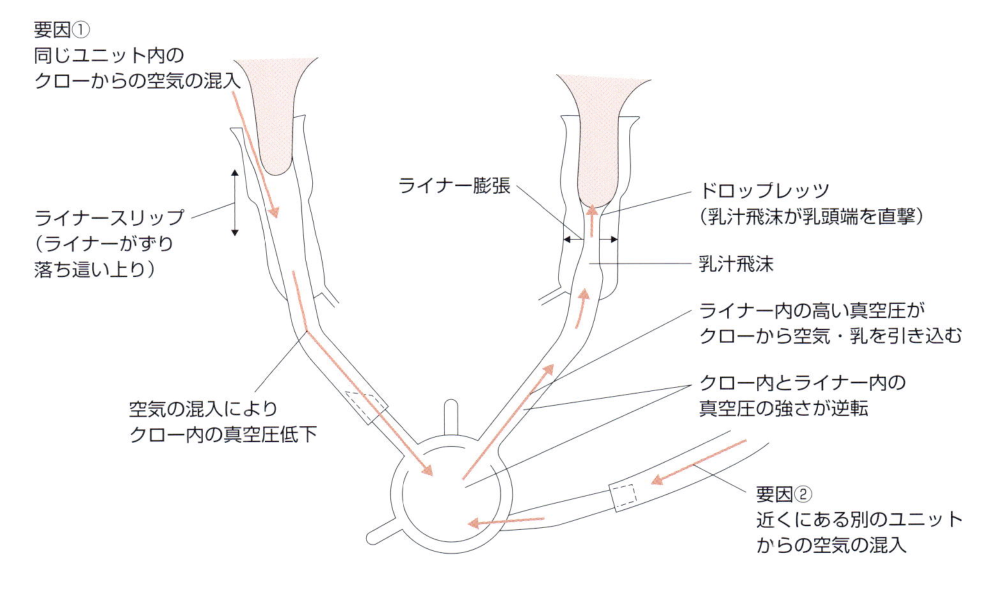

図8　ライナースリップとドロップレッツの関係

南根室普及センター原図

2. ドロップレッツ現象タイプⅡ（ライナー内への逆流）

ライナースリップがないにもかかわらず，乳頭から吸い出された乳がショートミルクチューブに瞬間的に詰まり，前述の現象と同じようにライナーゴムが開く瞬間に発生した乳頭下の陰圧により乳が乳房内に戻される逆流現象を，ドロップレッツ現象タイプⅡ（Reverse Pressure Impact Type Ⅱ）という。この現象も数ミリ秒の間に起こり，目には見えないがライナーの拍動ごとに生じる。乳頭はライナーゴムが拍動するたびに逆流乳の衝撃を受けるだけでなく，洗い流された細菌がこの逆流現象によって乳頭内へ入り，細菌感染の危険性を高めることにもなる。逆流の程度が重度であれば，搾乳ユニット離脱後に乳で濡れている乳頭を目視できるが，この乳は細菌にとって格好の増殖場所となる。このような状態では特に伝染力が強い細菌に注意しなくてはならない。

3. 搾乳状態による逆流の発生リスク

逆流の発生リスクをまとめたものを，**表3**に示す。ライナー内への逆流（乳頭下部）は，流量が多いほど発生リスクが高まる。ライナースリップが発生した場合には流量に関係なく発生する。ところが，乳管洞内への逆流はライナー内への逆流とは異なり，流量が少ない方が発生リスクは高まる。これは，流量が高い時はオキシトシンによる乳房内圧の上昇により，射乳が乳管洞内への侵入を防ぐからである。オキシトシンが少なくなる搾乳終盤にそのリスクは高まる。この時，乳管洞もライナーの拍動とともに動き搾乳時の瞬間には陰圧が生じる。もちろんライナースリップが生じた場合は流量に関係な

表３　搾乳状態による逆流の発生リスク

	乳の流量	通常時	ライナースリップ時
乳管洞内への逆流	高	－	±
	中	－	＋
	低	±	＋＋
ライナー内への逆流（乳頭下部）	高	＋＋	＋＋
	中	＋	＋＋
	低	＋	＋＋

本田ら，2004

く逆流発生リスクは高まるが，ライナースリップは搾乳終盤に射乳が少なくなり乳頭が細くなることにより発生しやすくなるため，乳房炎の危険性は射乳終盤に高くなる。なお，ライナー内の逆流現象は現在の機器では完全に防ぎきれないため，乳頭表面や乳頭口はユニット装着前にプレディッピングと乳頭清拭により清浄化を図らなければならない。

2－5

搾乳機器の検査と洗浄

搾乳機器の検査

搾乳機器の検査法には，目視検査，搾乳システムを稼働させて検査する静止時検査(Dry Test)，搾乳中に検査する動態時検査（Wet Test)，常に同じ負荷（流量）を与えて検査する流水試験がある（**表1**)。

1. 目視検査

目視検査は，搾乳中と非搾乳中のどちらでも実施すべきである。ライナーゴムなどのゴム類の劣化，エア漏れ，洗浄不良など，乳質問題に関する多くのことを目視で発見する（**写真1**)。目視検査で確認できる残乳，再装着，乳頭口の損傷などは乳房炎につながる一連の経過の第1歩となる。搾乳中は，真空圧，乳の流れ，機械の音など五感で調べるべきことがある。

2. 静止時検査（Dry Test)

非搾乳時のライン中の空気の流れを評価する検査である。搾乳中の乳の流れの評価は含まれないので，この検査で合格しても完全に問題がないとは言い切れない。静止時検査で用いる検査道具を**写真2**に示した。

3. 動態時検査（Wet Test)

搾乳中の乳の流れを評価する検査である。しばしば搾乳量によって結果が左右される。また，搾乳者の技術も影響するのでその技術力の判断もできる。測定ポイントをどこにするのかは目視検査の判断に委ねられることが多く，問題点を導き出すような検査手順が必要である。

4. 流水試験

模擬搾乳装置（**写真3**）を用い，常に同じ負荷（流量）を与えて，搾乳時の搾乳シス

表1　搾乳機器の各種検査

検査区分	対象機器	目的	概要
目視検査	ミルカー全般	汚れや破損，劣化など使用状況を判断する	ポンプから手順を踏んで見ていく（搾乳中と非搾乳中）
静止時検査（Dry Test）	ミルカーの配管仕様	ライン中の空気の流れ具合を評価する	NMC*の検査手順に基づく
動態時検査（Wet Test）	搾乳者と搾乳ユニット クロー内圧	搾乳技術とユニットの問題点を導き出す	目視，静止時検査に基づき行うクロー内圧の測定
流水試験	搾乳ユニット	搾乳性能を診断する	検査手順に基づく

＊ NMC：National Mastitis Council（アメリカ乳房炎協議会）

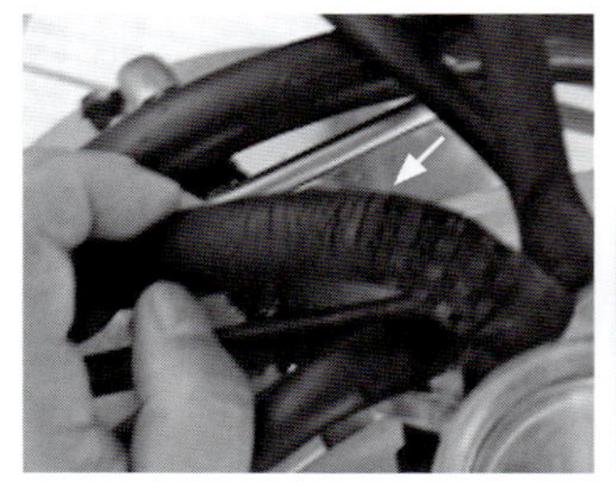
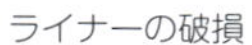
ライナーの破損

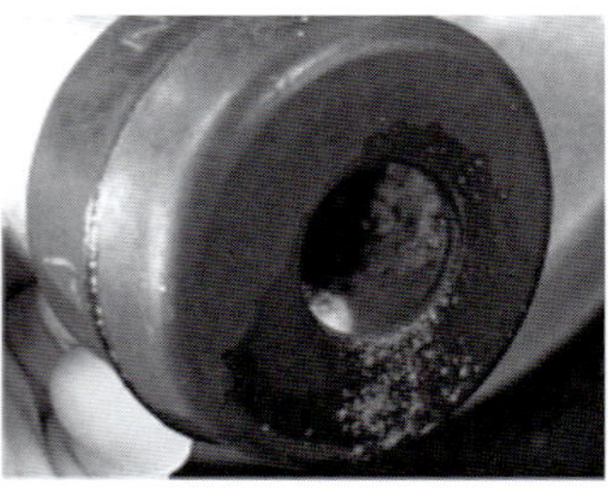
洗浄不良のバケットライナー内部

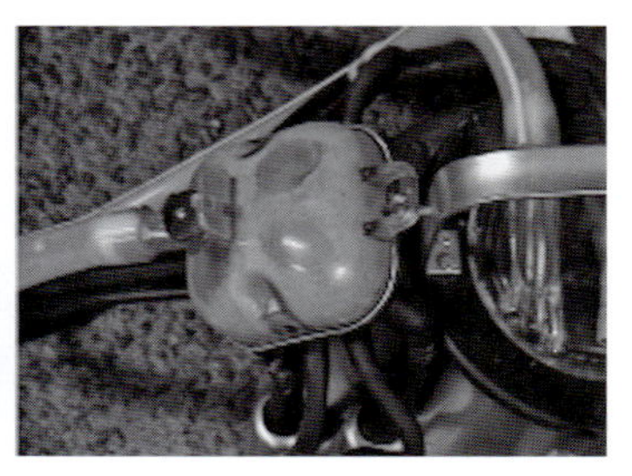
洗浄不良のミルククロー

写真1　目視検査時に見つかる異常

真空圧測定機器：トライスキャン

空気流入量計測器：エアフロメーター

写真2　静止時検査で用いられる主要な検査道具

テムの搾乳性能を評価するものである。乳の代わりに水を流し，その流量をコントロールすることによって擬似的に低～高泌乳牛を作成し，搾乳システムの搾乳性能を分析できる。検査時の条件設定を適宜変更することで，部品の良し悪し，パーラの搾乳能力などの比較検討ができる。さらに，ミルクメーターやサンプラー設置時などの現場で起こり得る状況を再現しながら検査できるため，問題点についても比較検討できる。また，改良方法の検討や，装置によっては将来の問題点予測も可能である。

写真３　模擬搾乳装置

Jenny Lynn Flow Simulator（Rocky Ridge Dairy Consulting, WI, USA）による流水試験。バケツには流量計が付いており，１分間の流量を変えられる。ライナー部分は４分割されて模擬乳頭が付き，ライナーを搾乳時と同じように装着する

洗浄の５条件

搾乳直後の乳が持つ栄養，水分，温度は細菌が繁殖する好条件であるため，細菌がきわめて繁殖しやすい。ミルカー洗浄のための５条件は，①温度，②洗浄液量，③洗剤の濃度，④洗浄時間，⑤洗う力の５つである。機械洗浄（自動洗浄）では５条件の重要度はいずれも同程度であるが，手洗い洗浄では洗う力が５割を占めており，いかに「ごしごし」と力を込めて洗浄するかが重要となる。

1. 温度：洗浄工程の最初と最後の洗浄液の温度

洗浄液は，乳中の脂肪分や乳糖を溶解するためにも，アルカリ洗浄液の排水時の温度が 40℃以上になることが重要である。また，洗剤の効力は温度が 10℃上がるごとに約２倍となるので，各洗浄工程での洗浄液温度調整は重要である。

洗浄時の洗浄液温度が高いほど洗浄力は高まるが，熱湯では乳中のタンパク質が変性して洗浄力が落ちてしまうため，洗浄工程の前に乳を洗い流す必要がある（後述「基本の洗浄工程」参照）。この時，冷水を使用するとミルクラインなどが冷えて次の工程の洗浄液温度が維持できなくなるおそれがあるため，特に寒冷地ではすすぎの温度は要注

写真４　自動洗剤吸引装置

意項目である。さらに，ボイラーの給湯能力やボイラーへの給水能力も洗浄液温度管理のポイントになる。

2. 洗浄液量：各洗浄工程の洗浄液量

洗浄液量は搾乳システムすべての容積（ミルクライン，ミルクチューブ，クロー，レシーバージャーなど）を基準にして，計算により求める。その後実際の洗浄状態を検査しながら微調整する。洗浄液量が少ないと液の温度低下や洗浄力低下につながる。

3. 洗剤の濃度：各洗浄工程の洗浄液濃度・消費量

洗浄液によって洗剤の使用量が変わるので，計量して使用する。自動洗剤吸引装置（**写真4**）を使用する場合は，設定量どおりに吸引していることを確認する。洗剤の消費量を定期的にチェックすることが重要である。

4. 洗浄時間：各洗浄工程の洗浄時間

循環洗浄時間は最長で10分程度が目安となる。殺菌工程は2～3分程度の短時間である。洗浄時間が短ければ汚れを落としきれず，長ければ洗浄液の温度が下がり汚れの再付着につながる。

5. 洗う力：洗浄工程のスラグ流

ミルクラインの自動洗浄では，洗浄液がミルクライン中を塊で流れるスラグ流（後述「スラグ理論：ミルクライン内部の洗浄」参照）の長さ，スピード，回数が洗う力となる。スラグ流の測定は，測定機器を使用して行う。手洗いでは「ごしごし」と洗うことが最も重要なポイントである。

表2　酪農用洗剤の種類と特徴

	アルカリ性洗剤	酸性洗剤	酸性リンス
対象	乳脂肪，乳タンパク質	ミネラル	ミネラル
使用方法	約60～80℃で使用し，排液温が40℃以上になるように調整する 酸性洗剤と混ざると塩素中毒の危険がある	約60～80℃で使用する アルカリ性洗剤と混ざると中毒の危険があるので，前後にすすぎ工程を要する 洗浄水の硬度(ミネラルの含有量)により，使用頻度を変える必要性がある(基本的には毎日使用が望まれる)	35～45℃で使用する 搾乳ごとに使用する アルカリ性洗剤と混ざっても塩素中毒の危険はない

搾乳機器洗浄に用いられる洗剤

1. 洗剤の種類と役割

洗剤には，アルカリ性洗剤，酸性洗剤，酸性リンスの3種類がある（**表2**）。基本的に，乳糖にはお湯を，乳脂肪や乳タンパク質にはアルカリ性洗剤を，ミネラルには酸性洗剤と酸性リンスを用いる。

アルカリ性洗剤と酸性洗剤が混ざると塩素中毒の危険があり，また，すすぎの工程がない場合に酸性洗剤を用いると，ライン内に残留してゴム類を傷めてしまう。一方，酸性リンスはアルカリ性洗剤と混ざることを想定してつくられており，アルカリ性洗剤使用後にすすぎの工程がないシステムで用いられる。

洗剤には，自動洗浄と手洗い洗浄に区分されたうえで，使用濃度，使用温度，製造番号がそれぞれ明確に記載されている。また，注意点として，アルカリ性洗剤および殺菌剤と酸性洗剤の混合禁忌についても明記されている。

2. 殺菌剤

殺菌剤はライン内面の殺菌のために使用する。通常，次亜塩素酸ナトリウムが用いられ，40℃以下の温度で使用される。塩素中毒の危険があるため，ほかの洗剤との混合は禁忌である。

殺菌剤は有機物（乳，糞など）が混入すると殺菌力が低下する。搾乳後のライナー消毒に用いる場合，乳が混入すると効果は激減する。また，酸性下で効力が高く，アルカリ性下で効力が低下する（**図1**）。したがって，アルカリ洗浄後（pH11程度），殺菌する前には必ずすすぎが必要である。すすぎの工程なしで殺菌剤を使用すると，その効力が下がるうえに塩素が発生してしまう。使用濃度は通常200 ppmで，濃すぎても薄すぎても効力は低下する。

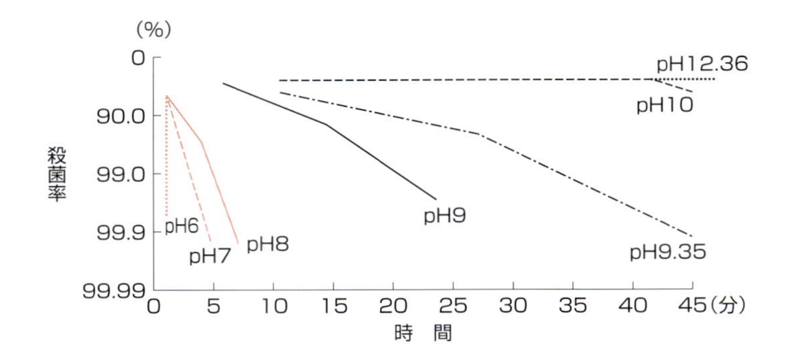

図１　次亜塩素酸塩の殺菌効果に対する pH の影響

乳質改善ハンドブック第６号，1992

次亜塩素酸ナトリウム殺菌剤には濃度 6%と 12%があるが，12%のものは有効塩素が早くなくなり，品質保持期限が短いので，必ず製造年月日を確認すべきである。

3. その他の特殊用途洗剤など

上記に加えて，付着した汚れが重度の時には劇薬（苛性ソーダ：水酸化ナトリウム），鉄分が多い時には除鉄剤など，その用途に応じた特殊な洗剤が用いられる。また，洗浄液の水質が悪い時には，除鉄装置，除マンガン装置，軟水化装置などを取り付ける，または上水道を使用することも必要である。

搾乳機器の洗浄前の準備

搾乳ユニット，ミルカー，バルククーラー，バケットミルカーは使用するごとに洗浄しなければならない。手洗い洗浄や自動洗浄など方式は様々であるが，理論は同じである。

1. 乳の回収

古いタイプのミルカーでは乳回収にスポンジを使用しているが，このスポンジは細菌に汚染されていることが多い。一方，新しいタイプのミルカーではライン中に空気を入れて乳を回収する。すなわち搾乳終了後，パイプラインの流れを一方向にして洗浄コックより空気を入れるか，もしくはエア回収装置を使用する。通常，ミルクラインには傾斜があるので，乳は自然の重力により回収される。

2. ラインの切り替え

搾乳用に接続した送乳ラインなどを洗浄用に切り替える。ラインのつなぎ目の接続不

写真５　搾乳ユニットの洗い方

搾乳終了後にユニットをバケツに入れてクローをブラシで洗浄する

備やラインの切り替えミスがあると，洗浄液のバルク混入事故や，ラインからの乳漏れ事故が発生する。

3. 洗浄モードへのセッティング

洗浄槽でのクローの固定位置が悪いと，適切な洗浄ができない場合がある。特に洗浄槽に色々な配管を入れている場合は，ライナーが持ち上がり空気を吸っていないか注意するべきである。また，ミルキングパーラなどでは，洗浄途中にクローが傾き，ショートミルクチューブが折れ曲がって洗浄液を吸引できない場合もある。なお，洗浄後のミルクチューブ内の排水を考えることも重要である。

4. 搾乳ユニットなどの洗浄

搾乳後には汚れたユニット類の洗浄を行う。特に，クローの外側に付いた糞や乳などの汚れは，家庭用食器洗剤などを使用して，ブラシでよく洗浄する（**写真５**）。

スラグ理論：ミルクライン内部の洗浄

ミルクライン内部の洗浄方法として，スラグ流による洗浄（Cleaning In Place：CIP）がある。スラグ流とは泡状の空気を含む液体（最低75％以上の水分を含む）ブロック流のことをいう（**図２**）。スラグ流として7～10 m/秒の流速が必要とされている。1回の洗浄に最低20回のスラグ流があれば十分とされており，循環洗浄を10分間行う場合にスラグ流は30秒に1回程度の頻度と計算される。しかし，洗浄開始直後はスラグ流の形成ができないため，十分な回数を得るためには20秒に1回程度の頻度とする。

スラグ流が安定してライン内を通過するためには，ライン下部の水量（フィルファクター）が，通常ライン容量の20％必要とされている。

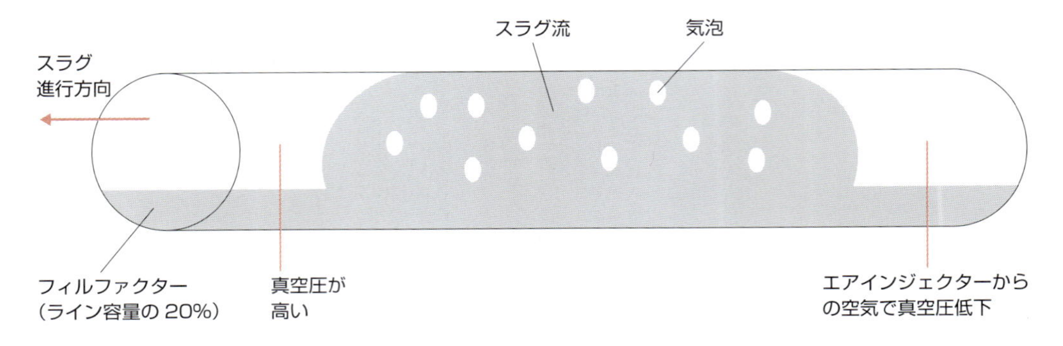

図 2　洗浄中のミルクライン内部

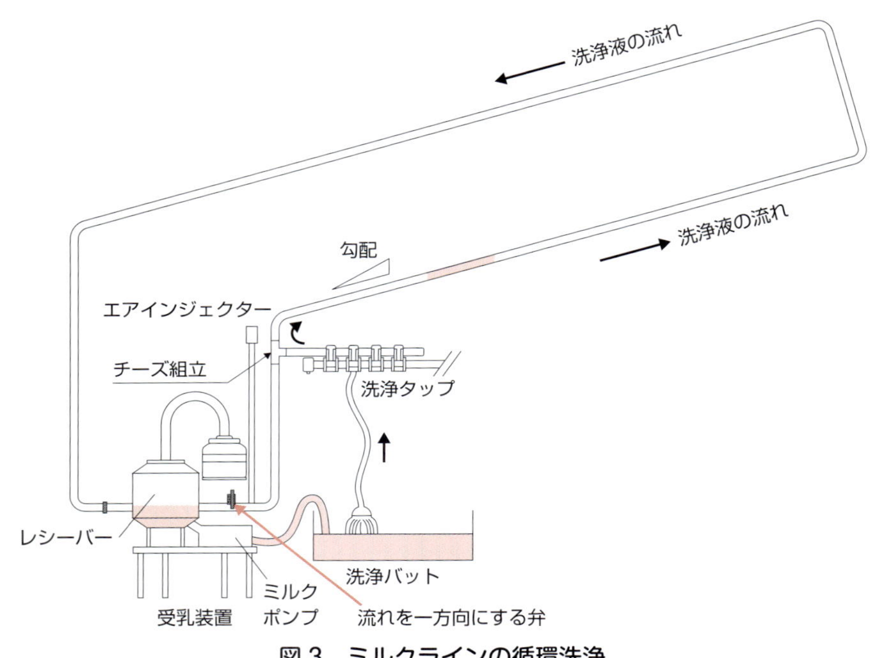

図 3　ミルクラインの循環洗浄

ミルクラインの洗浄（**図 3**）は，まずはミルクラインの流れを一方向にするところからはじめる。ミルクラインに洗浄ラインを接続し，これに洗浄バットから搾乳ユニットで洗浄液を吸い上げてミルクラインへ入れる。ある程度の洗浄液量がミルクラインに吸い上げられると，エアインジェクターから空気が入り，洗浄液は真空圧の境目をつくる塊（スラグ流）となってラインのなかを勢いよく通り，レシーバージャーに流れ込みレシーバージャー内部を洗う。戻ってきた洗浄液は，ミルクポンプにより洗浄バットへと送られ，循環洗浄を行う。

エアインジェクターがオフの間は空気が入らず，ミルククローより洗浄液が吸い上げられるが，オンになると空気が入るため真空圧が低下して洗浄液の吸い上げが止まる。

表3　ミルクラインにおける搾乳直後から搾乳開始までの基本の洗浄工程

工程	要点
1．すすぎ	乳が混入した洗浄液で循環洗浄しない 熱によるタンパク変性を防ぐため温度は40℃以下
2．アルカリ洗浄	洗浄液の温度は60～80℃（排水温40℃以上） 循環洗浄時間は10分以内
3．すすぎ	アルカリ性洗剤を取り除く
4．酸性洗浄*	洗浄液の温度は60～80℃
5．すすぎ	酸性洗剤を取り除く
6．搾乳前の殺菌	洗浄液の温度は40℃以下 短時間の殺菌

*酸性洗浄は本来水の硬度により使用頻度を変えるべきであるが，軟水の多い日本では通常3日に1回行われている（硬度の高い水を使用する場合，軟水化装置を使用する）

エアインジェクターの空気量とオン／オフの時間によって，スラグ流の回数，スピード，大きさをコントロールする。

基本の洗浄工程

基本の洗浄工程を**表3**に示した。洗浄工程ではアルカリ洗浄で乳脂肪，乳タンパク質，乳糖を落としたうえで，酸性洗浄でミネラルを洗い流す。先に酸性洗浄を行うと乳成分（特にタンパク質）が凝固，付着して落としづらくなってしまうため，酸性洗浄の前に「すすぎ」－「アルカリ洗浄」－「すすぎ」を行う必要がある。現在日本で使用されているミルカーの洗浄工程を分類すると，①アメリカ方式，②ヨーロッパ方式，③オリオン方式，④熱湯方式に分けられる（**表4**）。これにさらにバルククーラーの洗浄が加わる。パイプラインとバルククーラーのメーカーや導入年代により洗浄工程が異なることが多いため，しっかりと洗浄理論を理解したうえで作業を行わないと洗浄不良を招いてしまう。時には洗剤がパイプラインとバルククーラーで異なることも起こるかもしれないが，同じ洗剤を使用するためには理論の応用と洗浄プログラムの修正が必要である。

1．アメリカ方式

アメリカ方式の特徴は，毎回酸性リンス洗浄を行うことである。アルカリ洗浄後と酸性リンス後にすすぎの工程はなく，アルカリ性洗浄液を酸リンスで中和して，パイプラインのなかを酸性に保持する。その後，搾乳前にパイプライン内を殺菌剤で殺菌する。

アルカリ洗浄ではお湯（通常60～70℃設定）が直に洗浄槽に入るが，すすぎおよび酸性リンスについては，少なくとも殺菌剤の上限温度設定を越えることはできないので，40℃以下に設定する。

表４　ミルカーの洗浄工程の種類

種類	基本工程
アメリカ方式	すすぎ→アルカリ洗浄→酸性リンス洗浄→搾乳前殺菌
ヨーロッパ方式	１～３日目：すすぎ→アルカリ洗浄→すすぎ→搾乳前殺菌 ４日目：すすぎ→アルカリ洗浄→すすぎ→酸性洗浄→すすぎ→搾乳前殺菌
オリオン方式	すすぎ→アルカリ洗浄→すすぎ→酸性洗浄→すすぎ→搾乳前殺菌
熱湯方式	１～３日目：すすぎ→アルカリ洗浄→すすぎ→搾乳前殺菌 ４日目：すすぎ→アルカリ洗浄→すすぎ→酸性洗浄→すすぎ→搾乳前殺菌 ※ただし洗浄液に 90℃の熱湯を用いる

2. ヨーロッパ方式

ヨーロッパ方式の特徴は，アルカリ洗浄と酸性洗浄が兼用されていることである。アルカリ洗浄を３日連続，その後酸性洗浄を１日のサイクルで行う。アルカリ洗浄も酸性洗浄も洗浄液温度は 70℃程度で行われる。この洗浄工程において，酸性洗浄を行う日にも決してアルカリ洗浄を省いてはならない。

3. オリオン方式

オリオン方式はヨーロッパ方式とアメリカ方式を混合したような型で，毎回酸性洗浄を実施する（トリプル洗浄とも呼ばれる）。

4. 熱湯方式

洗浄工程はヨーロッパ方式に準ずるが，洗浄液に 90℃の熱湯を利用する。

5. 手洗い方式（バルククーラー，バケットミルカーなど）

手洗い方式の洗浄工程はヨーロッパ方式に準ずる。洗浄液を高温にすること，洗浄液量を増やすことなどができないので，洗浄エネルギーが重要となる。いかにして綺麗に隅々まで洗うかがポイントとなる。

6. バケットミルカーの洗浄

バケットミルカーは初乳や乳房炎牛の搾乳に重要である。しかし，自動洗浄ができないために，十分に洗浄ができない場合，搾乳時に細菌感染を起こすリスクが高くなるので注意が必要である。バケットミルカーの洗浄工程を**表５**に示した。

7. バルククーラーの洗浄

バルククーラーの洗浄は，基本的にはミルクラインの洗浄と同様である。ただ，バルククーラーは洗浄前の段階で冷えているので，洗浄温度を確保するためにすすぎ工程で

表5　バケットミルカーの洗浄工程

工程	ポイント
すすぎ	ぬるま湯（40℃以下）でよくすすぎ，綺麗に排水する ユニット部分は吸引中にエアブラッシング*をする
アルカリ洗浄	バケツにパイプライン用のアルカリ性洗剤を規定濃度・温度で溶解する 吸引中にエアブラッシングをする バケット部分，蓋はブラシで手洗浄
すすぎ	ぬるま湯（40℃以下）でよくすすぎ，綺麗に排水する
殺菌	バケツにぬるま湯（水）を入れ，殺菌剤を規定濃度・温度で溶解する 吸引中にエアブラッシングをする バケット部分によく液を接触させる

注意点
・各洗浄液が混ざらないようによくすすぎ，排水場所からの塩素の発生にも注意する
・殺菌剤の温度が高いと塩素が飛び，目を刺激するので注意する
・各洗剤の濃度・温度管理に十分な注意を払う
*エアブラッシング：洗浄液を4本のライナーから吸い込む際，時々空気を吸い込ませることで空気混じりの洗浄液を吸い込ませる方法

バルククーラーを温めることが必要である。洗浄液量は，閉鎖された少ない表面積の洗浄となるのでミルクラインより少ない。ミルクラインと同じように自動洗浄であっても過信せず，日々の目視検査を実施することが重要である。

2－6

畜産環境と公害

畜産公害とその対策

1. 畜産公害の発生

1970年代，家畜糞尿による水質汚濁や悪臭問題が日本国内各地で起こり，畜産公害と呼ばれた。1973年，苦情発生戸数は1万1,676戸にも及んだ（**図1**）。公害防止関係の法整備や行政的施策と糞尿処理方法の技術開発が進み，生産者および関係者の努力によって苦情の発生戸数は年々減少し，2015年現在では1,604戸になっている。苦情の内訳は悪臭関連が56.6％，水質汚濁関連が23.9％，害虫発生が7.2％であり，悪臭問題対策が大きな課題となっている。

酪農に関する苦情戸数は，1973年が最大で2,401戸あったが，年々減少し2015年現在では505戸（悪臭関連31.3％，水質汚濁関連23.8％，害虫発生18.4％）となっている。しかし，この間の酪農戸数の減少も大きいことから，苦情戸数の減少には酪農家戸数の減少が反映していることも考えられ，**図2**に示すように畜産経営体1,000戸当たりの苦情発生戸数は増加ないしは横ばいである。一見減少しているかに見える苦情発生も，農家一戸一戸にとってみれば重みを増している。

2. 水質汚濁防止法

水質汚濁防止法では，**図3**に示すように200㎡以上の牛房面積を持つ酪農経営体は特定事業場に指定され，排水基準の規制を受ける。規制項目には健康項目と生活環境項目の2つがある。健康項目はヒトの健康に有害なカドミウムや水銀などの物質を規制する28項目であり，畜産に関係あるのは「アンモニア，アンモニウム化合物，亜硝酸化合物及び硝酸化合物」（以下，硝酸性窒素等と呼ぶ）の1項目である。硝酸性窒素等の一般排水基準は100 mg /Lであるが，現在，畜産の暫定排水基準は600 mg /L（2019年6月末日まで）となっている。

ヒトの生活環境に影響を与える生活環境項目は15項目あるが，畜産に関係するものはpH，BOD（生物化学的酸素要求量），COD（化学的酸素要求量），SS（浮遊物質），

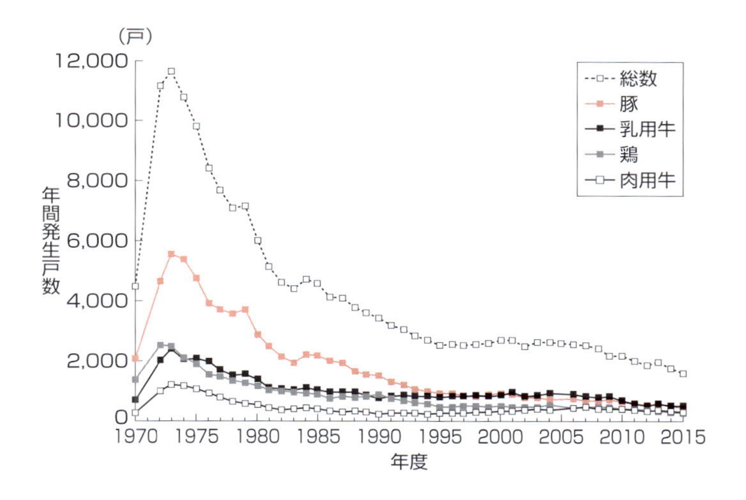

図 1　畜産経営に起因する苦情発生戸数の推移

農林水産省のデータから作成

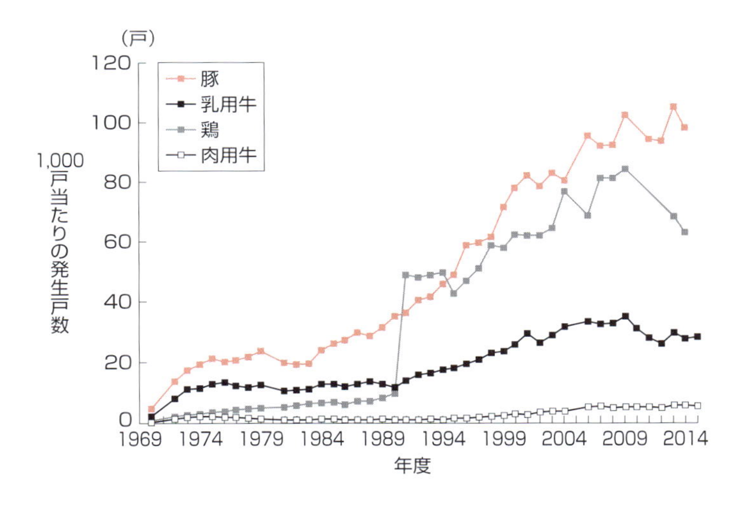

図 2　畜産経営 1,000 戸当たりの苦情発生戸数の推移

農林水産省のデータから作成

大腸菌群数，窒素，リンの 7 項目である。生活環境項目は排水量 50 m³以上の大規模経営体が対象だが，健康項目の硝酸性窒素等は排水量に関係なくすべての特定事業場が対象となるので注意が必要である。また，年 1 回の水質測定とデータ保存義務がある。

3. 悪臭防止法

悪臭防止法では，酪農場の敷地境界線で 6 段階臭気強度 2.5～3.5 の範囲内で各自治体が規制値を決める。規制される特定悪臭物質には 22 物質あるが，畜産に関係するもの

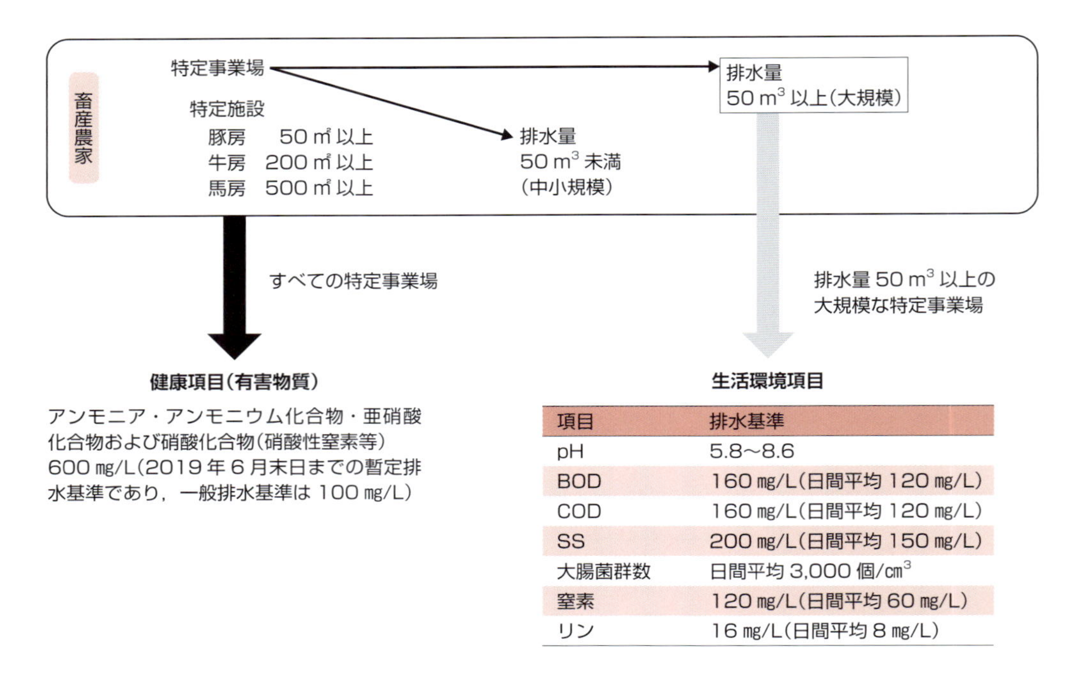

項目	排水基準
pH	5.8～8.6
BOD	160 mg/L（日間平均 120 mg/L）
COD	160 mg/L（日間平均 120 mg/L）
SS	200 mg/L（日間平均 150 mg/L）
大腸菌群数	日間平均 3,000 個/cm³
窒素	120 mg/L（日間平均 60 mg/L）
リン	16 mg/L（日間平均 8 mg/L）

図 3　水質汚濁防止法の排水基準と畜産農家への適用～健康項目と生活環境項目～

表 1　畜産に関係する 9 種類の特定悪臭物質の臭気強度とにおい

悪臭物質 ＼ 臭気強度	悪臭物質濃度（ppm） 2.5	3	3.5	におい
アンモニア	1	2	5	し尿のようなにおい
メチルメルカプタン	0.002	0.004	0.01	腐った玉ねぎのようなにおい
硫化水素	0.02	0.06	0.2	腐った卵のようなにおい
硫化メチル	0.01	0.05	0.2	腐ったキャベツのようなにおい
二硫化メチル	0.009	0.03	0.1	腐ったキャベツのようなにおい
プロピオン酸	0.03	0.07	0.2	酸っぱいような刺激臭
ノルマル酪酸	0.001	0.002	0.006	汗くさいにおい
ノルマル吉草酸	0.0009	0.002	0.004	むれたくつ下のにおい
イソ吉草酸	0.001	0.004	0.01	むれたくつ下のにおい

は**表 1** に挙げた 9 物質である。現場で臭気強度を判定することは難しいので，特定悪臭物質の濃度を測定して相当する臭気強度で判定する。**表 1** は 9 物質の臭気強度 2.5，3.0，3.5 に相当する濃度と臭いの性質を示しているものである。また，最近では人間の嗅覚をもとにした臭気指数の規制を導入する自治体が増加している。

4. 家畜排せつ物法

1999 年 11 月 1 日に「家畜排せつ物の管理の適正化及び利用の促進に関する法律」

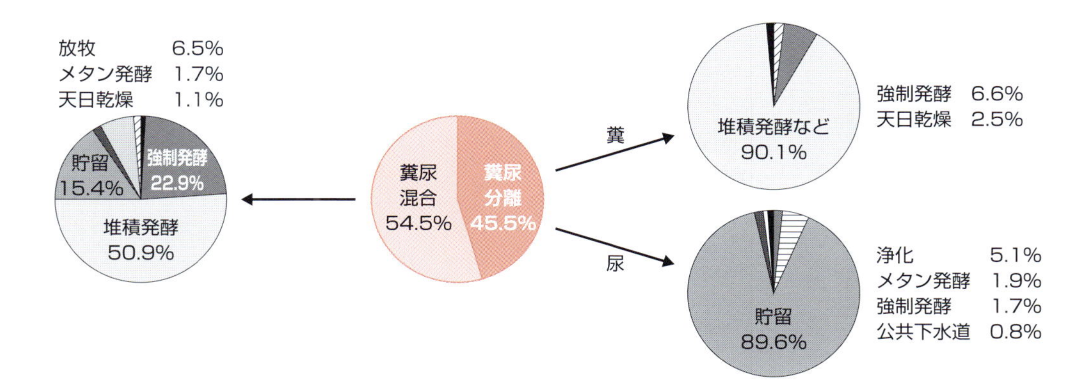

図 4　全国の乳用牛の排せつ物処理方法の状況（頭数ベース）

農林水産省，2011

（家畜排せつ物法）が制定された。この法律によって素掘と野積みなど不適切な処分方法は禁止され，堆肥化施設など処理高度化施設を整備することとされた。一定規模以上の畜産農家を対象とし，家畜排せつ物の処理・保管の基準（管理基準）を守るように基本方針を定め，2004 年から完全施行されている。

2014 年 12 月 1 日時点で管理基準対象農家 4 万 9,830 戸の 99.99％で管理基準が達成されている。堆肥化施設の整備が進んだことによって，大量に生産された堆肥の利用促進が重要な課題となっている。また，堆肥化以外の処理利用方法としてはエネルギー利用が推進されている。

一方，ほとんどの農家が処理施設を整備したにもかかわらず，苦情件数が約 1,600 戸あり，悪臭や水質汚濁などの畜産環境問題への対応が重要となってきている。以上，家畜排せつ物法の基本方針のポイントは，堆肥利用の推進，エネルギー利用などの推進，畜産環境問題への対応の 3 つとなっている（農林水産省生産局畜産部畜産振興課，2016）。

糞尿処理方法

1. 我が国の糞尿処理方法の現状

農林水産省の調査（2009 年 12 月調査，2011 年 3 月公表）によると，**図 4** に示すように，全国の酪農の糞尿の 45.5％が糞尿を分離した後に処理され，54.5％が糞尿混合のまま処理されている。分離された糞の 96.7％が堆肥化処理（発酵処理）されている。一方，糞尿混合物は 73.8％が水分調整を受け発酵処理（50.9％が堆積発酵）され，15.4％が貯留，1.7％がメタン発酵処理されている（羽賀，2012）。

酪農の中心地である北海道では，**図 5** に示すように糞尿分離した糞は 99.9％が堆積発

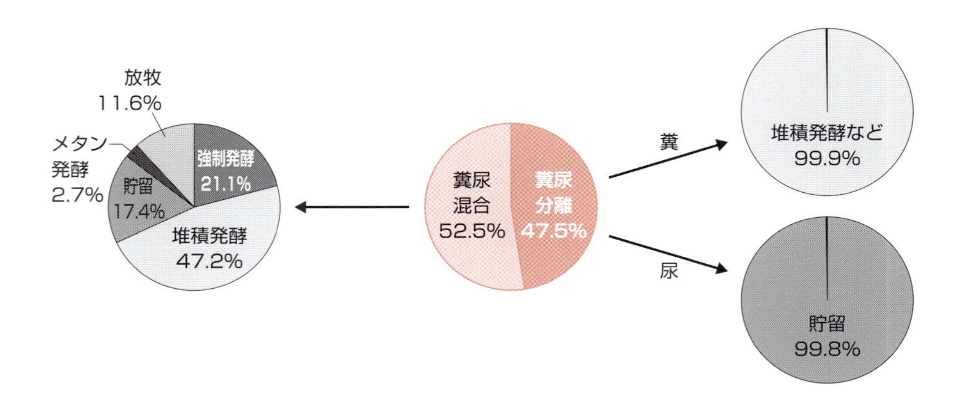

図５　北海道の乳用牛の排せつ物処理方法の状況（頭数ベース）

農林水産省，2011

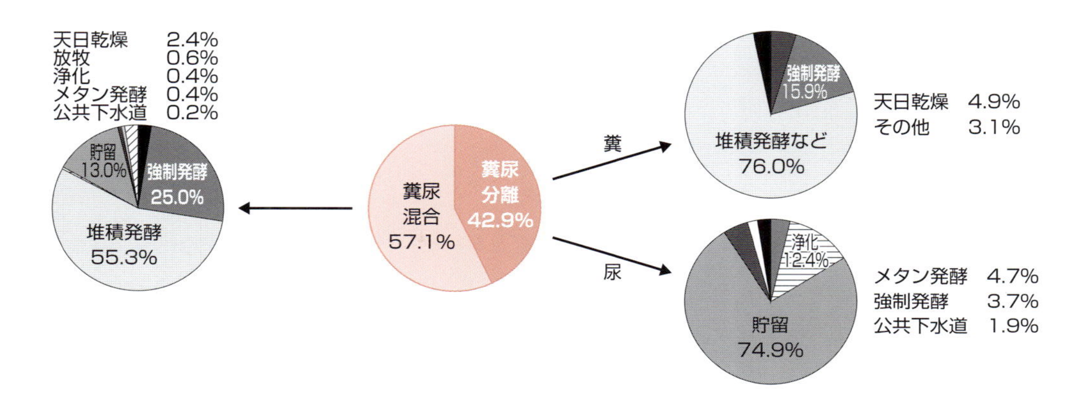

図６　都府県の乳用牛の排せつ物処理方法の状況（頭数ベース）

農林水産省，2011

酵であり，尿は99.8%が貯留され液肥となっている。糞尿混合の場合は68.3%が発酵処理（47.2%が堆積発酵）され，17.4%が貯留，2.7%がメタン発酵処理されている。

一方，都府県の酪農は，図６に示すように，分離した糞の91.9%が発酵処理であり，そのうち強制発酵が15.9%と北海道に比べて高い割合を占めている。尿は74.9%が貯留となり液肥利用されているが，浄化処理し放流している割合が12.4%あり，公共下水道利用も1.9%ある。糞尿混合物では80.3%が発酵処理（25.0%が強制発酵）である。

このように，我が国における糞尿処理技術は堆肥化処理（発酵処理）が基幹技術となっている。欧米諸国が液状の糞尿（液肥，スラリー）利用を基幹技術とし，それを施用するために十分な圃場面積を確保することと異なっている（松中，2012）。

2. 牛舎から搬出される糞尿の性状

牛舎からの糞尿の搬出方法は，図７に示すように，繋ぎ飼いや放し飼いなど牛の飼養

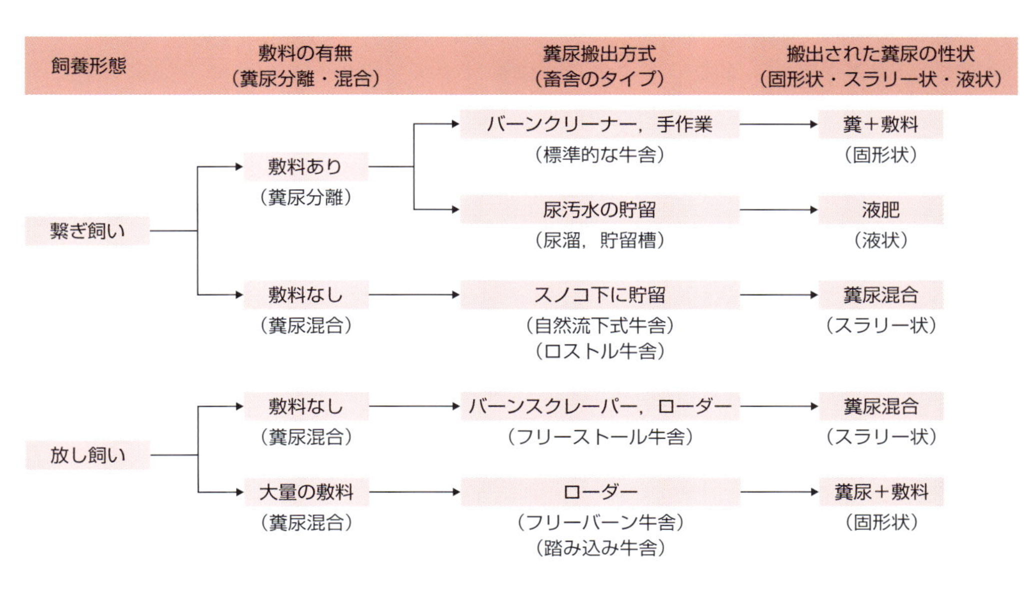

図７　乳牛の飼養形態と糞尿の搬出方式の違いによる糞尿の性状

形態，糞尿分離・混合，敷料の有無，バーンクリーナやスクレーパーなど搬出用機械・装置の種類など様々であるが，糞尿は固形状，スラリー状，液状の３つの性状のどれかで搬出される。

①固形状

固形状とは，そのまま山状の形に堆積することができ，水分（含水率）がおおむね75％以下である。糞に敷料の加わったもの，糞尿分離機で分離した固形物なども固形状である。

②スラリー状

スラリーとは生糞もしくは糞と尿の混合物でドロドロした濃い状態のもので，水分（含水率）がおおむね80～92％の範囲にある。山状に堆積することはできず，平板状になってしまうが流動性はあまりよくない。乳牛の生糞の水分は約85％なのでスラリーとなる。

③液状（汚水）

液状とは水分（含水率）がおおむね95％以上の牛舎汚水であり，牛舎の糞尿溝を通じて尿溜（貯留槽）に貯留される場合が普通である。ミルキングパーラ（搾乳室）からのパーラ排水（搾乳関連排水，酪農雑排水など色々な呼び方がある）も含まれる（猫本，2011）。

3. 飼養形態と3つの性状

図7に示すように，小規模酪農の牛舎では糞は手押し車などを使って手作業で集め，尿は尿溝を経由して尿溜（貯留槽）に流れ込む。もう少し規模が大きくなると，糞を集めるにはバーンクリーナなどの装置を設置して省力化を図る。このような標準的な牛舎では糞と尿が分離され，糞は固形物，尿は液状物として搬出される。

牛の尻部にスノコ（ロストル）を設置した自然流下式牛舎（ロストル牛舎）は，排泄された糞と尿が混合した状態で，ロストル下の糞尿溝にスラリー状で溜められ，糞尿溝内でゆっくりと液化される。

フリーストール牛舎は，省力的で大規模経営に適した牛舎として普及している。牛舎の通路に排泄された糞と尿は，ローダー（ショベルローダーなど）またはスクレーパーによって混合・搬出されるのでスラリー状となる。

一方，オガ粉などの敷料を大量に使った踏込み牛舎（フリーバーン牛舎）では排泄された糞尿が敷料と混合して牛房に約1m厚で貯留され，固形状で搬出される。肉牛の飼養方式に近く，大量の敷料を使用して汚水が出ない特徴がある。

4. 糞尿の性状に合った処理・利用方法

上述のように乳牛の糞尿は，固形状，スラリー状，液状の3つの性状のどれかで搬出される。以下に3つの各性状に合った処理・利用方法について説明する（**図8**）。

①固形状の処理・利用

固形状の排泄物の中心的な処理方法は堆肥化処理である。水分が多くて通気性の悪い時には，オガ粉などの副資材を混ぜて水分調整し，通気性の改善を図ってから堆肥化する。

ハウス乾燥によって乾燥糞をつくる方法も確立され，大規模な事例も知られている（崎元，2011）。水分の低下した乾燥糞は燃料としてエネルギー利用することができる。

②スラリー状の処理・利用

スラリーはそのまま液肥（液状コンポスト）として利用するが，耕種農家に喜ばれないことが多く，結局，酪農家の自家耕作地へ施用することが多い。

メタン発酵処理によって得られるバイオガスはエネルギー利用でき，発酵消化液は臭気が低減し，無機態窒素含量が増加するので利用しやすくなる。2012年からはじまった再生可能エネルギー電気の固定価格買取制度の影響を受け，メタン発酵が注目されている（松田，2016）。

③液状の処理・利用

汚水は尿溜に貯留し液肥利用する。乳牛の場合，糞の排泄量に比べて尿量が少ない

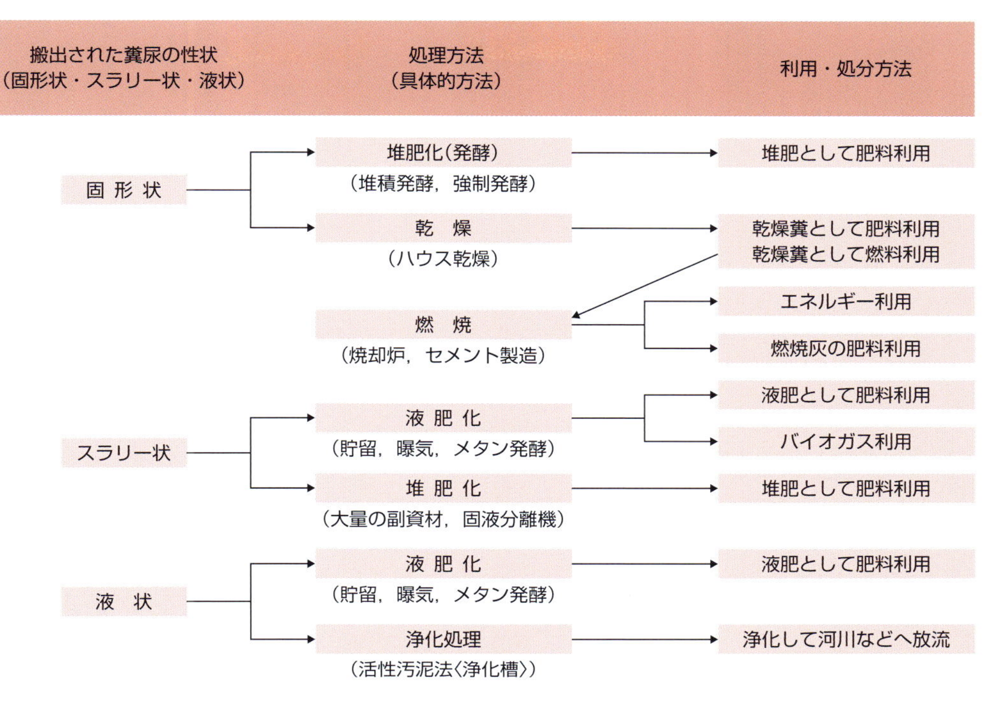

図 8　糞尿の性状に合わせた処理・利用方法

表 2　堆肥化施設，貯留槽等の規模算定に用いる乳牛の糞尿排泄量

種類	体重	糞（/日・頭）			尿（/日・頭）	合計（/日・頭）	合計（/年・頭）
		乾物量	水分	生重			
搾乳牛[1)]	700 kg	7.5 kg	86%	54 kg	17 kg	71 kg	25.6 t
搾乳牛[2)]	700 kg	6.8 kg	86%	50 kg	15 kg	65 kg	23.7 t
搾乳牛[3)]	600 ～ 700 kg	5.7 kg	84%	36 kg	14 kg	50 kg	18.3 t
乾乳牛	550 ～ 650 kg	4.2 kg	80%	21 kg	6 kg	27 kg	9.9 t
育成牛	40 ～ 500 kg	3.6 kg	78%	16 kg	7 kg	23 kg	8.4 t

1）生乳生産量が年間 1 万kg以上の場合
2）生乳生産量が年間 1 万kg程度の場合
3）生乳生産量が年間 7,600 kg程度の場合

中央畜産会，2000

（**表 2**）ので，糞尿分離によって糞の混入を防ぎ，汚水の量と汚濁濃度を低減することができる。液肥利用ができない時は，浄化処理して河川などに放流することになる。

堆肥化処理

1．堆肥化施設の規模算定に用いる乳牛の糞尿排泄量

現場の堆肥化施設や貯留槽の規模算定に用いる乳牛の糞尿排泄量は**表 2** に示すとおりである（中央畜産会，2000）。糞尿の水分は飲水量や飼養条件によって変動する。水分

の変動が大きい場合には**表2**に示した乾物量に変動がないものとして生糞量を計算する。また，生乳生産量によっても排泄量は変動するが，ここでは乳量7,600～1万 kg / 年以上について排泄量を示した。

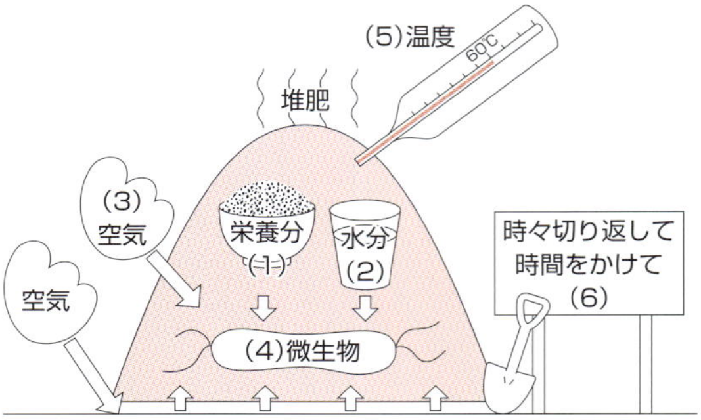

図9　堆肥化の基本6条件

羽賀原図

2. 堆肥化のメリット

堆肥化には3つのメリットがある。1つ目には，生糞の汚物感や悪臭をなくし病原菌や寄生虫などを死滅させることによって，使用者にとって取り扱いやすい良質で安全な堆肥を製造できることである。2つ目には，堆肥が土壌や作物にとって良質な有機質肥料となることである。すなわち生糞のなかの有機物を十分に腐熟させ，発酵熱によって有害な微生物や雑草の種子などが死滅し，肥料成分をほどよく含む有機質肥料を製造できることである。そして，3つ目には，有機資源リサイクルによって資源循環型社会に貢献できることである。資源循環型の持続的酪農へと発展する時代を迎え，堆肥化技術は重要な技術となっている。

3. 堆肥化の適正条件

堆肥化の主役は好気性条件で働く微生物である（**図9：(4)**）。堆肥化を順調に進行させるためには，微生物を活動させる適正な条件を整備する必要がある。**図9**に示すように，栄養分，水分，空気（酸素），微生物，温度，時間・切り返しの6つの条件を挙げることができる。

①栄養分

図10に示すように，生糞は乾物と水分からなっており，乾物は分解しやすい有機物，分解しにくい有機物と無機物からなっている。堆肥化の微生物は分解しやすい有機物を栄養分として分解し，発熱して堆肥をつくる。堆肥化によって乾物の20～40％が分解され，分解乾物1 kg当たり4,500 kcal（18.8 MJ）の発熱があり，その熱900 kcal（3.77 MJ）で水分1 kgが蒸発する。この基本的な数値を用いて堆肥化処理施設の規模算定が行われている（中央畜産会，2000）。

微生物のための栄養バランスとして重要なのは，炭素 / 窒素比（C/N 比）である。牛糞のC/N 比は15～20とバランスがよく，堆肥化における腐熟を促進するために窒素を添加する必要はない。

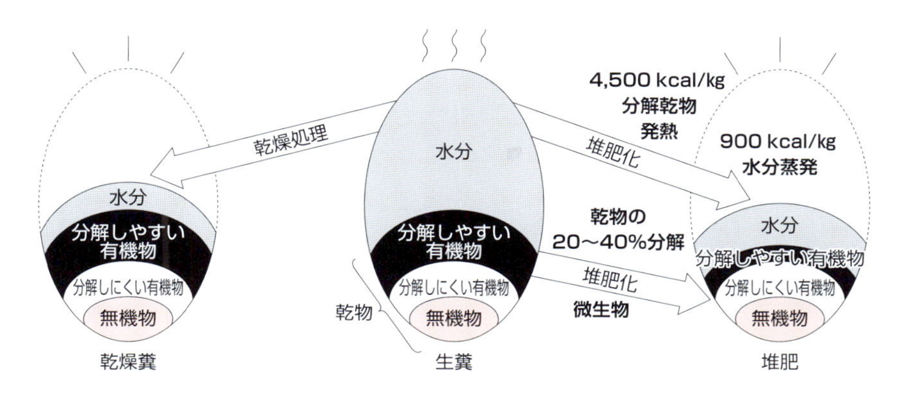

図 10　堆肥化過程における乾物の分解と水分の蒸発

②水分と空気

生糞の水分は80%以上と高いので，微生物は水分不足となることはないが，通気性が悪いため空気（酸素）不足となる。堆肥化の微生物は空気（酸素）を必要とするので通気性を改善する必要がある。乳牛の糞が通気性を発現する水分は68%以下だが，オガ粉を混合すると水分72%でも通気性が発現し堆肥化が可能になる。

強制通気する場合の適正通気量は，通常，堆肥の容積1 m³当たり，50〜300 L/ 分の範囲にある。一般的に100 L/ 分程度の通気量で運転する堆肥化装置が多く，適宜切り返しまたは撹拌を行う。

③微生物

家畜糞1 gのなかには，もともと微生物が1億〜10億個存在し，その微生物が堆肥化を進行させる。良質堆肥の微生物を「戻し堆肥」の形で種菌として活用する技術は重要と考えられる。

図 11 は堆肥化過程の微生物の種類や品温やアンモニア揮散量（発生量）などの変化を模式的に示したものである。堆肥化の初期過程では中温微生物が糞中の有機物を分解し，堆肥の温度（品温）が上昇し，腸内微生物は急減し，高温微生物が優勢になり，次第に堆肥型微生物相へと変化していく。

④温度

栄養分，水分，空気，微生物の条件が揃うと堆肥化が**図 11** に示したように進行する。微生物が有機物を分解する過程で熱が発生し，堆肥の温度（品温）が上昇し，時には70〜80℃に達する。

高温になることは堆肥化が順調に進んでいる証拠である。この発熱で水分が蒸発し，有害な微生物やウイルスが死滅・不活化し，ハエなどの衛生害虫の卵や雑草種子が死滅

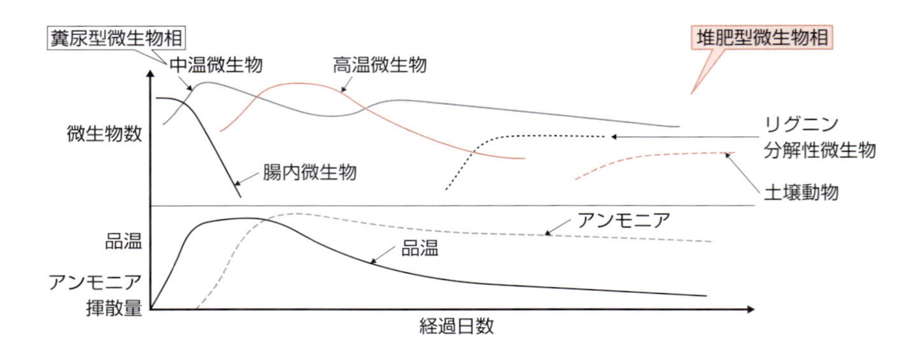

図 11　堆肥化過程の微生物の種類，品温，アンモニア揮散量（発生量）などの変化

斎藤，2002

する。

大腸菌は55℃で20分間程度，チフス菌は55～60℃で30分間程度，黄色ブドウ球菌は50℃で10分間程度の条件で死滅する。口蹄疫ウイルスはpH7.5の時55℃，2分間で活性を90％失う（Pharo，2002）。以上，多くのデータがあるが病原菌などのリスクを低減させるには55℃以上の高温を数日間継続させることである（花島，2011）。

また，雑草の種子に関して，55℃で4～5日間，60℃だと2～3日間で発芽しなくなる（Nishida，1999）。以上から，衛生的に安全な堆肥を製造するためには，55℃以上の高温が数日間続くよう堆肥化を行い，堆肥全体がその温度になるように切り返し・攪拌などを行う必要がある。

4．堆肥化装置

堆肥化適正条件を省力的に実現し，良質な堆肥を生産するために，堆肥化装置が重要な役割を果たしている。先述の**図4，5，6**で示したように，乳牛の場合，**写真1**のような堆積式堆肥舎が大半を占めている。堆積式堆肥舎においてショベルローダーなどで切り返しを行い，**図12**に示すような温度変化で発酵が進んでいく。堆肥化初期では切り返しによって急激な温度上昇があるが，次第に温度上昇は小さくなり，外気温にほぼ同じ温度となると堆肥化（発酵）が終わりに近付いていることが分かる。

機械式の切り返し装置や強制通気装置を装備した堆肥化では，ロータリー式の切り返し装置と強制通気装置を備えた開放直線型堆肥化装置の例がある（**写真2**）。

ここで，**図10**の基本的数値を使って堆積式堆肥舎の規模を算定してみる。例えば，年間乳量9,000 kgの搾乳牛100頭規模の場合，糞とオガ粉の混合物5.745 t/日（水分72％）を，堆積方式で134日間堆肥化（堆積発酵）し堆積高を2 mとすると，堆肥舎の必要面積は550 ㎡，1日当たりの堆肥生産量は3.72 tと算定される（畜産環境整備機構，2004）。乾物の分解と水分の蒸発によって堆肥の重量は元の混合物の約65％に減量

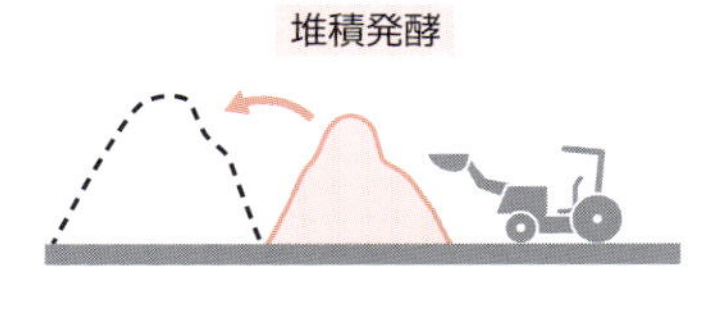

切り返し用ショベルローダー

写真１　堆積式堆肥舎と切り返し用ショベルローダー

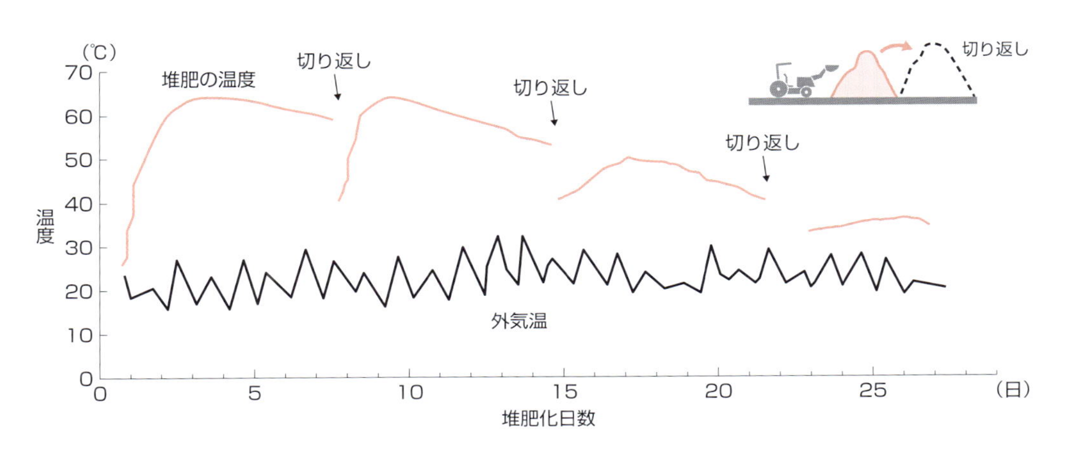

図 12　堆積式堆肥化における堆肥の温度変化

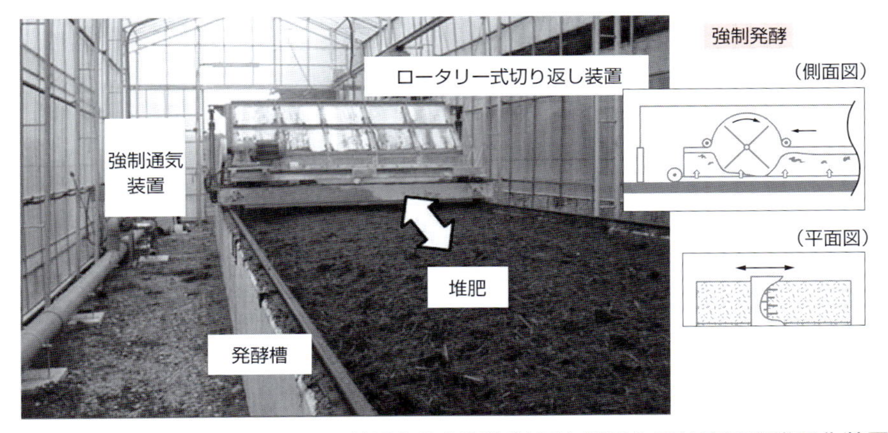

写真２　ロータリー式の切り返し装置と強制通気装置を備えた開放直線型堆肥化装置

表 3　堆肥の分析値（その 1）

畜種	水分	灰分	窒素 N	リン酸 P_2O_5	カリ K_2O	試料数
		（水分以外は乾物%）				
乳牛	52.3 (15.7～82.9)	28.7 (10.1～73.8)	2.2 (0.9～5.6)	1.8 (0.5～13.3)	2.8 (0.2～2.8)	319
肉牛	52.2 (10.5～76.6)	23.3 (11.2～57.7)	2.2 (0.9～4.1)	2.5 (0.5～6.7)	2.7 (0.4～7.1)	303
豚	36.7 (16.6～72.0)	30.0 (10.4～74.2)	3.5 (1.4～7.2)	5.6 (1.6～22.7)	2.7 (0.3～6.6)	144
採卵鶏	22.9 (6.4～58.7)	50.3 (25.8～74.5)	2.9 (1.4～6.2)	6.2 (1.7～20.9)	3.6 (1.2～5.8)	129
ブロイラー	33.0 (15.4～60.1)	27.5 (15.6～58.4)	3.8 (2.1～5.6)	4.2 (1.0～9.2)	3.6 (1.1～7.6)	27
複数	45.6 (5.4～78.8)	27.6 (4.7～62.6)	2.5 (0.9～8.1)	3.2 (0.1～13.4)	2.9 (0.2～7.5)	580

平均値（最小値～最大値）　　（一財）畜産環境整備機構 畜産環境技術研究所，2005

表 4　堆肥の分析値（その 2）

畜種	石灰（カルシウム）%	苦土（マグネシウム）%	銅（Cu）mg/kg	亜鉛（Zn）mg/kg	シーエヌ比（C/N 比）－	酸素消費量（μg/g/分）
乳牛	4.4 (0.7～18.8)	1.5 (0.3～6.6)	50 (5～906)	167 (43～893)	17.6 (7.0～40.8)	1.7 (0～8.0)
肉牛	3.0 (0.5～33.9)	1.3 (0.1～3.8)	31 (3～313)	149 (35～575)	19.0 (9.6～39.3)	1.5 (0～8.0)
豚	8.2 (1.8～49.3)	2.4 (0.7～5.5)	226 (45～654)	606 (191～1956)	11.4 (6.0～26.6)	2.7 (0～16)
採卵鶏	25.8 (1.6～53.4)	2.2 (0.3～5.1)	58 (11～108)	435 (172～843)	9.5 (4.9～21.5)	3.9 (1.0～14.0)
ブロイラー	8.9 (4.2～28.0)	1.9 (0.7～2.9)	68 (31～114)	351 (126～658)	10.6 (7.3～20.1)	6.2 (0～22.0)
複数	6.0 (0.5～28.3)	1.5 (0.1～5.7)	68 (5～414)	255 (19～1213)	16.4 (3.9～44.3)	2.0 (0～23.0)

平均値（最小値～最大値）　　（一財）畜産環境整備機構 畜産環境技術研究所，2005

し，堆肥の水分は66.55%に低下し使いやすくなる。

堆肥の利用

家畜排せつ物法の新たな基本方針に沿って，耕種のニーズを捉えた堆肥を生産し，利用の促進を図ることが重要となっている（羽賀，2011）。耕種ニーズを捉えた堆肥とは，①品質・成分が安定し，重金属，動物用医薬品，除草剤，病原体，雑草の種子などの混入のないこと，②低コストであること，③臭気，ハエなど環境に悪影響を与えないこと，④運搬・散布などの労力がかからないことである。

表 3，4 は（一財）畜産環境整備機構 畜産環境技術研究所が測定した堆肥の成分であ

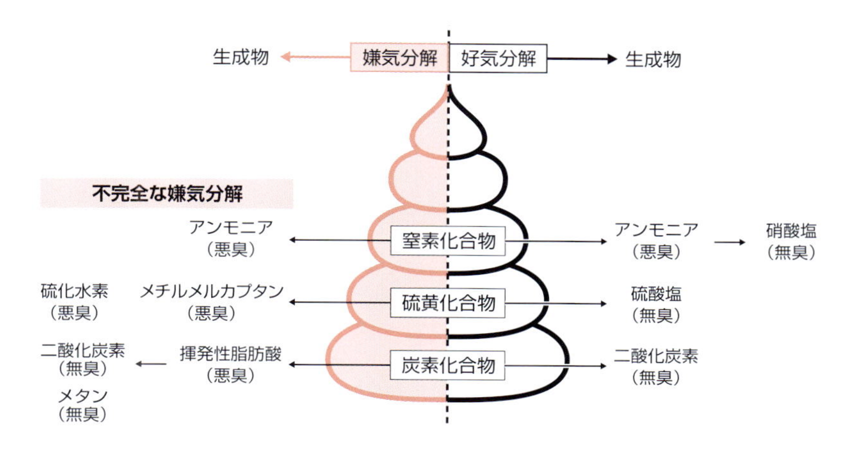

図 13　好気分解と嫌気分解の臭気の違い

羽賀原図

る（古谷，2005）。乳牛の堆肥は豚や鶏に比べて，ほどよく水分を含み，窒素含量が低く，有機物に富むため，土づくりの資材として最適であろう。臭気も少なく酸素消費量が低いので腐熟の進んだ堆肥といえる。重金属含有量は低く，動物用医薬品の残留も検出されていない。

酪農の堆肥生産と利用の事例として，耕畜連携フォーラムを開催するなどして地域循環システムを確立した半田市堆肥生産利用連絡協議会の事例（青木ら，2016），資源循環型の糞尿処理・利用の 10 事例（刈屋ら，2011）などが参考になる。

悪臭対策

1. 悪臭の発生と対策

悪臭の主な発生源は糞と尿である。糞尿は畜舎で排泄された後，時間の経過や環境条件によって変化する（黒田，2011）。**図 13** は糞尿が嫌気分解した時と好気分解した時に発生する主な悪臭・無臭物質を示したものである。嫌気とは酸素（空気）のない状態，好気とは酸素（空気）の十分にある状態を表す。

嫌気分解の方が，悪臭物質が多く発生する。糞尿を処理せずに畜舎などに放置しておくと，不完全な嫌気分解が起き，アンモニア，メチルメルカプタン，硫化水素，揮発性脂肪酸（低級脂肪酸）などの悪臭物質が発生する。

堆肥化や浄化槽などの好気的な処理によって，悪臭物質を分解することができる。アンモニアは無臭の硝酸塩に，硫黄化合物は無臭の硫酸塩に，炭素化合物は無臭の二酸化炭素に酸化分解される。

しかし，堆肥化で発生するアンモニアはあまりにも大量なので，すべて硝酸塩に変え

表5　畜産に関係する悪臭９物質の特性と脱臭のポイント

悪臭９物質＼脱臭のポイント		水	酸・アルカリ	オゾン	活性炭	微生物
窒素化合物	アンモニア	水によく溶ける	アルカリ性 酸性液(物質)に吸収(吸着)される	ほとんど分解されない	あまり効果ない	硝化菌による酸化。一部の微生物による菌体への変換
硫黄化合物	硫化水素 メチルメルカプタン	水に少ししか溶けない	酸性	分解される	吸着される	硫黄酸化細菌による酸化。光合成細菌による酸化。一部の微生物による分解
	硫化メチル 二硫化メチル	水に溶けない	中性			
低級脂肪酸	プロピオン酸	水によく溶ける	酸性 アルカリ液(物質)に吸収(吸着)される	ほとんど分解されない	吸着される	多種類の微生物による好気的分解。メタン細菌によるメタンへの変換
	ノルマル酪酸	水に溶ける				
	ノルマル吉草酸 イソ吉草酸	水に少ししか溶けない				

羽賀，2015

ることはなかなか困難である。また，堆肥は部分的に嫌気的になっており，その嫌気部分から発生する悪臭物質の量も無視できない。したがって，堆肥化では脱臭装置などが必要な場合がある。

2. 脱臭

表5に悪臭９物質の性質と脱臭について整理した（羽賀，2015）。例えば，アンモニアは水によく溶けるので水洗脱臭が可能で，またアルカリ性なので酸性溶液でより効率的に除去することができる。硫黄化合物は水にほとんど溶けないので水洗はあまり効果がないが，オゾンや活性炭が有効である。一方，プロピオン酸は水にはよく溶け，酸性なのでアルカリ液で効率的に除去できる。また各悪臭物質に特異的に作用する微生物がいるので，臭気低減にはその微生物も有効である。

代表的な脱臭装置である土壌脱臭装置は**表5**のアンモニアの性質を巧みに利用している。悪臭を土壌に通すと，土壌の水分がアンモニアを捉え，そのアンモニアを土壌の微生物が硝酸塩に変えることによって脱臭する装置である。ロックウール脱臭装置は，ロックウールの通気抵抗が土壌の1/4～1/5程度と通気性に優れているため，ロックウールの堆積高を土壌の4～5倍程度高くできるので，土壌脱臭装置よりも設置面積を1/4～1/5にできる（原田，2011）。

衛生害虫の駆除

ハエ，蚊，ダニなどの衛生害虫は，牛体へのストレスの原因となり，病原体を運搬するので駆除する必要がある。発生防除の第１は，害虫の住みにくい環境条件をつくることである。例えば，イエバエが卵から成虫になる日数は25℃の場合では14～18日なので，成虫が発生する前に速やかに糞尿を処理施設へ搬出し，堆肥化処理の発酵熱によってハエの発生を抑制する。第2に，ハエ取り紙，粘着トラップシート，電撃殺虫機などの物理的駆除が有効である。第3に，殺虫剤使用による化学的駆除が有効である。ハエの成虫は全体の15～20％であり，残りの80％以上は卵，幼虫，サナギである。害虫が卵を産みつけた発生源となる場所を昆虫成長抑制剤（IGR剤）処理し，成虫になる前に殺虫する方法が有効である。成虫には誘因殺虫法や直接散布法が適用される。誘因殺虫法としては，誘引剤の入ったベイト剤をハエの集まる場所に塗布することが有効である。直接散布する薬品には有機リン系やピレスロイド系の殺虫剤が使用される。

References

2-1

- Anderson N：Tie-stall Dimensions, Penn State Dairy Cattle Nutrition Workshop, 45-52（2008）
- Anderson N：Dairy Cow Comfort Tie-stall Dimensions（2016）〈http://www.omafra.gov.on.ca/english/livestock/dairy/facts/tiestalldim.htm〉2017年9月22日参照
- Anderson N：Free Stall Dimensions, INFOSheet, Ministry of Agriculture, Food and Rural Affairs（2007）
- Anderson N：Dairy Cow Comfort - Free-stall Dimensions（2016）〈http://www.omafra.gov.on.ca/english/livestock/dairy/facts/freestaldim.htm〉2017年9月22日参照
- Cook NB：WCDS Advances in Dairy Technology, 21, 255-268（2009）
- Gooch CA：*NRAES-148*, 278-297（2003）
- Irich WW, Merrill WG：*NRAES-24*, 45-52（1986）
- Looper ML：Water for Dairy Cattle Guide D-107, Cooperative Extension Service College of Agriculture and Home Economics, University New Mexico State（2002, update 2007）
- Mid West Plan Service：MWPS-7 8th edition, Dairy Freestall Housing and Equipment, MWPS, 96-101（2013）
- MacFaland D., Graves R.：Designing and Building Dairy Cattle Freestalls, Pennstate Extension（2016）〈http://extension.psu.edu/animals/dairy/health/facilities/desingning-building-dairy-cattle-freestalls〉2017年9月22日参照
- Natural Resource Agriculture and Engineering Service Cooperative extension：*NRAES-201*, Penn State Housing Plans for Calves and Heifers, 251-255（2008）
- 高橋圭二：北海道立農業試験場報告，122，25-30（2008）
- 徳永隆一：酪農総合研究所（2001）〈http://rakusouken.net/series/pdf/251.pdf〉2017年9月22日参照

2-2

- Goff JP：*J Dairy Sci*, 89, 1292-1301（2006）
- 及川 伸 監修：乳牛群の健康管理のための環境モニタリング，酪農ジャーナル臨時増刊号（2011）
- 及川 伸：獣医畜産新報，61，547-554（2008）
- Huzzey JM, DeVries TJ, Valois P, et al.：*J Dairy Sci*, 89, 126-133（2006）
- Oetzel GR：Proceedings of Herd Management Seminar in Dairy Cattle, Friedrich JF, Conference Center, University of Wisconsin-Extension（2005）
- 及川 伸：産業動物臨床獣医学雑誌，4，117-124（2013）

2-3

- 柏村文郎，古村圭子，増子孝義：乳牛管理の基礎と応用（2012年改訂版），49-63，デーリィ・ジャパン社，東京（2012）
- 古本 史，安保佳洋，山本禎紀：日本畜産学会報，59，854-859（1988）
- 上野孝志，田鎖直澄，大谷文博：北海道畜産学会報，40，35-38（1998）
- Cardot V, Le Roux Y, Jurjanz S：*J Dairy Sci*, 91, 2257-2264（2008）

・大場和彦，柳 博，丸山篤志ら：九州沖縄農業研究成果情報，21，469-470（2006）
・伊藤紘一，高橋圭二 監訳：MWPS フリーストール牛舎ハンドブック，ウイリアムマイナー農業研究所，3（1996）

2-4，2-5

・Baxter JD, Rogers GW, Spencer SB, et al.：*J Dairy Sci*, 75, 1015-1018（1992）
・Enokidani M, Kawai K, Kuruhara K：*Anim Sci J*, 87, 848-854（2016）
Mein GA, Reinemann DJ：*Machine Milking Volume One*, 83-109, Amazon（2014）
・Rasmussen MD, Madsen NP：*J Dairy Sci*, 83, 77-84（2000）
・Reinemann DJ, Mein GA, Ruegg PL：VII International Congress on Bovine Medicine（2001）
・Wisconsin Department of Agriculture Trade and Consumer Protection：Milking Equipment Installer Manual 2012 Revision（2012）

2-6

・青木直行，森 時宗：畜産環境情報，66，7-12（2016）
・畜産環境整備機構：家畜ふん尿処理施設の設計・審査技術（畜産環境整備機構），48-49（2004）
・中央畜産会：堆肥化施設設計マニュアル（中央畜産会），106-121（2000）
・古谷 修：畜産の研究，59，1048-1054（2005）
・古谷 修：畜産の研究，59，1181-1183（2005）
・羽賀清典：続・マニュア・マネージメント デーリィマン 2011 年秋季臨時増刊号，羽賀清典 監修，26-30，デーリィマン社（2011）
・羽賀清典：新編 畜産環境保全論（押田敏雄・柿市徳英・羽賀清典 共編），33-37，養賢堂（2012）
・羽賀清典：畜産環境情報，61，21-26（2015）
・花島 大：続・マニュア・マネージメント デーリィマン 2011 年秋季臨時増刊号，羽賀清典 監修，64-67，デーリィマン社（2011）
・原田泰弘：続・マニュア・マネージメント デーリィマン 2011 年秋季臨時増刊号，羽賀清典 監修，158-163，デーリィマン社（2011）
・刈屋耕土ら：続・マニュア・マネージメント デーリィマン 2011 年秋季臨時増刊号，羽賀清典 監修，188-215，デーリィマン社（2011）
・黒田和孝：続・マニュア・マネージメント デーリィマン 2011 年秋季臨時増刊号，羽賀清典 監修，152-157，デーリィマン社（2011）
・松田従三：畜産環境情報，62，1-14（2016）
・松中照夫：新編 畜産環境保全論（押田敏雄・柿市徳英・羽賀清典 共編），156-158，養賢堂（2012）
・猫本健司：続・マニュア・マネージメント デーリィマン 2011 年秋季臨時増刊号，羽賀清典 監修，133-138，デーリィマン社（2011）
・Nishida T, Kurosawa S, Shibata S, et al.：*J Weed Sci Tech*, 44, 59-66（1999）
・農林水産省生産局畜産部畜産振興課：畜産環境をめぐる情勢（平成 28 年 10 月），1-16（2016）
・Pharo HJ：*N Z Vet J*, 50, 46-55（2002）
・斎藤雅典：日本土壌肥料学雑誌，73，453-458（2002）
・崎元道男：続・マニュア・マネージメント デーリィマン 2011 年秋季臨時増刊号，羽賀清典 監修，58-59，デーリィマン社（2011）

第3章
牛群における栄養管理

3－1

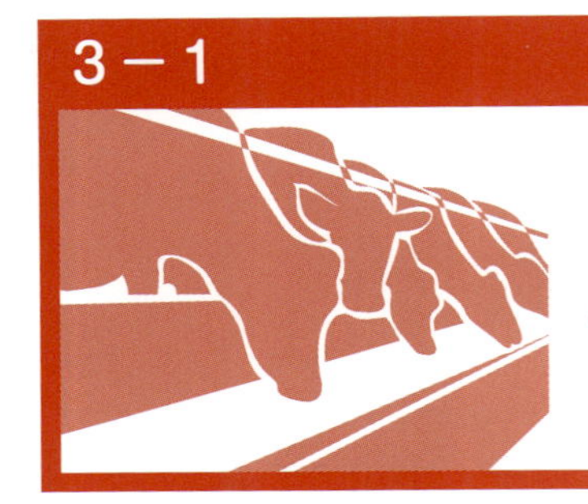

反芻獣の栄養生理

前胃の消化と吸収

反芻動物は代謝エネルギー源として短鎖脂肪酸（SCFA，揮発性脂肪酸：VFA）を70～80%利用しており，ルーメンはその産生部位として重要である。また，SCFAを直接利用できない神経系や赤血球ではエネルギー源にグルコースが必要であるが，それもルーメンで産生されたSCFAのうち主にプロピオン酸からの糖新生で賄われている。反芻動物特有の前胃における消化生理と代謝は，いずれも牛の栄養管理と消化器および代謝疾病の予防を考えるうえで基本的かつ不可欠である。ルーメンの発酵消化は飼料給餌の影響を大きく受け，その産物は乳腺への原料供給に直結している。また，唾液による発酵への緩衝作用はルーメンpHだけでなく，全身の体液の酸塩基平衡にも影響し，前胃は細胞外液量と体液浸透圧の調節に欠かせないNaClの主な吸収部位でもある。さらに，ルーメンの運動は胃液を攪拌し，第二胃から第三胃の運動は下部消化管への内容物移送量を調節することで摂食量，すなわち総エネルギー摂取量を調節することになるので生産性をも左右する。したがって，これらを連係させて理解することは，乳牛群管理の現場においてとても大切である。

1. 炭水化物の発酵消化

乳牛のルーメンは容積が150 Lを超える発酵タンクであり，下から液状帯，スラリー帯，固形物帯に分かれ，最上層には発酵ガスが溜まっている。液状帯には細菌や真菌，原生動物が棲息し，そのなかでも主に嫌気性細菌がSCFAを産生しており，粗飼料主体の給餌ではセルロース発酵菌が，濃厚飼料主体の給餌ではデンプン発酵菌が増える。これらの優勢な菌相の変化によって，産生されるSCFAの種類や量も変化する。同じグルコースから構成されるセルロースとデンプンの発酵速度の差は，その分子構造に基づいている。セルロースは直線的で枝分かれが少ないため非水溶性であり，微生物が吸着しづらい。一方，デンプンは分子内の枝分かれが多く，水溶性が高いため微生物の吸着も容易で分解が早く，発酵が急激に進む。また，セルロースを分解する酵素セルラー

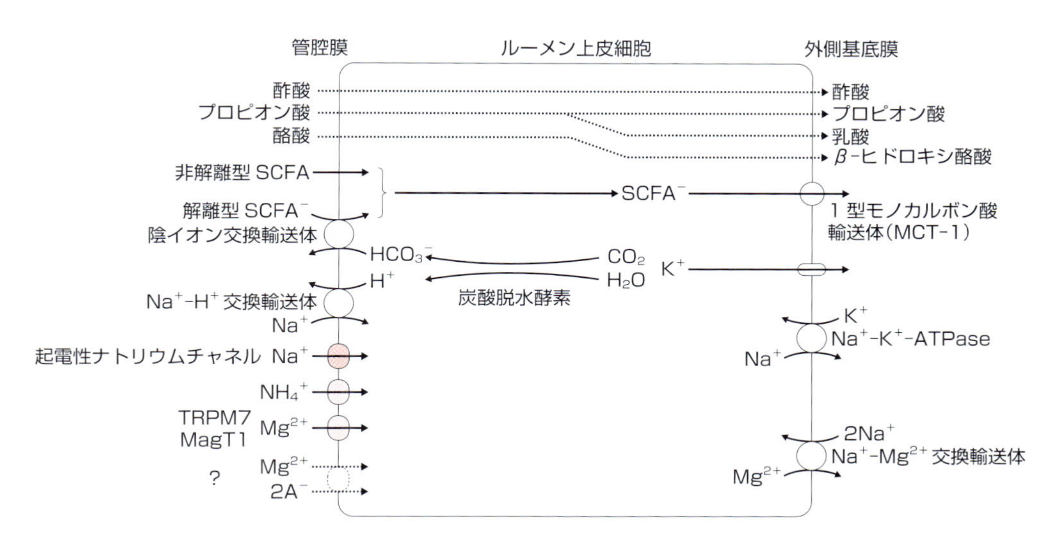

図1　ルーメン上皮細胞における物質輸送

ゼは嫌気性細菌がつくり出す酵素であり，セルロースはルーメンや大腸でしか分解されない。デンプンを分解する酵素は牛の膵臓からも分泌されるので，ルーメンの発酵を逃れたデンプンは小腸でも消化吸収される。反芻動物では離乳前に比べると離乳後の小腸におけるナトリウム依存性グルコース輸送体 SGLT1 の発現は著しく減少しており，吸収能は低い。しかし，実際家畜として穀物飼料を多給される牛では，小腸から吸収されるグルコースの総量はエネルギー供給上相当な割合（飼料によっては 40％以上）を占めている。

ルーメンの微生物発酵で，55～100 mol/日の SCFA が産生される。その主な種類は産生の多い順に酢酸＞プロピオン酸＞酪酸であり，粗飼料主体の給餌ではその産生比はおよそ 70：20：10 である。一方，穀物飼料主体の給餌では 60：30：10 へと変化し，総 SCFA 産生量は後者の場合が増え，宿主である牛へのエネルギー供給量が増える。これは特に高泌乳牛の栄養供給を考えるうえで重要である。

微生物から放出された SCFA は酢酸で 50～70 mmol/L にもなり，ルーメンの上皮細胞から直接吸収される。この時，非解離型の SCFA も上皮細胞の管腔膜から吸収されるが，解離型の SCFA も重炭酸イオン（HCO_3^-）との交換で管腔膜から細胞内に入る（**図1**）。この重炭酸イオンはルーメン上皮細胞内で炭酸脱水酵素により供給される。通常のルーメン pH では，酢酸は解離型の割合が高く，酪酸は非解離型の割合が高い。いずれも吸収後に解離型として外側基底膜の 1 型モノカルボン酸輸送体（MCT-1）を介して放出され，血液に入る。吸収される過程で，酢酸とプロピオン酸はそのまま血液に移行するが，プロピオン酸の一部は乳酸となって，また酪酸は β-ヒドロキシ酪酸となって血液に入る（**図1**）。さらにルーメンの発酵過程で二酸化炭素（～45％）およびメ

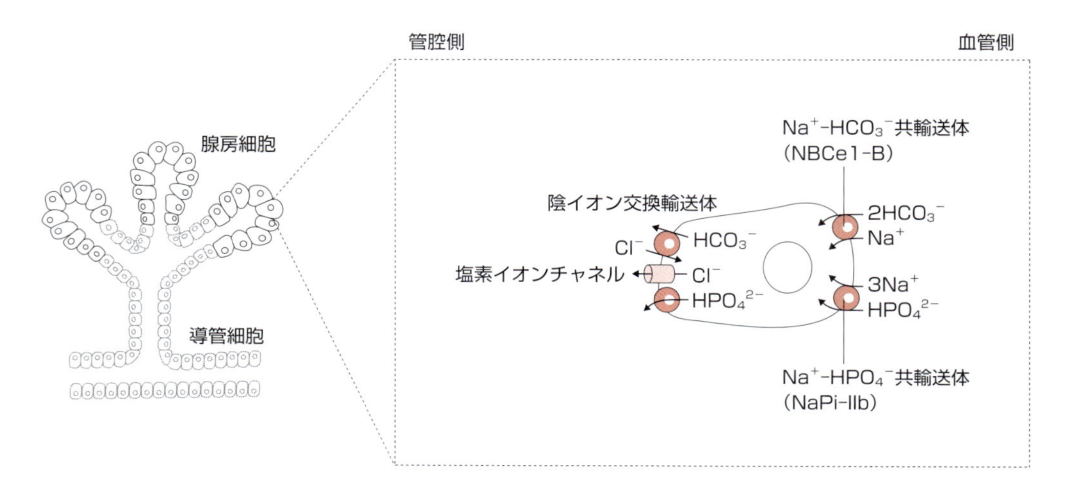

図2　牛の耳下腺腺房細胞におけるイオン輸送

タン（～30%）が生じ，ルーメン内の嫌気性細菌に都合のよい嫌気状態をつくり出している。これらのガスはルーメンの収縮に伴う噯気によって排出される。

1日のうち時間を決めて牛に分割給餌すると，粗飼料主体では発酵が緩徐に進み，生成されたSCFAによりルーメンpHは6程度まで3～4時間かけて緩やかに低下するが，易発酵性のデンプンを多く含む穀物飼料の給餌では，食後2～3時間でpHは5.5近くかそれ以下まで急激に低下する。しかし，近年普及しているフリーストールにおける不断給餌では，ルーメンpHは6.0～6.3付近で変動している。SCFAによるルーメンpHの低下は，1日当たり100～300 L分泌される唾液，特に耳下腺からの漿液性唾液に含まれる重炭酸イオンとリン酸イオン（HPO_4^{2-}）によって緩衝される。牛における重炭酸イオンの総分泌量は28 mol/日（1.7 kg/日）にも及ぶ（唾液量を200 L/日として算出）が，その供給源は血液であり，ナトリウムイオン（Na^+）との共輸送で耳下腺の漿液性腺房細胞に取り込まれる（**図2**）。またリン酸イオンもナトリウムイオンとの共輸送で腺房細胞に取り込まれる。したがって，重炭酸イオンとリン酸イオンの血中濃度の減少は，唾液中への分泌量の低下を招き，ひいてはルーメンpH低下に対する緩衝力を低下させる。このため，血中の重炭酸イオンを消費する代謝性アシドーシスのみならず，暑熱期に日中の過呼吸によって引き起こされる呼吸性アルカローシスでも血中の重炭酸が減少し，唾液への重炭酸分泌が減ることによりルーメンアシドーシスを引き起こすことになるので注意が必要である（**図3**）。

2. 窒素とタンパク質の代謝

ルーメンにおいては植物繊維や穀物飼料中の炭水化物だけでなく，タンパク質も細菌叢によってアミノ酸，さらにアンモニアにまで分解される。アンモニア態窒素のルーメン

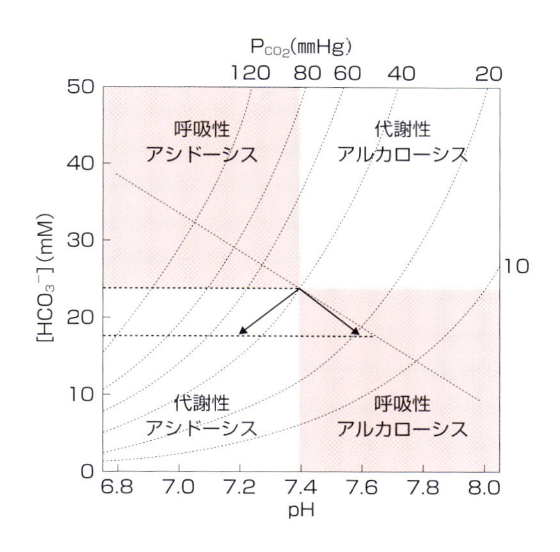

図3　体液の酸塩基平衡における重炭酸イオンの減少

内濃度は 60～100 mg /L になり，これらの窒素源はルーメン内微生物の増殖に利用され，微生物タンパク質として第四胃以下の消化管で消化吸収されて牛に利用される。アンモニアは通常のルーメン pH では主にアンモニウムイオン（NH_4^+）として存在し（～20 mmol/L），その多く（35～65%）はルーメン壁から吸収される（**図1**）が，ルーメン pH が低下するにつれて吸収量は減少する。一部（～10%）は第三胃に入ってから吸収される。血液に入ったアンモニアは肝臓で尿素に代謝され，血液を介して腎臓から排泄されるだけでなく，唾液腺から大量の唾液中に分泌され再びルーメンに戻されて非タンパク態窒素源として微生物に利用される。デンプンの給与はルーメン内細菌の増殖を促し微生物タンパク質を増加させるが，高泌乳牛では微生物タンパク質のみではタンパク必要量を賄いきれない。そのためルーメン内で分解されにくく，小腸で消化吸収されるバイパスタンパク質の給与が必要である。

3. 脂質の給与と代謝

飼料の植物繊維に多く含まれるのは，リノール酸やリノレン酸などの不飽和脂肪酸であり，粗飼料主体の給餌においては飼料中の脂質含量は低い。しかし，牛のエネルギー要求量の増大に伴い，特に摂食量の減少する夏季に脂質給与量を増やす必要性が高まっている。また，脂質の添加はルーメンのメタン産生量を抑える利点も指摘されている。しかし，過剰な脂質の給与は粗飼料の消化を妨げ，また乾物摂取量（DMI）を減少させるので注意が必要である。一般に，総脂肪酸として 6%，不飽和脂肪酸として 4% を超えるのは不適切とされている。ルーメン内では多くの脂質が微生物に分解され，発酵の結果生じた水素が付加されるため，不飽和脂肪酸はステアリン酸などの飽和脂肪酸に変換される。ルーメンで分解され生じた長鎖脂肪酸（LCFA）は十二指腸に流入するので，給餌した量より多くのLCFAが小腸で吸収されることになる。しかし，脂質，特に中性脂肪の総摂取量自体は非反芻獣に比べて少ないので，牛の血中のカイロミクロン濃度は低い。

4. 前胃における電解質輸送

牛のルーメンには1日当たりおよそ25 kgの飼料（乾物摂取量）と80 L以上の飲水が負荷される。加えて100～300 L/日と大量に分泌される唾液には重炭酸イオンとともにナトリウムイオンが比較的高濃度（150 mmol/L）かつ大量（30 mol/日または700 g/日以上）に含まれる。そのおよそ80%がルーメンから第三胃で吸収され，特に第三胃における水とナトリウムイオンの吸収量はルーメンに入った量全体の50%前後にも達する。

ナトリウムイオンはルーメンの通常の弱酸性条件下ではNa^+-H^+交換輸送体により水素イオン（H^+）と交換輸送されるが（**図1**），その輸送はアルカリ性かつアンモニア吸収が増加した状態では抑制される。また，大腸と似た起電性Naチャネルがルーメン上皮細胞に局在し，カリウムイオン（K^+）摂取の増加による細胞膜の脱分極によって吸収が促進されるが，胃液中のカルシウムイオン（Ca^{2+}）やマグネシウムイオン（Mg^{2+}）が増えると抑制される。一方，第三胃では異なる輸送系（Na^+-Cl^--共輸送体，Na-Pi-IIb）がナトリウムイオンの吸収に関与すると考えられている。また，カリウムイオンは唾液中に5 mmol/L程度含まれており，総分泌量は1.0 mol/日にのぼるが，ルーメン粘膜は濃度依存性かつ，おそらく受動的にカリウムイオンを吸収する。しかし，第三胃のカリウムイオンの透過性はルーメンより低いので，大部分のカリウムイオンは主に小腸で吸収される。

クロールイオン（Cl^-）はルーメン内で10～40 mmol/Lの濃度であり，SCFAと同様にルーメン粘膜の管腔膜の陰イオン交換輸送体によって重炭酸イオンとの交換輸送で吸収される。この機構はNa^+-H^+交換輸送体の吸収と共役しており，正味のNaClの吸収をもたらす。一方，第三胃では逆にクロールイオンが分泌され，交換で重炭酸イオンが吸収されている（**図4**）。この輸送系にはNa^+-Cl^-共輸送体から吸収されたクロールイオンが供給される。この第三胃での重炭酸イオンの吸収は，第四胃で重炭酸が胃酸と反応して大量の二酸化炭素（CO_2）が発生して浮力として働き，第四胃変位が起こるのを防ぐのに重要な役割を果たしている。

ルーメンから第三胃までの前胃は，反芻動物でマグネシウムの主要な吸収部位としても重要である。ルーメン上皮細胞の管腔膜においてマグネシウムイオンはTRPM7またはMagT1などのイオンチャネルを介して細胞に入り，基底膜からNa^+-Mg^{2+}交換輸送体を介して排出される（**図1**）。これらの輸送はルーメン内の高濃度のカリウムイオン

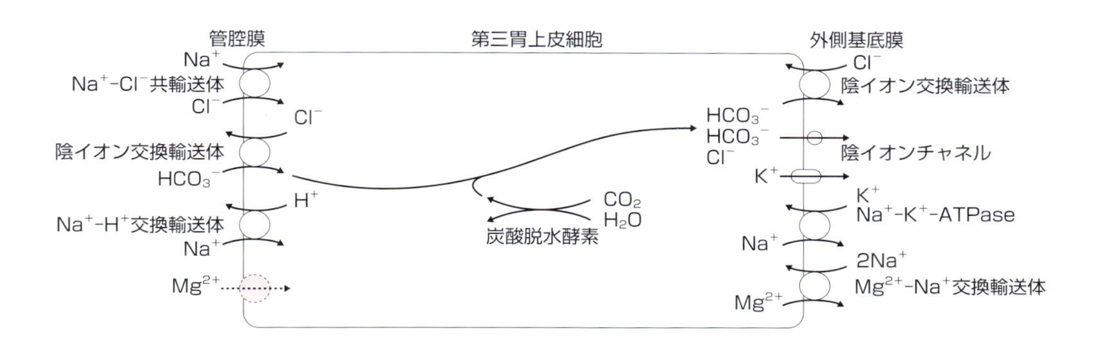

図4　第三胃上皮細胞におけるイオン輸送

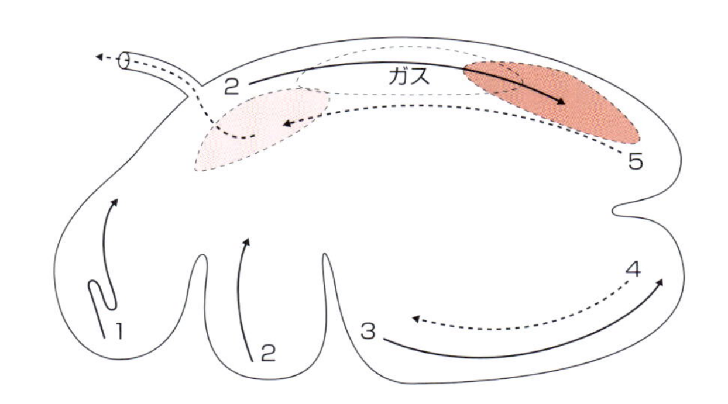

図5　ルーメン運動の収縮順序と噯気の仕組み

やアンモニウムイオンによって抑制され，SCFA の吸収によって促進される。

ルーメンでは微生物発酵により大量の水素が発生し還元能が高くなっており，飼料中の硫酸塩は硫黄イオン（S^{2-}）となって銅に結合し不溶性の硫化銅（CuS）になる。また，モリブデンは硫黄イオンとチオモリブデン酸となり，これは吸収されると血中で銅を結合し不活性化する。飼料に硫酸塩やモリブデンが多い地域では，これらの反応が銅欠乏症の原因となるため，注意が必要である。

反芻動物では胃内微生物によりビタミン B 群とビタミン K が生成されるので，それらの欠乏症は起こりにくい。また，無機硫黄（S）から含硫アミノ酸が生成されるほか，無機コバルト（Co）からビタミン B_{12} が生成される。

5. 前胃の運動と反芻

良好な発酵消化を営むために，ルーメンは飼料と微生物叢を攪拌しなくてはならない。反芻動物のなかでも牛のルーメンは筋層や筋柱がよく発達しており，延髄に発する迷走神経コリン作動性遠心性線維の活動によって，周期的な第一・二胃収縮を発生させる。第一・二胃収縮には，前方の第二胃が二相性に収縮（**図5：矢印1**）してから後方に

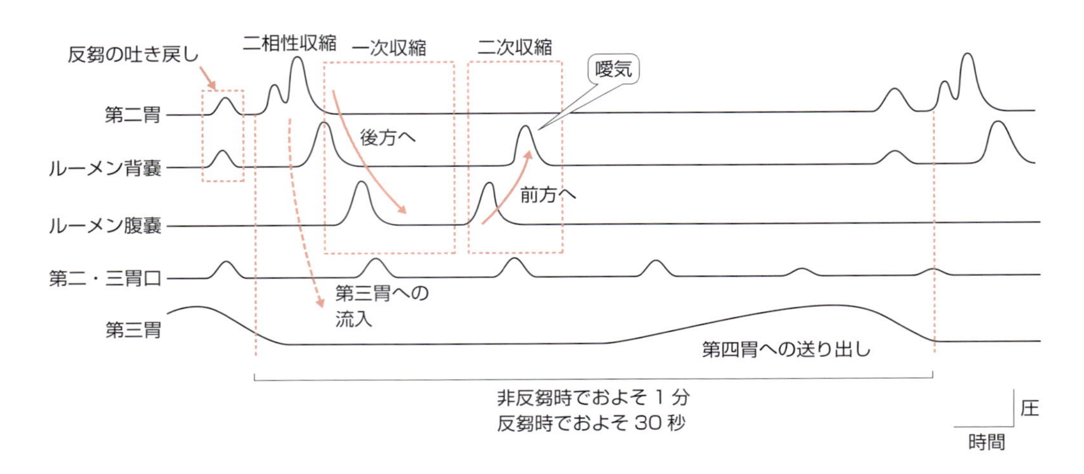

図6　前胃運動と内容物の移送の相関

獣医内科学 第2版 大動物編を一部改編

伝播する一次収縮（**図5：矢印2〜3**）と，後腹盲嚢から発して前方に伝播する二次収縮（**図5：矢印4〜5**）がある。一次収縮は食間期に1回/分程度の頻度で起こり，食餌中，食後，および反芻中では2回/分程度に増加する。二次収縮は常に起こるとは限らないが，背嚢で前方に向かう収縮（**図5：矢印5**）の時に，発酵で生じ最上層に溜まったガスを噴門へ移動させ，噯気として排出させる役割がある（**図6**）。したがって，二次収縮が長時間起こらないと胃内ガスの貯留を招き，鼓張症の原因となるので注意が必要である。

また，反芻動物に特徴的な反芻では，第一・二胃収縮の直前に第二胃に起こる収縮によって内容物が噴門に押しやられ，胸郭の拡張による食道内圧の減少により胃内容物が引き込まれ，口腔に吐き戻される（**図6**）。吐き戻した食渣を再咀嚼し，漿液性唾液と混和して再度嚥下することを繰り返す。反芻は弱アルカリ性唾液の分泌を増加させてルーメンpHの緩衝を促すとともに，反芻により新たに生じた粗飼料繊維の断端に微生物を吸着しやすくさせ，発酵を促進する。

ルーメンで消化され，およそ1cm以下になった飼料片は第二胃の二相性収縮の時に第二・三胃口が弛緩して，第三胃に流入する（**図7**）。この時第三胃は30秒近く静止し，胃液中の水や電解質を胃葉から吸収する。その後，持続性に収縮して内容物を第四胃へ排出する。この絞り出しは次の第二胃収縮が起こると止み，再び第三胃は弛緩する（**図6**）。すべての反芻動物で第三胃が発達しているわけではないが，牛の第三胃は比較的大きい方に分類され，水や電解質の吸収と第四胃以下の下部消化管への内容物移送において重要な役割を果たしている。

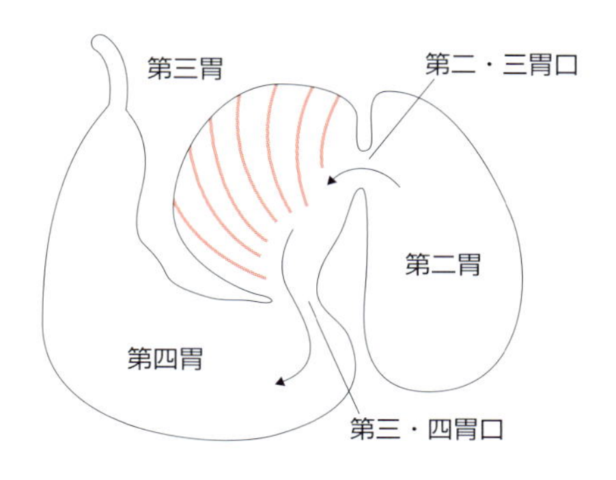

図7　第二胃から第四胃へ内容物移送

SCFA・脂質・カルシウムの代謝

ルーメンから吸収されたSCFAは牛の主要なエネルギー源となるだけでなく，肝臓で糖新生されて血糖となり，乳腺には乳脂肪と乳糖合成の原料を供給する。一方，脂肪組織は中性脂肪（トリグリセリド）を蓄えるだけでなく，分娩後のエネルギー収支が負に陥った場合，脂肪を分解して非エステル型脂肪酸（NEFA）を全身に供給する。しかし，その代謝異常はケトーシスの原因となり，また脂肪肝を惹起する。さらに，小腸からのカルシウム吸収も乳中に分泌されるカルシウムの補給路として重要であり，調節がうまくいかないと低カルシウム血症を引き起こす。前胃では発酵消化を行うとともに，産物である栄養素や摂取した電解質の多くを吸収している。これら栄養素が吸収後にどのように利用されるかは牛へのエネルギー供給や栄養の蓄積，また泌乳期の乳腺への栄養供給を考えるうえで大事であり，理解しておく必要がある。また，前胃を持つ反芻動物独特の電解質輸送の仕組みも乳熱やグラステタニー，銅欠乏症などの発症に関わるものであり，これらの恒常性の破綻が反芻動物の代謝疾患に結び付くことを忘れてはならない。

1. 吸収後のSCFAの代謝

ルーメンから吸収された酢酸（C2）とβ-ヒドロキシ酪酸（C4）は牛の一般体細胞に入り，アセチルCoAを経てクエン酸回路に供給され，ATP産生に使われる（**図8**）。一方，プロピオン酸（C3）はクエン酸回路に入る経路が異なり，プロピオニルCoAを経てクエン酸回路のコハク酸へと変換される。さらに，肝細胞ではプロピオン酸はクエン酸回路に入った後，リンゴ酸としてクエン酸回路を出て糖新生に使われ，最終的にはグリコーゲンとして貯蔵されるほか，血中に放出されて血糖として利用される。反芻動物では小腸から吸収されるグルコースよりも，肝臓で糖新生されたグルコースにより血糖

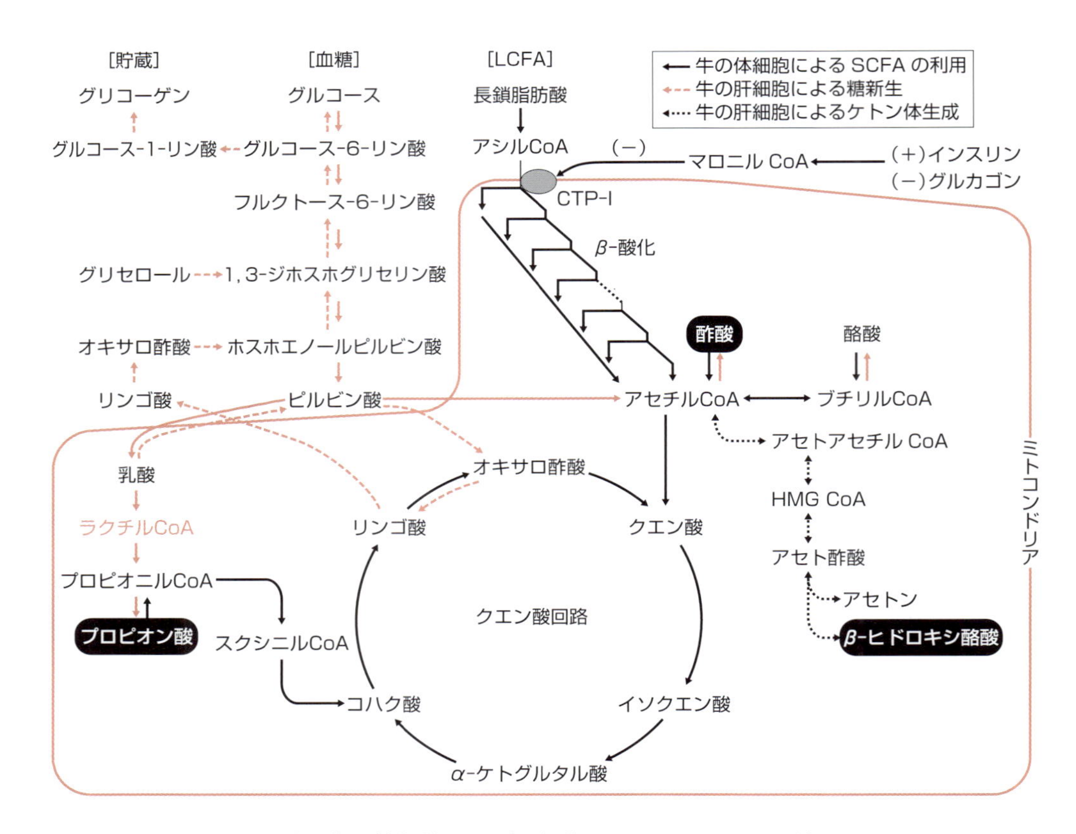

図 8　牛の体細胞および肝細胞における SCFA の利用

値が維持されているので，ルーメンにおけるプロピオン酸産生の意義は大きい。プロピオン酸のほか，アミノ酸やグリセロール，乳酸も肝臓における糖新生の原料として利用される。これらの糖新生過程は膵島から分泌されるグルカゴンの作用によって促進される。常に糖新生を行わなければならない牛ではインスリン / グルカゴン比が 2〜3 と低く，グルカゴンの作用が優位な状態が保たれている。しかし，グルカゴン作用の増強は LCFA をミトコンドリアに流入させる仕組みも促進するため，これが過剰に進むとケトン体の生成を促進してしまうので注意が必要である。

2. 脂肪組織の脂質代謝とホルモン性調節

単胃動物と異なり，牛の肝臓ではミトコンドリアから出たクエン酸を脂肪酸合成に導く酵素（ATP-クエン酸リアーゼ）の活性が著しく低いため，LCFA の合成は肝臓ではほとんど行われない。LCFA 合成を担うのは主に脂肪組織の白色脂肪細胞である。

白色脂肪細胞でインスリンは，リポタンパクリパーゼの活性化や 4 型グルコース輸送体（GLUT4）の細胞膜転移を促進して，LCFA やグルコースの取り込みを促進する（**図 9**）。取り込まれたグルコースはグリセロールに変換されるほか，ピルビン酸を経て

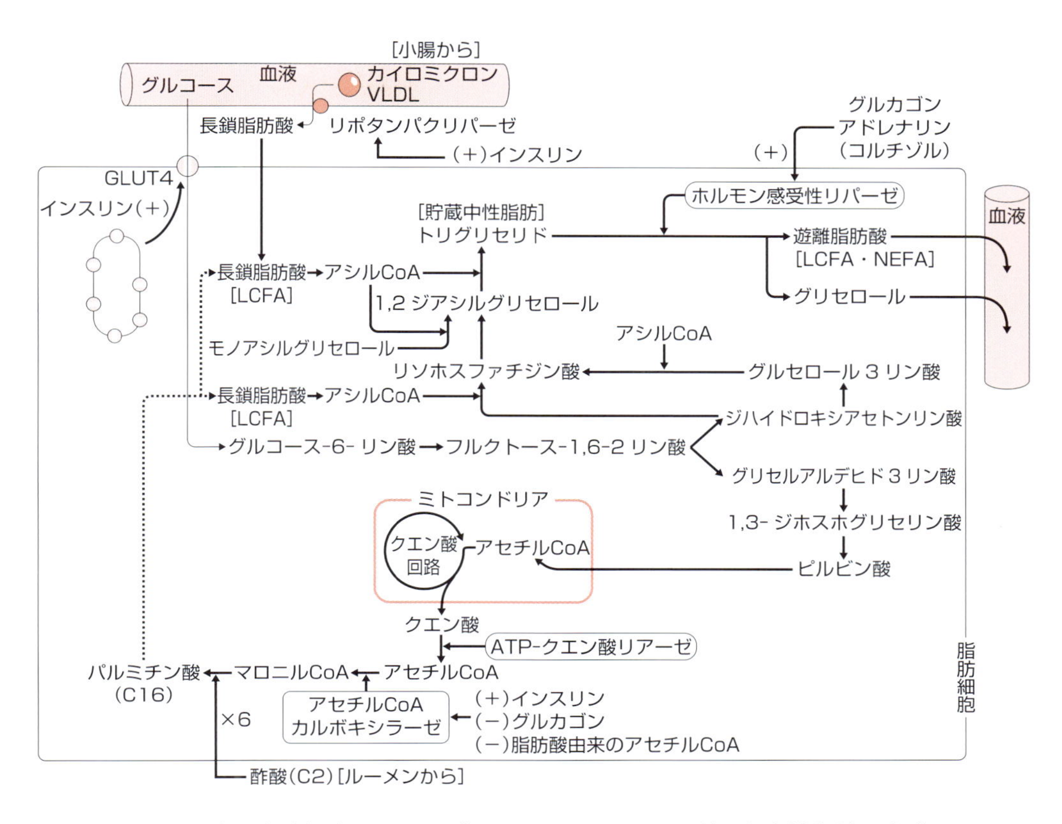

図 9　牛の脂肪細胞におけるグルコースと SCFA の利用と中性脂肪の合成

ミトコンドリアに入りクエン酸に変換される。クエン酸の一部はミトコンドリアから出て，ATP- クエン酸リアーゼによりアセチル CoA となり，さらにアセチル CoA カルボキシラーゼによりマロニル CoA に変換される。インスリンはこの酵素を促進し，ルーメン由来の酢酸を使ってマロニル CoA（C4）からパルミチン酸（C16）までの合成が進む。この脂肪細胞で生成された LCFA や小腸から吸収された LCFA を使って中性脂肪の合成が行われ，脂肪滴として貯蔵される。

3. 脂肪分解と LCFA の代謝

食間期や空腹時に，グルカゴンや LCFA はアセチル CoA カルボキシラーゼを抑制して，LCFA 合成を抑制する。同時にグルカゴンやアドレナリンによりホルモン感受性リパーゼが活性化されて脂肪細胞の中性脂肪が分解され，血中に NEFA として放出される（**図 9**）。また，成長ホルモンは牛の脂肪組織に対して脂肪分解を促進し，糖の取り込みやインスリンによる脂肪合成を抑制する。牛では特に泌乳初期に脂肪組織のカテコールアミン反応性が促進され，脂肪細胞の脂肪分解が促進される。

脂肪組織から放出された NEFA は血漿中のアルブミンと結合して全身組織に輸送さ

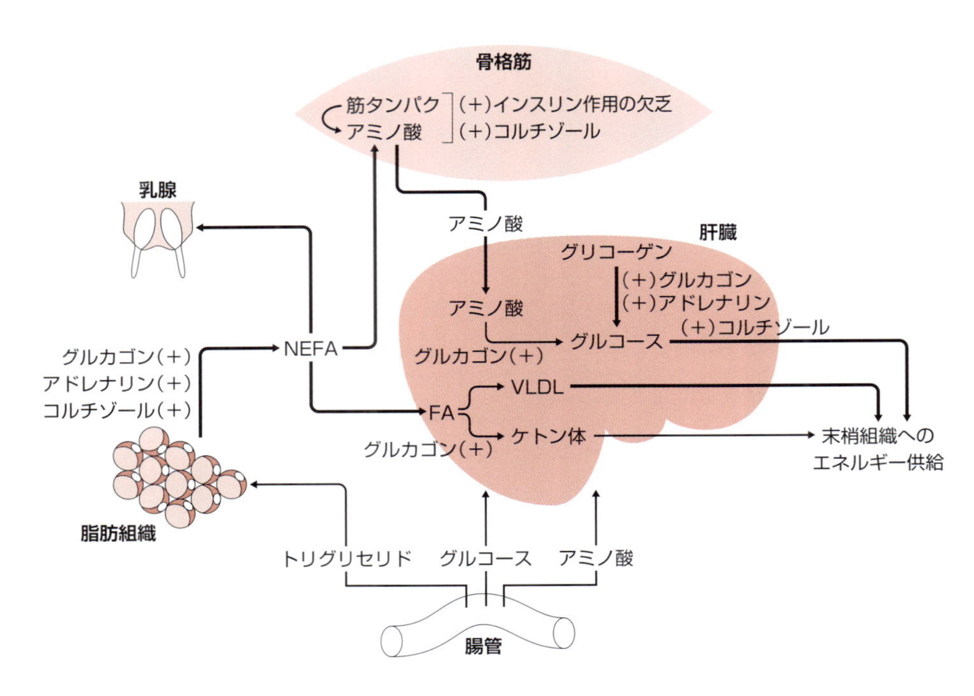

図 10　牛における食間期の脂肪酸動員と栄養素動態

れる。NEFA は主に 3 つの経路（**図 10**），すなわち①肝臓や骨格筋で消費される，②肝臓で中性脂肪（FA）に合成され，超低密度リポタンパク（VLDL）として放出される，または③乳腺で乳脂肪の原料となる，のいずれかで利用される。

肝臓において LCFA はミトコンドリア外膜のカルニチン-パルミチン酸転移酵素 I 型（CPT-I）を介して取り込まれて β 酸化を受け，炭素 2 個ずつが外されアセチル CoA となり，クエン酸回路に入る（**図 8**）。クエン酸回路の代謝速度に対して β 酸化が過剰になると，生じたアセチル CoA の一部はクエン酸回路に入ることができず，アセトアセチル CoA を経てアセト酢酸になり，アセトンや β-ヒドロキシ酪酸などのケトン体生成が増加する。この時，インスリンの作用によりマロニル CoA が増えるとミトコンドリアの CPT-I が抑制されて β 酸化は減少し，グルカゴンが作用すると増加する。したがって，ケトーシスはインスリンが作用していれば起こりにくく，グルカゴンの作用が優位だと起こりやすいことになる。

肝細胞で β 酸化されない LCFA は中性脂肪の合成に利用され，VLDL として放出されるが，牛の肝細胞は VLDL の放出能が低く，そのまま肝細胞に蓄積すると脂肪肝の原因となる。

4. 乳生産と栄養供給

泌乳期の乳腺上皮細胞は乳タンパク質，乳脂肪，および乳糖を生成する非常に活発な

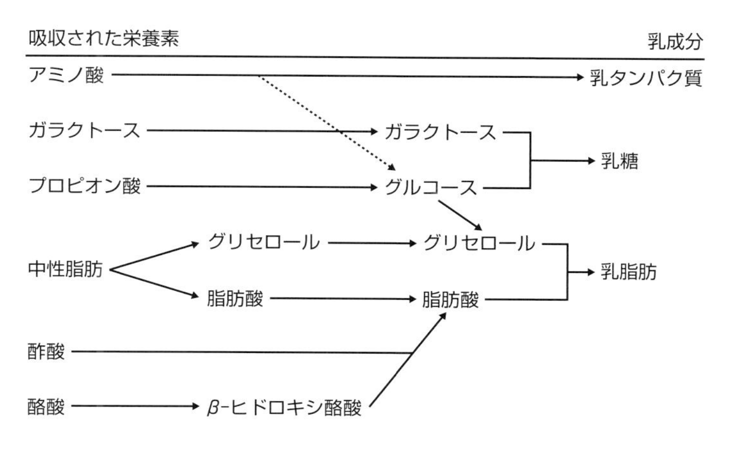

図 11　乳腺上皮細胞における栄養素の利用

細胞である（**図 11**）。血中のアミノ酸を取り込んでタンパク質を合成し，その 80% はカゼインとして分泌される。乳脂肪は中性脂肪が主成分であり，泌乳期の乳腺上皮細胞は白色脂肪細胞に匹敵するほどの活発な脂質合成能を持つが，肝臓と同様にグルコースを利用して LCFA を合成する能力は著しく低い。牛で乳脂肪合成に使われる LCFA のおよそ 50% はルーメン発酵で生成され吸収された SCFA，特に酢酸を利用して合成される炭素数 16 個までの中長鎖脂肪酸であり，残りのうち 40% が小腸から吸収された炭素数 16～18 個の LCFA で，体脂肪由来の LCFA は 10% 程度といわれている。これは適切な粗飼料を給与しなければルーメンで酢酸産生量が減り，乳脂率を低下させることを意味するので注意すべきである。体脂肪由来の LCFA の寄与率は低いが，脂肪組織では脂肪分解が促進されて LCFA を放出する。また骨格筋におけるタンパク質分解が増加しアミノ酸として放出され，肝臓における糖新生およびケトン体生成も増加しており，体全体として乳腺への物質供給が促進される。肝臓で糖新生されたグルコースは，植物繊維のヘミセルロースなどに由来するガラクトースとともに乳腺で乳糖に合成される。さらに，分娩直後には血中の免疫グロブリンが乳腺上皮細胞に飲作用で取り込まれ，そのまま乳中に分泌されることで，初乳を介した子牛への移行免疫が行われる。

泌乳にはプロラクチンによる乳汁分泌促進作用やオキシトシンの射乳作用が重要である。また，成長ホルモンは肝臓のグリコーゲン分解を促進して血糖値を上昇させ，一方で骨格筋や脂肪組織のインスリン依存性の糖取り込みを抑制することで乳腺におけるグルコース利用を促進する。牛では乳腺におけるグルコース取り込みはインスリン依存性ではなく，泌乳時にはむしろインスリン濃度は低下している。

5. 小腸における電解質輸送

カルシウムイオンの吸収は，単胃動物では 1,25-$(OH)_2$-ビタミン D_3（活性型ビタミン

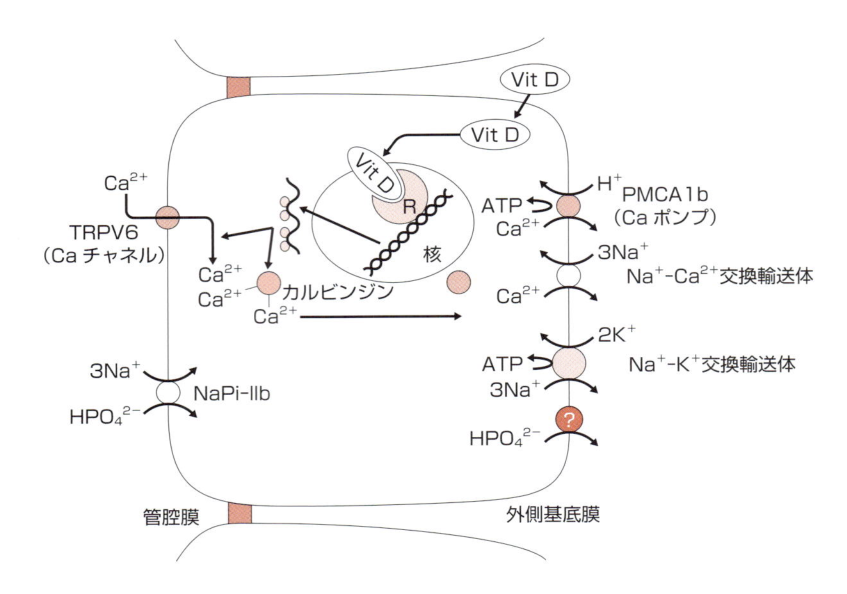

図 12　小腸絨毛の吸収上皮細胞におけるカルシウムとリン酸の吸収の仕組み

D）依存性に，主に上部小腸で吸収上皮細胞管腔膜の TRPV6 チャネルと細胞質の輸送タンパクであるカルビンジン，基底膜のカルシウムポンプ（Ca^{2+}-ATPase，PMCA1b）や Na^{+}-Ca^{2+} 交換輸送体を介して行われ，これら輸送体の発現量は活性型ビタミン D により増える（**図 12**）。これは反芻動物でも同様である。小腸のカルシウムイオン吸収経路には濃度依存性があり，高カルシウム給餌の動物では 50% 以上のカルシウムイオンが細胞間隙から受動輸送で吸収される。逆に，カルシウム摂取量が少ないと活性型ビタミン D 依存性に細胞を通る能動輸送が起こる。しかし，反芻動物では小腸のカルビンジンの発現は非常に少なく，その生理的役割は明らかでない。

一方，ルーメンと第四胃ではカルシウムイオンは濃度に依存して両方向性に輸送される。カルシウムは主にマメ科牧草に由来し，前胃での吸収量は摂取量が増えるにつれて増加し（1 mmol/L 以上），さらに吸収は濃厚飼料の給餌や胃内 SCFA やクロールイオンの存在により促進される。輸送体としては小腸と同じ TRPV6 がルーメン上皮にも局在しているが，その発現量はわずかであり，むしろ L 型 Ca^{2+} チャネルが輸送に関わっているという説もある。

反芻動物でも低カルシウム血症は活性型ビタミン D の生成を促進し，消化管からのカルシウムイオン吸収を促進する。しかし，単胃動物と異なり，反芻動物では低リン食の摂取は低リン酸血症を起こすけれども，活性型ビタミン D の生成を促進することはない。

リン酸イオンはカルシウムイオンとともに必要なイオンであり，高泌乳牛であっても通常飼料中に 0.4% 程度含むことが適当である。リン酸イオンの主要な吸収部位は小腸

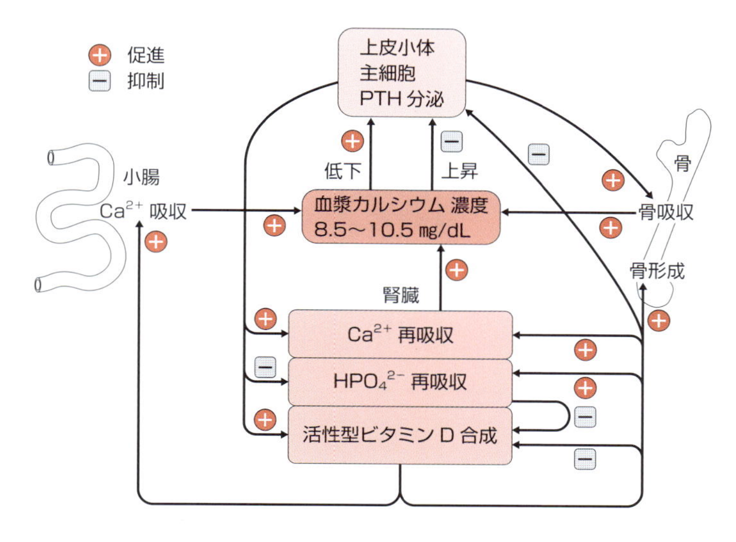

図 13　上皮小体ホルモンと活性型ビタミン D によるカルシウムとリン酸の代謝調節

全域であり，ナトリウム依存性の共輸送である。また，反芻動物では血漿リン酸濃度に依存して大量の唾液中に 2.0～2.5 mmol/L の濃度で分泌され，リン酸循環系を形成している。さらに，前胃においてもリン酸イオンはナトリウムイオンと共役輸送で吸収されるという報告もある。ヒツジのルーメンと第三胃ではカルシウムイオンと同様にリン酸イオンの輸送は両方向性であり，濃度に応じて受動輸送されるようである。

乳熱はカルシウムとリン酸の代謝異常として重要な疾患である。Braves によれば，年間 9,000 kg生産する泌乳牛では，11 kgのカルシウムと 8.6 kgのリン酸を乳中に分泌している。それぞれの吸収率が 40％程度とすると，1 日当たり 100 g のカルシウムと 70 g のリン酸を泌乳のためだけに吸収しなくてはならない。牛の維持量としてさらにカルシウム 30 g とリン酸 20 g が必要であり，泌乳期の牛はカルシウムバランスが常に負の状態になっている。この場合カルシウムの動員は上皮小体ホルモン（PTH）による骨吸収の促進と，活性型ビタミン D による腸管吸収の促進によって行われる（**図 13**）。PTH の骨芽細胞を介したカルシウム動員は比較的早く起こるが，量的に限界があり，破骨細胞の活性化には 2 日以上を要する。また，活性型ビタミン D による腸管吸収の促進も 2 日以上を要するため，分娩直後はこれらの活性化がほとんど間に合わない。乳熱の場合，これらの活性化機序はもっと遅れるので，血漿カルシウム濃度は確実に低下していく。しかし，乳熱でもこれらの調節因子は分泌されており，血漿濃度は正常よりむしろ高いので，ホルモン分泌の減少がその原因ではない。

乾乳期に 1 日当たり 100 g 以上のカルシウムを摂取している牛では，カルシウム要求量（～30 g/日）は十分満たされており，腸管の能動輸送系や骨の骨吸収は休止状態に陥り，分娩後のカルシウム動員が難しくなる。一方，分娩直前の 1 週間に 1 日 20 g 以

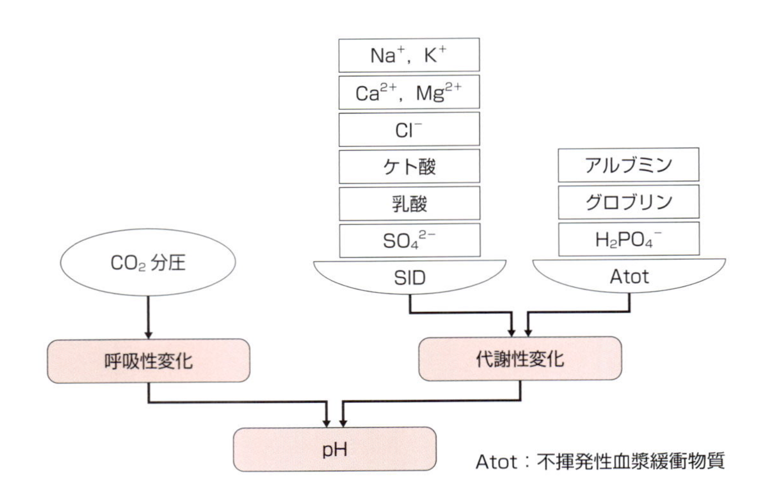

図 14　強イオン較差（SID）を考慮した酸塩基平衡の調節の仕組み

下のカルシウム摂取にすると，分娩後に高カルシウム給餌を行えば乳熱はほとんど発生しないという報告がある。また，分娩前の高リン酸給餌（80 g/日以上）は乳熱の発生を増加させる。これは高リン酸血症が活性型ビタミンＤの生成酵素を抑制するためと考えられる。長期的なマグネシウム欠乏はグラステタニーなどの原因にもなるが，上皮小体のカルシウムセンサーの応答を鈍らせてPTHの分泌を抑制するため，骨からのカルシウム動員が難しくなるので注意が必要である。

6. 食餌性イオンバランス

食餌性の陽イオン－陰イオンバランス（Dietary Cation-Anion Difference：DCAD）は酸塩基平衡の代謝性変化を説明する強イオン較差（SID）に基づいた酸塩基平衡の考え方を飼料給与に応用したものであり，摂食量の調節や低カルシウム血症の予防を図るための指標となる（**図14**）。DCADの簡便式は（Na^++K^++Ca^{2+}）－（SO_4^{2-}+Cl^-）であり，その値が負（－100～－200 mEq/kg）になるほど乳熱の発生は減少する。陰イオンの飼料添加はカルシウムの腸管吸収を直接促進したりはせず，代謝性アシドーシスにより尿を酸性化させカルシウムの再吸収を抑制するので，むしろ腎臓からのカルシウム排泄を促進する。この逆説的なカルシウム排泄はPTHによる骨吸収を促進してカルシウムの動員能力を活性化し，さらに活性型ビタミンＤを介した腸管からのカルシウム吸収を促進する。これがDCADにおける高陰イオン給餌の効果の仕組みだと考えられている。実際，飼料のイオンバランスに関係なく低カルシウムに対してPTHは同程度に分泌されるが，高陽イオン給餌では骨からのカルシウム動員や活性型ビタミンＤ生成が減少することが知られている。

通常，粗飼料を基礎とした給餌ではカリウムが多くDCADが+150～+400 mEq/kgと

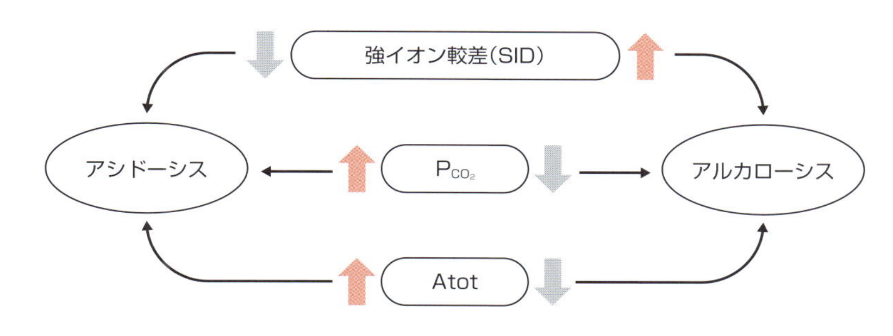

図 15　細胞外液 pH に影響する要因

なるため，分娩前にアルファルファなどの補給を減らすだけで DCAD を補正するのは困難であり，－100 mEq/kgにするにはトウモロコシサイレージなど低カリウム飼料の利用が必要である。実際高陰イオン飼料に対する嗜好性の問題もあったが，最近では低 DCAD 飼料も開発が進んで利用できるようになっている。

強イオン較差理論と酸塩基平衡

強イオン較差（Strong Ion Difference：SID）理論は酸塩基平衡に対する代謝性変化を説明する理論である。この強イオンとは水溶液中で完全に解離し，緩衝作用は持たないイオンを指す。体液の酸塩基平衡の要因としては，細胞外液を炭酸-重炭酸イオン緩衝系と考える Henderson-Hasselbalch の式がよく知られているが，SID 理論では代謝に由来するほかの要因を含めた総括的な調節系である。

細胞外液の pH に影響する要因としては，呼吸性の因子として二酸化炭素分圧（P_{CO_2}）があり（**図 15**），細胞外液における pH 調節が体内で大量かつ持続的に生成される二酸化炭素の影響を強く受け，炭酸-重炭酸イオン緩衝系が働くことは言うまでもない。しかし，血漿タンパク質の存在する状態では血液 pH は必ずしも Henderson-Hasselbalch の式に従わない。一方，代謝性の因子としては SID と不揮発性総血漿緩衝物質濃度（Unvolatile Plasma Weak Buffer：Atot）を考慮しなければならない。SID を決める因子には強陽イオンとしてナトリウムイオン，カリウムイオン，カルシウムイオン，マグネシウムイオンがあり，強陰イオンにはクロールイオン，硫酸イオン，乳酸イオン，ケト酸イオンがある。また，Atot には弱陰イオンであるアルブミンイオン，グロブリンイオン，リン酸イオンが含まれる。これらの 3 群の要因の増減によって細胞外液の pH が決定されることから，酸塩基平衡の異常も 3 群×2 方向の 6 タイプに分類されるというのがその基本的な考え方である。P_{CO_2} の上昇，Atot の増加，および SID の減少はアシドーシスを起こし，P_{CO_2} の低下，Atot の減少，および SID の増加はアルカローシスを起こす原因になる。

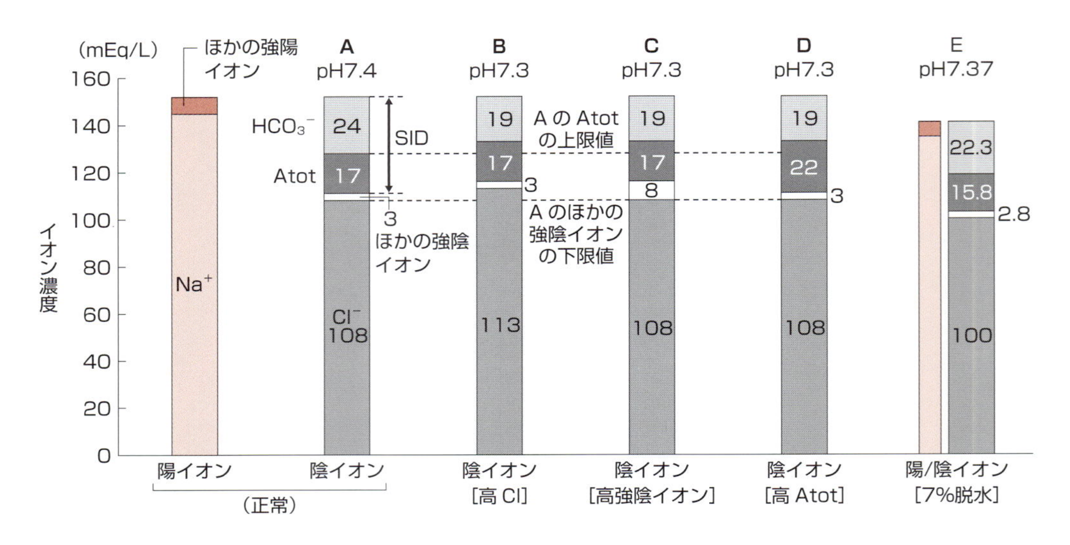

図 16　細胞外液のイオン濃度

SID，すなわち強陽イオン（ナトリウムイオンとほかの強陽イオン）と強陰イオン（クロールイオンとほかの強陰イオン）の較差は，実際の細胞外液では重炭酸イオンとAtot の和にほぼ一致する（**図 16：A**）。したがって SID は重炭酸イオン濃度にも強く影響することになる。具体的には，総陽イオン濃度が一定でクロールイオンのみが増加すると（**図 16：B**），総陰イオン濃度のバランスから重炭酸イオンが減少し，pH が低下する。逆に，クロールイオンのみが減少すると重炭酸イオンが増加し，pH が上昇する。同様に強陰イオンに分類される有機酸（特に乳酸，ケト酸）や Atot が増減してもクロールイオンの増減と同じことが起こる。これらが増えれば（**図 16：C，D**）重炭酸イオン濃度が減って pH は低下し，逆にこれらが減少すれば重炭酸イオン濃度が増えて pH は上昇する。さらに，脱水のような体液（水分）の減少は各イオンを同比率で圧縮し，SID も同様に圧縮されて減るため pH は低下する（**図 16：E**）。

酸塩基平衡に関しては Henderson-Hasselbalch の式だけで説明がつかない血液 pH の変化として $CaCl_2$ の給与による pH の低下があった。SID 理論ではこの pH の低下は，強陽イオンであるが消化管からの吸収速度の遅いカルシウムイオンの効果ではなく，より急速に吸収されるクロールイオンが血中で強陰イオンとして働き SID が減少するために起こる。また，生理的食塩水（0.9% NaCl）の急速静脈内投与による pH 低下は分布容積（細胞外液）の増大による重炭酸イオンの希釈で説明されてきたが，SID 理論ではむしろ SID の減少で説明される。特に SID が 25 mEq/L 未満の溶液は投与量が多いほど SID を減少させ，血液 pH を低下させる。乳酸リンゲルや酢酸リンゲルの SID はそれぞれ 28 と 50 mEq/L であるが，0.9% NaCl や 5%ブドウ糖液の SID は 0 である。

DCAD は上記の SID 理論を飼料給餌に応用した考え方であり，摂食量（乾物摂取量，DMI）の調節や低カルシウム血症の予防を図るための指標として利用されている。DCADは飼料中の（$Na^{+}+K^{+}$）−（$Cl^{-}+SO_4^{2-}$）で表される。また，サイレージのように強陰イオンである有機酸（乳酸）を多く含む飼料の給餌はDCADを減少させ（**図16：C**），細胞外液のpHを低下させる。低カルシウム血症を伴う乳熱の発生率はDCADがマイナスの場合20％以下であるが，プラスの場合80％に及ぶことがある。DCADはトウモロコシサイレージで150 mEq/kg程度であるが，乾草は一般にカリウム含量が高くアルファルファ乾草ではDCADが400 mEq/kgを超え，チモシー乾草でも230 mEq/kgというデータがあり，分娩前にはこれら高DCADの乾草を給餌することは控えるべきである。疫学的データに基づいたある論文では乳熱の発生を抑えるために，少なくとも分娩前10日間のDCADを−75〜−100 mEq/kgで維持し，かつ分娩前2週間（1週間では不十分）はカルシウム給与量を20 g/日以下にするよう推奨している。

3－2

飼料設計の基本

飼料設計とは

飼料設計は，乳牛の健康な発育や効率のよい繁殖および乳生産を実践するに当たり，必要な栄養素を飼料から過不足なく適正に摂取させるために組み立てられるものである。そのためには，維持，成長，妊娠および泌乳に必要な養分要求量と各種飼料からの栄養素供給量をできるだけ正確に把握し，その差が少なくなるように設計する必要がある。飼料設計ソフトは，飼料からの栄養供給を知る目安となる。乳牛の栄養学研究は日々進歩しており，AMTS（Agricultural Modeling and Training System）やNDS（Nutritional Dynamic Systems）などの最新の飼料設計ソフトでは，新しい理論が取り入れられているため，より正確な栄養供給量を把握できる。飼料設計を行ううえで，飼料分析による成分値の把握は必須であるが，近年の分析技術の進歩によって，その項目は複雑になっている。このような値を改良された飼料設計ソフトに入力することによって，より正確な栄養供給量を評価できる。

飼養標準は，乳牛の維持，成長，妊娠および泌乳に必要な養分要求量を提示したものであり，さらに各種飼料資源を給与する際に配慮すべき点などが示されている。これらは学問上の新知見，乳牛の生産能力の向上，飼養形態の変化，環境問題や飼料を取り巻く情勢の変化に伴って修正や改正がなされている。日本では，「日本飼養標準・乳牛（2006年版）」が最新版として作成されており，国内の乳牛飼養現場の実状に合わせた養分要求量や飼料設計上の推奨値が示されている。アメリカの国家研究協議会が策定するNRC飼養標準（National Research Council, 2001）も同様であるが，養分の要求量，表記および分画などで異なる部分がある。乳牛を飼養する場合，最も重要な養分はエネルギーとタンパク質であり，ここではこれらを解説するとともに用語についても説明する。

エネルギー

動物は組織や器官の形態・機能を維持し，体蓄積や乳の生産を行うために，エネル

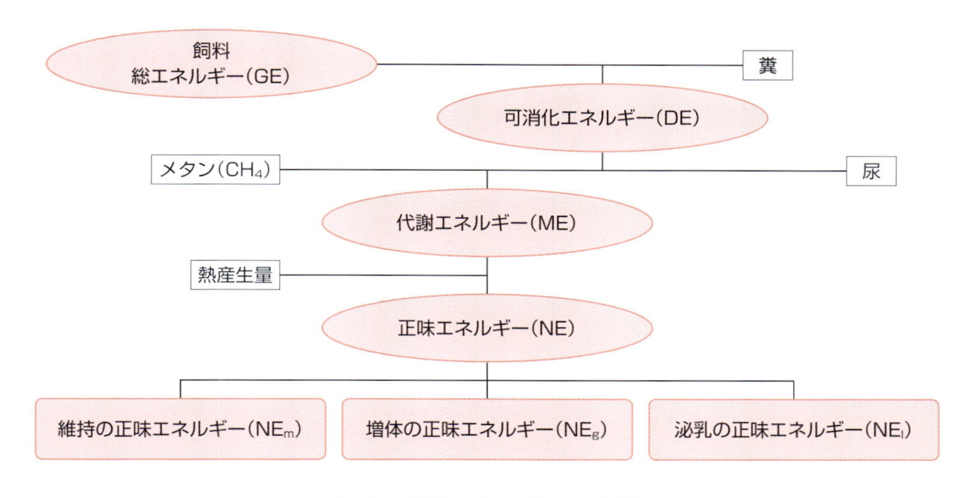

図1　飼料エネルギーの分配

ギーを必要とする。エネルギーとなる栄養素は炭水化物，タンパク質および脂肪であり，そのエネルギー量は断熱型ボンブ熱量計を用いて測定される燃焼熱として評価することができる。エネルギー量の単位にはカロリー（cal）やジュール（J）が用いられる。炭水化物，タンパク質および脂肪のボンブ熱量計を用いた燃焼熱は，それぞれ4.1，5.6および9.6 kcal/gである。これらが動物の体内において酸化分解される際，炭水化物および脂肪は水と二酸化炭素にまで完全に分解されるため，燃焼熱と等しいエネルギー量が動物に利用されたことになるが，タンパク質は尿素などの可燃性の窒素化合物が尿中に排泄されるため，動物に利用されるエネルギー量はこれより小さくなる。

1. 飼料エネルギーの分配：DE，ME，NE，TDNとは？

飼料そのもののエネルギーである総エネルギー（Gross Energy：GE）は，飼料固有の化合物組成に依存するが，それをどれだけ利用できるかは，動物の持つ消化や代謝の能力によって異なる。飼料エネルギーの分配を**図1**に示した。GEから糞に排泄されるエネルギーを差し引いたものが可消化エネルギー（Digestible Energy：DE）である。DEからさらに尿およびメタンとして排泄されるエネルギーを差し引いたものが代謝エネルギー（Metabolizable Energy：ME）であり，動物の体内で代謝されるエネルギーである。正味エネルギー（Net Energy：NE）はMEから熱産生量を引いたものであり，実際に生産に利用されるエネルギーである。そのため，飼料のエネルギー価としてはNEで記載することが最も優れていると考えられている。NEは維持，増体，泌乳といった生産目的によって利用効率が異なるため，NEは通常，維持（NE_m），増体（NE_g）および泌乳（NE_l）で表記される。日本飼養標準・乳牛（2006年版）では，原則MEを評価単位として用いている。一方，NRC飼養標準（2001）ではNEを採用している。

このほか，飼料のエネルギー含量の評価法としては，可消化養分総量（Total Digestible Nutrients：TDN）がある。TDN は，熱量計を用いずに飼料中の可消化な栄養成分含量からエネルギー含量を推定するもので，次式で表される。単位は g および％である。

TDN＝可消化粗タンパク質＋可消化粗脂肪×2.25＋可消化炭水化物

炭水化物の持つエネルギーの係数を 1 とした時，脂肪は炭水化物の 2.25 倍のエネルギーを持つため，脂肪の項に係数を乗じている。タンパク質は炭水化物より多くのエネルギーを持つが，尿中の可燃性窒素化合物の排泄を考慮して係数を 1 としている。このため TDN は，DE と ME の両方の特徴を持つ評価法であると考えられる。

飼料のエネルギー価を NE や ME で評価することは，乳牛においては大掛かりな研究施設を必要とし，労力と費用がかかる。TDN や DE は消化試験によって算出されるため，比較的容易に求めることができるが，尿，メタン，熱産生量としての損失を評価できていない。一般的にこれら損失が濃厚飼料と比較して大きい粗飼料では，栄養価を過大評価してしまう。なお，TDN は消化試験を行わずに，詳細な飼料成分分析値を用いて推定できるよう改良されている。

2. 乳牛のエネルギー要求量

乳牛のエネルギー要求量は，その個体の「維持」「泌乳」「成長（体蓄積）」「妊娠」に必要とするエネルギー量（正味エネルギー）を積算して求められる。

①維持エネルギー要求量

成雌牛の維持エネルギー要求量は，非妊娠非乾乳牛の絶食時基礎代謝量の測定試験から求められた値を採用し，代謝体重（体重〈kg〉の 0.75 乗）をもとに算出される。活動量は，舎飼いの牛では基礎代謝量に含まれるとみなされるが，放牧飼養では放牧依存度や放牧条件によって，維持要求量が高くなるよう補正される。また，暑熱や寒冷条件下でも，維持エネルギー要求量は増加する。日本の飼養環境では暑熱の問題がより深刻であることから，日本飼養標準（2006 年版）では日平均気温と相対湿度をもとに，維持要求量の補正が行われる。

②泌乳エネルギー要求量

乳量および乳中エネルギー含量から求められる。

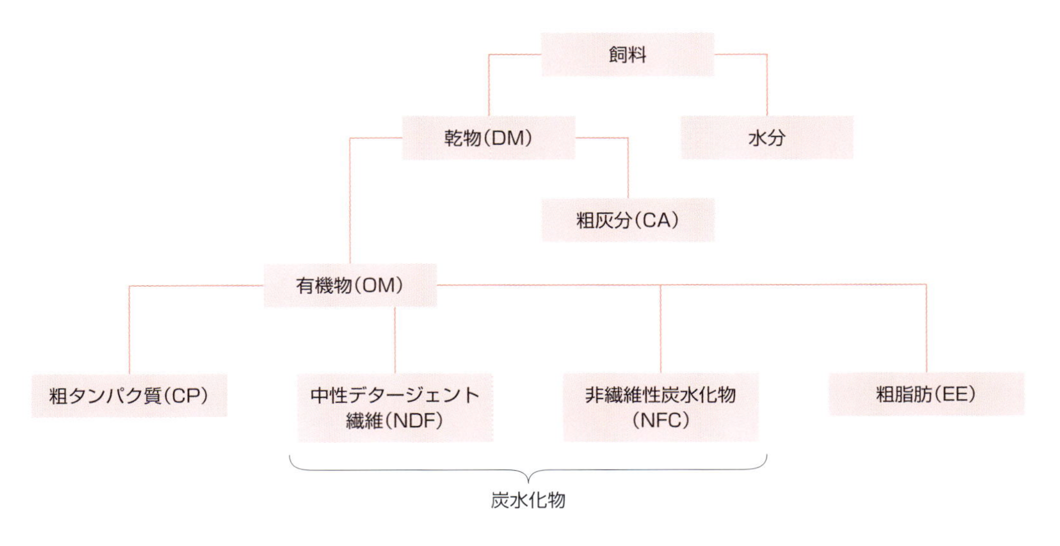

図 2　飼料の化学成分

③成長（体蓄積）エネルギー要求量

初産および2産次においては，成長に必要なエネルギー量を加算する。また，NRC飼養標準（2001）では，任意のボディコンディションスコア（BCS）における体重を適正なBCSの体重に変換するために加算（または減算）すべきエネルギー量の推定式が作成されており，泌乳中後期にBCSを調整したい時などに活用できる。

④妊娠エネルギー要求量

胎子の成長などに伴うエネルギー要求量の増加から，日本飼養標準・乳牛（2006年版）では分娩前9週，NRC飼養標準（2001）では妊娠190日から妊娠のためのエネルギーが要求量に加算される。

3. 乳牛へのエネルギーの与え方：炭水化物の役割

炭水化物および脂肪は，乳牛のエネルギー供給を目的として給与される栄養素である。炭水化物は乳牛に給与する主要なエネルギー源で，通常全飼料の60～70％を占める。炭水化物の主な機能はルーメン微生物および宿主の乳牛にエネルギーを供給することである。また，ある種の炭水化物にはルーメンの健全性を保つ機能がある。飼料の炭水化物分画は，分析と家畜の利用性により分画される。飼料の一般成分として炭水化物を分類すると，粗繊維（Crude Fiber：CF）と可溶無窒素物（Nitrogen Free Extract：NFE）に分けられるが，反芻家畜飼料において現在これらはほとんど用いられず，**図2**のように中性デタージェント繊維（Neutral Detergent Fiber：NDF）および非繊維性炭水化物（Non Fibers Carbohydrate：NFC）で分類されることが多い。

①非構造性炭水化物（NSC）と非繊維性炭水化物（NFC）

非構造性炭水化物（Non-Structural Carbohydrate：NSC）と NFC は，ともに易利用性の炭水化物の指標になるが，それぞれ酵素法，中性デタージェント法といった分析手法によって抽出される成分が異なる。NFC は次式によって求められる。

NFC(%)＝100－(中性デタージェント繊維＋粗タンパク質＋粗脂肪＋粗灰分)

糖，デンプン，ペクチンがこのなかに含まれる。NFC と NSC は同じような意味で使われるが，NSC にはペクチンが含まれないため飼料によっては両者の分析値が大きく異なる場合がある。NFC は反芻胃内の微生物のエネルギー源として利用され，その発酵産物である揮発性脂肪酸（Volatile Fatty Acid：VFA）が宿主である乳牛のエネルギーとして供給される。微生物に利用されなかった場合も，糖やデンプンは乳牛自身の消化吸収能力により利用できる。デンプンの反芻胃内消化率は，原料や加工形態によって変わる。穀物由来のデンプンは加熱・加圧によって反芻胃内消化率が高まる。デンプンの反芻胃内消化が高まると，微生物タンパク質合成が高まるが，発酵副産物であるVFA や乳酸の急速な増加によるルーメンアシドーシスのリスクを考慮しなければならない。

②構造性炭水化物（OCW）と中性デタージェント繊維（NDF）

構造性炭水化物（Organic Cell Wall：OCW）および NDF は，繊維を示す分画である。NDF はセルロース，ヘミセルロースおよびリグニンのほとんどを含み，現在反芻家畜飼料の繊維を示す最も一般的な表示方法である。NDF は消化管内微生物のエネルギー源として利用され，VFA が乳牛のエネルギーとして供給され，反芻胃で消化されなかった NDF は乳牛自身の消化能力では消化されない。NDF は，さらに酸性デタージェント繊維（Acid Detergent Fiber：ADF）や酸性デタージェントリグニン（Acid Detergent Lignin：ADL）に分画されるが，これらは化学分析による分画であり，反芻胃の消化性を表したものではないため，最近の飼料設計ソフトでは，飼料 NDF の消化性に基づいた分類法に改良が進んでいる。また，NDF には微生物のエネルギーを与える役割のほかに，ルーメンの健全性を保つ役割を持っているため，一定以上の長さを持つ NDF 源を与えなければならない。これを物理的有効繊維（physically effective Neutral Detergent Fiber：peNDF）という。

タンパク質

タンパク質の栄養価は体タンパク質や乳タンパク質として体に保留される程度に基づ

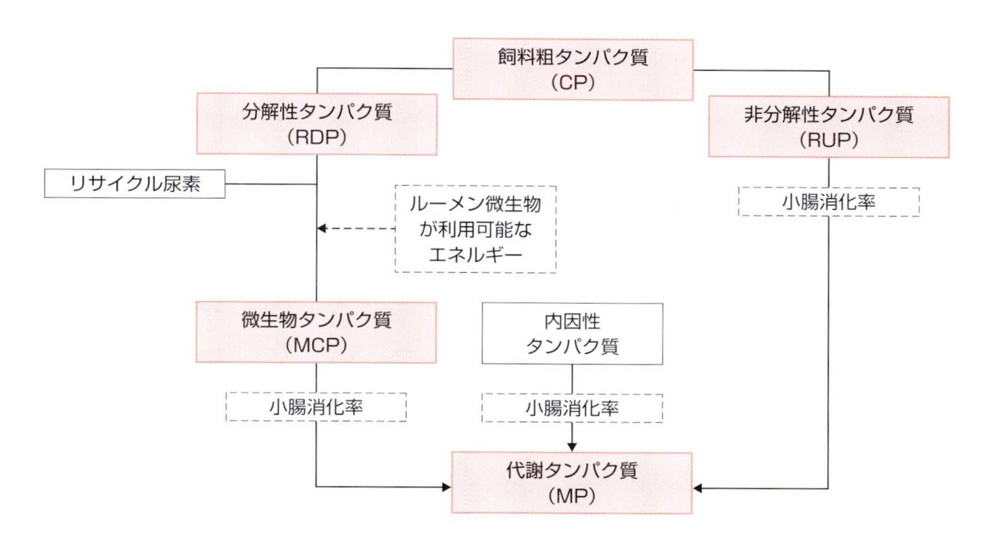

図3　代謝タンパク質の概略

いて評価される。単胃動物では，飼料タンパク質の栄養価は必須アミノ酸組成と消化率に依存するが，反芻動物である乳牛では，飼料タンパク質が反芻胃の微生物により，アンモニアまで分解された後，微生物タンパク質に合成され，これが下部消化管で分解・吸収されるので，タンパク質の栄養価が飼料のアミノ酸組成に依存する程度が小さい。乳牛にタンパク質を与える際に重要なのは，下部消化管に到達するアミノ酸の組成と量がどの程度であるかを知ることであるが，微生物タンパク質の合成量および飼料タンパク質のバイパス量はルーメン微生物へのエネルギー供給や内容物の通過速度（飼料摂取量が多いと速くなる）によって変化するため複雑である。下部消化管に到達して吸収され得るタンパク質を代謝タンパク質（Metabolizable Protein：MP）といい，微生物タンパク質（Microbial Protein：MCP），微生物分解を逃れた飼料タンパク質（バイパスタンパク質）および内因性タンパク質（消化酵素や粘膜由来のタンパク質）が供給源となる（**図3**）。NRC飼養標準（2001）や新しい飼料設計ソフトでは，MPを飼料のタンパク質栄養評価システムとして採用しているが，日本飼養標準・乳牛（2006年度版）では完全には取り入れられていない。

1. 飼料タンパク質分画：CP，RUP，RDP，MPとは？

飼料中のタンパク質は，通常ケルダール法によって測定された窒素量に6.25を乗じた粗タンパク質（Crude Protein：CP）で表され，これにはタンパク質以外の窒素（非タンパク質態窒素，Non-Protein Nitrogen：NPN）も含まれる。微生物が利用可能なCPは，可溶性タンパク質（NPNが多い）と飼料が反芻胃内にあるうちに微生物に分解されるタンパク質であり，両者を併せて分解性タンパク質と呼ぶ。一方，微生物に分解

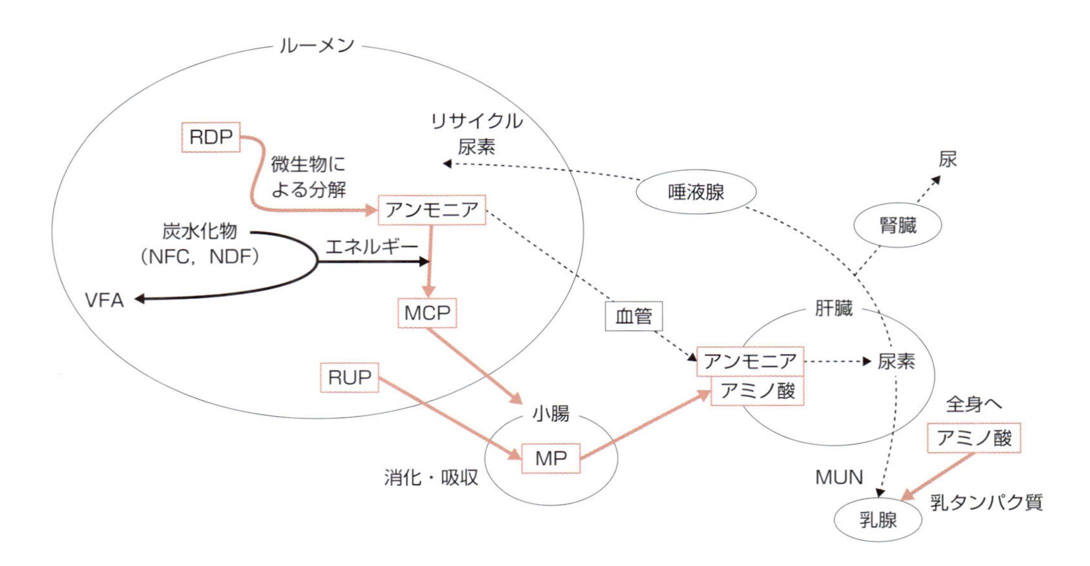

図 4　タンパク質の動態

RDP：分解性タンパク質，NFC：非繊維性炭水化物，NDF：中性デタージェント繊維，VFA：揮発性脂肪酸，MCP：微生物タンパク質，RUP：非分解性タンパク質，MP：代謝タンパク質，MUN：乳中尿素態窒素

されないタンパク質を非分解タンパク質（バイパスタンパク質）と呼ぶ。NRC 飼養標準（2001）では，分解性タンパク質を RDP（Rumen Degraded Protein），非分解性タンパク質を RUP（Rumen Undegraded Protein）と表記し，日本飼養標準・乳牛（2006 年度版）ではそれぞれ，（E）CPd および（E）CPu と表示されている。

飼料タンパク質のルーメンでの動態を**図 4** に示した。RDP は反芻胃における飼料の分解速度と通過速度によって決まる。MCP 合成にはエネルギーを要するため，RDP の分解スピードと微生物に利用されるエネルギー源（糖，デンプンや繊維など）の分解スピードが同調された時に合成効率が高くなる。余剰の RDP はアンモニアとしてルーメンから血中に移行し，肝臓で尿素に変換される。血中へのアンモニアの流出増加（乳中尿素態窒素〈Milk Urea Nitrogen：MUN〉の増加に反映される）は，飼料の CP 含量が高い場合だけでなく，飼料タンパク質の分解に対して微生物への供給エネルギーが不足する際にもみられることを忘れてはならない。肝臓で合成された尿素の一部は唾液に移行し NPN としてルーメン微生物に利用されるが（リサイクル尿素），微生物に利用されなかったアンモニアが血中に移行することはタンパク質の損失であると考えられる。糖やデンプンといった易発酵性炭水化物は，セルロースやヘミセルロースといった繊維よりも分解速度が速いため，易発酵性炭水化物を多く含む穀類飼料などはエネルギーの供給スピードが速い。また，穀類の種類や加工方法によっても異なる。そのため NRC 飼養標準（2001）では，飼料中炭水化物のルーメン内分解速度も考慮して MCP 量が推定される。RUP は飼料タンパク質のうち，反芻胃で不消化な分画と反芻胃で分解され得るが通過によって分解されない分画の和である。MCP合成速度には限界があるため，高泌乳牛ではRUPをある程度高める工夫が必要となる。飼料資源のバイパス率を高めるためには，油粕類やマメ科子実などの加熱処理が最も広く行われている。RUPは飼料そのもののタンパク質であるため，アミノ酸組成や小腸の消化率が飼料によって大きく異なる。特に加熱処理された飼料は加熱条件により小腸消化率が低下する。これらのようなことからNRC飼養標準（2001）では，RUPの小腸消化率とアミノ酸組成を飼料ごとに示し，可消化RUP量が計算される。このようにして計算されたMCPとRUPがMPとして求められる。MPシステムでは，アミノ酸組成が示されるため，必須アミノ酸供給量や制限アミノ酸を測ることができる。

飼料CPは乳牛の小腸で吸収・利用される時には質・量ともに別ものになっているため，乳牛へのタンパク質供給をCPで考える方法は望ましくない。最新の飼料設計ソフトなどでは，飼料から供給されるMPをより正確に評価できるように改良が加えられている。

2. 乳牛のタンパク質要求量

タンパク質もエネルギーと同様に，維持，泌乳，成長（体蓄積）および妊娠に要する量を積算して求められ，生産物に含まれるタンパク質，すなわち正味タンパク質（Net Protein：NP）をもとに算出される。

飼料設計の実際：どのような順番で決定するか？

1. 乾物摂取量（DMI）の推定

乳牛の乾物摂取量（DMI）を正確に予測することは飼料中の栄養濃度を決定するうえで重要である。日本飼養標準・乳牛（2006年度版）では，DMIは体重および乳脂補正乳をもとに算出され，分娩後日数，産次数（初産および2産次）および暑熱によって補正が行われる。実際のDMIには，飼料の構成や給与方法，管理形態などが大きく関与するため，予測値と異なることがある。

2. エネルギーとタンパク質の充足

乳牛のエネルギーおよびタンパク質要求量を推定したDMIで充足できるように，飼料を配合する。実際には，自給粗飼料など主として利用したい飼料をベースに種々の穀物飼料や副産物飼料を組み合わせて飼料からの供給量と要求量とが合うように設計していく。分離給与方式では飼料の発酵ムラが生じるため，日本飼養標準・乳牛（2006年度版）では，飼料給与形態をTMR方式と分離給与方式に分けて計算されている。一方，NRC飼養標準（2001）の計算結果は，すべてTMR給与を前提として算出されて

表１　飼料設計例

搾乳牛条件：
ホルスタイン種，３産，TMR 給与，
体重 650 kg，分娩後 100 日，
乳量 35 kg，乳脂肪 4.0%

飼料構成	乾物比(%)
トウモロコシサイレージ	30.0
グラスサイレージ	11.0
アルファルファ乾草	8.0
泌乳期用配合飼料	37.0
大豆粕	7.0
ビートパルプペレット	7.0

養分要求量	
推定乾物摂取量(kg)	23.2
CP(g)	3,420
ME(Mcal)	62

化学組成	
CP(%)	16.5
NDF(%)	36.5
NFC(%)	34.6
EE(%)	2.9
ME(Mcal/kg)	2.7

推定 DMI を摂取した際の養分摂取量は，CP が 3,762 g，ME が 62.64 Mcal となり，設計上，タンパク質とエネルギーの要求量を満たしていることになる
※詳細には，タンパク質やエネルギーの与え方（RUP や RDP のバランス，NDF の下限値，NFC や EE の上限値）を考慮するべきである

いる。炭水化物の給与バランスは，しばしば粗濃比という指標で考えられるが，同じ粗飼料，濃厚飼料でも，原料によって NFC や NDF 含量は大きく異なる。このため，ルーメンアシドーシスや乳脂率低下の予防から日本飼養標準・乳牛（2006 年度版）や NRC 飼養標準（2001）では NFC や NDF の推奨値が議論されている。しかしながら NFC や NDF の最適な割合は，飼料給与形態，粗飼料や穀類の原料と加工方法によって異なることに留意しなければならない。新しい飼料設計ソフトでは，デンプンや NDF の消化特性，peNDF 量などを考慮して炭水化物の給与方法がより最適化されている。

3. ビタミン・ミネラルの充足

飼養標準にはビタミン・ミネラルの要求量と過不足による注意点が示されている。実際の飼料設計では，ビタミンは A および D，ミネラルはカルシウムとリンの充足が主に確認される。これらが過不足な場合には，ビタミンプレミックスやリン酸カルシウム資材などの添加，飼料配合割合によって調整される。乾乳牛においては，分娩後の代謝病予防のために，DCAD（Dietary Cation Anion Difference）補正を行う場合がある。

以上のことを踏まえた飼料設計の例を**表１**に示したので，参考にされたい。現在では，分析専門機関に依頼すれば迅速に詳細な飼料の成分値を入手できるようになった。このような成分値を飼料設計ソフトに入力すれば，誰でも簡単に飼料設計を行うことができる。しかしながら，設計した飼料を乳牛が十分に摂取しているか，期待した乳量や BCS，繁殖が成績に表れているか，実際に給与した牛の反応を観察し，それに応じた調整を行わなければならない。

3－3

飼料設計と栄養管理

飼料設計の基本的な考え方

飼料設計の基本は，牛が必要としているエネルギーや栄養分を必要なだけ供給することにあるが，飼料設計は単純な数値合わせの仕事ではない。同じ泌乳牛であっても，それぞれの泌乳ステージによって乳牛が求めているものは大きく異なり，乾物摂取量（DMI）を制限している要因も変化する。そのため，飼料設計に当たっては，乳牛の代謝生理・消化生理をしっかり理解することが出発点となる。乳牛には「エネルギー要求量」は存在するが，エネルギー源となる油脂やデンプンなどの特定の栄養成分に要求量はない。つまり「油脂要求量」や「デンプン要求量」といった言葉は存在しない。エネルギーをどのような形で供給するかに関しては様々なアプローチがあり，乳牛の飼料設計の場合，エネルギーを油脂から供給するか，デンプンから供給するか，繊維から供給するか，こういった点を考慮することは非常に重要となる。

油脂，デンプン，繊維，これらの栄養成分はすべて泌乳牛のエネルギー源となり得る。エネルギー要求量を充足させることは乳牛の栄養管理の基本だが，どのような形でエネルギーを供給するかに関しては，油脂サプリメントを用いる，デンプンの給与量を増やすなど様々なアプローチがある。それぞれの泌乳ステージにおいて，牛が必要としているエネルギー源，あるいは使いやすいエネルギー源は異なる。飼料設計は「数値合わせ」ではなく，生身の牛を対象にしたものであるため，それぞれの泌乳ステージにおける代謝生理を考慮した柔軟な対応が求められる。ここでは，泌乳牛へのエネルギー給与に関して，各泌乳ステージに焦点を絞って解説する。

フレッシュ牛

分娩直後の2～3週間（フレッシュ期），乳牛のDMIは低く，エネルギーバランスはマイナスとなる。この時期のエネルギー摂取量が極端に低くなれば，ケトーシスなどの代謝障害を引き起こすだけでなく，ピーク乳量や受胎率も低下する。そのため，「DMI

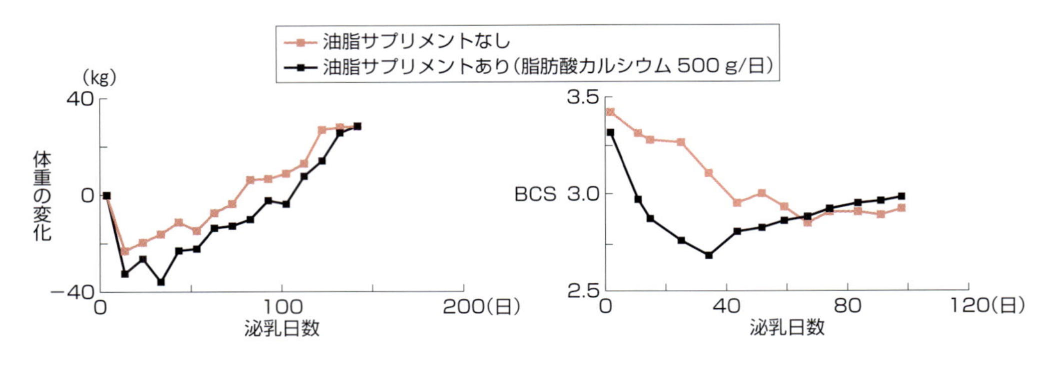

図1　油脂給与の体重・BCSへの影響

Sklan ら，1989

の立ち上がりを早める」ことがフレッシュ期における栄養管理の最優先の目標となる。

牛の代謝生理を考慮せず，飼料設計を「数値合わせ」として考えるなら，エネルギー摂取量を高める一番手っ取り早い方法は油脂の給与量を高めることかもしれない。油脂にはデンプンの2倍以上のエネルギーが含まれているため，油脂含量を増やせば飼料設計のエネルギー濃度は高くなるからだ。しかし，このアプローチはフレッシュ牛の代謝生理を無視しており，エネルギー摂取量を高めることにはならない。

フレッシュ牛はインスリン感受性が低く，体脂肪を大量に動員しているため，いわば「血液が常に脂ぎった」状態にある。例えば，分娩後の数週間で乳牛のボディコンディションスコア（BCS）が3.0から2.5に低下する場合のことを考えてみよう。乳牛NRC（2001）の計算式によると，体重が700 kgの牛のBCSが3.0から2.5に低下する場合，その牛は約24 kgの体脂肪を失っている。仮に，BCSが2.5に低下するのに24日かかったと想定すると，その牛は1日1 kgの脂肪を代謝処理していることになる。通常，乳牛の飼料設計での油脂含量の上限値は5％とされ，これ以上の油脂給与を行うとDMIが低下する。DMIが20 kgと想定すると，その5％は1 kgである。つまり，餌として油脂をまったく給与していなくても，フレッシュ牛は代謝能力の限界に近い量の体脂肪を動員し，代謝処理していることになる。過肥の牛は，BCSの低下がさらに激しいため，限界量を超えた脂肪を処理しなければならず，DMIの立ち上がりもさらに遅れてしまう。そういう状態の牛に油脂を増給するのは正しいことだろうか。コンピュータの計算上は，エネルギー要求量を充足させられるかもしれない。しかし，牛のDMIが低下してしまえば，たとえ飼料設計1 kg当たりのエネルギー濃度が高くなっても，1日当たりのエネルギー摂取量は低下する。

「油脂を増給すれば，体重・BCSの減少や体脂肪の動員を抑えられるのではないか」と考えられるかもしれない。しかし，過去の研究データは，フレッシュ牛への油脂サプリメントが体重・BCSの低下をさらに悪化させることを示している（**図1**）。これは，油脂サプリメントによりDMIが低下するからである。「エネルギーバランスがマイナスだから，エネルギー濃度の高いものを与えよう」というのは短絡的な発想であり，フレッシュ牛の栄養管理の最優先目標である「DMIの回復」を考えると，フレッシュ牛への油脂給与は間違いであることが分かる。

デンプンは乳牛にとって主要なエネルギー源だが，フレッシュ牛の栄養管理ではデンプンの給与量に関しても注意が必要である。分娩前・乾乳中の飼料設計では穀類の給与量を抑えるため，ルーメンでの発酵度が低くなる。そこへ急にデンプン濃度の高い（ルーメンでの発酵度が高い）混合飼料（TMR）を給与すると，ルーメンアシドーシスの原因となる。さらに，分娩前後の数日間，乳牛のDMIは低下する。ケトーシスや乳熱，第四胃変位になった牛では，DMIの低下がさらに激しくなる。DMIが極端に低下すると，ルーメンが発酵酸を吸収する能力や，エンドトキシン（リポポリサッカライド：LPS）などの毒物が吸収されないようにするルーメン壁のバリア機能が低下し，その回復には数日から1週間程度の時間が必要となる。そして，発酵度の高いTMRを給与された牛は，ルーメン機能の回復に余分の時間がかかる。つまり，ルーメン機能の回復，DMIの回復を考えると，フレッシュ牛へのデンプン過剰給与にも注意する必要がある。

このように，フレッシュ牛はエネルギー要求量が高いにもかかわらず，その飼料設計ではエネルギー濃度の高い油脂やデンプンに頼れないというジレンマがある。低デンプン（23％以下）・低油脂（油脂含量の高い飼料原料は使わない）の設計で，DMIが高まるのを待つことがポイントになる。個体にもよるが，フレッシュ牛は2～3週間ほど別グループで管理し，良質の繊維（繊維消化率の高い粗飼料あるいは副産物飼料）からのエネルギー給与を心掛け，DMIが順調に高くなることを最優先にした栄養管理が必要である。

泌乳前期

泌乳前期の牛の栄養管理での目標は，ピーク乳量を高めることと，確実に受胎させられるようになるべく早くBCSを回復させることである。そのためには，「エネルギー摂取量を最大にする」ことが最優先の課題となる。ピーク乳量が1 kg増えれば，その泌乳期の乳量は200 kg増えるという統計データがある。これはピーク乳量が5 kg増えれば，その牛の年間乳量は1,000 kg増えることを意味する。

この時期の牛は，フレッシュ牛と異なり油脂サプリメントを控える必要はない。フレッシュ牛に特有のインスリン抵抗性による脂肪の動員が収まり，BCSの低下は底打ちし，BCSの回復期に入っているからである。BCSの低下が止まることは，体脂肪の動員が止まることを意味する。これまで牛が体脂肪の処理に対応するために使っていた

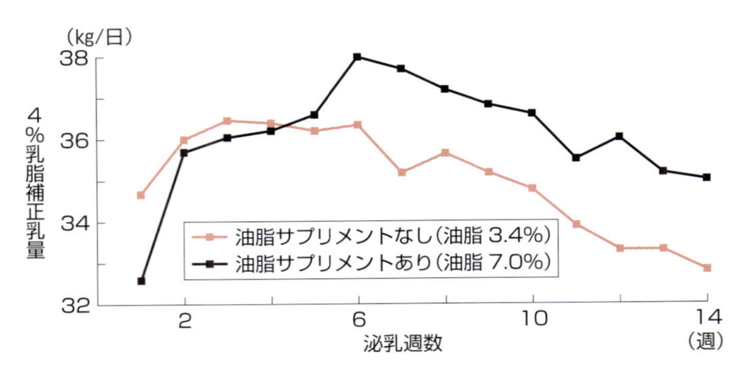

図2　油脂給与の乳量への影響

Jerred ら，1990

代謝機能を，飼料由来の油脂代謝に振り向けることができる。つまり，ある程度の油脂サプリメントを与えても（5～6%），DMI が低下するリスクは低い。フレッシュ牛に油脂サプリメントを与えても乳量は増えないが，分娩後 6 週間を経過した後の油脂サプリメントは乳量を約 2 kg / 日増やすと報告している研究データがある（**図 2**）。

デンプン給与に関しても同様のことがいえる。すでに述べたように，フレッシュ期における高デンプン（25%以上）の飼料設計はルーメンアシドーシスのリスクを高め，DMI の回復を遅らせる可能性があった。しかし，泌乳前期の牛には高デンプンの飼料設計がプラスとなる。泌乳前期の乳牛の DMI を制限している主な要因は「物理的な満腹感」である。これは，代謝上は空腹である（エネルギーを欲している）にもかかわらず，ルーメンに物理的なスペースがなく，食いたくても食えないという状態である。このような状況下にある牛に繊維からエネルギーを供給しようとすると，エネルギー摂取量を最大にすることはできない。繊維は「かさばる」だけではなく，発酵速度が遅いためルーメン内で長時間滞留し，牛に物理的な満腹感を感じさせやすい。デンプンは発酵速度が速いため，物理的な満腹感を感じさせずに，効率よくエネルギー供給ができる。

さらに，デンプンはルーメンで発酵するとプロピオン酸の生成量を増やす。プロピオン酸は酢酸や酪酸と異なり糖新生の原材料となるため，血糖値を上げることにつながる。血糖は乳腺で乳糖をつくる原材料であるため，乳糖の生成量が増え，乳量も増える。つまり，デンプンの給与量を増やすと，高泌乳牛のエネルギー状態を向上させられるだけではなく，乳量を増やすことにも貢献する。

デンプン濃度の異なる 2 つの TMR（34 vs 23%）への乳牛の反応を評価した試験では，試験開始前の牛の乳量に応じて，牛の反応が大きく異なったと報告している（**図 3**）。乳量が 40 kg / 日以下の牛は，高デンプンの TMR を給与された時と低デンプンの TMR を給与された時で乳量に差はみられなかった。しかし，試験開始前の乳量が 45 kg / 日の牛は，高デンプンの TMR 給与により乳量が約 1.5 kg / 日増え，試験開始前

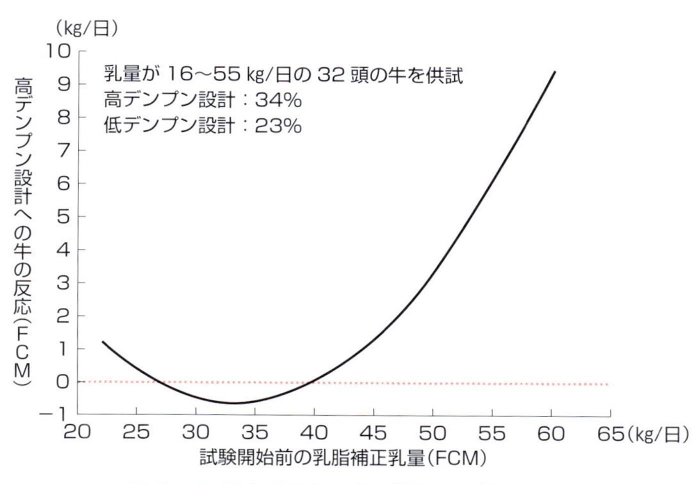

図 3　乳量と高デンプン設計への牛の反応

Voelker ら，2002

の乳量が 50 kg / 日の牛は，高デンプンの TMR 給与により乳量が約 3 kg / 日増えた。さらに試験開始前の乳量が高い牛ほど，高デンプンの TMR 給与により乳量が増えた。つまり，泌乳ピークの牛や高泌乳牛ほど，高デンプンの TMR 給与により生産性を高められたのである。

このように，油脂やデンプンといった栄養成分は，フレッシュ牛のように DMI が低い牛のエネルギー不足を補うことを目的に利用するものではなく，DMI が高くなり，乳量もピークになった泌乳前期の牛の潜在能力を最大限に引き出すためのエネルギー源として利用すべき栄養成分だと考えることができる。言い換えれば，油脂やデンプンは「走ろうとしない牛に鞭打って走らせる」ためのエネルギー源ではなく，「走りはじめた牛を加速させる」ためのエネルギー源だといえるかもしれない。

泌乳後期

泌乳後期の牛は，乳生産のために必要なエネルギーを十分にあるいは必要以上に摂取できる。そのため，デンプン濃度の高い TMR を給与しても DMI や乳量は増えない。反対に，デンプン濃度の高い TMR を給与すると，乳脂率が低下することが多い。乾乳直前 2 カ月の泌乳牛を使って行った試験では，TMR のデンプン濃度を上げても DMI や乳量は増えず，ルーメン pH が下がり，乳脂量も低下した（**表 1**）。

さらに，泌乳後期の牛に対するデンプンの過給は，牛を過肥にする（BCS を高める）。過肥の牛は，次の分娩移行期にケトーシスや第四胃変位などの代謝障害を経験するリスクが高くなるため，分娩移行期の問題を未然に防ぐためには，泌乳後期の BCS 管理が非常に重要になる。BCS が高くなってから，乾乳期に「ダイエット」させるの

表1　飼料設計のデンプン濃度が泌乳後期の牛の生産性・ルーメン pH に与えた影響

デンプン濃度	12.3%	15.1%	19.0%
乾物摂取量(kg / 日)	17.7	17.5	18.1
乳量(kg / 日)	17.9	17.4	17.9
乳脂量(kg / 日)	0.90	0.84	0.78
ルーメン pH	6.21	5.96	5.77

Mahjoubi ら，2009

は非常に難しく，過肥対策の一番の方法は「ダイエット」ではなく，「ダイエットする必要がないように牛を太らせない」ことである。具体的には，BCS が 3.25 を超えた牛には，泌乳前期の牛とは別メニューの飼料設計をすることが望ましい。

BCS が低い（3.00 以下）牛の場合，泌乳ステージに関係なく，泌乳前期の牛と同じ TMR を給与しても問題ない。エネルギーや栄養濃度の低い TMR を給与すれば，乳量が落ちるリスクがあり，エネルギー濃度の低い TMR を給与するメリットがないからである。その反対に，泌乳ステージそのものは後期ではなくても，太りはじめた牛には泌乳後期の牛と同じ TMR を給与して，BCS 調整をした方がよい。このように泌乳後期牛用の飼料設計のゴールは，「牛を太らせずに乳量を維持すること」であるといえる。そのためには高価な油脂サプリメントを使う必要はない。デンプンに頼った飼料設計の必要もない。デンプンはルーメンでの発酵速度が速いため，泌乳後期の牛に過給するとインスリンの分泌が増え，エネルギー源が乳腺ではなく脂肪細胞に取り込まれやすくなり，牛を太らせてしまう。繊維の消化性の高い粗飼料や副産物飼料をうまく使い，乳量と乳脂率を維持しながら，牛を太らせないことが，泌乳後期の牛の栄養管理の基本的なアプローチとなる。

TMR給与の現実と対応

ハードヘルスという視点から飼料設計と栄養管理を考える場合，牛を「群」として管理するアプローチの利点と限界を理解しておく必要がある。タイストールで濃厚飼料を分離給与する従来の栄養管理では，乳量に応じて配合飼料の給与量を調節するなど，一頭一頭の牛が必要としているものに対応した栄養管理ができる。しかし，牛をグループで管理して TMR を給与する栄養管理では，「個」が求める管理ではなく「群」が求める管理を優先させる必要がある。

栄養管理とは人間と牛が一緒に行う仕事であり，飼料設計はそのはじまりに過ぎない。BCS をチェックする。それぞれの農場でボトルネックとなっている問題を認識する。牛が想定どおりの量の TMR を食い込んでいるか DMI をモニターする。またカウコンフォートを考え環境的な要因で DMI が制限されていないか配慮する。このように TMR を用いた乳牛の栄養管理では，現場での観察を十分に行い，酪農家とのコミュニケーションもしっかり取ることにより飼料設計を調整していくことが求められる。

1. 高泌乳牛 vs 低泌乳牛

TMR給与では，飼料設計を行う前に，一番大切なことを決めなければならない。それは，どの牛を対象にして飼料設計を行うかを判断することである。TMR給与でグループ管理をする場合，牛群のすべての牛にピッタリ合うTMRをつくることは不可能である。グループ内の乳量の幅が15〜50 kgで，平均乳量が33 kgの牛群の飼料設計をする場合を想定してみよう。当然のことながら，乳量が50 kgの牛の要求量を充足させるようなエネルギー・栄養分を供給すれば，乳量が15 kgの牛には過剰給与となる。どの牛を対象にTMRの飼料設計を行うか？ この基本をきっちりと押さえていなければ，どれだけ「緻密」な飼料設計をしても，それは飼料設計者の自己満足にしかならない。

平均乳量の33 kgを想定して飼料設計すべきなのだろうか？ それとも平均よりもやや高めの35 kgで設計すべきなのだろうか？ あるいは，グループ内の80%程度の牛のエネルギー・栄養要求量を充足させられるレベル（例えば40 kg）を目安に設計すべきなのだろうか？ これらの質問には，唯一絶対に正しいという解答は存在しない。それぞれの農場の牛を観察して，「牛に相談」しながら決めていくことが求められる。

農場での観察で最初にすべきことの1つは，BCSのチェックである。それぞれの農場で，全体的に過肥の牛が多いのか，それとも痩せている牛が多いのかを見ることである。過肥の牛が多ければ，実際の平均乳量に関係なく，飼料設計の栄養水準が高すぎる可能性がある。それに対して，痩せている牛が多ければ，牛が身を削りながら乳量を維持している可能性があり，飼料設計の想定乳量をもっと高める必要があることを示している。BCSは牛のエネルギーバランスの結果であり，実践している栄養管理・飼料設計に対して牛が出している答えである。ある意味で乳量以上に重要な「成績」といえるかもしれない。

TMRの設計において想定乳量を考える場合，それぞれの農場でボトルネックとなっている問題が何かを推察することも必要となる。移行期の代謝障害が多い，分娩後のDMI・乳量の立ち上がりが悪いといったようなケースでは，泌乳後期あるいは乾乳前に過肥になっている牛がいないかチェックすることが必要となる。もし泌乳後期に過肥になっている牛が多ければ，飼料設計の想定乳量が高すぎる可能性がある。それに対して，強い発情が来ない，受胎率が低いなど，繁殖成績に問題がある農場の場合，泌乳ピーク前後に痩せた牛が多くないかをチェックする必要がある。もし，BCSが2.25以下の牛が多いようであれば，飼料設計の想定乳量が低すぎる可能性がある。

しかし，牛群のBCSが一言で「高い」あるいは「低い」と言い切れない場合も多い。BCSが2以下の牛もたくさんいれば，BCSが4以上の牛もたくさんいるというBCSのバラツキが大きい農場の場合，もう一歩踏み込んだ分析，戦略的な判断が迫られる。例えば，移行期の問題も多く，繁殖成績も悪いという農場であれば，泌乳牛のTMR設計による対応だけではなく，クロースアップ期の栄養管理の改善も検討する必要がある。あるいはフレッシュ期（分娩直後の2～3週間）を別メニューで栄養管理するなどの対策も求められる。TMRでグループ単位の栄養管理を行う場合，最終的には，低能力牛や太りやすい牛を淘汰し，牛群内の粒をそろえることも求められるかもしれない。さらに1頭のスーパーカウの飼養を目指すよりも，粒ぞろいの能力の高い牛をそろえる方が，TMRでのグループ管理にはふさわしい。

2. 人間が決めること vs 牛が決めること

栄養管理の目的は，牛が必要としているエネルギー・栄養分を必要なだけ摂取させることにある。分離給与の場合，人間が決めているのは濃厚飼料の給与量（＝摂取量）であり，牛が決めているのは粗飼料の摂取量である。粗飼料の給与量が極端に少なければ話は別だが，粗飼料の給与量は摂取量と同じではないからだ。分離給与では，牛は粗飼料の摂取量を調節することで，1日の総エネルギー・栄養分の摂取量を事実上決めていることになる。簡単に言うと「足し算」による栄養摂取である。

それに対して，TMR給与の場合，人間が決めているのは飼料設計のバランスであり，牛が決めているのはどれだけ食うかというDMIである。この場合，1日の総エネルギー・栄養分の摂取量は，栄養濃度にDMIを掛けたもの，つまり「掛け算」で決まる。人間は，牛のDMIを予測して飼料設計ができるかもしれないが，牛が想定どおりの量を食わなければ，栄養管理は失敗していることになる。TMR給与では，DMIを決める仕事を牛側が行っていることを理解することが重要である。牛が食べたいだけ食べられるように，常に飼槽に（牛の口が届く範囲に）TMRがあるだろうか。給与量の3%程度の残さが出る程度のTMRを給与しているだろうか。餌押しを頻繁に行っているだろうか。こういった点をチェックして，人間側がDMIを制限しないように考えなければならない。

牛のDMIを最大にするためには，牛が食べる一口一口のバランスが理想的になるように考えることも求められる。このバランスには色々な意味がある。ルーメン発酵のバランス，穀類と粗飼料のバランス，エネルギーとタンパク質のバランス，その他の各栄養素のバランスなどである。TMR給与で牛の採れる選択肢は「食う」か「食わない」かであり，バランスが取れていないTMRを給与された場合，牛は「食わない」という選択肢を採る。そのため，飼料設計では，DMIが最大になるようなバランスを考えることが重要になる。

3. ルーメン発酵のバランス

「ルーメンでの発酵酸の生成量」と「発酵酸の中和・除去」のバランスをイメージし

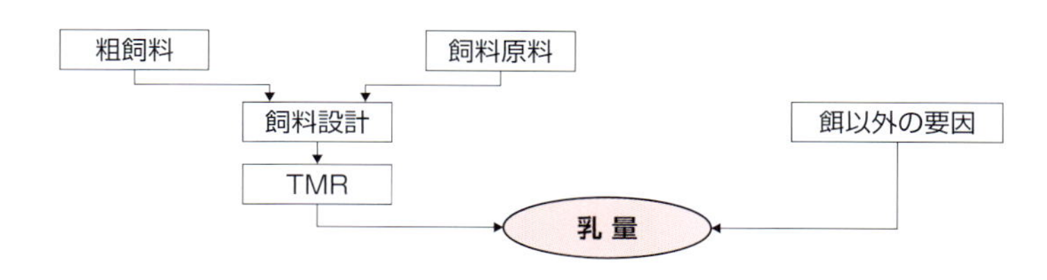

図４　乳量に影響を与える要因

ながら飼料設計をすることは，エネルギー摂取量を最大にするうえで非常に重要である。発酵酸の生成量は，穀類の給与量・加工方法，飼料設計のデンプン濃度などによって変わる。それに対して，「発酵酸の中和・除去」は，牛のルーメンを刺激し反芻を促す粗飼料の摂取量により決まる。反芻時，牛は唾液をたくさん分泌するが，唾液には発酵酸を中和する働きのあるバッファー成分が含まれている。つまり，発酵度の高い穀類を給与する時には，それに見合った反芻時間を確保させることが重要になる。これがルーメン発酵のバランスを取るという意味である。エネルギー摂取量を増やすために，TMR のエネルギー濃度を上げても，ルーメン発酵のバランスが取れていなければ，ルーメンは発酵過剰（アシドーシス）になり，牛の DMI は低下する。DMI が低下すれば，たとえ TMR のエネルギー濃度を上げても，1 日のエネルギー摂取量は低下する。牛の食欲を減退させないような「バランス」を考えることが重要なポイントとなる。

4. エネルギーとタンパク質のバランス

最新の飼料設計ソフトでは，「エネルギー摂取量から可能となる乳量」と「代謝タンパク質の摂取量から可能となる乳量」が表示される。例えば，想定乳量 35 kgの TMR の飼料設計を行う場合，この「エネルギー乳量」と「タンパク質乳量」の両方を 35 kg に設定することが望ましい。仮に「エネルギー乳量」を 40 kgにし，「タンパク質乳量」を 35 kgになるような設計をすれば，牛は 35 kgの乳量を出せるかもしれないが，太る牛が出てくる。これはタンパク質に対してエネルギーを過剰に摂取しているためである。その反対に，「エネルギー乳量」を 35 kgにし，「タンパク質乳量」を 40 kgにすれば，牛は 35 kg以上の乳量を出そうとするかもしれない。しかし，足りないエネルギーを補うためにボディコンディションを動員して（文字どおり身を削って）乳量を出そうとすれば，BCS は低下し，繁殖に悪影響が及ぶことになる。

5. 飼料設計以外の栄養管理

乳牛の栄養管理では，飼料設計以外の要因を考慮することも重要である（**図 4**）。同一の TMR を利用している 47 牛群について調査した結果を，スペインの研究者が発表した。この 47 牛群の平均乳量は，20.6～33.8 kg / 日のバラツキがあった。同じ餌，同じ飼

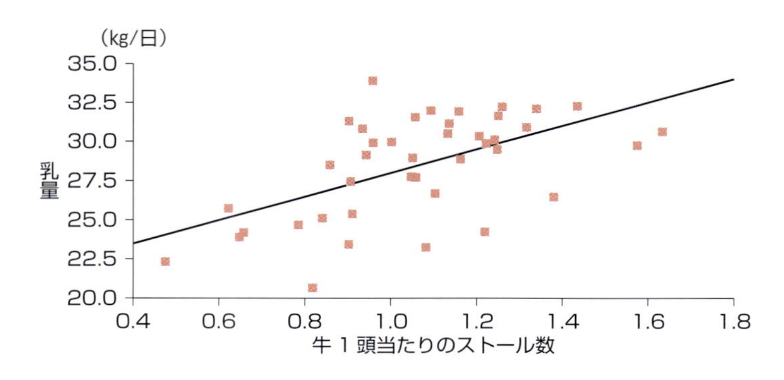

図５　飼養密度と乳量の関係

Bach ら，2008

料設計，同じ TMR を給与されているのに，なぜこれだけのバラツキがあるのだろうか。酪農家に色々な質問をし，統計的に有意差が出た項目をいくつか紹介したい。

TMR 給与前に残さがあるか？ この質問に「Yes」と答えた酪農家（60％）の平均乳量は 29.1 kg / 日だったのに対し，「No」と答えた酪農家（40％）の平均乳量は 27.5 kg / 日だった。残さが出るほど十分な量の TMR を給与することの大切さが理解できる。

餌押しをしているか？ この質問に「Yes」と答えた酪農家（89％）の平均乳量は 28.9 kg / 日だったのに対し，「No」と答えた酪農家（11％）の平均乳量は 25.0 kg / 日だった。牛の口が届く範囲に餌があるかどうか，これも DMI と乳量を高めるうえで重要なポイントになることが理解できる。

分娩直後の牛を別グループで管理しているか？ この質問に「Yes」と答えた酪農家（19％）の平均乳量は 29.7 kg / 日だったのに対し，「No」と答えた酪農家（81％）の平均乳量は 28.1 kg / 日だった。フレッシュ牛への対応で牛群の平均乳量に差が出るという事実は興味深い。さらにフリーストールの飼養密度と牛群の平均乳量の間には，相関関係がみられた（**図５**）。カウコンフォートも乳量に大きな影響を与えることが理解できる。

3－4

発酵飼料（サイレージ）

サイレージ発酵の原理

乳牛への給与粗飼料としてサイレージは重要な存在である。なぜなら，特に土地を基盤とした酪農経営における成牛への飼料給与体系では，粗飼料のほとんどはサイレージだからである。サイレージは高水分状態での貯蔵飼料であり，多くの微生物が関与している。

サイレージに関与する微生物は乳酸菌，好気性細菌，通性嫌気性菌，酪酸菌，カビおよび酵母であり，その特性は以下のとおりである。

1. サイレージに関与する微生物

①乳酸菌

乳酸菌は炭水化物を発酵し，代謝産物として乳酸を産生する細菌の総称である。乳酸菌はサイレージ発酵にとって最も重要な菌である。乳酸菌は糖（WSC：可溶性炭水化物）を乳酸に転換する。乳酸の生成量が多くなるとpHが低下し，サイレージにとって不良な微生物の活動を抑制する効果がある。

②好気性細菌と通性嫌気性菌

牧草などには空気の存在下で活動する好気性細菌と，空気の有無にかかわらず活動する通性嫌気性菌が多く存在する。これらの菌はサイロ内に入ると活発に呼吸を行い，サイロ内の酸素を消費する。呼吸作用は材料草に含まれる糖を消費して二酸化炭素，水，熱に変換することで，養分を損失させる。これらの活動を完全に抑えることはできないが，良質サイレージ調製のためには呼吸作用の時間を短くすることが重要である。また，これらの菌には糖を利用して酢酸を生成するものがある。

③酪酸菌（*Clostridium* 属）

Clostridium 属に含まれる細菌は嫌気的条件下のみで発育が可能な菌（偏性嫌気性菌）で，糖や乳酸から酪酸を生成することから酪酸菌と呼ばれている。酪酸菌は植物体

表１　サイレージの発酵過程

段階	環境状態	活動の主役	主な変化
1	好気的	植物細胞	細胞の呼吸（酸素と糖の消費）
2	好気的	好気性細菌	酸素消費と酢酸の産生
3	嫌気的	乳酸菌	乳酸の産生開始（pH の低下）
4	嫌気的	乳酸菌	発酵が安定（pH4.2 以下になって安定）
5	嫌気的	酪酸菌	酪酸，アンモニアの産生
開封後	好気的	酵母・カビなど	発熱，カビの発生（変敗）

には多く存在しないが，土壌に生息する菌であり，サイレージ調製時に土壌が混入することによって容易にサイロ内に侵入する。

酪酸菌はタンパク質（アミノ酸）を分解し，アンモニアを生成することから，サイレージ発酵では劣質サイレージの原因菌として注視すべき細菌である。

④カビ（真菌類・糸状菌）

カビはサイレージ発酵に何ら役立つ菌ではなく，好気的条件下でサイレージの変敗の原因になることが多い。サイレージには多種のカビが存在するが，サイレージ発酵（熟成）中は増殖しないが，密封が不完全な場合や開封後サイレージが空気に曝露された場合に増殖することがある。カビにはマイコトキシン（カビ毒）を生成するものもあり，乳牛への影響が懸念される。

⑤酵母

酵母は通性嫌気性菌であるが，酸素のまったくない環境では活発に活動できない。サイロ開封後の酸素供給によって増殖する。酵母は糖を分解し，アルコールと二酸化炭素を生成する。

2. サイレージの発酵過程

良質サイレージは乳酸発酵が主体となることが基本であった。そのサイレージ発酵における主な微生物との関係（発酵過程）は，**表1**のとおりであり，乳酸菌が産生する乳酸がサイレージ発酵を制御するものであった。現在は乳酸発酵を主体としないサイレージ調製も行われている。しかし，いかなるサイレージ調製法であっても，その概念は同じである。良質サイレージ調製の基本は，サイレージ発酵に関与する微生物を制御することにあり，①好気性の微生物の増殖を抑制すること，②有害な嫌気性菌（酪酸菌）による変敗を抑制することである。好気性微生物はサイロ内を嫌気的条件にし，有害嫌気性菌（酪酸菌）はサイレージの pH を低くするが，材料草の水分含量を調整（低水分化）することでその活動を抑制することができる。

3. サイレージ発酵を決定する要因

①サイロの嫌気度

(1) サイロの完全密封

好気性微生物の生育を抑えるにはサイロを密封し，嫌気的状態にする必要がある。このことはサイレージ調製のなかで最も重要な基本技術である。サイロ詰め込み中，さらに詰め込み直後のサイロ内は好気的であるため，好気性微生物を抑制するためにはサイロへの詰め込みは短時間で行い，直ちに密封し，できるだけ早く嫌気的にする必要がある。

貯蔵中のロールラップフィルムのピンホール（小さな穴）やサイロのビニールカバーの破損はカビ発生の原因になる。

(2) サイロ内材料の高密度化

材料草を高密度に詰め込むことはサイロ内の空気を排除することになり，サイレージの品質を高める。また，開封後の好気的変敗の防止にもなる。サイロ内密度を高めるためには，材料草の細切，踏込み（踏圧・鎮圧），詰め込み後の加重を行う。

②サイレージの pH

サイレージの pH を低くすることで酪酸菌の生育を阻止することができる。酪酸菌は酸性に弱く，pH を 4.2 以下にすると不良発酵が抑制される。pH を低くするには添加剤などを用いて乳酸発酵を促進させる方法や，ギ酸などの酸を添加し，詰め込み初期から pH を下げる方法がある。乳酸発酵の促進は，材料草の糖含量と材料草に付着している乳酸菌数に影響される。酸の添加は，材料草の pH が確実に 4.2 以下になるようにしなければならない。

③材料草の水分含量

材料草の水分含量を低く（予乾）すると，微生物全体の活動は抑制される。特に，酪酸菌の活動は顕著に阻止される。したがって，予乾して調製すると乳酸発酵も抑制され pH が高くなるが，不良発酵が抑えられるため，良質のサイレージが得られる。

サイロの種類とサイレージ調製の実際

サイレージ調製に用いられるサイロを**表 2** に示した。主流のサイロ様式は時代とともに変わってきた。用途や乳牛頭数などに適したサイロが利用されており，その主なものはバンカーサイロ（**写真 1**），タワーサイロ（**写真 2**）およびロールベールラップサイロ

表２　サイロ形式とサイレージ材料

形式	サイロ名	詰め込み材料	サイロの素材
施設型	バンカー	牧草，トウモロコシ	コンクリート，パネル
	タワー	牧草，トウモロコシ	レンガ，ブロック，コンクリート，スチール
	気密	牧草	スチール，FRP
仮設型	スタック	牧草，トウモロコシ	ビニール
	チューブバッグ	牧草，トウモロコシ	ビニール
	トレンチ	牧草，トウモロコシ	ビニール
可搬型	ラップ	牧草，（トウモロコシ）	ストレッチフィルム
	バッグ	TMR，食品製造副産物	ビニール，合成樹脂

写真１　バンカーサイロ

写真２　タワーサイロ

左２基：スチール製，右１基：セラミック製

（**写真3**）である。近年，チューブバッグサイロ（**写真4**），スタックサイロ（**写真5**）や細断型ロールベーラによるサイレージ調製も行なわれ，調製方法が多様化している。

サイレージ調製の基本と技術対応は**表3**のとおりである。サイレージ調製はサイロ内を嫌気的条件にして貯蔵することが大前提である。嫌気的条件下での酪酸発酵の抑制には低pH化か低水分化の方法をとる。低pH化は，糖含量の高い材料の利用，糖・乳酸菌・酵素製剤などの添加剤の使用による乳酸発酵の促進や酸の添加によって達成できる（**表4**）。

低水分化は予乾によって水分調整を行う。予乾の程度はサイレージの調製法によって

写真3　ロールベールラップサイロ

写真4　チューブバッグサイロ

写真5　スタックサイロ

表3　サイレージ調整の基本と技術対応

目的	基本原理	具体的方法
好気性微生物の抑制	嫌気性の保持	①早期完全密封
		②サイロ内材料の高密度化 （細切・踏圧・加重）
酪酸発酵の抑制	低 pH 化	①糖含量の高い材料の利用
		②添加剤の利用
	低水分化	①中水分（水分を 60 ～ 70％に予乾） サイロ形式にかかわらず
		②低水分（水分を 40 ～ 60％に予乾）

異なる。通常サイロを用いる場合には，その形式にかかわらず水分含量が60～70％になるよう予乾する。これ以上の水分含量では排汁が生じ，養分のロスが多く，かつ不良発酵に陥りやすくなる。また，サイレージの水分含量が高くなると品質が低下する傾向にある。一方，水分が低くなりすぎると，サイロ内の嫌気性の保持が難しくなる。

表4　サイレージ添加剤の分類

目的	種類
乳酸発酵促進	乳酸菌 糖・炭水化物 酵素（繊維分解酵素など）
不良発酵促進	ギ酸 プロピオン酸
好気的変敗促進	乳酸菌 有機酸

実際のサイレージ調製ではどのような原理で酪酸発酵を抑制するかを明確にして，その方法を決定することが肝要である。

バンカーサイロでのサイレージ調製

バンカーサイロのようにサイロが大型になるに従い，詰め込み時間の長期化，外気との広い接触表面積，詰め込み密度の低下などから発酵品質に悪影響を及ぼすことが懸念される。以下にバンカーサイロでのサイレージ調製の実際を記す。

1. サイロを完全密封する

サイロ壁にビニールシートを設置し，そのなかに材料草を詰め込む。詰め込み作業中にビニールが破損したら直ちに補修しなければならない。詰め込み終了後，直ちにシートで覆い空気と遮断するが，この時，材料草表面とシートの間の空気を極力排除するようにする。また，空気の再侵入や空間をなくすために，古タイヤなどをサイロ表面全体に敷き詰めることが肝要で，タイヤの数が多いほど効果的である。

2. サイロ内材料を高密度に詰め込む

①材料草の細切

飼料の切断長はサイレージの発酵品質や飼料摂取量，反芻行動に影響する。材料草の微細切は，詰め込んだ材料草間の空気を排除し埋蔵密度を高め，かつ開封後におけるサイレージ内への空気の侵入を難しくし，好気変敗の防止策になる。しかし，極端に微細なものはルーメン機能低下の原因となる。一方，切断長が長い場合は嫌気性の保持が難しく，不良発酵になりやすくなる。また，サイレージの取り出しや混合飼料（TMR）の混合が不十分（分離しやすい）になることが懸念される。このように，サイレージの切断長はサイレージの発酵品質と乳牛への影響との兼ね合いで決定され，ハーベスタ（飼料収穫機）の設定切断長は1 cm程度に設定する。この場合，実際の切断長は1～3 cm

写真 6　バンカーサイロのトラクタでの踏圧

表 5　バンカーサイロにおける詰め込み牧草の圧縮係数と詰め込み量

$$\text{圧縮係数} = \frac{\text{運搬した牧草総容積(m}^3\text{)}}{\text{踏圧後牧草容積(m}^3\text{)}}$$

$$= \frac{\text{運搬車両の延べ台数(台)} \times \text{運搬車両の荷台容積(m}^3\text{)}}{\text{踏圧後牧草容積(m}^3\text{)}}$$

バンカーサイロへの詰め込み牧草量の算出法
①サイロの詰め込み容積(㎥)＝サイロ幅(m)×高さ(m)×奥行き(m)
②目標圧縮係数＝2.0 ～ 2.3 以上(1 番草で 2.0 以上，2 番草で 2.3 以上)
③運搬する牧草容積(㎥)＝サイロの詰め込み容積(㎥)×圧縮係数
④牧草運搬車両の荷台容積(㎥)＝荷台幅(m)×牧草積載高(m)×荷台長(m)
⑤運搬車両の台数＝運搬する牧草容積(㎥)÷牧草運搬車両の荷台容積(㎥)

大越，2007

になる。また，ハーベスタのナイフは，切り込み時間の経過に伴い切れ味が悪くなり，切断長が一定しなくなる。材料草の切断がシャープになるよう，ハーベスタの研磨に注意を払う必要がある。

②踏圧

　詰め込みは短時間に行う必要があるが，踏圧を十分に行うことが重要である。特に，バンカーサイロにおいては，面積は広く，かつ面積に対する高さが低いため，材料草の自重による沈み込みが少なく，踏圧をしなければならない（**写真 6**）。十分な踏み込みを行うためには，それに合わせて詰め込み速度（サイロへの運搬量）を調整しなければならない。材料草の埋蔵密度は，700 kg/㎥（乾物で 200 kg/㎥）以上と言われているが，人が歩いても足跡が残らない程度まで十分に踏み込む必要がある。また，踏圧程度の指標として数値化した「圧縮（踏圧）係数」がある。圧縮係数は式より算出され，踏圧の度合いと詰め込み量が試算できる。牧草サイレージの踏圧の程度は，運搬された牧草の容積が半分以下になるようにする（**表 5**）。

サイロに搬入された牧草は，厚く拡散した状態での踏圧は不十分になる。できるだけ均一に薄く（30 cm以下）拡げて踏圧することがポイントである。また，サイロ側壁は踏圧密度が低くなりやすいため，注意深く入念に踏み込む必要がある。そのためにはサイロ壁側を少し高めにし，中央部が窪みになるように詰め込む。さらに，サイロの上部は密度が低くなるため，より入念に踏圧する。

ロールベールラップサイレージの調製

牧草の調製利用は，ロールベーラの導入により，乾草からサイレージ主流へと変化した。ロールベールラップサイレージは天候の変化に即応できる調製法であり，粗飼料におけるサイレージの存在を高めた技術である。

圃場作業での乾物損失やサイレージ発酵ロスが少なく，さらにロールベールラップサイレージ調製に関する機械や資材の性能向上と多くの研究成果の結果として，サイレージ品質の改善が図られている。ロールベールラップサイレージ調製の原理は，牧草の水分含量を低水分化して酪酸菌を，ラップフィルムで密封して好気性菌を抑制することである。これは，バンカーサイロでの予乾サイレージ調製と同じ原理である。

ロールベールラップサイレージの発酵品質は，材料草の水分含量，梱包密度，密封性，貯蔵中の保管状況などに影響される。良質ロールベールラップサイレージの調製方法のポイントは以下のとおりである。

1. 牧草の刈り取り時期

牧草は，単位面積当たりの栄養収量が高い時期に刈り取る。刈り遅れによって，栄養価が低下するばかりでなく，硬化した茎によるラップフィルムのピンホール（穴）が起こりやすくなり，発酵品質が低下する。

調製作業時間は比較的短時間であるが，降雨などの天候には注意を要する（晴天が2～3日程度続くこと）。また，刈り取り後の降雨は栄養価の低下を引き起こすので，天候の変化に順応できるように作業手順を考えておくことが必要である。

2. 水分調製（予乾）

ロールベールラップサイレージ調製では，予乾作業が必須である。ラップサイレージの場合，水分含量は一般的に40～60%といわれている。しかし，水分含量60%のサイレージでは不良発酵を呈するものが認められるため，水分含量50%程度が望ましいと思われる。一方，水分含量40%以下の場合は好気的変敗が懸念されていたが，ロールベーラやラップフィルムの性能向上により，適正な作業を行えばサイレージ品質には問題ないとされている。

3. 梱包作業

予乾後，レーキで集草（ウィンドロウを形成）して，ロールベーラで梱包する。梱包は，高密度で形のよいロールを成形することが重要である。ウィンドロウの幅や高さ（形状）は，草量によって変わるが，ウィンドロウ幅はロールベーラのピックアップ部の幅に適するように調整することが肝要である。幅が小さいとロールの左右の径が異なった形状になりやすい。形の悪いベールは，ラッピングや運搬，貯蔵管理作業を円滑に行えない。そのためには，均一なウィンドロウを形成し，作業精度を低下させないことである。

現在市販されているロールベーラにはカッティング機能が装備されているものが多い。カッティングロールベーラは牧草を切断しながらロールを形成するため，ベールの密度を高めて発酵品質を向上させる。また，牧草が切断されているためロールの解体や給餌作業が容易になる。

4. ラッピング（密封）

サイレージ調製で最も重要なことは密封である。梱包後は直ちにラッピングすることが肝要である。ラッピングの遅延によってベール内温度の上昇や発酵品質の低下が懸念される。梱包からラッピングまでの作業は，同じ日のうちに処理できるようにしなければならない（梱包後半日以内にラッピングする）。

ラッピングフィルムの巻き層数が少ないと気密性に欠けるだけでなく，ピンホールの原因になり，カビが生じやすい。そのため巻き層数は4層以上，場合によっては6層以上にする必要がある。長期保存する時は巻き層数を多くすると品質が保持される。ピンホールがみられた場合は，専用のテープで補修する。

雨中での作業は，フィルムの粘着性が低下し十分な気密性が確保できないため，避けなければならない。

5. 貯蔵法

ロールベールの貯蔵は縦置き2段重ねで貯蔵するとよい。3段重ね以上では，最下段のベールがつぶれてフィルムが剥離し，密封不良になりやすい。貯蔵期間が長くなるとフィルムの張りが低下し，また，貯蔵中のベールグラブでのベールつかみ動作はフィルムとベール表面に隙間が生じて，カビ発生の原因になる。したがって，貯蔵中のベール移動は避けなければならない。フィルムは紫外線などの影響で劣化するため，日陰に貯蔵，シートで覆うなどで劣化が軽減できる。また，鳥獣によってフィルムが破損することが多いため，その対策も必要である。日常観察をすることが重要である。

近年，細断型ロールベーラの登場で，トウモロコシを原料としたロールベールサイレージ調製も行なわれるなど，ロールベールサイレージ調製利用の範囲は広がりを見せている。

トウモロコシサイレージ調製

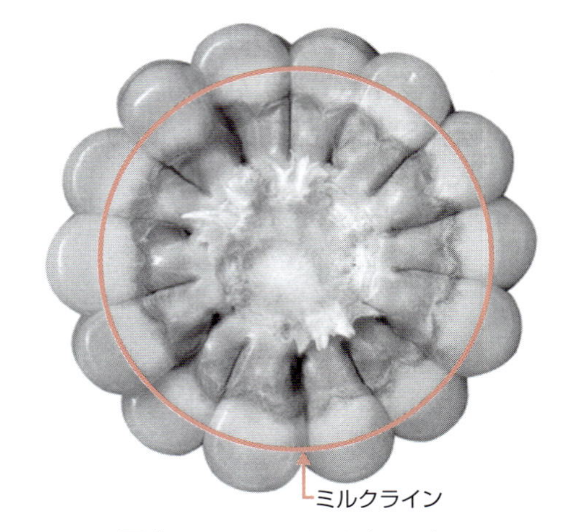

写真７　ハーフミルクライン

近年の濃厚飼料の高騰から，高栄養の自給飼料を生産する傾向にある。自給飼料を基盤とした北海道においては，トウモロコシは濃厚飼料の低減につながる作物として，その栽培面積が増加傾向にある。トウモロコシは，子実と茎葉すべてを収穫しサイレージに調製するホールクロップサイレージとして利用されるが，近年，雌穂のみを利用する雌穂サイレージ（イヤーコーンサイレージ）の調製も行われている。さらに新しい技術での貯蔵方法も導入されている。しかし，その調製の基本技術は，牧草サイレージと同様である。トウモロコシサイレージの特徴となる作業ポイントを記す。

1. 黄熟期に収穫する

トウモロコシはサイレージ用作物として優れているが，サイレージに調製される過程で乾物の損失が生じる。主な乾物損失は，収穫時（圃場），発酵，排汁に大別される。未熟なトウモロコシは水分含量が高く，発酵や排汁による損失が多くなる。水分含量が75%前後のトウモロコシは，詰め込み作業時から排汁が生じ，栄養価の低下や発酵品質の低下が懸念される。一方，水分含量が70%以下では発酵による損失が少なく，また排汁の損失はほとんど生じない。水分含量70%前後の熟期は黄熟期であり，この期は可消化養分総量が高く，乾物回収率がよいことからトウモロコシの収穫適期となる。

トウモロコシの熟期の判定は，子実を爪で押しつぶすなどして判定される。乳熟期は子実が柔らかく，子実をつぶすとミルク状の水様物が出る。糊熟期は子実をつぶすと粘りのある糊状の液がでる。また，デント系の品種は頂部表面がくぼみはじめる。黄熟期は子実の頂部表面が凹み，爪を立てると子実が割れるかやっと割れるほどに硬化する。さらに熟期が進んだ完熟期では子実が硬くなり，まったく爪が立たなくなる。

刈取適期（黄熟期）をより確実に判定するには，雌穂の上位1/3部分を折って「ミルクライン」を確認するのが有効な方法である。トウモロコシは熟期が進むと子実の上部から芯に向かって黄色く（デンプン）なり，白色部分（乳汁）が少なくなってくる。この黄色と乳白色部分の境界がミルクラインであり，このラインが子実の中央に形成された時（ハーフミルクライン）が収穫適期の黄熟期である（**写真７**）。

2. 収穫作業

①刈り取り高さ

トウモロコシは養分吸収量の多い作物であり，施用量が不足すると収量，栄養価の低下が生じる。一方，窒素の施用量が多くなると収量が増加するが，硝酸態窒素も高まる傾向にある。また，硝酸態窒素の蓄積は栽培密度や気象条件などにも影響される。硝酸態窒素含量の高い飼料の給与は，乳牛へ悪い影響（硝酸塩中毒）を与えかねない。硝酸態窒素は茎に多く分布することから，刈り取り高さを高めにすることも必要である。高刈りは収量の減収になるが，消化性の低い部分を収穫しないことから消化率の向上につながる。

②クラッシャー（破砕）処理

登熟の進んだトウモロコシは未消化の子実が多くなるが，消化性の向上を目的に子実や芯を破砕する方法がとられる。ハーベスタに装着したコーンクラッシャーによる破砕処理によって，①子実デンプンの利用性の向上，②芯や茎の破砕による嗜好性の改善（選び食い防止と残飼の減少），③切断長を長くできることによるトウモロコシの繊維効果の向上，④サイレージの詰め込み密度の増加，などの効果が得られる。黄熟期に収穫するトウモロコシの切断長は 1 cm前後であるが，破砕処理をする場合は 1.5 cm前後にするとよい。なお，糊熟期での破砕処理は排汁が発生しやすくなるため，破砕処理を行わないかクラッシャーのローラ間隙を最大にするとよい。

3. サイロの多様化

サイレージ調製に用いられる多くのサイロはタワーサイロやバンカーサイロであるが，2000 年以降に登場したチューブバッグサイロや細断型ロールベーラの導入により，トウモロコシサイレージの調製方法も多様化した。

①チューブバッグサイロ

チューブバッグサイレージ調製では，専用の機械を用いて，大口径のチューブバッグ内に圧力をかけながらトウモロコシを詰め込む。踏圧作業が不要であり，詰め込み作業は材料の運搬やハーベスタの運転が追いつかないほどきわめて短時間に行われる。

②細断型ロールベーラ

従来の牧草ロールラップサイレージ調製方法に準じた細断型ロールベーラとラッピングマシーンを組み合わせたシステムにより，トウモロコシロールベールラップサイレージの調製と再貯蔵が可能になった。再貯蔵は，短期間の代替サイロとしての利用が可能である。また，細断型ロールベーラは，細切された牧草や発酵 TMR の調製などに

表6　良質サイレージ調整法とサイレージ発酵の概略

調整方法	具体的方策	発酵の概略
発酵促進	糖含量の高い材料の利用	高乳酸，低 pH
	乳酸菌，酵素，糖などの添加剤	高乳酸，低 pH
低水分化	予乾	低有機酸，高 pH
	ギ酸などの添加	低有機酸，低 pH

も応用されるシステムとして，有効活用が期待される。

品質評価

サイレージの品質，栄養価は乳牛の飼料給与体系，乳生産，疾病の発生に影響する。サイレージ発酵によって産生されるアンモニアや酪酸などは，嗜好性やサイレージの栄養価の低下に伴う乾物摂取量の低下，乳量の減少，栄養不足からの疾病（エネルギー代謝障害）の発生原因になる。ケトーシスの発生は，乳牛の低栄養状態やケトン体原因物質である酪酸を多く含むサイレージの多給などが原因とされている。

発酵品質の評価方法として，化学分析によるものと現場で用いられる官能評価法がある。サイレージは調製法によってその発酵様相が異なる（**表6**）。その発酵様相から飼料価値を判断する指標が発酵品質である。

分析値による評価

サイレージの発酵品質の分析は，サイレージの発酵様式を示す pH・乳酸・揮発性脂肪酸（VFA；酢酸・プロピオン酸・酪酸など）・アンモニアなどを対象とする。

1. pH と乳酸含量

良質サイレージ調製の基本原則は，サイロ内の嫌気性の保持とサイレージの低 pH 化，あるいは材料草を予乾することによる品質に悪影響を及ぼす微生物の活動抑制である。これらから，サイレージ発酵のおおよそのパターンを推察できる。

高水分（水分 70％以上）の乳酸発酵型のサイレージは，乳酸含量が高くなり，その結果 pH が低くなる。つまり乳酸含量と pH は負の相関にある。トウモロコシサイレージは発酵基質の可溶性炭水化物（WSC）含量が高く，典型的な乳酸発酵型サイレージである。ギ酸などの酸添加サイレージは，pH を低くし，不良微生物の生育を抑制することが目的であるため，サイレージ発酵自体が抑制される。そのため，pH が低く，乳酸含量も低いサイレージとなる。これらのサイレージの pH は 4.2 以下がよい。

一方，予乾などによって低水分化したサイレージは，発酵を抑制する調製方法のため，水分含量が少ないほど乳酸の生成量は少なく，pH は高い傾向にある。このようなサイレージでは，pH と乳酸含量は品質評価の指標にはならない。

2. 揮発性脂肪酸（VFA；酢酸・プロピオン酸・酪酸など）

サイレージ発酵で産生する有機酸には，乳酸のほか酢酸，プロピオン酸，酪酸などの VFA がある。プロピオン酸の生成量は一般にわずかであり，酢酸量と合算して表示することが多い。酢酸の生成は，好気性細菌やヘテロ乳酸発酵によるところが多く，ほとんどのサイレージでは多少にかかわらず検出される。酢酸含量の多いサイレージは，詰め込み時間（好気的条件下）の長いものやヘテロ乳酸菌主体のサイレージ発酵のものであると考えられる。

酪酸は，*Clostridium* 属（酪酸菌）による酪酸発酵によって生成する。また，酪酸菌は，タンパク質を分解しアンモニアも産生する。酪酸の含量は，酪酸発酵の度合いを示すもので，その生成はサイレージの重要な品質指標となる。ちなみに良質サイレージは 0.1％以下，劣質サイレージは 0.4％以上である。

3. アンモニア態窒素（VBN，揮発性塩基態窒素）

アンモニア態窒素は，サイレージ水抽出液からアルカリ状態で発生するアンモニアガスを定量することから揮発性塩基態窒素（VBN）と称している。サイレージ中の VBN のほとんどはアンモニアであるため，VBN とアンモニア態窒素は同義的に用いられている。

タンパク質の最終分解産物はアンモニアになるため，タンパク質の分解度合いとして全窒素（CP）に対するアンモニア態窒素の割合（VBN/T-N）が表示されている。アンモニアの生成が同量であっても CP 含量の高いサイレージは低く，CP が低いものは高く表示されることを考慮しなければならない。アンモニアはルーメン内分解性タンパク質とさらにそれに包含される可溶性 CP に画分されるため，CP 含量と VBN/T-N の高いサイレージの給与法には注意する必要がある。VBN/T-N の基準値はおおむね 10％であり，低いほど良質サイレージである。

4. V-スコア

サイレージの品質評価法として，品質に大きく影響する発酵生成物質の VBN，酢酸とプロピオン酸および酪酸含量から評価する V-スコアがある。これはサイレージの発酵様相に関わりなく，すべてのサイレージに用いられる総合評価法である。

VBN/T-N は 5％以下が 50 点（Y_N），酢酸とプロピオン酸の合計含量は 0.2％以下が 10 点（Y_A），酪酸は 0％が 40 点（Y_B）の合計 100 点（$Y_N+Y_A+Y_B$）が満点で，それぞ

表7　V-スコアの点数計算

VBN/T-N*(%)	点数	X_N：	≦5	5～10	10～20	20<
		Y_N：	50	～40	～0	0
	式		$Y_N=50$	$Y_N=60-2X_N$	$Y_N=80-4X_N$	$Y_N=0$
酢酸＋プロピオン酸含量(%)(C2+C3)	点数	X_A：	≦0.2	0.2～1.5		1.5<
		Y_A：	10	～0		0
	式		$Y_A=10$	$Y_A=(150-100X_A)/13$		$Y_A=0$
酪酸以上のVFA含量(%)(C4以上)	点数	X_B：	≦0	0～0.5		0.5<
		Y_B：	40	～0		0
	式			$Y_B=40-80X_B$		$Y_B=0$

$V\text{-score}=Y_N+Y_A+Y_B$

＊：全窒素に対する揮発性塩基態窒素の割合

表8　サイレージの簡易な品質の見分け方

区分		等級	色沢	におい	においの届く範囲	触れた後の手のにおい	評点
安全		A	黄金色 オリーブ色	快い軽い甘酸	牛舎に入り牛が採食するのを見るまで分からない	手を洗う必要がない	80<
		B	褐黄色	甘酸臭に軽い刺激臭	牛舎内のみ	水で洗う必要がある	60<
危険	要注意	C	暗褐色	強い刺激臭	牛舎前 20～30 m からにおう	お湯で洗う必要がある	40<
	不向き	D	黒褐色 濃緑色	アンモニア臭・腐敗臭	牛舎前 100 m からにおう	お湯と石鹸で洗う必要がある	>39

れ含量に対応した計算式を用いた減点方式で求められる（**表7**）。

V-スコアによる品質の基準としては，80点以上で良，60～80点で可，60点以下で不良としている。

官能評価

分析によるサイレージ品質評価は時間を要するが，現場では即座に発酵品質の良否を判断することが求められる。現場での品質評価は，色沢，におい，触感などから判定する簡易な官能評価法が有効である（**表8**）。

アンモニア，酢酸，酪酸は，においを発する成分（揮発性成分）であるため，サイレージのにおいの原因物質となる。特にアンモニアと酪酸は不快臭を強く発する物質であり，その含量はサイレージの悪臭度合いと合致する。また，これらは酪農場内の環境にも影響する。良質なサイレージの触感はサラッとした清潔感があり，握った後でもサイレージが手にこびりつかず，かつにおいが残らないものである。粘性があり，べとつき感のあるものは劣質である。色はオリーブ色（黄緑色）が良質，褐色が濃くなると劣質である。

発酵品質とV-スコアとの関係では，等級A・Bは60点以上，給与に注意を要するサイレージ（等級C）また不向きなもの（等級D）は40点以下である。

表 9　サイレージから検出される主なカビ毒

カビ毒	中毒症状
デオキシニバレノール	食欲減退，乳量減少，体細胞数増加，嘔吐，胃腸炎，繁殖成績低下
ゼアラレノン	流産，繁殖障害，エストロジェン様活性
T-2 トキシン	食欲減退，免疫力低下，胃腸炎，腸出血，死
オクラトキシン A	神経毒，肝・腎肥大
アフラトキシン	食欲減退，乳量減少，免疫力低下，肝機能減退，流産，死

サイレージの官能評価の実際は以下のようにするとよい。

①サイロ全体を見てサイレージの色，カビの発生などを観察する。

②サイレージをすくい上げ，においを嗅ぐ。また，触感を確認する。

③サイレージを払って手の付着具合を確認する。

④手に付着したサイレージの残臭を確認する。

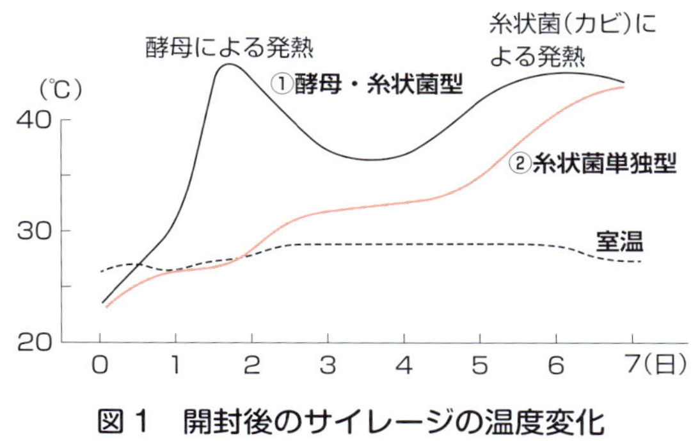

図 1　開封後のサイレージの温度変化

大山，1976

好気的変敗

サイレージ貯蔵中，また開封後の好気的条件下の変敗によってカビが発生することがある。好気的変敗で発生したカビには，乳牛に有毒なカビ毒（マイコトキシン）を産生するものがある（**表 9**）。カビ毒は飼料摂取量の低下，乳量減少，繁殖障害，肝機能減退など，深刻な状況を引き起こす原因になる。表面積の広いバンカーサイロにおいてその危険性が高くなる。

カビが発生する原因は，サイレージ調製時の原材料の過低水分化などによる踏圧不足，給与時のサイレージ取り出し量が少ないことなどである。

カビの発生は目視できるので，カビの発生した部分を廃棄することは当然である。また給与に際しては，カビ毒吸着資材を TMR に添加することも必要になる。

サイロ開封後の温度上昇は，酵母やカビ（糸状菌）の発生に伴うものである（**図 1**）。サイレージの温度が 38〜40℃以上に高くなったり，飼槽での TMR が発熱したりする場合は，サイレージの好気的変敗徴候の指標となる。1 日 1 回の TMR 給与のように空気に曝されている時間が長いこと，また気温が高い時に給餌 TMR の温度が上昇することは，飼料摂取量減少の原因になる。したがって，日常からサイレージの温度測定などの観察が必要になる。

3－5

混合飼料（TMR）

混合飼料（TMR）とは，乳牛が必要とする栄養分を満たすために様々な飼料を混合したもので，Total Mixed Ration の頭文字をとったものである。各飼料が均一に混合されている限りは，牛がいつ，どの部分を食べても栄養濃度が一定であり，ルーメン発酵が安定するので，飼料効率が優れているとされている。

TMR に用いる飼料原料を区分すると粗飼料，副産物，濃厚飼料および添加剤に分けられる。ここでは，まずは粗飼料と副産物について，品種や分類といった飼料学的な視点ではなく，TMR を構成する原材料としてみた場合の特徴について整理する。次いで，TMR 調製のポイントならびに給与のポイントについて解説する。

TMR 構成飼料としての粗飼料

TMR 調製に際して最も重要な構成要素は粗飼料である。粗飼料は牧草と飼料作物に大別される。牧草はイネ科牧草とマメ科牧草に分けられ，保存調製方法としては乾草とサイレージの 2 種類がある。乾草は切断長の長いものが一般的であるが，サイレージは切断長の長いロールベール，細切してバンカーサイロなどで調製したものの 2 種類がある。

牧草以外の飼料作物としてはトウモロコシ，粗飼料と飼料作物の中間タイプとしてソルガムやイネなどが広く利用されている。特に飼料イネのホールクロップロールベールサイレージは都府県を中心に広く普及している（**写真 1**）。牧草以外の粗飼料はサイレージを主体として，一部青刈り利用される。

TMR 構成飼料として粗飼料をみた場合は，細切して調製したサイレージが最も扱いやすい。ミキサーに入れても詰まることなく混合できるからである。一方で，細切サイレージは開封時の品質にバラツキが大きいのも特徴である。カビがみられるもの，二次発酵によって発熱したもの，酪酸やアンモニア発酵によって悪臭を発するものなど，様々な劣質サイレージが発生する（**写真 2**）。このようなサイレージの取り扱いについては悩ましい問題である。なぜなら粗飼料生産量がギリギリで経営している農場は比較的多く，安易に質の低いサイレージを廃棄したり，良質粗飼料を優先して給与したりといった対策を打つことは難しいからである。

写真１　飼料イネのホールクロップロールベールサイレージ

写真２　劣質サイレージ

25℃を超えるとサイレージの二次発酵（劣化）がはじまっていることを表す

写真３　サイレージの二次発酵抑制製剤溶液を注入している様子

質の低いサイレージは薄めて使う，バンカーやスタックサイロで発熱がみられるのであれば取り出し速度を速める，この２点が主な対処法であり，このほかに二次発酵抑制の資材を使うことも検討に値する。サイレージを「薄める」というのは，別の粗飼料や副産物飼料などを増給して，TMR 中の質の低いサイレージの給与比率を下げるという意味である。また，好気的変敗による発熱の場合，開封後の日数が経過するほど品質が悪化するので，取り出し速度を速めることも今以上の劣化を防ぐうえで重要である。質の低いサイレージは薄めて給与するのが原則なので，サイレージ使用量を増やすために普段給与していない牛群にも質の低いサイレージを与えるなどのチャレンジが必要になる。

サイレージの好気的変敗を抑制するためのプロピオン酸製剤が市販されている。**写真3**は，発熱部に大量かつ集中的に製剤溶液を注入している様子を示したものである。激しく二次発酵したサイロでは，じょうろなどによる表面散布で発熱を抑えることは難しいが，溶液の大量注入によってバンカーサイロ断面の発熱を食い止めることができる。このようにサイレージの管理は本題となることが少なく，見過ごされがちであるが，TMR 調製を行ううえで避けて通れない重要なポイントである。

粗飼料在庫管理の重要性

牧草収穫時の収量を記録しておくことで年間を通しての粗飼料在庫量を把握でき，飼料設計がきわめて容易になる。その年の収量を 365 日で割ることで，1 日当たりの給与可能量が算出できる。1 日給与可能量を 1 日の在籍頭数で割ると，1 頭当たりの給与可能量となる。

一方，飼料設計担当者には粗飼料の給与可能量だけではなく，バンカーサイロの使用状況の管理も求められる。在庫に余裕を持たせることばかり考えて，サイレージの使用量が少な過ぎると次の刈り取り時期までにサイロが空にならず，収穫した牧草やトウモロコシを詰め込む場所がなくなってしまうからである。これはバンカーサイロに限った話ではない。ロールベールであっても収納場所は重要な問題であり，状況は同じである。苦肉の策で圃場をつぶしてロールベールを仮置きしている例は珍しくない。

一般の酪農場で実際の収穫量を正確に記録することは困難であるが，在庫管理の重要性は理解していただけたであろう。栄養管理・飼料設計をする者は，粗飼料給与量の増減を求める際に，その農場の粗飼料在庫を念頭に置かなくてはいけない。

濃厚飼料と副産物飼料

濃厚飼料の栄養特性は，TMR を設計するに当たって最初に頭に入れておかなくてはいけない。エネルギー系の濃厚飼料としては，高デンプン飼料と高脂肪飼料がある。前者はトウモロコシや麦類が該当し，後者は全粒大豆や綿実などが挙げられる。タンパク質系濃厚飼料としては大豆粕や菜種粕がある。配合飼料はエネルギーとタンパク質のバランスを整えた濃厚飼料である。

副産物飼料も様々な特色を兼ね備えているものが多い。例えば，ビートパルプは繊維源とエネルギー源が組み合わさった副産物飼料である。ビートパルプの繊維は軟らかく消化が早いため，同じ高繊維飼料である牧草と比べると繊維源としての役割に加えてエネルギー源としての意味合いも強くなる。醤油粕のように，大豆由来の高タンパク質，高脂肪といった特色に加え，塩分濃度も高いというユニークなものもある。醤油粕を利用することでブロック塩の消費量が減り，コスト削減につながっている例もある（泉ら，2008）。

TMR 構成飼料として副産物をみた場合，栄養面以外にも利点を見出すことができる。

それは副産物飼料には比較的高水分のものが多いということである。この特性は濃厚飼料を吸着し，分離を低減することで，TMRの選択採食防止に効果を発揮する（後述）。

TMR調製技術

TMRに用いる粗飼料で最も重要なことは，切断長と水分含量である。TMRはミキサーで混合調製するが，切断長の長いものはカッティング機能付きのミキサーを用いないと調製できない。カッティング機能のないミキサーでは長い牧草を大量投入すると詰まってしまい，機械破損のおそれがある。したがって，農場で入手可能な粗飼料がロールベールのみである場合は，TMR調製に際してカッティング機能付きのミキサーを選択するか，別途サイレージを細かく切断してからミキサーに投入することになる。切断長の長いサイレージは選択採食が生じやすいことからも注意が必要である。

切断長が短ければ，乾草かサイレージかにかかわらず，どのタイプのミキサーでも混合可能である。また，輸入乾草のように乾燥が進みミキサー投入後にもろく崩れてしまうような性状であれば，長いままでの投入も可能である。

選択採食

ここまで何度か「選択採食」が不適切な採食状況を示す言葉として使われてきた。では，選択採食の何がよくないのであろうか。

TMRの飼料設計では，すべての飼料をバランスよく食べることが前提であり，その前提どおりであればルーメン発酵は適正に保たれる。しかし，選択採食が生じると，牛は発酵の早い穀類を集中的に食べてしまうので，ルーメンpHは速やかに低下する。**図1**は，TMRの選択採食がみられた泌乳牛ではルーメンpHが急低下したことを示している（山下，2011）。一方，乾草主体の乾乳牛ではpHの低下幅は小さかった。一般に，ルーメンpHが6.0～5.8を下回る時間帯が長いとルーメンアシドーシスの危険性が高まるといわれており，選択採食を行う乳牛ではルーメンアシドーシスが強く危惧される。

粗飼料の切断長が適正で水分含量が高いものについては，TMR調製に際して選択採食が問題になることはない。一方，水分含量の低い乾草やワラ類を主な粗飼料としてTMR調製する際には，混合されたTMRが容易に分離してしまうので選択採食に注意が必要になる。ミキサー内では十分に混合されたTMRであっても，給与後の牛によるTMRの選り分け行動によって比重の軽い粗飼料と重い濃厚飼料が分離され，選択採食が生じてしまう。牛が選択採食を行う際にはTMRを鼻先で左右前後に分けて，飼槽底面に分離した濃厚飼料を選んで摂取する（**写真4**）。

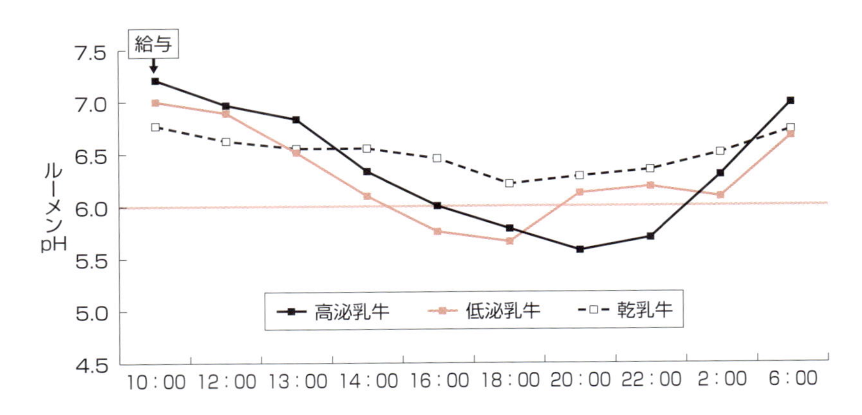

図1　ルーメン pH の日内変化

山下，2011

泌乳牛は給飼後から pH が低下し，6.0 以下になる時間帯が長く，ルーメンアシドーシスが疑われる

写真4　選択採食する牛

写真5　PSPS

選択採食が行われているかどうかの詳細な判断はペンステートパーティクルセパレーター（PSPS）という篩（ふるい）を用いて行う（**写真5**）。目開きが19 mmと8 mmの篩に受け皿の3段タイプと，これに1.18 mm篩あるいは4 mm篩が加わった4段タイプがある。これらの篩を用いて，給与直後のTMRから時間を追って篩い分けを行うことで，選択採食の程度が判断できる。PSPSを用いたTMRの評価法のガイドラインを**表1**に示す。最新のPSPSは4段タイプに4 mm篩を加えたものであり，開発元のアメリカ・ペンシルベニア州立大学ではこちらの使用を推奨している。長く切断したロールベールサイレージを用いたTMR（**写真6**）は，明らかに長い繊維が多く，牛は容易に選択採食を行うことができる。逆に**写真7**は繊維の切断長が短すぎて，反芻刺激が弱く，ルーメン環境が不安定になるかもしれない。**写真8**は適度に長い繊維も存在しており理想的な切断長である。

3段タイプのパーティクルセパレーターを用いて調査したTMR粒度分布の日内変化を**図2**に示した（泉，2001）。ちなみにこの調査のTMRに用いた粗飼料は粗く切断し

表1　PSPSによるTMR飼料粒子の推奨分布

	4段		3段
	4㎜タイプ	1.18㎜タイプ	
上段(19㎜)	2～8%	2～8%	6～10%以上, NDFに換算した場合は3～6%
中段(8㎜)	30～50%	30～50%	30～50%
下段(4㎜または1.18㎜)	10～20%	30～50%	−
受け皿	30～40%	20%以下	30～40%

ペンシルベニア州立大学農学部エクステンションホームページ

写真6　切断長の長いTMR

写真7　切断長の短いTMR

写真8　理想的な切断長のTMR

た，イネ科およびアルファルファのロールベールサイレージとトウモロコシサイレージであった。給与直後は大（上段），中（中段）および小飼料片（下段）がそれぞれ1/3ずつの割合となっていた。ところが，給与直後から急激に大飼料片の割合が高まり，中および小飼料片の割合が減少する結果となった。

給与してから翌朝までのTMRの栄養成分の推移をみると（**図3**），ミキサーから落としたての飼料中の栄養成分はおおむね飼料設計のものと同程度であった。しかし，その

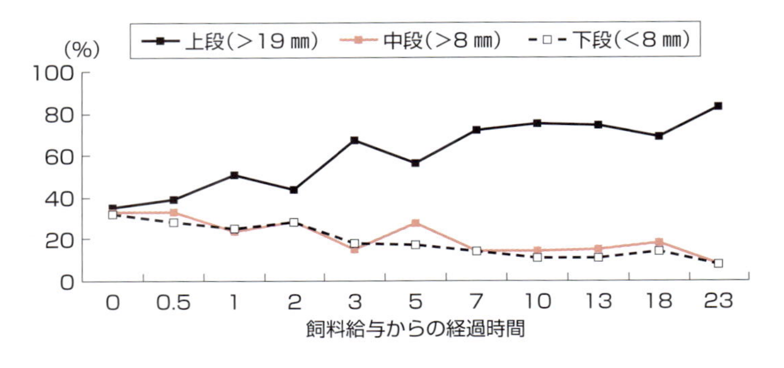

図２　TMR 粒度分布の変化

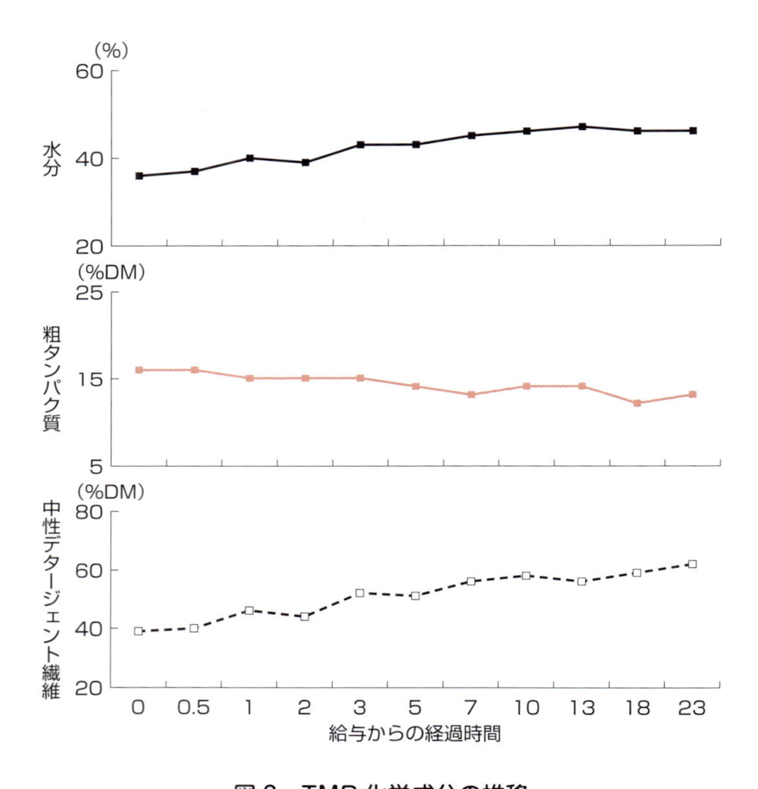

図３　TMR 化学成分の推移

後は水分含量が上昇し，粗タンパク質（CP）含量は減少を続けた。一方，繊維質である中性デタージェント繊維（NDF）含量は給与から一貫して増加し続けた。これは，TMR の栄養価が低下していったことを意味する。粒度別の栄養価をみると，大飼料片は NDF 含量が高く，CP 含量が低かったので，繊維質が大部分を占めていたと考えられる。一方，中および小飼料片は CP 含量が高かったことから，繊維質よりも濃厚飼料

写真 9　高水分 TMR

写真 10　高水分 TMR 給与の様子

の割合が高い分画であったといえる。この結果から，牛は長い繊維質を残し，細かい濃厚飼料を選択的に採食することが見て取れる。

選択採食を防ぐために

選択採食はルーメン発酵を乱し，ルーメン微生物の生活環境を悪化させてしまうので，真っ先に改善しなくてはいけない課題である。

粗飼料の水分含量が低く，切断長が長すぎる場合に TMR の分離は容易になる。したがって，水分含量を高め，粗飼料を短く刻んで TMR を調製することが選択採食を防止するうえで最も簡単な対策となる。TMR が乾草多給であるならば加水を行ってもよい。また，高水分の副産物を多給することも効果的である。**写真 9** は高水分副産物の配合割合を高めた TMR である。水分が多いため粘度の高い性状となり，簡単には分離しない TMR になった。この TMR は水分含量が 65% を超えていたが，泌乳牛への給与試験では嗜好性や採食量が低下することはなく，選択採食もみられなかった。高水分 TMR は，その重たさ（密度の高さ）から，はじき飛ばしによる分離を最小限度に抑えられる（**写真 10**）。

ミキシング時間と繊維の損傷

TMR 調製時の留意点として，粗飼料のミキサー投入後の撹拌時間が従来指摘されてきた。粗飼料には栄養素としてだけでなく，物理的に反芻を刺激する役割が期待される。牛に摂取された粗飼料などの繊維質に富んだ飼料は，ルーメンの上側（背中側）に堅く締まった塊を形成する。これをルーメンマットと呼ぶ。ルーメンマットの最も重要な役割は，ルーメンの背中側（上側）の粘膜をブラシのようにこすることで反芻を誘発することである。反芻が生じると大量の唾液が生成され，ルーメン内に流入する。この

表 2　飼料に含まれる物理的有効繊維（peNDF）が減少時のルーメンマット，反芻刺激，乳脂率への影響

	対照区	細断区	統計処理
NDF，%	39.3	39.3	
$peNDF_{>8mm}$，%	21.0	14.9	
DM 採食量，kg / 日	19.7	19.7	
peNDF 採食量，kg / 日	3.85	2.91	有意差あり
ルーメンマット堅さ，N/cm^2	32.4	29.6	有意傾向
ルーメンマット厚さ，cm	31.4	37.0	有意差あり
ルーメン pH	6.21	6.16	
反芻時間，分 / 日	500.5	525.7	
乳量，kg / 日	27.9	27.1	
乳脂率，%	4.08	4.34	

泉，2014

唾液はアルカリ性なので，ルーメン内で飼料の発酵によって生じた有機酸を中和する作用がある。この唾液の作用によって，ルーメン pH は適正な範囲に保たれる。

ルーメンマットを形成するだけの長さや粗剛性（堅さ）を有した繊維を物理的有効繊維（peNDF）という。飼料の物理的有効度は飼料中の繊維含量と一定の長さ以上の飼料片割合の積で表される。したがって，粗飼料を多給したとしても早刈りで繊維含量が低すぎたり，切断長が短すぎたりすると，飼料に含まれる物理的有効繊維の比率が低下してしまい，ルーメンマット形成が抑制されると考えられている。

このような背景から，実際の TMR 調製現場では，粗飼料投入後の撹拌が過度に行われるとミキシング中の磨耗や破断によって粗飼料繊維が損傷し，物理的有効度が低下してしまうと考えられてきた。このことから，TMR 調製の基本的な考え方として，ミキサーに粗飼料を投入した後は，全体の混合が確認されたら速やかに撹拌を止めることが推奨されている。

一方で，TMR 繊維の損傷とルーメンマット形成の関連について科学的な検証をした報告は見当たらない。そこで，ミキシング済みの TMR をサイレージカッターに二度がけし，繊維を細断して給与する実験を行ったところ（泉ら，2008），細断した TMR でルーメンマット形成が不十分であったり，反芻時間が減少することはなかった（**表 2**）。むしろ，細断区では peNDF 採食量が減ったにもかかわらず，ルーメンマットの厚さは増加した。この試験で用いた粗飼料はイネ科牧草とトウモロコシサイレージが主体であり，TMR 中の NDF 含量が 39％と比較的高かった。刈遅れのイネ科牧草など粗飼料の品質が低下している時は，ミキシング時間を延長することで堅すぎる繊維が柔らかくなり，牛が採食しやすくなるといった逆転の発想が成り立つことが考えられる。粗剛な繊維質であれば，細かくなっても厚みのあるルーメンマットが形成されるので，撹拌時間にそれほどこだわる必要はない。むしろ，粗剛な粗飼料割合の高い TMR では積極的に繊維の物理性を低下させてやることで，牛の採食活性が向上する。なお，ミキサー撹拌の注意点として，オーバーミキシングによる粒子分離が懸念される。この問題は，低水分の乾草の混合比率が高い時に生じる可能性がある。乾草主体でTMR調整を行う時は，加水や糖蜜を利用することで粒子の分離を防ぐことができる。一方，校水分サイレージ中心のTMRでは粒子分離が問題になることは少ない。

TMR給与のポイント

酪農の現場では，普段から何気なく行っている作業が牛の側に立ってみると必ずしも適切でないことが少なからず存在するが，飼料給与もしかりである。フリーストールでTMRの給与を行う実際の場面では，給与時刻（タイミング）や回数について，牛の行動を加味すると新しい考え方がみえてくる。

TMR給与時刻（タイミング）については，搾乳との関連が重要視されている。搾乳直後は乳頭口が開いているので，乳牛が搾乳後直ちに牛床に横臥すると環境性細菌の感染リスクが高まる。したがって，乳牛が搾乳を終えてフリーストールに戻ってくるタイミングで新規の飼料を給与し，乳牛を飼槽に向かわせてやれば，搾乳直後の横臥による乳房への細菌感染リスクを軽減できると考えられている。

給与のタイミングに加え，給与の回数も重要なポイントになる。飼料を多回給与すると採食行動が日内で分散するので，ルーメンpHの日内変動が小さくなる。このため，ルーメン発酵を安定させる観点から，TMRの複数回給与が理想とされている。

しかし，労働面でみるとTMR調製作業はひとり以上の作業者が専属で必要になる。労働力を最も必要とする搾乳の時間帯に，さらなる労働力をTMR調製に割くことの負担は経営者にとって軽くはない。TMR調製作業を余裕のある時間帯にずらす，または作業回数を減らすことは，酪農場の生産システムにおいてゆとりと効率化をもたらすのではないだろうか。このような観点から，TMR給与のタイミングや回数について，牛の採食行動パターンを踏まえた実験を紹介する。

フリーストール・ミルキングパーラ方式の牛群約40頭を2群に分け，2つの試験を実施した（泉ら，2015）。1群当たりの在籍頭数はほぼ20頭であり，搾乳は朝5時半，夕方16時の2回搾乳であった。試験1では1日2回給与で給与時刻について検討した。朝夕の搾乳時刻に合わせTMRを給与した6 h＋16 h区と，午前給与を10時，夕方給与は搾乳と同時にした10 h＋16 h区を設けた。試験2では給与回数を検討するために，1日1回10時給与とした1回区，1日2回10時と16時に給与した2回区を設けた。

牛群の採食行動パターンの結果を**図4,5**に示す。試験1（**図4**）では，給与を搾乳に合わせた6 h＋16 h区で両搾乳後に採食ピークが現れたのに対し，午前給与を搾乳とずらした10 h＋16 h区では両搾乳後に加え，TMRを給与した10時の3回，採食ピーク

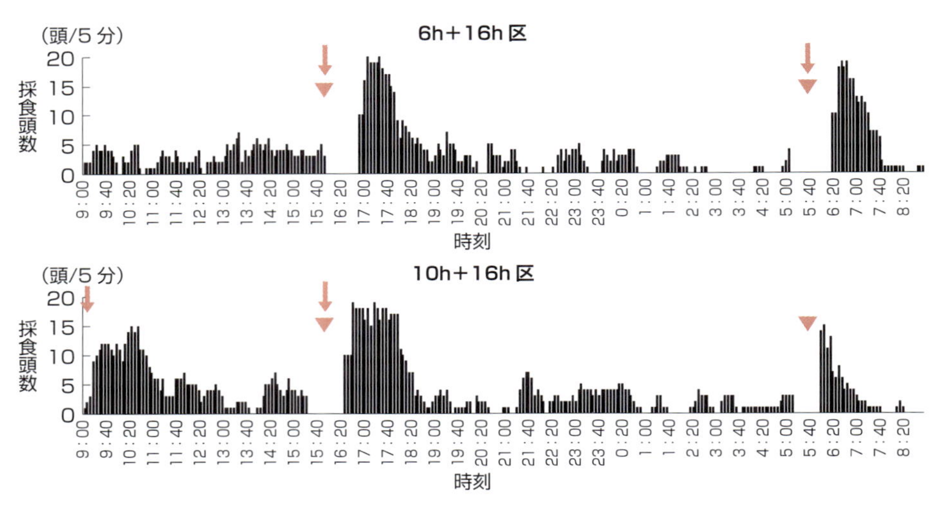

図４　試験１での泌乳牛群の採食行動

飼料給与と搾乳後に採食が活発になる

↓：TMR 給与，▼：搾乳

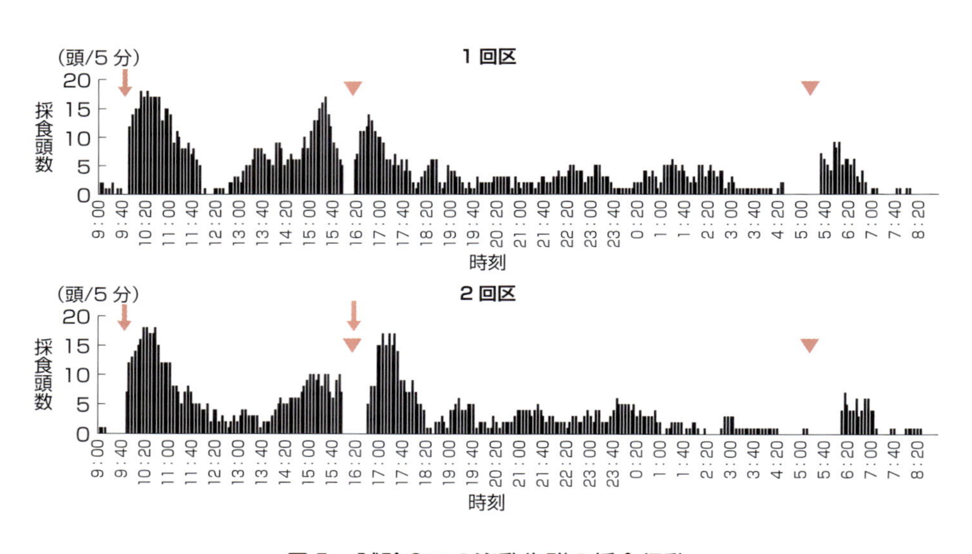

図５　試験２での泌乳牛群の採食行動

TMR の給与回数が減っても泌乳牛群の採食パターンは変化せず

↓：TMR 給与，▼：搾乳

が認められた。この採食ピークの回数増加は，採食行動の分散化を意味している。労力の負担を一切増やさずに牛を飼槽に向かわせる回数を増やすことができる点で，搾乳とずらした飼料給与は効果的であると考えられる。

試験２（**図５**）では１日１回給与でも採食行動に悪影響がないことが示された。この試験では，作業者が牛舎で作業を開始した直後，搾乳のために牛がミルキングパーラー

表3　試験2でのルーメン pH 変化

	1回区	2回区	統計処理
日平均	6.60	6.41	有意差あり
pH6.0 以下の合計時間，分 / 日	44.1	146.9	有意差あり
pH5.8 以下の合計時間，分 / 日	17.5	73.5	有意差あり

TMR 1回給与よりも2回給与の方が泌乳牛のルーメン pH は低かった　泉ら，2015

に移動している間，作業者が作業を終えて牛舎から退出する直前の3回，1日計6回の餌押し作業を実施している。牛を飼槽に向かわせる動機付けという点で，今回の餌押しのタイミングと頻度は，給与回数を2回に増やすのと同様の効果を発揮したと考えられる。

ルーメン pH の日内推移をみると2回区は1回区よりも有意に低かった（**表3**）。この原因として一度に飼槽に入れる飼料の給与量が関係していたと思われる。1回区であれば1日分の TMR を午前にすべて給与するため，採食が活発な日中は飼槽に常時大量の飼料が存在することになる。一方で，2回区では次回給与時に多くの残飼が出ないように給与したため，朝の1回目給与量はそれほど多くなかった。実際，1回区の TMR 給与量は 1,180.6 kg（10時給与）であったのに対して，2回区の給与量は1回目 538.3 kg（10時），2回目 583.4 kg（16時）であり，2回目給与直前に飼槽に残っていた残存飼料の量は 82.0 kgであった。16時時点の残存飼料の量を比較すると，2回区は1日量を一度に全量給与した1回区と比べて明らかに少なかった。2回区では1回の給与量が少なかったため，次の給与直前に飼槽に残っている TMR が少なくなり，牛が採食したくても食べられない状況が発生していたと考えられる。牛の目の前にある飼料が少なかったり，飼槽がほとんど空だったりという状態は，フリーストール，繋ぎ飼いの違いによらず，多回給与を行っている牧場ではしばしば観察される。

採食が制限される状態が長く続いた後に飼料が給与されると，牛は空腹を満たすために「かため食い」をし，大量の濃厚飼料がルーメン内に一気に流入することで亜急性ルーメンアシドーシスを発症する。2回区でルーメン pH が低かったことから，2回目給与時に「かため食い」が生じていた可能性が高い。また，飼槽に残っている飼料が少ないと選択採食の頻度も増加する。複数回の飼料給与が牛の採食を刺激するのは事実であるが，飼槽の餌の量が不十分な状態が長時間続くのは好ましくない。2回給与のメリットを活かすためには，1回目の給与で1日量の7〜8割程度の給与を行い，2回目の給与時にも飼槽にはふんだんに飼料が残っていることが望ましい。2度目の給与では採食刺激となる呼び水程度の量を飼槽に足すにとどめ，「かため食い」や選択採食の軽減を意識することも効果的である。

牛の行動パターンからTMR給与を考える

泌乳牛の1日の採食時間は5～6時間，反芻時間は8～9時間ほどである。仮に採食時間が5時間だとすると，1日の採食行動パターンは次のようになる。

人間の一度の食事に相当するまとまった採食のかたまりを採食期というが，飼料給与後最初の採食期が1日のなかで最も長く，1時間半程度継続する。これ以降は30分程度で採食が終了するケースが多い。1日2回搾乳に合わせた給与の場合は，給与後最初の採食期が朝夕搾乳後の2回×1時間半＝3時間となり，残された採食時間は5時間－3時間で2時間となる。この2時間を30分の小採食期で埋め合わすと仮定すると，その回数は4回になる。深夜の時間帯は反芻が中心になるので，小採食期は日付が変わるまでに3回（90分），深夜～早朝にかけて1回（30分）というパターンで考えるのが自然である。したがって，この計算例では，夕方から翌朝までの採食時間は90分＋30分で2時間にしかならない。しかし，実際には朝の搾乳から夕方の搾乳までの日中に1～2度の小採食期が現れるので，夜間の採食時間はさらに短くなる。長い夜は，牛にとっても反芻や休息がメインとなり，採食は盛んには起こらないのである（**図4**）。これは，夕方の大量給与は牛の自然な行動パターンとマッチしていないことを暗示している。

加えて，TMRは給与してから4時間経過すると，牛の口の届かない範囲に押しやられてしまうので餌押し作業が必要になる（森田ら，2008）。つまり，夜間は餌押しができないので，夕方に大量給与した飼料が残っていても飼槽が空の状態と大差なく，翌朝まで採食は実質不可能になる。このようにみると，牛の行動パターンや作業管理の面から，給与刺激効果を狙うのであれば，夕方給与後最初の採食期の採食量増加に的を絞った方がよいかもしれない。朝給与したTMRのうえから少し足すくらいでも給与刺激としては十分効果があるので，夕方最初の採食期の採食量は増加するであろう。

最後に注意点として，TMR管理には唯一無二の正解があるわけではないことを挙げる。例えば，暑熱時は涼しい夜間に採食時間をシフトさせることも効果的であるし，そもそも二次発酵して発熱しているようなサイレージであれば多回給与の効果は大きい。栄養管理を最適化するためには，常に牛を見て，牛の身になって，飼料を食べさせるヒントを探し続けることが肝要である。

飼料設計計算値と実測値のズレ

TMR給与について現場で悩ましいのは，飼料設計ソフトの計算結果（予測値）と実際の牛群の反応（実測値）の間にズレが生じることである。そのズレの原因を探るために，一般的な高泌乳牛用TMR（濃厚飼料群），副産物多給＋添加剤を組み合わせた

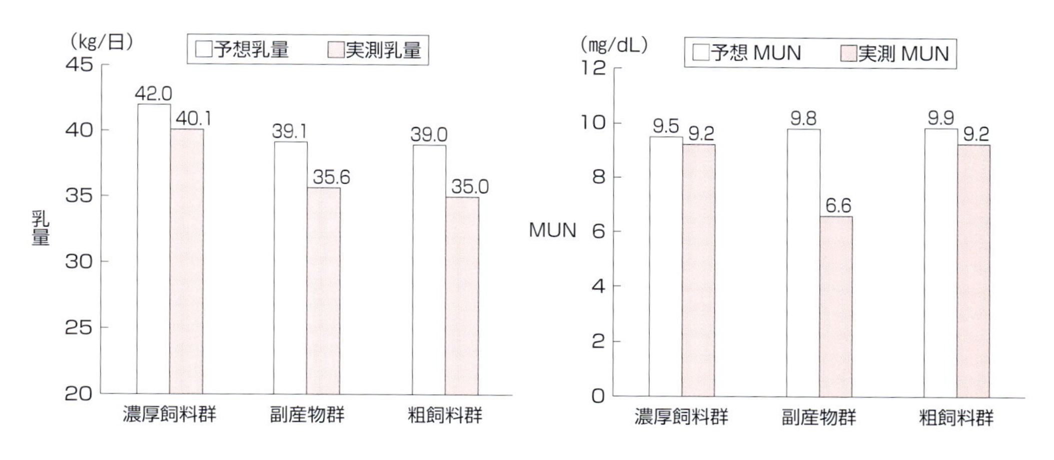

図6　飼料設計ソフトによる予測値とその TMR を給与した牛群の実測値

TMR（副産物群），トウモロコシサイレージを多給し，デンプン源となる濃厚飼料を用いなかった TMR（粗飼料群）の 3 つを用いた試験を紹介する。

乳生産は**図 6** のとおりであり，乳量は副産物群と粗飼料群で飼料設計の値よりも大きく減少し，乳中尿素態窒素（MUN）濃度は副産物群で大幅な低値となった。ルーメンマットは副産物群できわめて軟らかかったため，添加剤などの比重が重く細かい粒子はマットに取り込まれずにルーメンから未消化のまま流出した可能性が考えられた。これを裏付けるかのように，MP（代謝タンパク質）量の予測値に比べ，副産物群のルーメン内菌体タンパク質の合成量は少なかった。これは，副産物群で用いた尿素系添加剤がルーメン内で溶解する前に流出してしまったことを強く示唆している。したがって，副産物群の乳量のズレは，ルーメン内の窒素不足による微生物合成量の減少が原因であると判断された。

粗飼料群では，TMR 中 CP 含量が 14.7％と 3 飼料中で最も低かったにもかかわらず BUN（血中尿素態窒素）濃度は最も高い値となった（濃厚飼料群 9.4 mg /dL，副産物群 6.5 mg /dL，粗飼料群 11.9 mg /dL）。これは，粗飼料群ではタンパク質供給量が少なかったにもかかわらず，ルーメン微生物に窒素源としてうまく利用されなかったことを意味している。粗飼料群の飼料設計では，トウモロコシサイレージは子実の破砕処理がされているとして設計したが，試験中のサイロは破砕が不十分なロットであった。このため，飼料設計で予測されたトウモロコシ子実由来デンプンのルーメン内消化率に比べて実測値が低く，その結果ルーメン微生物が増殖時に必要とするエネルギー源が不足してしまったと推測される。副産物群と同様，ルーメン微生物の増殖が予測値よりも減少すると，乳量に悪影響が及ぶことをこの結果も示している。

以上をまとめると，飼料設計ソフトの計算結果と実測値が異なる場合の傾向が読み取れる。オーソドックスな粗飼料＋濃厚飼料という TMR では大きなズレは生じない。一方，ユニークで変則的なTMRであったり，粗飼料分析値が正確でないと，飼料設計ソフトの計算結果とのズレが生じやすくなり（多くはマイナス方向にずれる），その多くはルーメン内の飼料利用効率や微生物増殖効率の見積もりの誤りに起因する。飼料設計ソフトには，ルーメンマットの形成状況やバンカーサイロの品質といった日々変化する因子は含まれていない。しかし，それらの状態変化はルーメン微生物のライフサイクルに強く干渉し，乳生産に与える影響も大きいのである。

飼料設計の計算結果が目標数値と一致した瞬間は，栄養管理者にとっての醍醐味であるが，計算結果をプリントアウトした時点で満足していないだろうか。栄養管理者は，常に疑いのまなざしを持ち，何か見落としているところがないかを自問しつつ，牛舎に足を運ばなくてはいけない。その牛群にとっての最適な飼料設計を完成させるためには，牛からのサインを見逃さず，ルーメン環境の最適化をイメージすることが求められる。

給餌機

給餌機とは

給餌機は濃厚飼料のみを給与する場合と，乳牛が選択採食をしないようにサイレージなどの粗飼料と配合飼料や単味飼料をバランスよく均一に混合，調製した混合飼料（Total Mixed Ration：TMR）を給与する場合の２つのタイプに大別される。また，給餌機の走行方法により自走式，トラクター牽引式，懸架式などにも分類される。給餌機は新鮮な飼料を省力的に給与することが目的であったが，自動化により多回給餌，個体別給餌が実現された。

濃厚飼料のみを給餌する機械には，フリーストール牛舎やフリーバーンの一角に設置した給餌ステーションに入室した乳牛を個体識別して設定量を給餌する方式（**写真１**）と，飼槽の上を懸架式の給餌機（**写真２**）が移動して配餌する方式がある。懸架式の給餌機は屋外の飼料タンクからオーガコンベアで給餌機のホッパー内に複数種類の配合飼料や単味飼料を積載して，バッテリーとモーターにより移動と配餌を行う。これらのコンピュータ制御濃厚飼料給餌機（CCF）を利用することにより，人力による配餌に比べて給餌量を正確にすることができる。

混合給餌車（ミキシングフィーダ）

TMR 給与を行う給餌機には混合給餌車（ミキシングフィーダ）がある。飼料調製庫でタンク部に計量しながら粗飼料と濃厚飼料を投入して，タンク内で攪拌，混合した後，牛舎内の飼槽に移動して排出口から配餌する。攪拌，混合の回転軸の方向によって縦型，横型に分類される。多くはトラクターによる牽引式が一般的で種類が多く，経営規模に適した機種を選択できる。定置（固定）型はモーターで駆動する。TMR センターで大量に飼料調製をする場合や自動給餌機との組み合わせなどで利用される。ほかにはミキシングタンクに移動用のエンジンを搭載するもの，トラックの荷台部にタンクを搭載する自走型もある。さらに自走型にはサイレージのカッティングアームを持ち，

写真１　給餌ステーション

写真２　濃厚飼料自動給餌機

写真３　縦型ミキシングフィーダ

写真提供：コーンズ・エージー

積み込みから攪拌，混合，給餌までの処理を行う機種もある。以下にそれぞれの特徴をまとめた。

1. 縦型ミキシングフィーダ（Vertical，写真３）

スパイラル型の縦軸オーガと円周部に取り付けられたナイフにより乾草ロールを切断することができ，投入前の細断処理などの前作業が不要である。縦軸オーガが飼料を持ち上げるようにして攪拌するため，圧縮されにくいなどの特徴がある。

2. 横型ミキシングフィーダ（Horizontal，写真４）

機体の高さが低く，全幅も縦型よりも狭いため，牛舎入り口が低く，飼槽通路が狭い場合でも利用できる。タンク底部の横軸オーガにより攪拌，混合する。オーガの円周部

写真４　横型ミキシングフィーダ
写真提供：コーンズ・エージー

写真５　自走型ミキシングフィーダ

写真６　カッティングアーム付き自走型ミキシングフィーダ

写真７　小型の自走型給餌車

にナイフを取り付け，カッティング機能を加えている。

3. リール型ミキシングフィーダ（Reel）

横軸オーガに加えて大型のリールとそれに取り付けられたパドルがタンク内を回転して，空気を含みながら攪拌，混合するため，嗜好性の高い飼料が調整できる。高水分の飼料でも圧縮されにくく，均一に攪拌できる。

4. 自走型ミキシングフィーダ（写真５）

トラクターを必要とせず，動力を搭載して飼料調整を行う。牽引型に比べ車両の操作は容易である。カッティングアーム付きの場合はサイレージの積み込みから混合，調製・給餌まで，オペレータ１名で作業することができる（写真６）。

給餌通路幅が狭く大型機械が導入できない繋ぎ飼い牛舎では，旋回性に優れた小型の自走型給餌車（フィードカート，写真７）が使用される。動力には電動モーターと小型

写真８　定置（固定）型ミキサー

写真９　TMR 自動給餌機

エンジンの２種類があり，オペレータが乗車して操作する。

5. 定置（固定）型ミキサー（写真 8）

給餌は行わず自動給餌機などとの組み合わせで粗飼料のストッカー，配合飼料混合，調製のみを行い，電動モーターで駆動する。

自動給餌機

電子制御技術の進歩により，酪農分野においてもコンピュータによる飼養管理方式の普及，自動化が進められて，乳牛の産次，分娩，発情，乳量と連動した給餌プログラムが利用されるようになった。

放し飼い方式では飼養管理ソフトウェアにより給餌量が計算されて，前述の給餌ステーションや濃厚飼料自動給餌機での給餌に使用されてきた。また近年，導入が増えた自動搾乳システムでは期待される搾乳回数や乳量を得るために，乳牛の自発的侵入の誘因となる採食行動を促し，搾乳ボックスへの訪問回数を増やすことが必要とされる。したがって多回給餌や餌押しの頻度は乳牛の行動に影響を及ぼし，搾乳待機が増える時刻や機械が動作しない時間帯が生じないように自動搾乳システムの適切な運用を補助する。また，搾乳時のボックス内と飼槽での濃厚飼料の給与量も重要な役割を果たすといわれている。このような理由から自動給餌による適切な給餌量と回数，「3-7　乳牛における採食行動：飼料給与と飼槽管理」で述べられる餌押しの作業を自動化した機械が利用されている。

1. フリーストール牛舎

フリーストール牛舎に設置される TMR 自動給餌機（写真 9）はほとんどが懸架式であり，バッテリー駆動であるが架設レールから電力を供給する機種もある。粗飼料のス

写真10　餌押し（オプション）

写真11　自動給餌機（繋ぎ飼い）

トッカーからコンベアで自動給餌機に搬送して配合飼料と混合後，飼槽に給与する，あるいは前述の定置型ミキサー（**写真8**）で粗飼料と配合飼料を混合した後に給餌機に搬送する。給餌回数は6～9回程度まで設定できる。自動給餌機に餌押し機能を付加できる機種もある（**写真10**）。

2. 繋ぎ飼い牛舎

繋ぎ飼い方式において個体別の多回給餌は各々の乳牛の生産能力を引き出し，健康管理にも配慮できる利点を持つ。しかし，給餌通路の幅や高さ，段差などが自動給餌機の利用を困難にしていた。

繋ぎ飼い牛舎の懸架式自動給餌機（**写真11**）は給餌通路上部にレールに懸架され，モーターで自走する。給餌機は設定された時刻に充電位置から移動し，粗飼料を貯蔵タンク（ストッカー）からコンベアで，単味飼料は飼料タンクからオーガで給餌機に積み込み，個々の乳牛の飼槽へ移動してから各種飼料の重量を計測して配餌する。粗飼料タンク容量が2,000 Lであれば150頭への給餌が可能である。また給餌通路の狭い牛舎では400 Lの小型容量も選択できる。粗飼料をストッカーに満たしておけば，飼料の給与は自動で行い，1日最大12回までの多回給餌が可能である。

懸架式自動給餌機を導入した酪農場では，導入前に約8割が手押し給餌車や一輪車で1日に2～3回給餌を行っており，導入後は5回から最大8回へと給餌回数が増えたにもかかわらず，作業労働時間は1～2時間以上短縮され，労働負荷が軽減している。また飼料の給与量についても，導入後の多回給餌により飼料の摂取量が増加し，日乳量も3～4 kg増えたとする酪農場が多い。さらに飼養頭数についても導入後に増頭したところが多く，繋ぎ飼い方式の省力化と規模拡大に効果を及ぼしている。

懸架式自動給餌機の導入においては既設または新設牛舎のいずれにも設置可能であるが，大型の自動給餌機は飼料満載時の懸架荷重が1,500 kgとなるので，木造牛舎で強度

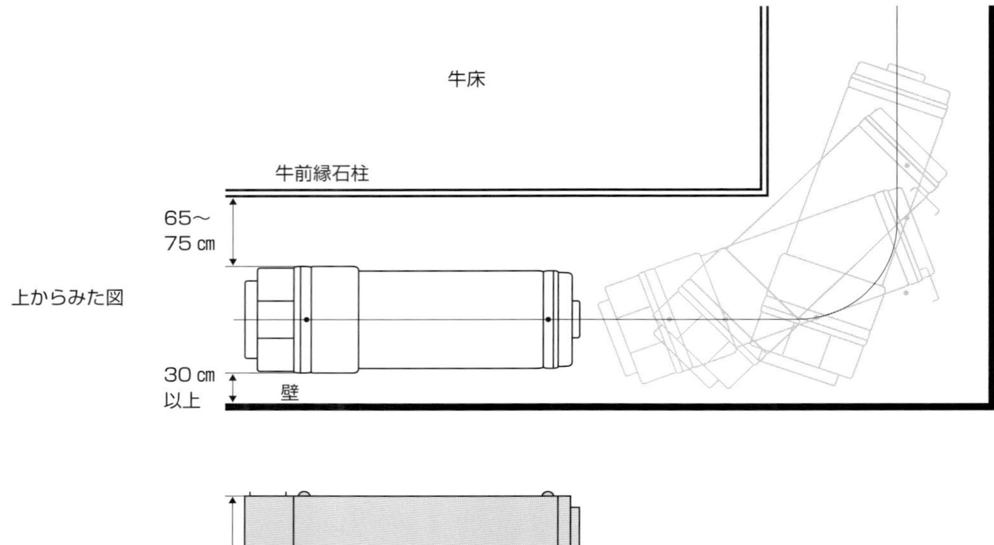

図1　給餌通路寸法の事例

が不足する場合は鉄骨支柱などレールを支える補強が必要となる。

図1に，繋ぎ飼い牛舎で懸架式自動給餌機を導入する場合の給餌通路寸法などの事例を示した。一般的な繋ぎ飼いの対尻式牛舎では壁側に飼槽が2列となり，自動給餌機は給餌通路端で旋回動作を余儀なくされる。これらを考慮して，壁からは30 cm以上，牛床前部縁石からは65 cm以上の余裕が必要となる。また天井から飼槽底までは242 cm以上が必要とされる。

繋ぎ飼い方式の自動給餌機は個体別多回給餌を可能にしたことで乳生産と連動した精密飼養管理を実現した。残飼も減り，よりよい飼料を適切な量，給与することが容易になった。自動給餌機は多種の購入飼料との選択幅を広げ，粗飼料と調製することで乳飼比の改善にも利用効果が期待できる。

3－7

乳牛における採食行動：飼料給与と飼槽管理

放牧地での食草行動

青い空と白い雲，緑の牧草地に，白黒柄の牛がゆっくりと歩みを進めながら草を食む姿は，いかにも牧歌的で，乳牛も人も「心地よい風」に吹かれながら，いつまでも眺めていたい光景の1つである（**写真1**）。牛は，放牧地の草を舌でちぎって口のなかに取り入れる（バイト，喫食）。口の届く，正確には，舌の届く範囲（採食可能範囲）の草量が減少すれば，ゆっくりとあるいは足早に移動し，おいしそうで食べやすい草を見定めた後，採食を再開する。

バイト当たりの喫食量は乾物で1～5gしかなく，1秒間に1回程度のスピードで喫食しているから，口元あたりに注目すると，採食行動は結構せわしない動きであることに気付く。しかも，放牧主体で飼養される牛は，1日に6時間以上は採食するから，計算すると1日2万～3万回以上は喫食している。牛舎内での乳牛の採食も，原則としてこれと同じ動作で成り立っている。

採食行動の開始

採食行動の開始は，生体内の変化に伴う，いわゆる空腹感が出発点となる。牛ではルーメン充満度が採食量調節の1つのセットポイントになり，採食行動中止のフィードバック機構が存在すると考えられている（恒常性維持）。すなわち，ホメオスタシス性の動機付けが，採食行動を開始させる。

一般的に，様々な行動開始の引き金である動機付けには，ホメオスタシス性以外にも，好奇心から起こる内発的動機付けや，好ましさや嫌悪感が基礎にある情動的動機付け，ほかの個体との関係で発現する社会的動機付けが区分されている。このうち，情動的動機付けは，採食行動の場面では，嗜好性という言葉で表現される給与飼料の特徴で，採食行動の発現に大きく影響する。

例えば，嗜好性の低い飼料は食べないが，嗜好性の高い飼料は食べるといった現象

写真１　乳牛の放牧中の採食風景

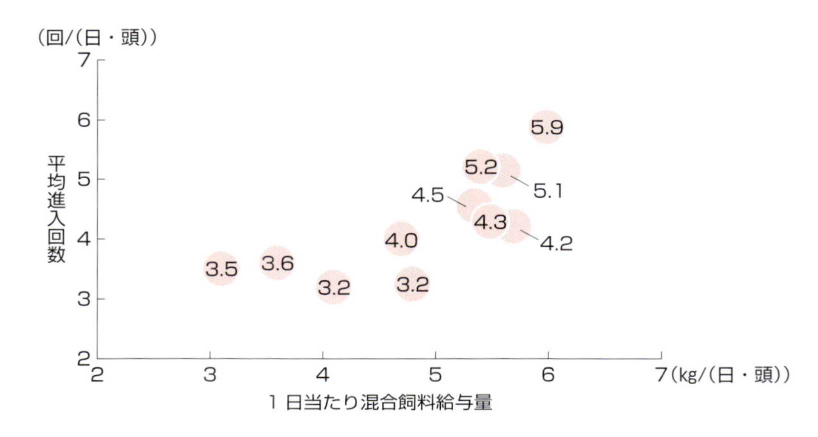

図１　自由往来型自動搾乳システム牛舎における酪農場ごとの１日当たり混合飼料給与量と平均進入回数の関係

森田ら，2016

は，「食いつきのよさ」という言葉で表現される。満腹そうになっても，もう一口食べさせる飼養管理がかつて盛んに求められたが，これは採食行動の情動的動機付けで，人間では「別腹」と呼ばれる現象の応用である。

報酬としての飼料給与の活用

自由往来型牛舎での自動搾乳機への進入は，配合飼料に対する情動的動機付けを応用した行動強化である。したがって，自由往来型牛舎での自動搾乳システムにおいて，自動搾乳機で給与する混合飼料の質（嗜好性，牛舎飼槽で給与する混合飼料との嗜好性の差）および給与量（**図1**）は，システム運用の大きなカギとなる（森田ら，2016）。

飼料は動物にとって報酬であるから，飼料給与はオペラント条件付け（正の強化）として，施設利用を促進させるために重要なツールとなる。例えば，繋ぎ飼い飼養から自動搾乳方式でのフリーストール飼養に移行した場合に，乳牛はすぐに連動スタンチョン方式飼槽の利用を覚え，次に牛床での休息方法を覚え，さらにその後，自動搾乳機利用を学習することが知られている（森田ら，2001）。これは飼料摂取と直接関連する飼槽利用が学習の成立を早める証拠であり，経験的にもよく知られていることである。

このように，「飼料給与」は単なる牛への栄養補給ではなく，人間の作業を通じて牛の行動を制御し，効果的な施設利用をもたらす積極的な飼養管理手法の１つである（森田ら，2016）。単にすべての飼料を混合して給与するのではなく，給与する飼料の種類や時刻，給与回数，組み合わせを再考し，乳牛の行動をコントロールするために活用する「飼料給与のアクティブ化」が，牛群管理に求められている。

採食前の探査行動

一般に動物は，動機付けられた採食行動を直ちに発現するわけではなく，良質で食べるのに耐え得る餌を見つけ出すことや，ほかの個体に邪魔されない場所や時間を探すことから開始する。探査行動の発現は生得的であり，実際の採食動作の十分な発現と同様，不足すれば欲求不満となり葛藤行動や異常行動を発現させる。例えば，放し飼い方式の酪農場では，乳牛に採食に対する動機が起こるとともに飼槽へ移動し，質のよい飼料を選択して好ましい他個体との近接のもとで採食を行う（森田ら，2013）ことができるよう振る舞うことが，乳牛の採食前の探査行動の一部となっている。

畜産現場において，牛に給与するために準備可能な飼料は，経済的にも地域的にも限られることが多い。飼料給与の方法は，単に栄養的充足だけで決めるべきではない。前述の行動コントロールのための飼料給与のアクティブ化とともに，牛の飼育を「豊かな環境」（エンリッチメント）下で行う，いわゆる「牛の QOL（Quality Of Life）確保」のためには，飼料給与の再考による探査行動の発現がぜひ必要である。

採食行動の構造

採食行動は，家畜による飼料の探査，喫食，咀嚼，嚥下および新たな飼料探査と続く一連の動作であり，これら動作は採食バウトあるいは採食期といった時間的まとまりとして定義される（Metz，1975）。

乳牛は飼料採食中に，頭を下げたままにして連続した複数回の喫食（バイト，主に舌を使って口腔中に取り込む動作）を行う。しばらくすると，口腔中に取り込んだ飼料を咀嚼し飲み込む（嚥下する）ために，鼻先を飼槽面から離し，頭部を上げる。一連の喫食が繰り返して行われている状態，その採食動作のまとまりを採食バウトと呼ぶ。

採食バウトは１回で終了することなく，乳牛は再度頭を下げ，飼料を口腔中に取り込む動作（喫食）へと移る。採食バウトが一定のまとまりを持った行動的構造のことを，

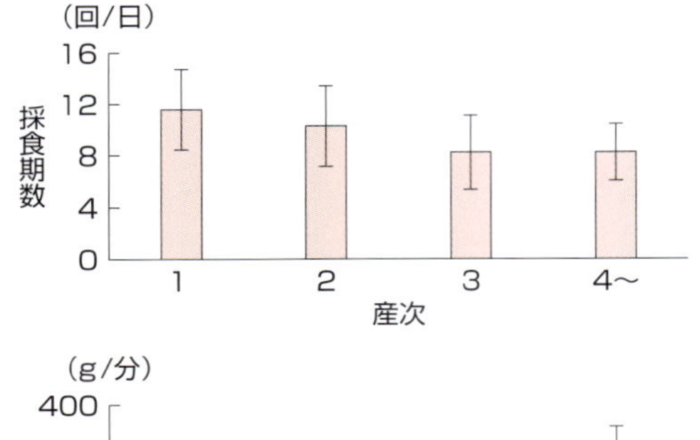

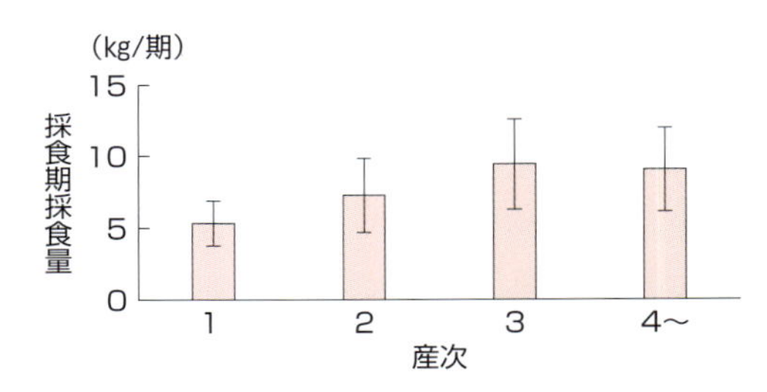

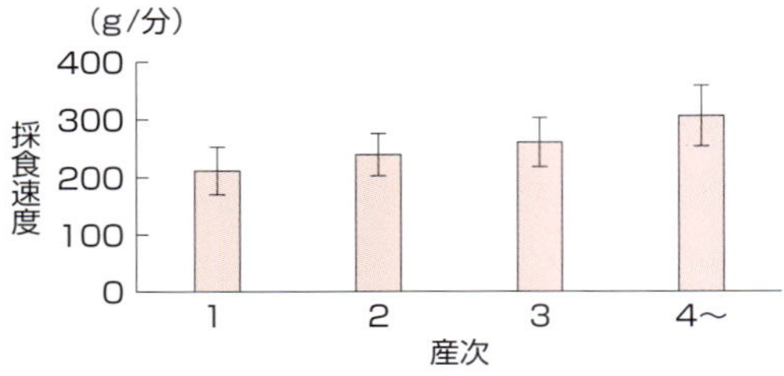

図 2　産次の進行に伴う 1 日当たりの採食期回数，採食期採食量（ミールサイズ）および採食度の変化

分娩後 150 日以内の乳牛を群飼養して，個体別の採食データを記録した。各結果の縦棒は標準偏差を示している。グラフは森田ら（2015）のデータから新たに作成した。150 日以降の牛群でも，ほぼ同じ傾向であった

採食期（ミール）という。実際の行動活動記録から採食期を定義するためには，採食期を分ける比較的長い間隔時間を定義する必要があり，これを採食期間間隔と呼ぶ。最短の採食期間間隔は，採食バウト間隔の継続時間に対する頻度分布から求められる。

採食期は人間であれば朝食，昼食あるいは夕食といった 1 回の食事に相当し，乳牛は 1 日の採食を数回に分けて行っている。採食期の長さ（採食継続時間）や 1 日当たりの採食期回数は，飼料給与の方法や飼料成分，あるいは物理性の違いによる影響を検討する際の実験的な指標と考えられていた。かつては，こうした採食動作はビデオカメラなどによる映像記録や，繋留した状態のみでの記録であったため，解析は困難であった。しかし現在，センサー技術が進歩し，放し飼いの群飼養状況でも咀嚼に関するデータの取得が可能となりつつある。乳牛の反応をよく理解したうえで飼養管理を再構築するため，一般の酪農場でもこうした指標が積極的に用いられつつある（スマート酪農）。

乳牛の産次と採食行動

例えば，森田ら（2015）が延べ 5,600 頭・日に及ぶデータから解析した結果（**図 2**）によれば，初産牛の平均採食期数は 10～11 回 / 日と，4 産以上の乳牛群で 8～9 回 / 日であったのに比べ多く，これは採食期当たりの採食量（ミールサイズ）が初産牛で 5 kg / 期であるのに対し，4 産以上牛群で平均 7～9 kg / 期と多いことに関連していた。採食速度は，4 産以上の乳牛群で初産牛に比べ速く，約 1.5 倍であった。すなわち，初産牛は体が小さく，ゆっくりとしか採食することはできず，1 回の食事で食べる量が少ないので，放し飼い牛舎であれば経産牛に比べ，飼槽をより多く訪問しなければならない。

酪農場における乳牛の群分けは，乳牛の社会性に配慮し，牛群社会の安定のために行

われる。2産以上の牛と同居した初産牛は，臆病で，社会的順位が低いといわれている（Bach ら，2006）。酪農場ではこうした社会性への配慮に加え，乳牛の生産能力を発揮させ，作業者による飼養管理のやりやすさにも配慮する必要がある。これは放し飼い牛舎において乳牛を群飼養する際，初産牛は2産以上群と分けて飼うべきともいわれる（Grant ら，1995）所以でもある。

しかし一般的な酪農場では，飼養する頭数や用いる施設・設備との関係から，搾乳牛群において初産牛のみ別群とするのは困難であることが多い。乳量や乳期別に2群程度としていることが多く，この2つの群には，成分含量の異なる飼料が給与されるのが一般的である。こうした混群された状況で，成長中である初産牛が十分な採食量を確保するためには，常に飼槽に十分な飼料が残存しており，飼槽にある残存飼料の成分や物理性が常に同一であって，混合飼料を給与する場合には給与した飼料の一部を先に採食する乳牛が選択採食することはできないといった条件を満たしている必要がある。

採食可能範囲の考え方

飼料給与の直前に残っている飼料の量が給与量の5～10％だと，給与した飼料の量が十分であると判断できる。回収された残飼料がこの量以上であることは当然であるが，乳牛が採食できる範囲（採食可能範囲）内に十分な飼料を配置できる飼槽管理を行う必要がある。

牛舎における乳牛の採食可能範囲の大きさは，一般に100 cm程度とされている。この長さは，乳牛の体格，飼槽面の高さおよび給飼柵の構造によって影響を受ける。例えばポスト・レール型給飼柵でレールの高さが低すぎると，採食可能範囲は狭まり，無理に遠くの飼料を採食しようとするため頚部に傷害を起こす原因となる。また，すべてのタイプの給飼柵で，傾斜や突き出しを付けることで採食可能範囲は広がり，柵にかかる水平方向の家畜の力を軽減させ，給飼柵の変形や乳牛の肉体的損傷の可能性を回避できる（**写真2**）。

飼槽面と乳牛の立っている通路面の高さの差によって，採食可能範囲は大きく変化する。放牧地での乳牛の採食を観察すると，前肢の足元しか採食していないことに気付く（**写真3**）。牛のように四つ足で歩行して採食する動物は，下の餌を食べる際の頭の動きは，横から見ると弧を描くように動いていることが分かる。このため採食する飼料の位置が低ければ，遠くまで届かず，足元の牧草だけが採食対象となっている。こうした姿勢に伴う採食可能範囲に気付けば，飼槽面が高い場合には採食可能範囲が広くなるという理屈にも納得できるだろう。

写真２　給飼柵のタイプ

A：ポスト・レール型給飼柵での低すぎるレールは，採食可能範囲を狭くする
B：すべてのタイプの給飼柵で，傾斜させたり突き出して設置することで採食可能範囲は広くなる

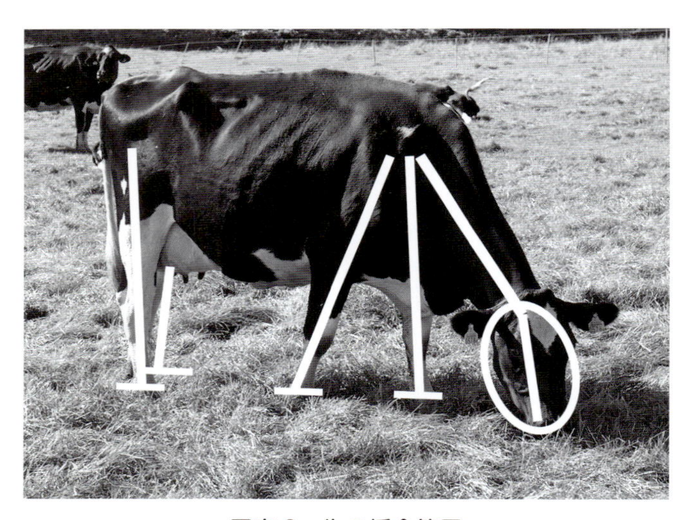

写真３　牛の採食範囲

牛は立っている面と同じ高さの餌は，前足のごく近い位置しか採食できない

飼料移動と餌押し作業

放牧地では，口の届かない位置の草を，牛は自ら移動して採食する。しかし牛舎では，繋ぎ飼いであっても放し飼いであっても飼料側に移動することができない。このため，採食可能範囲外に移動してしまった飼料を採食可能範囲内に戻さなければならない。この作業が餌押し（餌寄せ）作業である（**写真４**）。

給与した飼料（飼槽上に残存した飼料）の形状は，乳牛の採食行動により管理者が給

写真 4　酪農場での様々な餌押しの方法

自動化により夜間の餌押しも可能となるが，餌押し時の攪拌は原則として実施されない

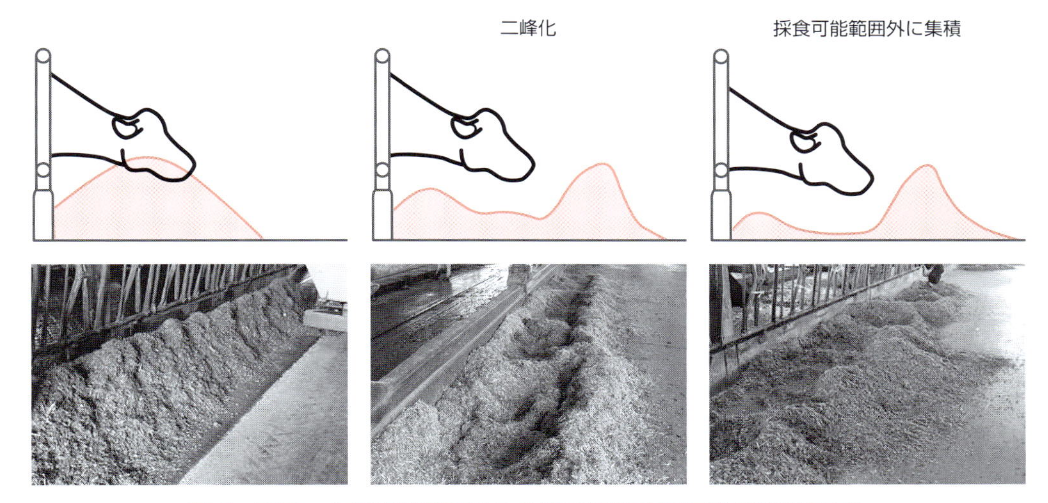

図 3　フラット型飼槽での乳牛の採食に伴う残存飼料形状の変化

与した際とは異なる形に変化する（**図 3**）。乳牛の管理では，採食可能範囲内での残存飼料の量で，飼養管理の適否が「バンクスコア」として評価されることがある（Hoffman，2007）。残存飼料の視覚的把握にとどまらず，残存飼料の集積と拡散を飼槽壁からの距離や飼料の高さといった複数の指標を用いて評価すれば，飼槽設計や給飼・餌押

しのタイミング，あるいは飼料給与位置の検討に用いることができる。こうした検討は島田ら（2008）が行っており，森田ら（2014）はこれを応用して複数農場間の比較も行っている。

これによれば求める指標のうち，飼槽壁から最遠飼料端までの距離は，残存飼料量の把握，飼槽表面の耐酸資材の施工範囲決定，および自動餌押し機の活用に有効であるとされている。また，複数箇所での残存飼料の高さ測定とその位置（飼槽壁からの距離）測定を組み合わせることで，餌押し作業のタイミングや飼料を給飼すべき位置が提示できるとしている。

このような採食可能範囲へ残存飼料を戻すこと以外の餌押し作業効果として，混合飼料の再攪拌が知られている（中屋，2012）。現在普及している自動餌押し機には，こうした再攪拌機能は装備されていない。

以上のように，乳牛の採食行動は，放牧地でみられる動作と基本的に同一である。しかし，給与する飼料や飼槽構造との関係で乳牛本来の採食動作が発現できないこともあり，餌押し作業のように人間が採食の補助となる管理作業を適切に実施することが肝要である。

References

3－1

- Owens FN, Zinn RA, Kim YK: *J Anim Sci*, 63, 1634-1648（1986）
- Gabel G, Sehested J: *Comp Biochem Physiol A Physiol*, 118, 367-374（1997）
- Leonhard-Marek S, Stumpff F, Martens H: *Animal*, 4, 1037-1056（2010）
- Eastridge ML: *J Dairy Sci*, 89, 1311-1323（2006）
- Edrise BM, Smith RH, Hewitt D: *Br J Nutr*, 55, 157-168（1986）
- Roche JR, Friggens NC, Kay JK, et al.: *J Dairy Sci*, 92, 5769-5801（2009）
- Katoh N: *J Vet Med Sci*, 64, 293-307（2002）
- Komatsu T, Itoh F, Mikawa S, et al.: *J Endocrinol*, 178, R1-5（2003）
- Breves G, Goff JP, Schroder B, et al.: *Ruminant physiology: digestion, metabolism, growth and reproduction*, von Engelhardt W, Leonhard-Marek S, Breves G and Giesecke AD, ed, Ferdinand Enke Verlag, Stuttgart, Germany（1995）
- Lean IJ, DeGaris PJ, McNeil DM, et al.: *J Dairy Sci*, 89, 669-684（2006）
- Breves G, Ross R, Holler H: *J Agric Sci*, 105, 623-629（1985）
- Wadhwa DR, Care AD: *Vet J*, 163, 182-186（2002）
- Constable PD: *Vet Clin Pathol*, 29, 115-128（2000）
- Reinhardt TA, Horst RL, Goff JP: *Vet Clin North Am Food Anim Pract*, 4, 331-350（1988）
- Autran de Morais H, Constable PD: *Strong ion approach to acid-base disorders, In: Fluid, Electrolyte, and Acid-Base Disorders in Small Animal Practice*, Stephen P, ed, DiBartol, Elsevier, St. Louis, Sec III: Acid-base disorder, Chap.13, 310-321（2006）
- Block E: *J Dairy Sci*, 77, 1437-1450（1994）
- Constable PD: *Vet Clin North Am Food Anim Pract*, 30, 295-316（2014）
- Thilsing-Hansen T, Jørgensen RJ, Østergaard S: *Acta Vet Scand*, 43, 1-19（2002）

3－2

- 独立行政法人農業・食品産業技術総合研究機構（編）：日本飼養標準・乳牛（2006 年度版），中央畜産会（2007）
- NRC 2001: *Nutrient Requirements of Dairy Cattle*（7th ed）, National Academy Press, Washington DC（2001）

・菅原邦生：エネルギー代謝，動物の栄養（唐澤 豊，菅原邦生 編），第2版，107-119，文英堂出版（2016）

3−3

・NRC 2001: Nutrient Requirements of Dairy Cattle（7th ed），National Academy Press, Washington DC（2001）
・Sklan D, Bogin E, Avidar Y, et al.: *J Dairy Res*, 56, 675-681（1989）
・Jerred MJ, Carroll DJ, Combs DK, et al.: *J Dairy Sci*, 73, 2842-2854（1990）
・Voelker JA, Burato GM, Allen MS: *J Dairy Sci*, 85, 2650-2661（2002）
・Mahjoubi E, Amanlou H, Zahmatkesh D, et al.: *J Anim Sci Technol*, 153（1-2），60-67（2009）
・Bach A, Valls N, Solans A, et al.: *J Dairy Sci*, 91, 3259-3267（2008）

3−4

・安宅一夫ら：フォレージバイブル デーリィマン2014年秋季臨時増刊号，安宅一夫 監修，150-151，デーリィマン社（2014）
・自給飼料品質評価研究会：粗飼料の品質評価ガイドブック，82-83，日本草地協会（1994）
・自給飼料品質評価研究会：粗飼料の品質評価ガイドブック，118-130，日本草地協会（1994）
・菊地政則：サイレージバイブル，高野信雄，安宅一夫 監修，28-39，酪農学園出版部（1986）
・名久井 忠：最新サイレージバイブル 酪農ジャーナル臨時増刊号，安宅一夫 監修，78-83，酪農学園大学エクステンションセンター（2012）
・野 英二：乳牛群の健康管理のための環境モニタリング 酪農ジャーナル臨時増刊号，及川 伸 監修，30-33，酪農学園大学エクステンションセンター（2011）
・野 英二：最新サイレージバイブル 酪農ジャーナル臨時増刊号，安宅一夫 監修，130-134，酪農学園大学エクステンションセンター（2012）
・野 英二：酪農ジャーナル，66（1），74-75（2013）
・農林水産省農林水産技術会議事務局：日本飼養標準乳牛2006年版，111，中央畜産会（2006）
・大越安吉：牧草と園芸，55（3），17-22，雪印種苗（2007）
・大山嘉信：畜産の研究，30，772～776（1976）
・蔡義民：最新サイレージバイブル 酪農ジャーナル臨時増刊号，安宅一夫 監修，35-44，酪農学園大学エクステンションセンター（2012）
・高野信雄：サイレージバイブル，高野信雄，安宅一夫 監修，93-95，酪農学園出版部（1986）

3−5

・泉 賢一，坂本孝仁，柴山草太ら：日本畜産学会報，79（3），361-368（2008）
・森田 茂，島田泰平，松岡洋平ら：日本家畜管理学会誌，44（3），220-227（2008）
・泉 賢一，長澤好美：北海道畜産草地学会報，3，17-25（2015）

3−6

・Cornes AG：RADON MATRIX
・森田 茂，富田翔美，野頭昂寿ら：*Animal Behav Manag*，52，145-152（2016）
・富田宗樹：省力・自動化酪農の手引き デーリィマン2015年秋季臨時増刊号，高橋圭二 監修，1-21，デーリィマン社（2015）

3−7

・森田 茂ら：*Animal Behav Manag*，52，145-152（2016）
・森田 茂ら：酪農学園大学紀要，26（1），57-61（2001）
・森田 茂ら：*Animal Behav Manag*，49，34（2013）
・Metz JHM: Time patterns of feeding and rumination in domestic cattle, Uniersity of Wageningen, 1-66（1975）
・森田 茂ら：Effect of parity on the eating behavior and feed intake of milking cows kept in free-stall barn，Proceedings of the 49th congress of the International Society for Applied Ethology，134，Wageningen Academic Publishers（2015）
・Bach A, Iglesias C, Devant M, et al.: *J Dairy Sci*, 89, 337-342（2006）
・Grant RJ, Albright JL: *J Anim Sci*, 73, 2971-2803（1995）
・Hoffman PC: Feed efficiency in heifer management, International Dairy Topics, 6, 7-9（2007）
・島田泰平，森田 茂，松岡洋平ら：酪農学園大学紀要，32（2），155-160（2008）
・森田 茂，中屋 まりな，干場信司：北海道畜産草地学会報，3，37-44（2015）
・中屋 まりな：酪農学園大学大学院酪農学研究科修士論文，27-30（2012）

第 4 章

牛群における疾病コントロール

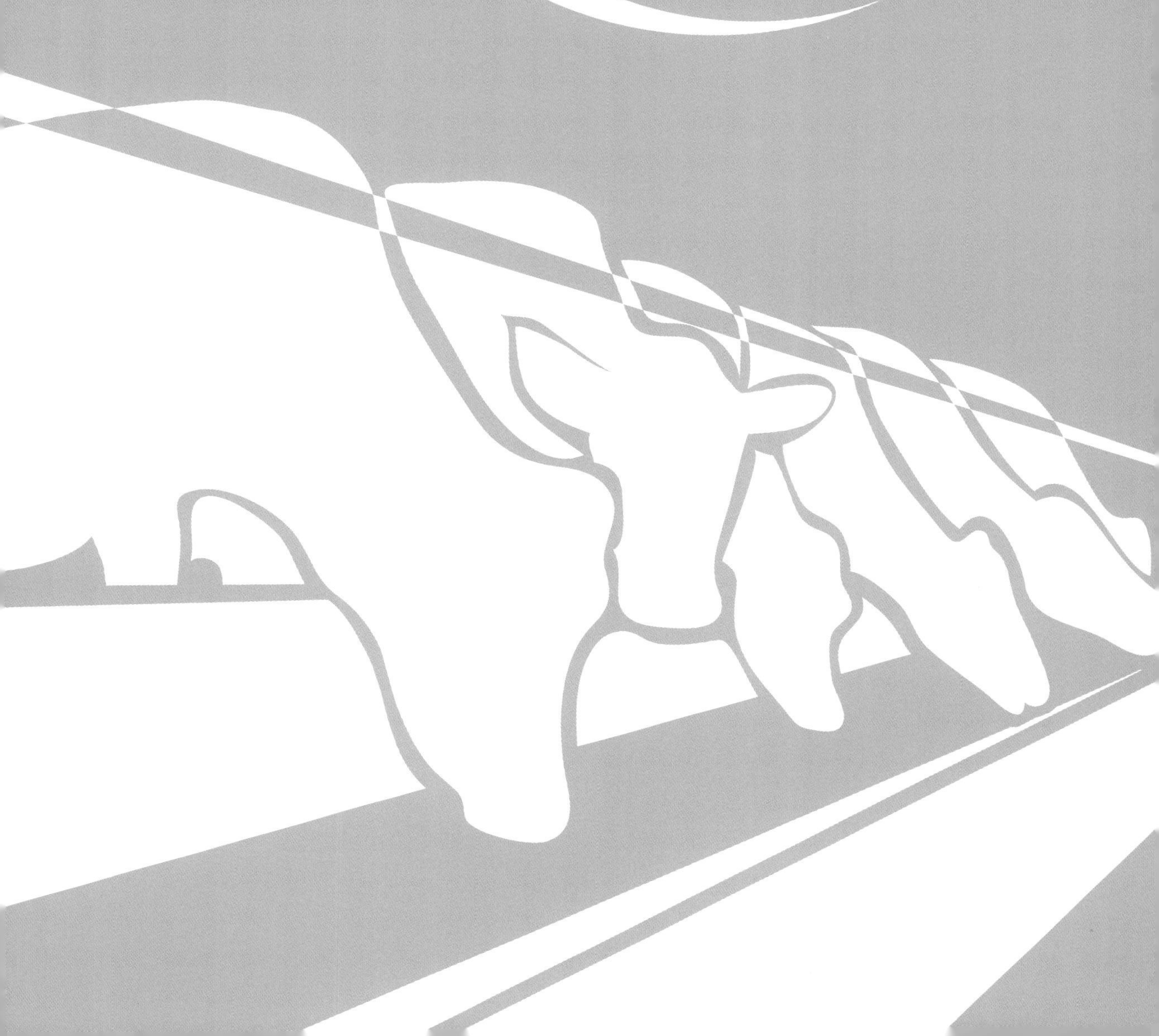

4－1

移行期における エネルギーバランスの管理

育種改良によって泌乳量の増大が図られてきた現代の乳牛にあって，飼養管理上最も注意すべきステージは，分娩の3週間前後（1カ月前後とする場合もある）のいわゆる移行期である。次世代の牛群管理を展開するに当たり，この時期のエネルギー代謝はもちろんのこと，免疫機能および動物行動に関する研究のさらなる進展が期待されている。ここでは，移行期におけるエネルギーバランスの管理に関して，これまで述べられてきた基本的なスキルを関連させて，その実際について紹介する。

なぜ，移行期のエネルギーバランスの管理が大切なのか？

移行期は，生体においてエネルギーバランスのダイナミックな変化が起こる。**図1**にこの時期のエネルギーバランスの変化を示した。妊娠期間の最後の1カ月間に胎子は著しく成長する。また，分娩が近付くにつれて乾物摂取量（DMI）が低下してくることが示されている。特に，ボディコンディションスコア（BCS）が4.0以上の牛では，DMIの低下率が大きいことも示されている（**図2**）。したがって，分娩が近付くにつれて生体のエネルギーバランスは次第に正から負へと変化してくる。そして，分娩を迎えると，分娩ストレスや泌乳開始に伴い，より多くのエネルギーが要求される。しかし，牛のDMIはすぐには増加してこないため，負のエネルギーバランスは増大していき，皮下脂肪（あるいは一部の筋肉）がエネルギー源として使われ，結果としてBCSが低下する。この分娩後のBCS低下は生産病と密接に関係することからスコア1以下にとどめるべきであるといわれてきたが，実際には0.5の変化に注目しつつ0.75程度には抑える管理をしたい。一般的にこのような生体の低エネルギー期間は45日間くらい継続するといわれている。乳牛はこの時期以外はいたって安泰に過ごしているので，この時期が生産サイクルのなかで最もリスクが高いということになる。デンマークの報告によると，特に分娩から10日までの間に疾病が最も高率に発生することが示されている。なお，最近，この移行期における不適切な飼養管理がDMIの低下を引き起こし，負のエネルギーバランスをいっそう助長し，結果として潜在性疾病の誘因となっていることが指摘されている（**図1**説明参照）。

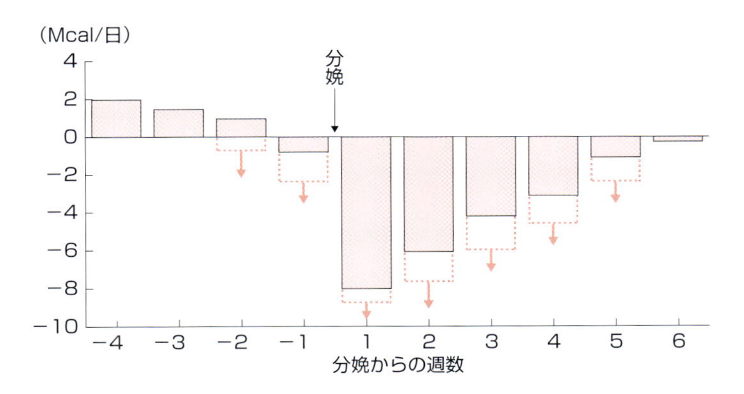

図 1　分娩前後における乳牛のエネルギーバランス

及川，2008

実線の棒グラフは一般的なエネルギーバランスの変化を示す。破線の棒グラフおよび矢印は不適切な飼養管理があった場合にエネルギー低下が促進されることを示す

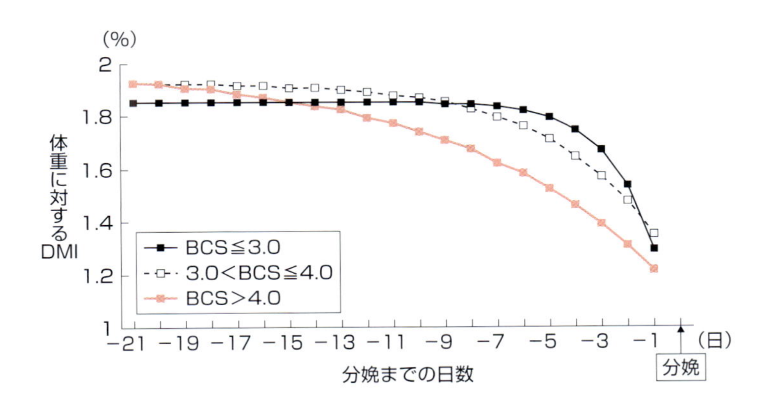

図 2　分娩前の BCS と乾物摂取量（DMI）との関係

Hayirli ら，2003

酪農場の運営に携わる獣医師あるいは畜産関係者としては，乳牛にとって不都合な飼養管理要因を 1 つでも多く見つけ出し，少しでも改善することが生産性維持あるいは向上を図るうえで必要不可欠な活動である。その意味でも，移行期のエネルギーバランスの把握と管理は重要である。

移行期のエネルギー管理に必要な基本的なモニタリング

1. モニタリングの目的

分娩初期の死亡・廃用割合および周産期疾病を低減させるため，飼養環境におけるリスク要因を抽出し，その対策を講じる目的で定期モニタリングを実施する。

2. モニタリング項目および対象牛

生体のエネルギーレベルのモニタリングとして，身体的な項目ではBCS，ルーメンフィルスコア（RFS），血液検査の項目では非エステル型脂肪酸（NEFA），β-ヒドロキシ酪酸（BHBA）濃度が基本項目として挙げられる（「1-2　身体モニタリング」，「1-3　血液などのモニタリング」参照）。

BCSに関しては，栄養摂取に変化が生じてからその結果が反映されるまでに約1カ月かかるといわれるので，少し長いスパンでの評価になる。牛群として基準範囲外がどの程度存在するのか（範囲外は20％以下に収めたい），あるいは乾乳後期と分娩初期の変化で0.75以下の低下に抑えられているかをモニタリングする（報告書では0.5の低下から記述する）。RFSは12時間以内のDMIを反映しているので，現在の飼料管理が適切かどうかを判断するには非常に有効な指標となる。移行期では，RFSのスコア1と2の合計割合（DMIが少ないとされる不適切なスコア）が20％以下になるようにしたい。なお，飼料の変更があった場合は，糞便スコアをモニタリングして，飼料調整が適正に行われたかの評価を併せて行う。一方，エネルギーバランスの管理とは直接的に関係ないが，このような移行期のモニタリングの際に，衛生スコアについても感染症予防の観点からルーチンなモニタリングとして加えるとよい。特に，乳房の牛体衛生スコアは日頃の衛生管理を如実に反映し，乳房炎発生に密接に関係しているので重要なチェック項目である（そのほかにもストール環境を示す飛節スコアや炎症性疾患を見つける体温測定があるが，農場の状況に合わせて適宜実施する）。

NEFA濃度は乾乳期（分娩予定日の2～14日の間），BHBA濃度は泌乳初期（分娩後3～50日，最近では分娩後3～21日以内を重視する傾向）に，それぞれ基準値に対しての異常割合を算出して評価する。また，DMIと関連している飲水量についての状況はヘマトクリット（Ht）値で評価できる。すなわち，Ht値の上昇がある場合，飲水量の低下が考えられる。

3. モニタリングのスケジュール

管理対象農場にはおおむね2週間に1回のペースで訪問する。ただし，牛群の約40％以上が潜在性ケトーシスである場合などでは，週1回はBHBAとRFSのモニタリングをすべきである。乾乳牛におけるNEFAおよび泌乳初期牛のBHBAのサンプリングは，それぞれ飼料給与前と飼料給与後4～5時間が最適である。また，この時にBCSとRFSも一緒にモニタリングする。しかし，農場あるいは調査実施者などの作業上の都合もあることから，必ずしもこの時間帯に固執することはない。重要なことは，いつも決まった時間帯に同じ様式で同じ人がモニタリングすることである。そして，これまでのデータと比較して評価することが大切である。

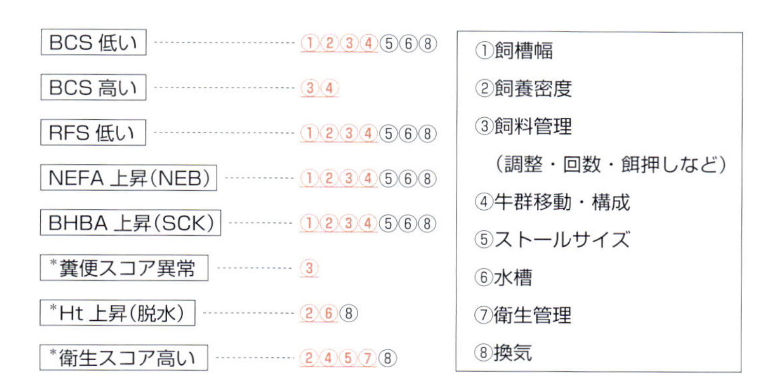

図4 モニタリングに異常があった場合にチェックすべき飼養環境

下線ありは要チェック項目，なしは適宜チェックする項目
＊：移行期のエネルギー管理の際に一緒にモニタリングしたい項目
NEB：負のエネルギーバランス，SCK＝潜在性ケトーシス，Ht＝ヘマトクリット

4. モニタリングレポートの作成

牛群モニタリング結果は簡単なレポートに要点をまとめる。**図3**にレポートの例を示した（フリーストール，経産牛200頭飼養）。1月から数カ月単位で牛群の評価検討を農場主および従業員と行い，その状況データと改善効果などを共有することは，モニタリング実施者（獣医師，畜産関連アドバイザーなど）にとって非常に大切なことである。

5. モニタリング結果で異常があった場合にチェックすべき飼養環境

図4にモニタリングで異常が認められた時にチェックすべき主な項目について記載した。対象農場によっては，これ以外にも考えられる項目があると思われるので，農場関係者とデータをもとに慎重にディスカッションすべきである。改善が必要と認められた項目に関しては，経済的に容易に対処できるものから順番に対処していき，引き続き実施するその後のモニタリングでその効果を評価する。

移行期のDMI低下が周産期疾病の発生に緊密に関連していることが報告されている。非常に簡単なモニタリングスキルと最小限の血液検査で，移行期における牛群のエネルギー状態を評価することができる（モニタリング項目に関してはすべてを必ず行う必要はなく，農場の状況に合わせて調整する）。大規模農場であればスキルトレーニングを受けた従業員が自主的にモニタリングできる内容である。ただし，データの評価や問題点の抽出と対策に関しては関係者間での意思疎通が重要であり，それをコーディネートするのはプロフェッショナルとしての管理獣医師あるいは畜産コンサルタントの役目である。

2016 年 3 月 XX 日

AAAAA 農場
BBBBBB 様

担当：XXX, XXX

身体的モニタリングおよび血液検査報告

2016 年 3 月 24 日に実施した健診結果について以下のとおり報告します。

1．対象牛
　乾乳後期　　12 頭
　フレッシュ　27 頭

2．ボディコンディションスコア（BCS）

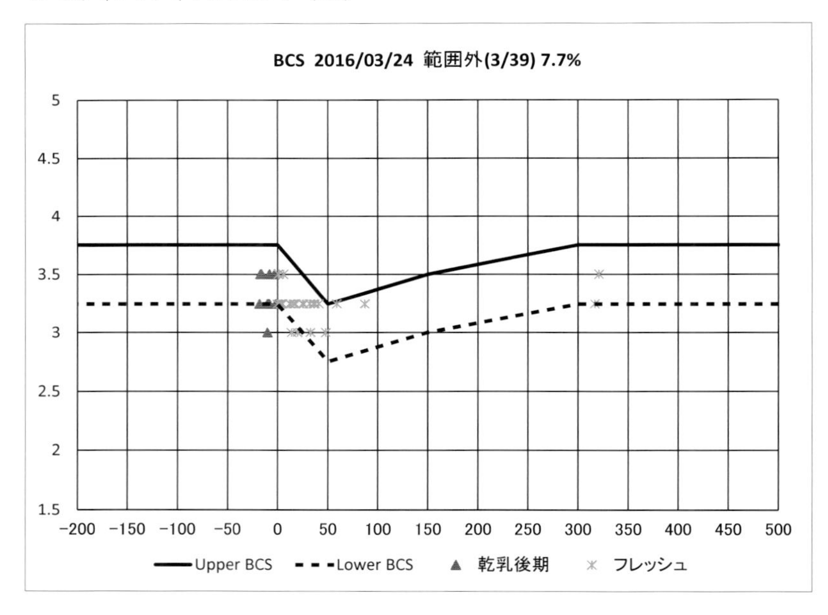

今回，BCS で範囲外となった頭数の割合は，乾乳後期群では 8.3%（1/12），フレッシュ群では 7.4%（2/27）であり，それぞれ前回(乾乳後期群０%（0/11)，フレッシュ群０%（0/24））に比べやや増加していましたが，おおむね良好でした。なお，今回の健診において，BCS が前回と比較して 0.5 以上変化した個体はいませんでした。

図３　移行期のエネルギー管理に関するモニタリングレポートの例（定期健診レポート１枚目）

3．ルーメンフィルスコア（スコア３以上が十分な充満度の牛）

牛群	2016/3/9(前回)	2016/3/24(今回)
乾乳後期	100%（11/11）	83.3%（10/12）
フレッシュ	91.7%（22/24）	77.8%（21/27）

今回の乾乳後期群およびフレッシュ群においてルーメン充満度が十分な牛の割合は，前回と比べて低下していました。このことは，後述の血液検査に関係していると考えられます。

4．糞便消化スコア(スコア３以下が目標スコア)

今回,スコア４以上（消化の状態がよくない)であった牛の割合は,乾乳後期群では8.3%（1/12),フレッシュ群では7.4%（2/27)であり，前回と同様でおおむね問題ありませんでした。

5．体温について

No.	牛群	DIM（日）	体温（℃）	備考
2823	フレッシュ	5	39.5	産褥熱治療中
3129	フレッシュ	10	39.7	乳房炎治療中
3518	フレッシュ	25	39.6	乳房炎治療中

DIM：搾乳日数

上記の３頭で，39.5℃を超えていました。

6．血液検査結果

（1）乾乳後期群：12頭中12頭検査

No.	産次数	分娩予定	分娩予定からの日数	NEFA (mEq/L)	Ht (%)
2681	4	2016/4/11	-18	0.20	30
2968	2	2016/4/10	-17	0.19	30
3028	1	2016/4/9	-16	0.16	30
3324	1	2016/4/3	-10	0.14	31
3532	0	2016/4/3	-10	0.32	32
3331	1	2016/4/2	-9	0.11	33
3511	0	2016/4/2	-9	0.75	35
3522	0	2016/4/2	-9	0.43	32
2721	3	2016/4/1	-8	0.27	31
3533	0	2016/4/1	-8	0.27	31
3002	2	2016/3/27	-3	0.19	31
3317	1	2016/3/26	-2	0.14	31
異常割合（%）				2/12 (16.7%)	1/12 (8.3%)

NEFA：非エステル型脂肪酸（異常値＝0.4 mEq/L以上），

Ht：ヘマトクリット値（正常範囲28～34%）

今回，乾乳後期群のNEFA濃度において，異常値（0.4 mEq/L以上）を示した牛の割合は16.7%

図３　移行期のエネルギー管理に関するモニタリングレポートの例（定期健診レポート２枚目）

(12頭中2頭)で，前回0％(12頭中0頭)に比べ増加していました。牛群としては低エネルギーの警戒が必要です。

No. 3511においては，NEFAが高値を示し低エネルギー状態が進行しているほか，Ht値も高値を示しているため飲水量も低下していると考えられます。これは，飼養密度が高くなってきたことが影響していると思われます。ルーメンの充満度にも影響しているようです。……………………
(中略)…………………………

(2) フレッシュ群：27頭中12頭検査

No.	産次数	最終分娩年月日	分娩後日数	3/10 BHBA (mM)	3/24 BHBA (mM)	Ht (%)
2825	4	2016/3/21	3		1.8	35
3122	2	2016/3/20	4		2.3	29
3281	2	2016/3/20	4		0.8	32
3025	2	2016/3/18	6		3.6	30
3113	2	2016/3/12	12		0.9	31
3523	1	2016/3/8	16		0.8	31
3296	2	2016/3/6	18		1.1	28
2879	3	2016/2/27	26	1.1	0.9	30
3306	2	2016/2/20	33	0.6	1.0	28
3006	3	2016/2/17	36	3.1	1.8	30
2685	4	2016/2/12	41	1.6	0.9	31
3509	1	2016/2/5	48		1.3	30
異常割合（%）					5/12 (41.7%)	1/12 (8.3%)

BHBA：β-ヒドロキシ酪酸（ケトーシスの指標，異常値1.2 mM以上），
Ht：ヘマトクリット値（正常範囲28～34%）

今回，フレッシュ群のBHBA濃度において，異常値(1.2 mM以上)を示した牛の割合は41.7%（12頭中5頭）であり，前回58.3%に比べて減少していましたが，引き続き潜在性ケトーシス牛群と診断されました。上述のとおり値の高い牛はルーメンフィルスコアも2以下ですので，まずは糖質の継続給与をお願いします。飼料密度も115%と高くなっていますので，フレッシュ群から高泌乳群への牛の円滑な移動が必要です。また，飼料の変更の件に関しては来週伺います。なお，デントコーンサイレージの酪酸濃度分析データについて確認をしておいていただければと思います。Ht値においては，No. 2825が高値を示しており，十分に水が飲めておりませんので……..
……………….(中略)…………………………

7．まとめ

今回の健診結果から乾乳期とフレッシュ期いずれにおいても牛群が低エネルギー状態となっていました。この理由は，飼養密度の増加と考えられます。乾物摂取量が減っています。牛群移動および更新牛に関して検討に伺いますので…………(中略)………………………

図3　移行期のエネルギー管理に関するモニタリングレポートの例（定期健診レポート3枚目）

4－2

乳房炎のコントロール

乳房の解剖学的特徴

1. 乳房の外形と保定装置

牛の乳房は4つの乳区に分かれていることが大きな特徴である。頭側を前区乳房，尾側を後区乳房と呼ぶ。また，左右は乳房間溝で明瞭に区別されている。臨床学的には左側前分房をA分房，左側後分房をB分房，右側前分房をC分房，右側後分房をD分房と称する。乳房は乳房保定装置によって保持されている（図1）。乳房保定装置は外側板と内側板から構成されており，外側板とは主として乳房表面の全体を覆う筋膜を示す。一方，腹黄膜から移行した内側板は乳房提靭帯（弾性繊維）とも呼ばれ，乳房を左右に区分する。さらに，外側板および内側板から連続する保定板は乳房内部を走行することで乳房を強固に保定するとともに，乳腺葉の境界となっている。

2. 血管支配（図2）

牛の乳房は年間に1万kgに及ぶ乳を合成する。1kgの乳を合成するために400～600Lの血液が必要とされ，牛の乳房は太い血管によって多くの血液が供給されている。乳房に対する血液の供給は主として内陰部動脈と外陰部動脈に依存している。特に外陰部動脈は，その後，前方に走行する前乳腺動脈（浅後腹壁動脈）と後方に走行する後乳腺動脈に分岐し，乳房の中心部まで血液を供給するなどの重要な役割を担う。腹側腹壁の皮下において，外部から肉眼的にもその走行を容易に観察することのできる血管は，腹皮下静脈と呼ばれるもので，これは浅前腹壁静脈が皮下で膨隆して見えるものである。

3. 神経とリンパ節

牛乳房に分布する主要な神経には，腸骨下腹神経，腸骨鼠径神経および陰部大腿神経がある。特に陰部大腿神経は前枝と後枝に分岐し，乳頭に分布する。乳頭皮膚に存在する知覚神経は物理的な刺激を乳頭から中枢に伝達し，脳下垂体後葉よりオキシトシンの分泌を促す（神経ホルモン反射弓）。分泌されたオキシトシンは，筋上皮細胞を収縮さ

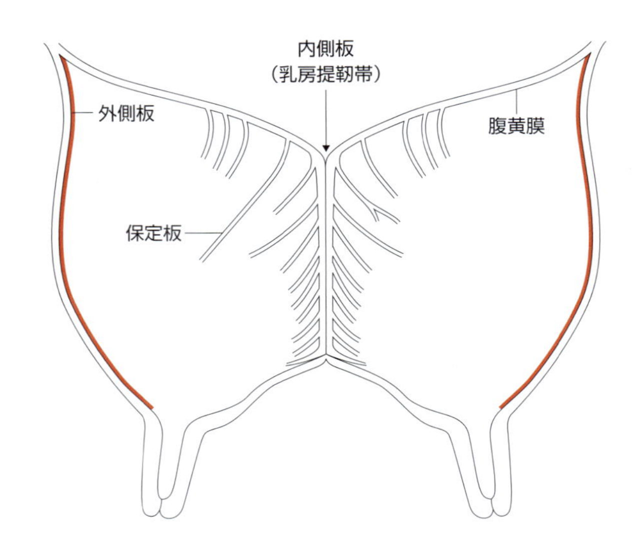

図1　乳房保定装置

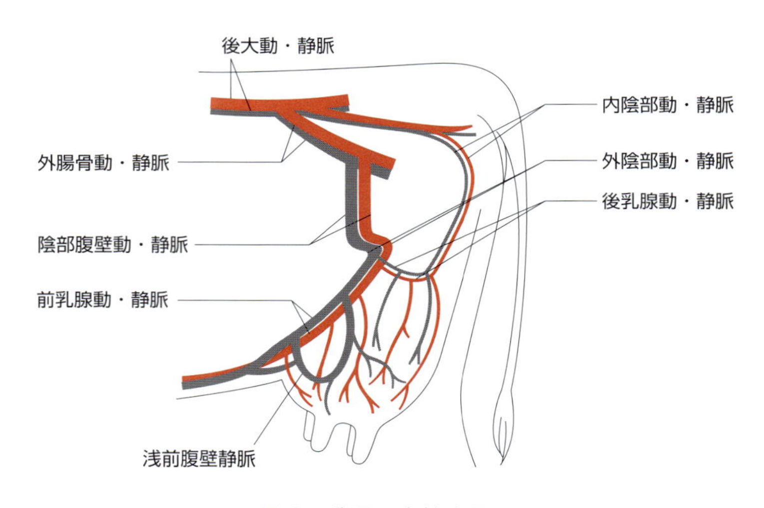

図2　乳房の血管支配

せ乳汁合成の最小単位である腺胞から射乳を促す。乳房組織に関連するリンパ節として乳房リンパ節（浅鼠径リンパ節），腸骨下リンパ節，坐骨リンパ節，深鼠径リンパ節（腸骨大腿リンパ節）がある。

4．乳腺組織（図3）

乳腺組織の最小単位は腺胞である。腺胞は乳腺細胞の集合によって構成され，その外側には射乳において重要な役割を担う筋上皮細胞が存在する。腺胞で合成された乳汁は筋上皮細胞の働きによって乳腺胞管に送られる。それぞれの腺胞から送られた乳は乳管

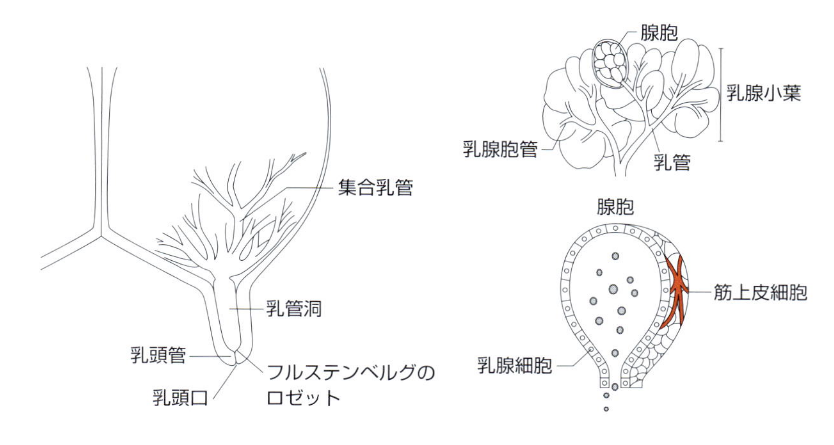

図3　乳腺組織

に集約され，その後，集合乳管，乳管洞および乳頭管を経て射乳に至る。

5. 乳頭

乳頭皮膚表面の知覚神経は，吸引などの物理的刺激を脳に伝達し射乳を促す。乳頭は乳管洞の乳頭部とそれに連続する乳頭管によって構成され，最終的に乳頭口に開口する。また，乳管洞と乳頭管の境界部にはフルステンベルグのロゼットと呼ばれる構造物が存在し，乳頭口からの微生物の侵入を防いでいる。牛で問題となる乳房炎において，病原性微生物の侵入門戸は基本的に乳頭口である。乳頭口は病原性微生物の侵入を物理的に防いでいるため，過搾乳などによる乳頭口の物理的損傷は，病原性微生物の侵入を許容し，乳房炎の発生に深く関与する。また，乳頭皮膚の損傷や粗造化は，病原微生物の持続的定着を許すため，乳房炎の発生に関与することが明らかになっている。乳頭口の変形はスコア化（乳頭スコア）されており，搾乳衛生を評価する際の指標として用いられる。

スコア1：乳頭口周囲に皮膚の肥厚などはなく，異常は認められない
スコア2：乳頭口に平滑で肥厚した皮膚のリングが確認される
スコア3：乳頭口は粗野で肥厚した皮膚のリングが確認される
スコア4：乳頭口はさらに粗野となり，多くのひび割れが確認される

乳の種類

1. バルク乳

農場で生産したすべての乳を出荷までの時間，冷却保存する装置をバルククーラーと

表１　生乳の体細胞数と乳量の損失

リニアスコア	体細胞数（$\times 10^3$/mL）	乳量の損失（kg /305 日）	
		初産	2 産以上
0～2	～70		
3	71～	90	180
4	142～	180	360
5	283～	270	540
6	566～	360	720
7	1,132～2,262	450	900

呼び，保存されている乳をバルク乳と呼ぶ。農場単位での乳成分，体細胞数および細菌数の評価に用いられる。感染症のモニタリングにも使用されており，従来の乳房炎原因菌に加え，マイコプラズマ性乳房炎の監視にも広く用いられている。また，牛ウイルス性下痢病や白血病のウイルスも乳中から分離可能であるため，これらのモニタリングに活用される事例も報告されている。

2．個体乳

個体から得られた乳（4 分房合乳）を個体乳と呼び，個体ごとの乳成分，体細胞数，細菌種および細菌数の評価に用いられる。乳牛検定では個体乳が用いられる。体細胞数の表記には，一般的にリニアスコアが用いられる（**表1**）。スコア 0～2（体細胞数 1 万 7,000～7 万 /mL）では臨床的な目安として健康牛に位置付けられ，乳量の損失は認められない。スコア 3～4（7 万 1,000～28 万 2,000/mL）では要注意牛に分類され，乳量損失率は 2.1～3.3％と高値を示す。スコア 5 以上は乳房炎に分類される。

3．分房乳

各分房から得られた乳を分房乳と呼ぶ。日常の搾乳作業ではストリップカップによる検査（乳汁中の凝集物）や，California Mastitis Test（CMT，体細胞数および pH の上昇）に用いられる。また，これらの検査において陽性が認められた場合，さらに体細胞数，原因菌種および細菌数を評価し，治療，または感染拡大阻止を目的とした牛群管理状況の判断材料として用いられる。

乳質の異常と検査

1．個体乳の異常と検査

食品の原料としての生乳の衛生的な乳質を維持することは，酪農経営の根幹に関わる重要な要素である。健康な乳牛から搾り出される健康な乳（正常乳）は，一般的に乳白

表２　生乳中体細胞数の増加と乳成分の変化

項目	正常(N%)	高体細胞数(H%)	H/N(%)
無脂固形	8.9	8.8	99
脂肪	3.5	3.2	91 ↓
ラクトース	4.9	4.4	90 ↓
総タンパク	3.61	3.56	99
総カゼイン	2.8	2.3	82 ↓
乳アルブミン	0.02	0.07	350 ↑↑↑
ナトリウム	0.057	0.105	184 ↑↑
クロール	0.091	0.147	161 ↑↑
リン	0.173	0.157	91 ↓
カルシウム	0.12	0.04	33 ↓↓

Current Concepts Bovine Mastitis 4th ed., 1996

色を呈し，凝塊などの不純物は一切含まれていない。分娩後2〜3日は，初乳といわれる脂肪の濃い黄白色で粘稠度の高い乳であるが，日が経つにつれそれも徐々に乳白色に転じていく。個体乳における乳質の異常とは，前述した以外の色調や異常臭気，成分異常を呈し，時には凝塊の混入がみられるものをいう。このような乳は，乳中の体細胞数も高く，乳中に好中球，リンパ球，マクロファージなどの炎症性細胞の存在が多数確認される。正常乳の体細胞数は10万/mL前後であり，主に微生物の感染が起きると乳中体細胞数は上昇する。その体細胞の正体は，炎症性細胞や剥がれた乳腺上皮細胞である。乳房炎は，微生物が何らかの理由で乳頭口より侵入し，乳腺に定着して炎症を引き起こすことで起きる。乳房炎に感染することで体細胞数は上昇し，病態が進行すると臨床症状を呈する。臨床症状を呈するまでは，潜在性乳房炎として体細胞数を上げているが，その時はすでに乳の乳成分の変化（**表2**）とともに，風味の低下や長期的な泌乳量の減少を伴っている（**表1**）。

酪農家がカウサイドで簡単に乳質を評価する方法として，CMT変法（PLテスター）がある。PLテスターは，乳のpHと凝集反応で判定する，現在では最も安価で簡易な乳房炎診断法であり，体細胞数との相関も高いといわれている。PLテスターを最も感度よく使用する方法として，草場ら（2014）は，乳：PLテスター液を2：3にして実施することを推奨している。そのほかにカウサイドにおいて乳質を評価する方法として電気伝導度を利用した方法（ミルクチェッカー）がある。これは，乳腺の炎症に伴う乳中ナトリウム，クロールの上昇が電気伝導度を増加させることを利用したもので，前述のCMT変法と比較し，早期の乳の異常を感度よく検知できる利点がある。

2. バルク乳の異常と検査

バルク乳は，のちに出荷される生乳であることから，生乳の生産過程で最も重要な要素である。バルク乳の乳質異常の要因は，個体乳の乳質の集積や搾乳衛生に伴うものとバルク乳貯留過程での管理によるものの2つに分けられる。乳質のよくない個体乳がバルクタンクに投入された場合，当然のことながらバルク乳の乳質は悪化する。この問題は，定期的にバルク乳の細菌培養をすることで監視することができる（後述の「バルク乳モニタリングの検査項目」参照）。ここでバルク乳中に高い菌量の環境性ブドウ球菌（CNS）や大腸菌群（CO）が検出された場合は，搾乳衛生の問題も考慮する必要がある。後者のバルク乳貯留での問題とは，バルクのスイッチの入れ忘れ，冷凍機の故障，バルクも含めた搾乳システムの洗浄不良などが原因となる。バルクのスイッチを入れて1時間以内にバルク乳温が10℃以下に，その後の1時間で4.4℃にならない時は，冷凍機の故障または能力の低下が疑われる。また，バルク乳の耐熱性菌数が多い場合は，バルクも含めた搾乳システムの洗浄不良が疑われる。

搾乳衛生

1. 搾乳システムの殺菌

搾乳作業に入る前に，搾乳システムの保守点検と搾乳システムの殺菌を行わなければならない。搾乳後に殺菌したとしても，次の搾乳までに残った細菌が増殖して搾乳システム全体の細菌数を増加させるためである。特に，分娩後の牛を搾乳するバケットミルカーについても十分に殺菌されていることが重要である。

2. 搾乳用ワゴンの用意

効率的かつ衛生的に搾乳を行うため，搾乳用ワゴンが必要である。

搾乳用ワゴンに準備するものは，搾乳ユニット一式，バケットミルカー，消毒液に浸した乳頭清拭用タオルの入ったバケツ，使用済みタオルを入れる空バケツ，ペーパータオル，消毒液の入った手洗い用バケツ，手拭き用タオル，クォーターミルカー，ディッピング容器，ストリップカップ，乳房炎診断液（CMT 液），メモ帳などである。

3. 搾乳手袋の装着

手の皮膚や傷および爪の間に入っている細菌を完全に殺菌することは困難であるが，手袋をつけて搾乳すると洗浄・消毒は容易になる。

4. 搾乳順序

搾乳順序は，ミルクラインの乾燥による洗浄不良を避けるため，処理室側からライン

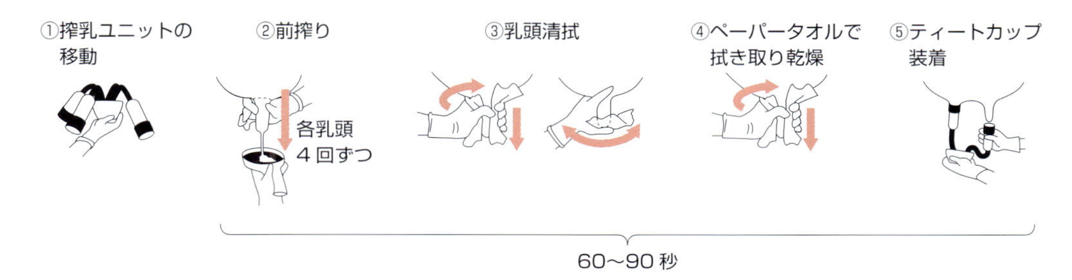

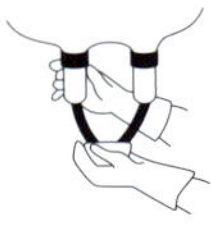

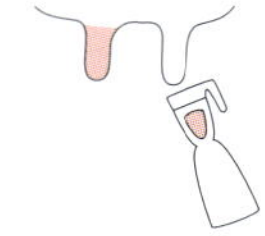

図4　繋ぎ牛舎における搾乳手順

のハイポイント（最も高いところ）に向かって，ユニット台数を左右等しく分けて搾ることが大切である（「2－4　搾乳機器と乳房炎」参照）。また搾乳機器を介して健康な牛への水平感染を防ぐため，体細胞数の高い牛や乳房炎牛は，最後にまとめて搾ることが重要である。

繋ぎ牛舎における搾乳手順

繋ぎ牛舎における搾乳手順は**図4**に示すとおりである。

1. 搾乳ユニットの移動

①搾乳ユニットの持ち運び方と掛け方

搾乳終了後の搾乳ユニットの持ち運び方と掛け方はきわめて重要である。搾乳ユニットを持ち運ぶ時とフックに掛ける時は，クローに残った乳がライナーから漏れないようにクローの上下を乳頭へのティートカップ装着時と同じ状態で保持することが重要である。乾いた乳頭に乾いたライナーを装着することが，ライナースリップを軽減し，乳房炎の新規感染を減らすことにつながるからである。搾乳ユニットの名称は，「2－4　搾乳機器と乳房炎」を参照されたい。

②搾乳作業を分担しない

前搾りからディッピングまでの一連の搾乳作業をひとりで行うことが重要である。例えば，前搾りや乳頭清拭をする人とティートカップを装着する人が異なるような搾乳方法だと，ティートカップの装着を乳頭刺激開始から60～90秒に行うことが難しくなる。また，搾乳終了のタイミングを逸することにもつながり，結果として過搾乳の原因にもなる。

また，搾乳は常に一定の時間内に，一定の手順で行うことが原則である。そのためには，前の牛の搾乳が終わるのを見計らって，次の牛の作業を進行させる方法では装着タイミングを一定にすることが難しくなる。常に搾乳する牛の所にユニットを移動してから搾乳を開始することが重要である。ひとりで使用するユニットは2台が限度である。

2. 前搾り（写真1）

前搾りは，①オキシトシンの放出を促すために搾乳刺激を与える，②異常乳の発見をする，③乳管洞に貯留している異常乳を排出させる，④乳頭口の乳の通りをよくする，という4つの意味を持つ。

乳頭清拭前に，各乳頭を4回ずつストリップカップに前搾りする。乳頭清拭前に前搾りする理由は，清拭した清潔な乳頭を再び手で汚さないためである。前搾りで一番重要なことは，乳頭の付け根を親指と人差し指でしっかり握り乳頭全体に確実な刺激を与えることである。このことにより，オキシトシン分泌のピークをさらに早く，そして高く導くことができる。適切な前搾りによって泌乳開始時の乳の流量を高め，短時間に搾乳することが可能となり，乳頭に負荷をかけずに搾乳することができる（**図5**）。前搾りを4回ずつ行う理由は，乳管洞内の異常乳を排泄させるために，最低4回以上の搾出が必要だからである。前搾りの際に乳房の状態，ブツの発見や乳の性状をよく観察できるように，牛舎内を明るくすることは搾乳環境の基本的整備事項である。また，前搾り乳を床や尿溝に捨てることは，牛の周囲を乳房炎原因菌で汚染することにつながりかねないので行ってはならない。

3. 乳頭清拭（写真2）

消毒液に浸した1頭1枚のタオルで乳頭のみを約30秒かけて清拭する。乳頭清拭の目的は，乳頭の汚れを落とし乳頭に付着している細菌数を減らすことにある。清拭は搾乳者から遠い方の乳頭から行い，乳頭の側面だけでなく乳頭口部分を念入りに清拭することが大切である。清拭に用いたタオルは必ず別のバケツに入れ，決してタオルを取り出したバケツに戻してはいけない。

殺菌効果を十分に発揮するためには，使用する殺菌剤の濃度とお湯の温度は重要である。一般的に殺菌剤として使用されている次亜塩素酸ナトリウムは，6％液で300倍，10％液で500倍に希釈して使用する。また，次亜塩素酸ナトリウム液は43℃以上になると殺菌効果が低下するため，必ず35～40℃の温湯で希釈することが大切である。また，清拭用タオルは，お湯の温度が低下しないようにレジャークーラーや蓋付の発泡ス

写真１　前搾り

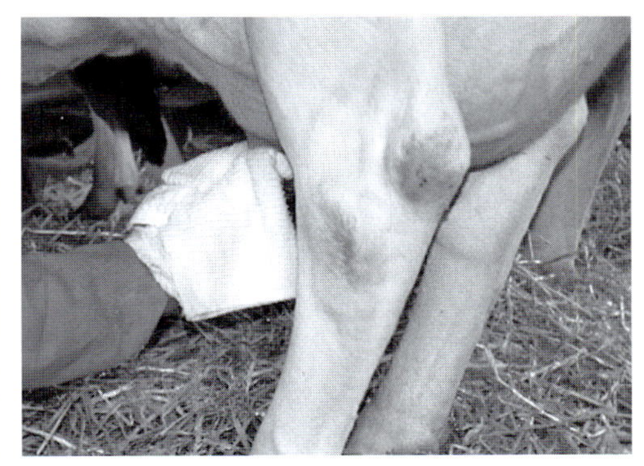

写真２　乳頭清拭

搾乳改善前

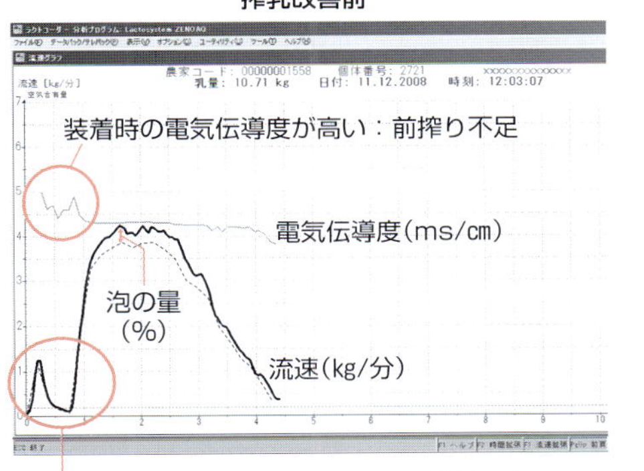

搾乳改善後

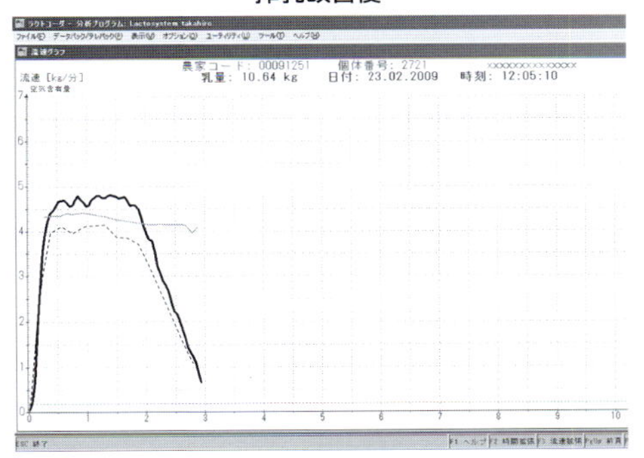

図５　ラクトコーダーによる乳流量測定

チロールなどに入れて使用するなどの工夫があると効果的に行える。

4. ペーパータオルで拭き取り乾燥（写真３）

乳頭を洗浄殺菌した後，ペーパータオルで乳頭の湿り気を拭き取る作業は，乳頭の細菌数をさらに減少させ，ライナースリップを防止する効果があり，乳房炎の新規感染を減らすために重要である。

5. ティートカップ装着（写真４）

ティートカップの装着は，前搾り（乳頭刺激）開始から約60～90秒後に行う。早すぎる装着はオキシトシンの放出がまだ十分でなく，乳房内圧も高まっていないので，搾乳開始時に乳頭にかかる真空圧が高く過搾乳状態となり，乳頭先端の損傷を引き起こす。遅すぎる装着は，オキシトシンの分泌が低下してからの装着となり，流量の低下を招き，搾乳時間の延長につながり，それに伴う過搾乳状態は，乳頭先端の損傷を引き起

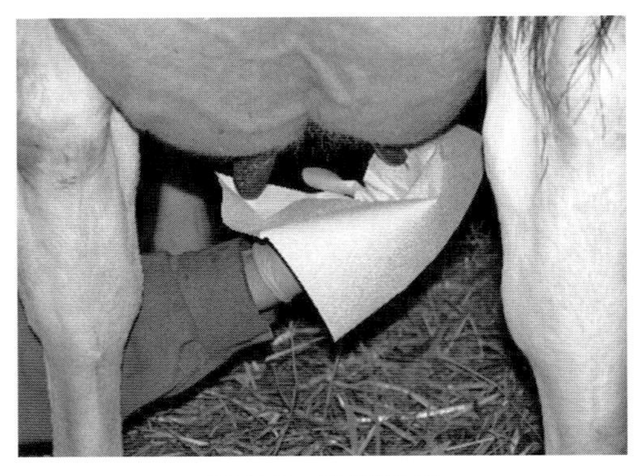

写真３　乳頭乾燥

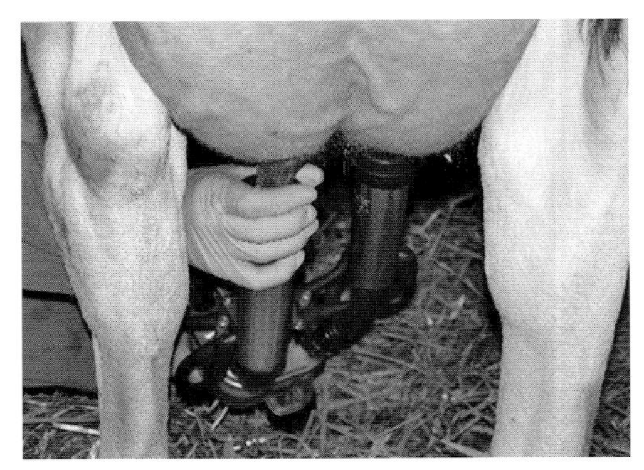

写真４　ティートカップ装着

こす。

ティートカップ装着時には，空気の流入を最小限にするよう注意しなければならない。多量に空気が流入した場合，ミルクラインの真空圧に非周期的変動を引き起こすため，ほかの牛の乳頭先端真空圧に変動を起こし，泌乳のリズムに乱れを生じさせる。これは，人為的にライナースリップを生じさせていることと同じである。特に，搾乳システムの余裕排気量が不足している場合は空気流入による真空圧の変動はさらに大きくなり，それが乳房炎の原因となる。

空気流入を最小限にする正しいティートカップの装着方法は次のとおりである。まず手のひらにクローをのせ，片手でティートカップを持ち，ショートミルクチューブ（105ページ）をティートカップ側とクロー接続部近くでＮ型になるように２カ所で折り曲げ真空を遮断する。ショートミルクチューブをこのように折り曲げたまま，クローを軽く持ち上げながら乳頭をライナーのなかに誘導する。ほかの乳頭も同様の方法で実施すると，空気の流入を最小限に装着することができる。装着したユニットは，４本の乳頭に対して捻じれのないようにまっすぐに調整することが重要である。

ロングミルクチューブ（105ページ）は牛体に沿うように調整されなければならない。ホースサポートなどでユニットとロングミルクチューブの位置を正しくセットする。ロングミルクチューブが短いと，ユニットが引っ張られ正常な泌乳が妨げられる。また，ロングミルクチューブが長すぎると，乳頭先端真空圧が低下するため，搾乳時間が延長し過搾乳になるので注意が必要である。

ライナースリップが生じると，空気の流入により乳頭先端真空圧の急激な非周期的変動を引き起こす。ライナースリップによる空気の流入により，乳はエアゾール状の小滴となって逆流し（ドロップレッツ現象），クローを介して，ほかの分房の乳頭口に激しく激突して乳頭先端を痛め，乳管洞に侵入して感染の機会を増やすことになる。

ライナースリップは，搾乳後半の乳量が少なくなった時に真空圧の変動や低下が起きると発生しやすい。しかし，ティートカップが適切に装着されていない時や乳頭の拭き取り乾燥が不完全な時にも発生する。また，搾乳後半の乳房マッサージやマシンストリッピングは，人工的なライナースリップを誘発し乳頭端に損傷を与える要因となるので行ってはならない。

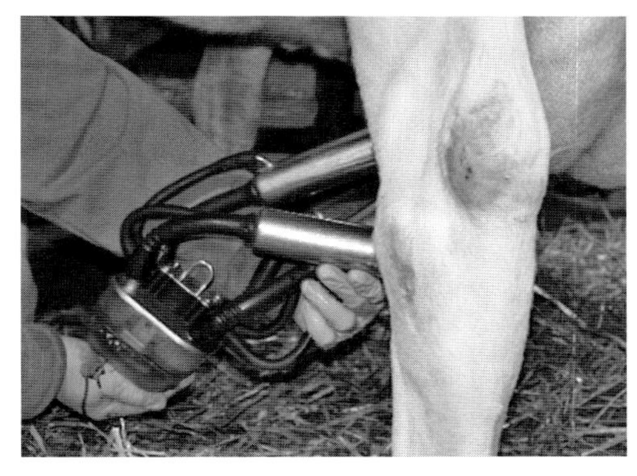

写真５　ティートカップ離脱

6. ティートカップ離脱（写真5）

オキシトシンが多く分泌されている5〜6分以内で搾乳を終了させることが，乳頭に負担をかけず最大乳量を搾る秘訣である。

搾乳終了のタイミングは，ブリードホール（105ページ）からの空気の流入音が止んだ時またはクローに出てくる乳がやや先細りになった時である。残乳は，乳房炎の原因とはならず，むしろ少し残乳するくらいの方が乳頭を痛めず乳房炎のリスクを減らす。このタイミングに常に注意を払うためにも，クローは透明でなかが見える必要がある。つまり，搾乳終了を正しく判断し，離脱のタイミングが遅れないことが重要である。

ティートカップの離脱は，真空圧を解除してからゆっくりと4本同時に離脱しなければならない。遮断バルブ（105ページ）を閉じ，完全に真空圧を遮断して2〜3秒待って，乳頭先端が大気圧に戻る際のユニットの自然落下に合わせて離脱する。

真空圧を遮断しないか，遮断するやいなや引くようにティートカップを離脱することは，乳頭先端に高い真空圧をかけ，乳頭に損傷を与えることになる。また離脱する瞬間に空気の流入が生じるため，ライナースリップと同じ現象を生じさせることとなる。また，ユニット離脱後にクローに残った乳をミルクラインに送るためにエアーを入れる行為は，ほかの牛に人為的ライナースリップを引き起こす原因となるので行ってはならない。

自動離脱は必ず搾乳のはじめからオートで行うべきである。最初にマニュアルモードで搾り，搾乳の途中からオートに切り替えると過搾乳となり乳頭を損傷させてしまう。過搾乳の最大の原因は，残乳が乳房炎の原因になると思い込み，最後の1滴まで搾ろうとすることにある。乳房炎は微生物が乳頭口から入り，乳中で増殖することが前提となる。少なくとも12時間後には搾乳するため，健康な乳房であれば残乳が乳房炎の直接的な原因となることはない。

また，4分房同時に搾乳が終了するのが理想的だが，「しぶい」分房があると先に搾乳を終了した分房のティートカップを逐次離脱する様子が見受けられる。これは，先に終了した乳頭先端が高い真空圧に曝され，過搾乳になるのではないかと考えるためである。この場合，1本ずつティートカップを離脱することなく搾乳していても，残りの分房からの搾乳流量が多ければ乳頭先端の真空圧はそれ程高くなることはない。むしろ全体の乳量が少なくなった時，ミルクラインの真空圧がそのまま乳頭にかかる場合が問題である。搾乳時間がおよそ5～6分以内であれば，1分房が早く終了しても残りの3分房に合わせ4本一緒にティートカップを離脱した方が危険性は少ないことになる。

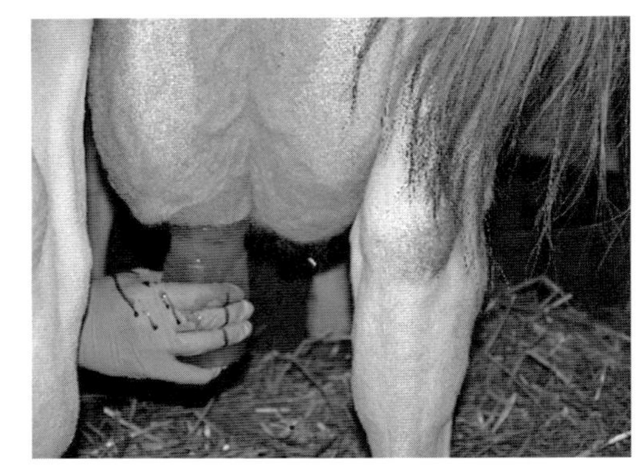

写真6　ポストディッピング

7. ポストディッピング（写真6）

乳房炎の感染は，乳頭における乳房炎原因菌の付着生菌数と深い関係がある。ディッピングの目的は，乳頭皮膚および乳頭管に付着した乳中の細菌を殺菌し，搾乳から搾乳までの間，乳頭表面，乳頭口周囲および乳頭管への細菌の定着・増殖を抑制することにある。したがって，ティートカップ離脱直後に，効果の認められている薬剤を使用し，ディッパーを用いて乳頭全体をディッピングすることが推奨される。搾乳後の乳頭口は，しばらくは開いた状態であるばかりでなく，乳頭管にあるケラチン層の感染防御機能も低下している。搾乳後は，ディッピングの効果を高めるため，しばらく起立させておく工夫が必要である。

①ディッピング容器

スプレー式容器にはノズルが横向き，上向き，ループ状のものがあるが，乳頭全体に確実に付着させるには，スプレー方式は避けるべきである。乳頭全体をカバーするためには，ディッパーを用いると確実であり，ノンリターンタイプのものが推奨されている。ディッパーを使用する場合，容器は毎回洗浄・乾燥し，薬剤を毎回取り替えることが重要である。

②ディッピング剤の種類

ディッピング剤は，皮膚保護剤が添加されたヨード剤が一般的であるが，ほかにクロルヘキシジン製剤や塩化ベンザルコニウム製剤も市販されている。ローションタイプのような殺菌効果の不明な製品は避け，殺菌効果が認められている製品を使うことが重要である。

③ディッピング剤の特徴と効果

搾乳後に実施するポストディッピングは，伝染性乳房炎原因菌である黄色ブドウ球菌

(*Staphylococcus aureus*), *Mycoplasma bovis*, *Streptococcus agalactiae*, *Corynebacterium bovis* などの感染予防効果がある。これらの細菌は搾乳中に主として感染乳汁，搾乳者の手，タオルおよびライナーなどを介して牛から牛へと伝染する。また逆に，いつでも感染が生じる環境性レンサ球菌，大腸菌群などの環境性乳房炎原因菌の新規感染を予防する効果はあまり期待できないといわれている。しかし近年，被膜をつくるバリアタイプのものが普及してきており，このようなタイプは，環境性乳房炎原因菌に対する効果も期待されている。

ミルキングパーラにおける搾乳手順

ミルキングパーラにおける搾乳手順および搾乳衛生は，基本的には繋ぎ牛舎の搾乳方法と同様に泌乳生理に合わせて行うことが重要である。しかし，パーラの形式が個別退出か集団退出かにより搾乳方法は異なる。ここでは，広く普及している集団退出のパーラにおける搾乳方法について解説する。

1. プレディッピングを採用した搾乳方法

まず，パーラに入ってきた順に3頭を1グループとする。手前の牛から順番に，①プレディッピング（後述）して1分房4回ずつしっかり前搾りしながら指で乳頭側面と乳頭口をもみ洗いする行程を3頭目の牛まで行う。その後再び1頭目の牛に戻り，②ペーパータオルで乳頭を拭き取り乾燥し，ティートカップを装着する行程を3頭目の牛まで繰り返す。以後，第2グループに移動し同様に行う。後はティートカップが自動離脱されたら順次ディッパーでポストディッピングをする。この一連の動作をスムーズに行うことにより，繋ぎ飼い牛舎の搾乳方法と同様，泌乳生理に合ったティートカップの装着とプレディッピングの殺菌時間が取れることとなる。**図6** に示した例は12頭複列（1ストールが12頭）の場合だが，3で割り切れない10頭複列などの場合は，3+2，3+2で行うことを推奨する。

2. プレディッピング

プレディッピングとは，搾乳前の乳頭を薬剤で殺菌する方法であり，環境性乳房炎の防除において効果があると報告されている。特に，フリーストールパーラで良好な搾乳衛生を維持しながら作業の効率化を図りたい場合に応用される。しかし，不適切な実施により搾乳衛生が悪化したり，乳への薬剤の残留を招いたりする危険性も指摘されており，実施に当たっては厳重な注意が必要である。プレディッピングは，有効ヨウ素0.1％液を使用し，30秒間のコンタクトタイム（殺菌時間）をとった後，ペーパータオルでよく拭き取ることが重要である。

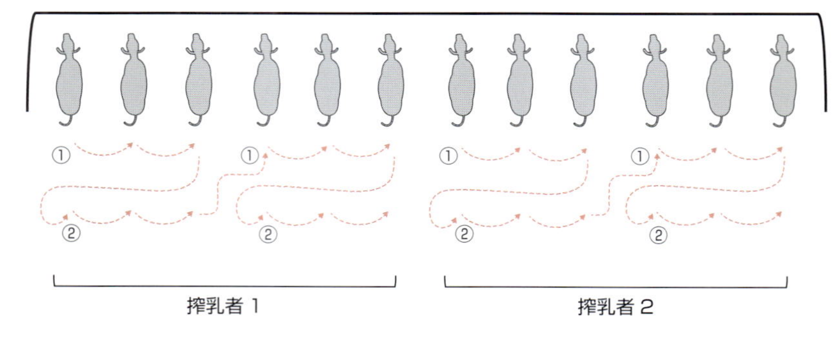

図 6　パーラにおける搾乳手順

ミネソタ変法（12 頭複列で片側）の例。搾乳者の 1 動線は 3 頭グループで行うことが重要
①プレディッピング～前搾り・もみ洗いを 3 頭，②乳頭拭き取り～ユニット装着を 3 頭

薬剤感受性，抗菌薬の使用法

近年，薬剤耐性菌の問題が取り沙汰されており，乳房炎治療薬の使用についても決して例外ではない。全国の統計をみても乳房炎治療薬（乳房内注入薬）の使用はセフェム系に大きく偏っており，セフェム系の耐性が進みつつある。したがって，今後は 1 系統の薬剤に偏った薬剤の選択を避け，選択の幅を広げていくことが望まれる。乳房炎の治療においては，原因菌の正確な同定と有効剤により効果的に治療することが重要である。有効剤を選択するには，一般的に原因菌の薬剤感受性試験を実施し，その結果に基づいて治療することが推奨される。しかしながら，現在，臨床現場で普及しているディスク法は，判定基準がヒトの株を用いて作成されているため，参考程度に扱う程度である。今後の牛乳房炎用の判定基準の策定が課題となっている。

乾乳方法

断続的乾乳法より急速乾乳法（一発乾乳法）が推奨されている。急速乾乳法は，断続的乾乳法に比べ，乾乳準備期間が短いために乳房炎に感染する機会が少なく，不規則な搾乳刺激や過搾乳の危険性の増加，断続的な少乳量搾乳や水の制限によるストレスなどの問題を解消する。一般的な方法は以下のとおりである。まず，①乾乳日の 7 日前より濃厚飼料の制限給与をし，通常どおり搾乳を続けながら 2 日前になったら濃厚飼料を全廃にする。その間，乾乳にする牛が乳房炎に罹患していないかどうか PL テスターなどで確認し，もし罹患している場合は，乾乳 3 日前より治療を行う。②乾乳当日は，搾乳後に乳頭口をアルコール綿花で消毒してから乾乳用軟膏を衛生的に注入し，ミルカーの音が聞こえない乾乳舎へ移動する。その後は一切搾乳を中止し，2～5 日は濃厚飼料を全廃にする。乾乳3日目に乳房の張りはピークに達するが，そこで乳房に決して触れないようにする。③5日目頃から乳房が徐々に退縮してきたら，7～10日目にかけて濃厚飼料を少量与え，11日目より濃厚飼料適正量に向けて増加させる。このほか，当然，その時の牛のコンディションによって多少の調整が必要となる。

乳房炎コントロール

酪農家は長い間乳房炎と闘い，多くの乳房炎治療プログラムやプロトコールが考えられてきたが，依然として乳房炎は酪農場における3大疾病の1つであり続けている。それが「乳房炎は古くて新しい病気である」といわれているゆえんである。

乳牛の疾病のほとんどは泌乳量を減少させる。しかし，乳質も低下させ，生産性に大きく影響を与え，酪農場の収入を減少させてしまうのは乳房炎だけである。したがって，乳房炎は非常にコストのかかる疾病である。そのコストの内訳は，薬剤コストが20％であるのに対し，廃棄乳コストが60％であると試算されている。搾乳した乳を捨てるのであるから，廃棄乳は農場にとって非常に大きな損失である。廃棄乳コストを減少させるには，乳房炎治療時の抗菌薬使用期間を短くして廃棄乳量を最小限に抑えることが重要である。

99％の乳房炎は乳房内に細菌が侵入して発生するので，効果的な治療を行うためには乳房炎原因菌のモニタリングが非常に重要となる。それにより，農場における乳房炎原因菌の状況を把握することができ，さらには乳房炎コントロールプログラムを作成するうえで非常に役に立つデータとなるのである。

乳房炎コントロールにおける重要なモニタリングは，

1. バルク乳モニタリング
2. 乳房炎原因菌モニタリング
3. 初乳モニタリング

である。

乳房炎コントロールのファーストステップはバルク乳モニタリングである。継続して実施することで，農場の乳房炎原因菌の汚染状況が把握でき，乳房炎原因菌の推測やコントロールプログラムを作成するための重要なデータを提供することができる。さらに，ベディングカルチャー（後述）の結果を組み合わせることで，環境性原因菌に対するより細かな対応が可能になる。

バルク乳モニタリングとは

バルク乳を用いた乳房炎原因菌の特定は，1970年代に米国・カリフォルニア州では

表3　バルク乳モニタリングにおける利点と限界

利点	限界
乳質や乳房炎に問題のある牛群を解決するための論理的アプローチである	個体牛レベルでの乳房炎や乳質の情報提供ができない
牛群のすべての分房をサンプリングするよりも経費がかからない	1回のバルク乳モニタリングでは，牛群の乳質や乳房炎問題を理解することはできない
バルク乳検査は約96時間で終了する	搾乳牛，乳房炎予防，搾乳衛生，および通常の農場衛生などにおける牛群のマネジメント情報がバルク乳モニタリング結果を読み取るうえで必要である
獣医師にとっては，乳質や牛群レベルでの乳房炎を解決するための信頼度の高いツールである	バルク乳モニタリング結果を正確に読み取る前に農場のマネジメントを変更してはならない
牛群の総合的な健康マネジメントや獣医師のコンサルティングサービスの重要な構成要素である	バルク乳サンプルは36時間以内に検査する場合は冷蔵でもよいが，それ以上かかる場合は凍結して発送する

Jayaraoら，2003を参考に作成

じまり，ほぼ同時にミネソタ州の研究者により環境性乳房炎原因菌（環境性原因菌）についてのバルク乳の分析方法が確立された。バルク乳モニタリングが現在でも重要とされているのは，まず，臨床型乳房炎の原因菌を予測する目安になり，乳房炎発生および搾乳衛生の指標となるからである。さらに，個体乳サンプルを検査するよりも経済的で迅速であり，継続して実施することで乳房炎コントロールにおける重要なデータとなる。

表3にバルク乳モニタリングにおける利点と限界を示した。重要な点は，搾乳衛生や乳房炎原因菌の汚染の度合いを把握し，乳質や乳房炎に悩んでいる農場を調査するための論理的アプローチとして位置付けられていることである。そして現在では，バルク乳モニタリングは乳房炎コントロールのファーストステップと考えられている。

バルク乳モニタリングの検査項目

バルク乳モニタリングは，衛生的乳質と乳房炎原因菌の2つのモニタリングに分けられる。

1. 衛生的乳質モニタリング

①総生菌数

総生菌数はバルク乳の1mL当たりの細菌数で，乳房炎原因菌，環境菌，および搾乳機器の汚染菌のすべてが含まれ，農場の搾乳衛生の指標となる。

生菌数が増加するほど搾乳衛生に問題がある。当然ながら生菌数が増加すると乳頭は菌により汚染されることとなり，乳房炎の発生率増加にも関連してくる。**写真7**はバルク乳サンプルの培養結果で，総生菌数が1万cfu/mLを超えてしまっているので，搾乳衛生が改善されるべき例である。

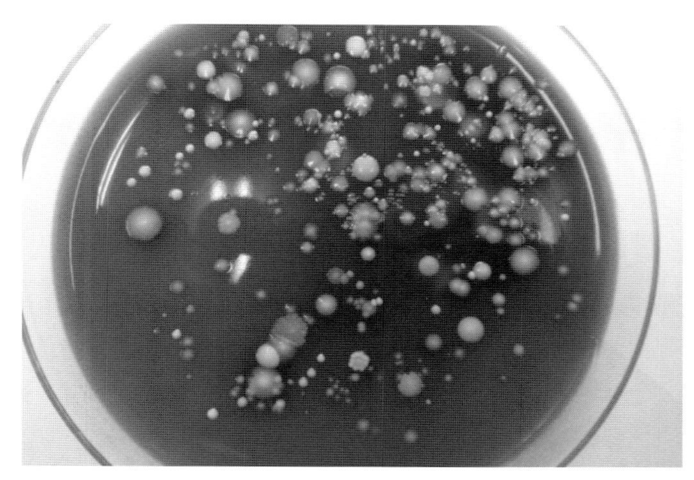

写真７　バルク乳における総生菌数

生菌数が非常に多く，搾乳衛生に問題がある　　写真提供：エムズ・デーリィ・ラボ

②耐熱性細菌数

耐熱性細菌数とは63℃ 30分間，バルク乳を加熱した後に培養して検出された菌数であり，通常の低温殺菌でも生存可能な菌数を表している。耐熱性細菌のなかで代表的な菌種は*Bacillus*属（枯草菌）や耐熱性レンサ球菌などである。*Bacillus*属は牛床や敷ワラなどに生息しており，抗菌薬の効かない難治性乳房炎の原因になることもある。耐熱性レンサ球菌は耐熱性細菌数を増加させる原因になるが，そのほとんどは乳房炎原因菌でないと考えられる。耐熱性菌数のコントロールには洗浄温度が重要で，洗浄開始温度は約80℃で，洗浄液排泄時は40℃以上とされ，加えて洗剤濃度の管理やライナーなどのゴム製品の定期的な交換を行う必要がある。

2. 乳房炎原因菌モニタリング

①伝染性乳房炎原因菌モニタリング

伝染性乳房炎原因菌は，乳房内に生息し，搾乳時に乳頭を介して分房から分房へ感染して乳房炎を発症させる。

⑴黄色ブドウ球菌（バルク乳モニタリング目標値：未検出）

黄色ブドウ球菌は伝染性乳房炎原因菌の代表であり，バルク乳中の体細胞数を増加させる潜在性乳房炎の原因菌である。

黄色ブドウ球菌は，理論上，バルク乳中から検出されるべきではない細菌であり，乳房炎を発症しても感染分房からの排菌量が少ないため，バルク乳中で検出された場合は感染牛が存在する可能性を示している。アメリカ・ペンシルベニア州立大学では，週1回のバルク乳モニタリングを4回行い，黄色ブドウ球菌が3回検出された場合は，牛群に感染牛が存在することを示唆していると述べている。バルク乳中に黄色ブドウ球菌が検出された場合は，早急に牛群における感染牛を特定して，隔離・最後搾乳により感染の拡大を防ぐ必要がある。同時に，黄色ブドウ球菌感染牛群では，初産牛を含むすべての分娩牛の初乳モニタリングを実施して，感染牛を特定することも非常に重要である。特に初産牛は泌乳初期に発見し早期治療すれば，治癒率は85～95％に達するといわれている。

(2)無乳レンサ球菌（バルク乳モニタリング目標値：未検出）

無乳レンサ球菌は，潜在性乳房炎の原因となり，乳汁中への排菌量も非常に多く，総生菌数やバルク乳中の体細胞数の増加の原因になる。無乳レンサ球菌は伝染力が非常に強いので，バルク乳中に検出された場合は，速やかに感染牛を特定し，最後搾乳にする必要がある。ただし，無乳レンサ球菌性乳房炎には，抗菌薬治療が非常に効果的であり，特に厳格なポストディッピングと乾乳期用抗菌薬注入により，ほぼコントロールすることができる。

②環境性乳房炎原因菌モニタリング

環境性乳房炎原因菌とは，牛舎や放牧場など牛がいる環境に存在し，搾乳と搾乳の間の牛が休息している時に乳房や乳頭を汚染し，その後乳房炎を発症させる菌である。

(1)環境性ブドウ球菌（バルク乳モニタリング目標値：100 cfu/mL 以下）

環境性ブドウ球菌群は，黄色ブドウ球菌以外のブドウ球菌が含まれる乳房炎原因菌である。しかし，乳頭皮膚の常在菌でもあり，グリセリンを分泌して乳頭皮膚の保湿性を維持することに役立っている。一般的には乳房炎症状は軽く一過性で，自然治癒する場合も多いことが認められている。バルク乳中における環境性ブドウ球菌数の増加は，搾乳手順や乳頭衛生に原因があると考えられる。

(2)環境性レンサ球菌（バルク乳モニタリング目標値：400 cfu/mL 以下）

環境性レンサ球菌群には，無乳レンサ球菌以外のレンサ球菌が含まれ，急性や難治性の潜在性乳房炎の原因となり，現在，最も治療が困難な乳房炎原因菌の１つと考えられている。環境性レンサ球菌の乳房炎は，乳汁中への排菌量が多いため，バルク乳中の総生菌数を増加させる原因になる。環境性レンサ球菌中でも，エスクリン陽性レンサ球菌（E-Strep）に分類される *Streptococcus uberis* やエンテロコッカス属は，難治性乳房炎の原因となるので，バルク乳モニタリングでは分けて検出することが推奨されている。

バルク乳モニタリングにおいて，環境性ブドウ球菌数や大腸菌群数が低いにもかかわらず環境性レンサ球菌数が高い場合は，環境性レンサ球菌が原因となる潜在性乳房炎が存在していることを考える必要がある。

(3)大腸菌群（バルク乳モニタリング目標値：10 cfu/mL 以下）

大腸菌群には主に大腸菌，クレブシエラ，セラチアなどが含まれ，これらは重篤な甚急性乳房炎や抗菌薬治療の効果がない難治性乳房炎の原因となる。バルク乳モニタリングにおいて大腸菌群数の増加は乳頭の拭き取りなどが不十分な可能性を示唆し，搾乳衛生を改善する必要がある。さらに，これらの菌は乳頭皮膚で長期間生存できないので，乳頭皮膚に多く存在するとなると牛床の敷料などからの汚染が原因と考えられる。したがって，バルク乳中で大腸菌群数が多い場合は，敷料消毒を徹底するとともに，敷料の細菌数を検査する必要もある。

バルク乳のサンプリング

バルク乳のサンプリングは正確なデータを得るために重要であり，バルク乳を採取する容器は，滅菌されたスポイトチューブやスピッツ管を用い，採取後すぐに冷蔵し，細菌の増加を防ぐことを第一に考えるべきである。

以下にバルク乳のサンプル採取方法と注意点をまとめた。

・バルク乳サンプルの採取は，少なくとも搾乳後1～2時間以内に行う。
・1サンプルのみで，できれば1回の搾乳を代表したサンプルが望ましい。
・サンプル採取前に約10分間，バルククーラー中の乳を攪拌する。
・滅菌されたサンプルチューブなどを用いて，バルククーラーの上層から乳を5～10 mL採取する。排出バルブからの採取は絶対に行ってはならない。細菌数が高くなり，バルク乳中の細菌数を正確に反映しないためである。
・サンプル採取後は速やかに冷蔵する。
・36時間以内に検査ができる場合は冷蔵でもよいが，それ以上かかる場合は冷凍保存し検査機関に送付する。

バルク乳モニタリング継続の重要性

表3の限界において，「1回のバルク乳モニタリングでは，牛群の乳質や乳房炎問題を理解することはできない」と書かれているが，これは非常に重要なことである。したがって，毎月のデータの積み重ねが，乳房炎コントロールプログラム作成に役立つことになる。

図7は，慢性乳房炎牛の断続的な排菌パターン例を示したグラフであり，排菌量にバラツキが認められる。バルク乳モニタリングを行った時に排菌量が増えていれば検出できるが，排菌量が少なかった場合は検出できず，見逃してしまうことになる。このように，乳房炎原因菌によっては1回行っただけでは見逃してしまう可能性があるため，最低でも月1回継続してモニタリングを行うことは非常に重要である。

表4は，毎月1回のバルク乳モニタリングを行ったA農場の1年間のデータである。バルク乳中の細菌数に変動があったことが認められる。この変動は，乾乳や分娩などに

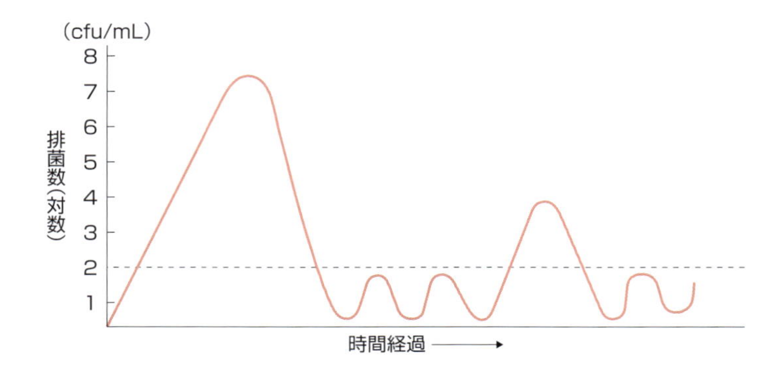

図７　慢性乳房炎牛の断続的な排菌パターン

Britten, 2012 を参考に作成

実線；時間経過とともに１mL 中に排出された細菌数，点線；乳房炎乳サンプル 10 μL の培養時における検出限界

表４　A農場における２年間のバルク乳モニタリングデータ

検査年月日	耐熱性菌	生菌	黄色ブドウ球菌	無乳性レンサ球菌	環境性ブドウ球菌	環境性レンサ球菌			大腸菌群
						総菌数	E-Strep	その他	
2015/7/7	380	7,600	0	0	60	120	120	0	350
2015/8/5	100	3,000	0	0	20	20	20	0	220
2015/9/8	60	9,400	0	0	160	2,320	2,320	0	120
2015/10/6	2,840	4,400	0	0	80	1,160	1,160	0	0
2015/11/9	180	800	0	0	40	20	20	0	40
2015/12/7	20	2,700	0	0	0	320	320	0	150
2016/1/6	40	2,000	40	0	220	60	60	0	40
2016/2/8	60	2,900	80	0	20	140	100	40	0
2016/3/7	60	4,700	20	0	100	120	60	60	330
2016/4/7	220	6,600	0	0	0	680	680	0	160
2016/5/10	400	13,000	0	0	180	10,000	10,000	0	0
2016/6/7	100	1,800	20	0	1500	220	220	0	280

（単位：cfu/mL）　　　提供：エムズ・デーリィ・ラボ

よる牛の移動や，搾乳環境の変化によると考えられる。生菌数や環境性原因菌のバラツキは搾乳衛生に原因があるので，乳頭清拭や敷料管理などを見直す必要があると思われる。また，2016 年１月以降に黄色ブドウ球菌が検出されている。これは，牛群中に黄色ブドウ球菌感染牛が，明らかに存在していることを示している。バルク乳モニタリングにおいて，黄色ブドウ球菌の目標値は未検出であるから，検出される菌数にかかわらず，すぐに黄色ブドウ球菌感染牛を見つけるために，全頭のスクリーニング検査を行うべきである。そして，感染牛が判明次第，隔離・最後搾乳を実施し，感染の拡大を防ぐ処置をすべきである。それを怠ると，黄色ブドウ球菌性乳房炎により体細胞数の高い牛群となり，農場主を悩ませる可能性が高くなる。A農場のデータからも分かるように，バルク乳モニタリングは，月１回の検査でも継続することにより，乳房炎コントロールにおける貴重なデータを提供してくれる。

表5　敷料とフリーバーンの表面の環境性乳房炎原因菌数

敷料	環境性レンサ球菌	大腸菌	クレブシエラ	その他の大腸菌群	その他のグラム陰性菌
使用前オガクズ1	0	0	0	0	0
使用前オガクズ2	1×10^5	0	0	0	0
使用前オガクズ3	1.6×10^7	0	1×10^4	1.9×10^6	0
戻し堆肥1	1.2×10^4	0	0	0	0
戻し堆肥2	1.85×10^7	2×10^5	1×10^4	1×10^4	3×10^6
フリーバーンの表面	8.7×10^7	5×10^5	2.58×10^7	1.8×10^7	2.5×10^7

（単位：cfu/g）　提供：エムズ・デーリィ・ラボ

ベディングカルチャー（敷料培養）の重要性

バルク乳モニタリングにおいて，環境性原因菌数，特に大腸菌群数が多い時は，敷料中の細菌によって乳頭が汚染されバルク乳中に混入した可能性が考えられる。その理由は，大腸菌やクレブシエラなどの乳房炎は臨床型乳房炎が多く，抗菌薬で治療されるためにその乳汁がバルク内に入ることがほとんどないからである。そして，大腸菌群は乳頭皮膚で長期間生存することができないので，バルク乳中の大腸菌群数は，搾乳直前の敷料などによる乳頭汚染と関係があると考えるべきである。

敷料はカウコンフォートにとって必要なものだが，一方で細菌数の多い敷料は乳頭汚染の原因になる。したがって，乳頭清拭をしっかりとしているにもかかわらず大腸菌群数などにバラツキがある場合は，敷料の細菌数の検査（ベディングカルチャー，Bedding Cultures）を行うことが推奨されている。**表5**は，敷料としてのオガクズと戻し堆肥の細菌数を示したものである。オガクズ1からは環境性乳房炎原因菌は検出されなかったが，オガクズ2からはレンサ球菌が検出され，オガクズ3ではクレブシエラやその他の大腸菌群がかなり多く検出され，さらに戻し堆肥2は大腸菌やクレブシエラなどが多く検出されている。オガクズ2や3，あるいは戻し堆肥2を敷料として使用した場合，乳頭汚染によりバルク乳中の環境性乳房炎原因菌が高くなるとともに，環境性乳房炎も増加する可能性が考えられる。レンサ球菌や大腸菌群などに汚染されやすいオガクズや戻し堆肥などは，ベディングカルチャーにより細菌数をモニタリングすることが乳房炎コントロールのうえで重要である。

ベディングカルチャーにおける細菌数の正式なガイドラインはないが，大腸菌やクレブシエラは敷料中に10^3cfu/g以下が望ましいと考えられており，10^4 cfu/g以上になると危険，10^6cfu/g以上ではクレブシエラなどによる甚急性乳房炎が多発する可能性があるので注意が必要である。

表 6　乳房炎原因菌別の治癒率

治療日数	0日		2日		5日		8日	
	初産牛	経産牛	初産牛	経産牛	初産牛	経産牛	初産牛	経産牛
黄色ブドウ球菌	**5**	**0**	15	10	25	20	**40**	**35**
環境性ブドウ球菌	60	55	75	70	80	75	85	80
環境性レンサ球菌	30	25	60	55	70	65	**80**	**75**
大腸菌	**80**	**75**	90	85	90	85	90	85
クレブシエラ	**40**	**35**	50	45	50	45	50	45
原因菌検出なし	95	90	95	90	95	90	95	90

（単位：%）　　Pinzón-Sánchez ら，2011

乳房炎原因菌モニタリングの重要性

バルク乳モニタリングは，乳房炎に問題のある牛群における全体的な問題を把握するためには非常によいアプローチであるが，個体牛レベルにおける乳房炎の情報までは提供していない。したがって，乳房炎を的確に治療し，廃棄乳量を最小にするためには，乳房炎原因菌（以下，原因菌）を特定して治療することが重要である。

乳房炎は多くの原因菌により発症するので，乳房炎はすべて同じではないということを常に考えている必要があり，効果的な治療には原因菌モニタリングが必要である。そして，搾乳者が乳房炎症状を理解するための症状別のスコアを記録することは非常に役に立つと考えられる。原因菌モニタリングには選択培地を用いることでその判定が容易になり，効率的な治療が可能になると考えられる。

乳房炎はすべて同じではない

乳房炎の99％は，乳頭口から免疫防御機構を突破し乳房内に侵入した細菌によって発症する。しかしながら，原因菌は非常に多く存在するので，乳房炎症状は異なり，甚急性乳房炎を発症させる場合もあれば，バルク乳中の体細胞数（SCC）を上昇させる潜在性乳房炎を発症させる場合もある。したがって，原因菌を調べてそれに対応した効果的な治療を行わないと無駄に抗菌薬を使用し，結果として廃棄乳量を増加させることとなる。「乳房炎はすべて同じではない」ということを常に考えて対処する必要がある。

表 6 は，乳房炎原因菌別の治療日数における治癒率を示したものである。黄色ブドウ球菌は治療しなければ（0 日）治癒率はほぼ 0％で，8 日間治療したとしても治癒率は約 40％であり，難治性乳房炎原因菌であることが認められる。しかし，環境性ブドウ球菌は治療せずとも約 60％が治癒しており，自然治癒率の高いことが認められ，同じブドウ球菌でも乳房炎症状がまったく異なっている。

環境性レンサ球菌では 2 日間の治療で約 60％が治癒しているが，治療期間が 8 日となると80%まで上昇している。難治性乳房炎原因菌である*Storeptococcus uberis*に対する3日間の抗菌薬治療での治癒率は非常に低く，1週間以上連続治療することで治癒率を80%近くまで高めることができるからである。しかし，環境性レンサ球菌に分類されている*Enterococcus*属は抗菌薬治療での効果がほとんどなく，仮に8日間治療したとしても治癒率は非常に低い。

大腸菌群に分類される大腸菌とクレブシエラでは，治癒率が大きく異なることが示されている。大腸菌性乳房炎は甚急性で重篤な乳房炎の代名詞のようであるが，**図6**が示すように治療せずとも約80%が治癒していることが認められる。これは，乳牛が大腸菌に対して強い免疫力を有しているからであると考えられる。ただし10%は急性乳房炎を，さらに残りの10%は，エンドトキシンに過剰に反応して甚急性乳房炎を発症することも忘れてはならない。それに比べ，クレブシエラは，8日間連続治療しても治癒率は約50%と大腸菌に比べ非常に低いことが認められる。この原因は，クレブシエラには大腸菌に比べ宿主順応性が強く，乳房内で長く生息できる性質があるからと考えられている。したがって，同じ大腸菌群でもクレブシエラ性乳房炎は，症状が大腸菌性と同程度であっても長く治療する必要性がある。

表6の最後の項目の「原因菌検出なし」とは，乳汁を培養しても，菌が生えなかったことを示している。搾乳者がブツなどの異常を認めたために乳房炎と判断したが，原因菌はすでに白血球により貪食されてしまった後で，細菌学的にいえば乳房炎は治癒したと考えられる。後藤（2013）の報告によると，7日目には79%，14日目までに91%の分房乳が正常に戻り出荷されていることから，抗菌薬軟膏を注入する必要はない。現在は農場で乳房炎と判断されたうち，「原因菌検出なし」の乳房炎が25〜40%認められている。しかしながら，原因菌を検査せずに「原因菌検出なし」の牛を乳房炎牛と判断して抗菌薬注入を行い，治癒したと勘違いしている農場が多いのが現状である。その意味でも，原因菌を培養検査して治療することは非常に重要である。

乳房炎スコアリングシステム

アメリカとカナダでの乳房炎に関する全国調査では，農場間において差はあるものの，毎年約16%の牛が臨床型乳房炎を発症していると報告されている。また，飼養頭数200頭以上の40農場での調査では，1年間に泌乳牛100頭当たり平均40回の乳房炎治療歴があり，その治療回数の範囲は100頭当たり6〜90回であった。同様に日本でも多くの牛が乳房炎を発症していると考えられる。

乳房炎には早期発見・早期治療が重要であるが，発見は搾乳者の観察能力に依存している場合が多く，特に大規模農場になると搾乳ごとにスタッフが変わるために，乳房炎の発見に差が出てしまう可能性が十分考えられる。その結果，初期の乳房炎を見逃して

表7　臨床型乳房炎の症状スコアの分布例

症状スコア	乳房炎の重症度	臨床症状	研究1（n＝686）	研究2（n＝622）	研究3（n＝212）	研究4（n＝266）	大腸菌群の症例のみ（n＝144）
1	軽度	異常乳のみ	75%	49%	52%	65%	48%
2	中等度	異常乳と異常乳房	20%	37%	41%	27%	31%
3	重度	異常乳，異常乳房，および全身症状	5%	14%	7%	8%	22%

Lago ら，2009 を参考に作成

症状を悪化させてしまっているケースがある。したがって，乳房炎の定義と発見の精度に搾乳者間で差が出ないような発見システムをつくりあげることが必要である。

システムをつくるうえで重要なこととは，乳房炎の症状に対する定義がシンプルで理解が簡単であり，見た目で判断でき，容易に記録がとれる実践的なものということである。搾乳という忙しい作業のなかで乳房炎であるか否かを迅速に判断できるということは，牛にも搾乳者にもストレスをかけなくて済むので非常に重要なポイントである。また，簡単に記録できるということは，乳房炎の症状や治療日数などがデータとして蓄積されるので，乳房炎治療プロトコールを作成するうえでも重要である。

ウィスコンシン州立大学の研究者らは，乳房炎を症状別に3段階に分けてスコアリングすることを推奨しており，この方法はシンプルで乳房炎の発見精度を高めるうえで非常に役に立つと考えられる。

以下が乳房炎症状スコアとその症状の定義を示したものである。

・スコア1（軽度）：異常乳汁（ブツ，水様性）のみで，乳房の異常，発熱や泌乳量低下などの全身症状はなし
・スコア2（中等度）：異常乳汁と乳房の異常（発赤，腫脹，硬結）を認めるが，発熱や泌乳量低下などの全身症状はなし
・スコア3（重度）：異常乳汁，乳房の異常に加え，発熱，食欲不振，ルーメン機能停止，泌乳量の著しい低下などの全身症状を伴う

このスコアリングシステムは臨床型乳房炎の症状を全身症状の有無で分け，全身症状がない場合は乳汁のみが異常なのか，あるいは乳房にも異常があるのかで分けているので，臨床型乳房炎を分離するうえでは分かりやすいシステムだと考えられる。**表7**は，このスコアリングシステムを用いたLagoらの研究においてスコア1～3の発症割合を示している。**表7**から分かるように，臨床型乳房炎のほとんどのケースはスコア1か2で，症状は軽度か中等度であり，重症となるスコア3のケースは5～22%と意外と少ないので，もしこのスコアリングシステムをはじめて用いた時に，スコア3の乳房炎が25%以上になってしまった場合は，乳房炎発見の精度が不十分であり，スコア1や2の乳房炎を見逃している可能性があるので注意が必要である。

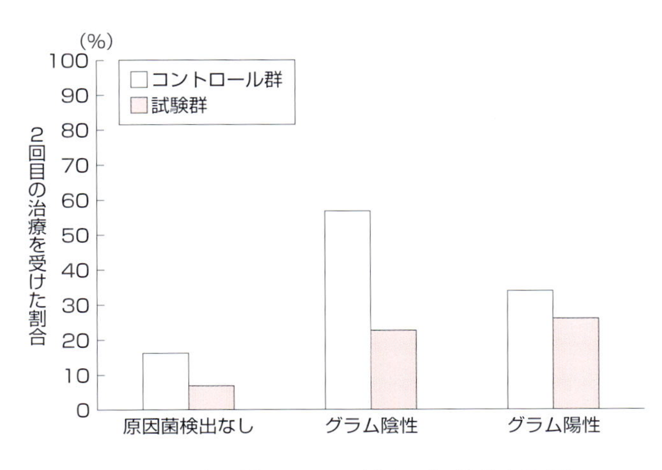

図8　治療開始の遅れに対する短期的な影響

Ruegg, 2011

また，スコア3の乳房炎は全身症状を伴っているため直ちに治療が必要であるが，スコア1と2の乳房炎は原因菌を培養検査してから治療しても間に合う乳房炎である。

原因菌培養による治療の遅れの影響

乳房炎原因菌の培養を行った場合，乳房炎を発見してから治療までに約24時間を要することとなる。この治療開始の遅れが乳房炎治癒率に影響を及ぼすかについて，ウィスコンシン州立大学の研究者らは調査している。

8農場，441頭のスコア1と2の臨床型乳房炎牛を2群に分けた。試験群では原因菌培養を行い，原因菌が確定した24時間後にグラム陽性菌性乳房炎は治療し，グラム陰性菌性および原因菌検出なしの乳房炎は治療を行わなかった。試験群では40%がグラム陽性菌性乳房炎，60%はグラム陰性菌性乳房炎か原因菌検出なしであった。コントロール群は乳汁サンプル採取直後に抗菌薬軟膏で治療を開始し，その後培養により原因菌の特定を行った。したがって，コントロール群では，原因菌不明の状態ですべての乳房炎が治療されたこととなる。

症状の回復が悪く2回目の治療を受けた乳房炎牛は，コントロール群では試験群に比べ2倍以上であった（**図8**）。特にグラム陰性菌性乳房炎では，コントロール群では症状が好転せずと判断されて2回目の治療を受けた牛が55%いたのに対し，試験群では半分以下の25%であった。また，乳房炎乳を廃棄した日数は，コントロール群に比べ試験群の方がやや少なかった。

さらに，全泌乳期を通じての長期的な影響の調査では，臨床型乳房炎の再発率，体細胞数リニアスコア，乳房炎治療後の泌乳量，および淘汰率とも，試験群とコントロール

表 8　乳房炎原因菌の分類

項目	主要な原因菌	
グラム陽性菌	黄色ブドウ球菌	伝染性乳房炎菌
	無乳レンサ球菌	伝染性乳房炎菌
	環境性ブドウ球菌	環境性乳房炎菌
	環境性レンサ球菌	環境性乳房炎菌
グラム陰性菌	大腸菌	環境性乳房炎菌
	クレブシエラ	環境性乳房炎菌
	シュードモナス	環境性乳房炎菌
	セラチア	環境性乳房炎菌

群において差は認められなかったと報告されている。

乳房炎乳培養検査

乳房炎はすべて同じではなく原因菌検査が重要であると述べたが，一番容易にできてコストのかからない方法は選択培地を使った培養法である。培養時における原因菌の分類方法を**表 8** に示した。原因菌の培養検査では，血液寒天培地を用いて乳汁を培養し，出現したコロニーの同定検査を行って原因菌を確定するのが基本である。そして，約 24 時間後の翌日には治療を実施する必要がある。しかしながら，同定検査に時間がかかると乳房炎の治療が遅れてしまうことになる。したがって，原因菌を効率よく同定するために，特定の菌，例えばグラム陽性菌あるいはグラム陰性菌しか生えないように設計された選択培地を使用する場合がある。この方法はラボラトリーショートカットと呼ばれ，検査機関での細かい培養検査に対して信頼性は 80％であるが，酪農現場で行う原因菌検査では十分な信頼度とされている。

図 9 に原因菌の培養検査に用いる選択培地を示した。右側の 2 分割培地は，グラム陽性菌か陰性菌かのみを判定する基本的な培地であるが，グラム陽性菌検出用のコロンビア CA 培地にはエスクリンが加えてあり，エスクリン陽性レンサ球菌（E-Strep）である *Storeptococcus uberis* やエンテロコッカス属を検出しやすくなっている。グラム陰性菌検出用のクロム MDL 培地では，大腸菌は青緑色，クレブシエラはブドウ色，大腸菌群以外のグラム陰性菌は無色～白色のコロニーを形成するので，原因菌をコロニーの色で容易に判別することが可能である。左側の 4 分割培地は，グラム陽性菌のブドウ球菌のみを検出するクロム SA 培地と，レンサ球菌のみを検出する改変エドワード培地が加えられている。クロム SA 培地では，黄色ブドウ球菌は水色～青色のコロニーを形成し，その他の環境性ブドウ球菌は白色のコロニーを形成するので，黄色ブドウ球菌性乳房炎を容易に判定することができる。エドワード培地にはエスクリンが加えてあるので，*Storeptococcus uberis* などの E-Strep の判定も容易にできる。このような選択培地

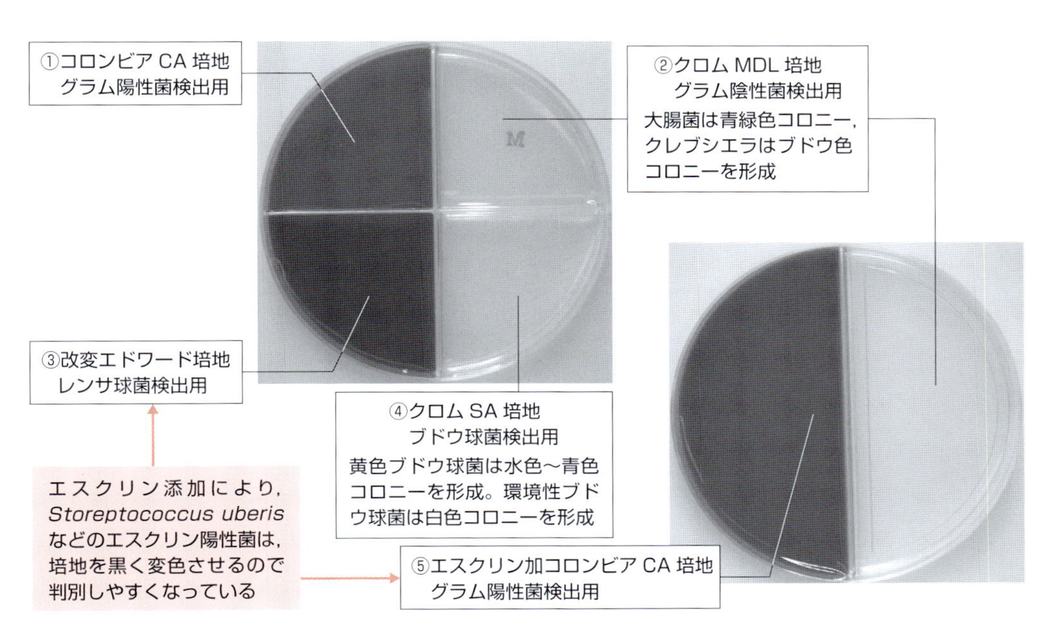

図 9　乳汁検査用培地

写真提供：日本全薬工業㈱

は，培養後に同定検査をすることなく培養翌日には原因菌を判定しそれに基づいた治療を行うことができるので，忙しい診療所の獣医師にとっては非常に役に立つ培地である。

現在ではこれらの培地を用いて，農場で乳房炎乳を培養するオンファームカルチャー（On-Farm Culture：OFC）という方法を実施する農場が増えてきている。OFC の利点は，搾乳時に乳房炎を発見したらその場で乳房炎乳を培養でき，翌日には培養結果を基にした治療が可能となり時間的なロスがないことである。さらに，OFC を行うことにより，スコア１と２の乳房炎に対し効果的に抗菌薬を使用することができるようになるとともに，抗菌薬を使用する必要のない「原因菌検出なし」の乳房炎を発見することが容易になる。これは不必要な廃棄乳量を減らすためには非常に役に立つ。

農場での細菌培養というと非常に大変なように考えられるが，獣医師の指導の下でトレーニングを行えば，それほど難しいことではなく培養ができるようになる。ただ，OFC を行ううえで重要なことは，獣医師とともに治療プロトコールを作成しておくことである。治療プロトコールの例を**図 10** に示した。この治療プロトコールでは，スコア１と２の乳房炎は培養結果により治療方針が細かく示されているので，それに基づいて治療を行えばよい。しかし，各農場で原因菌の種類や症状が異なるので，獣医師と相談して各農場にあった治療プロトコールを作成することが望ましい。そして，その治療プロトコールは必要に応じて随時変更していく必要があると考えられる。

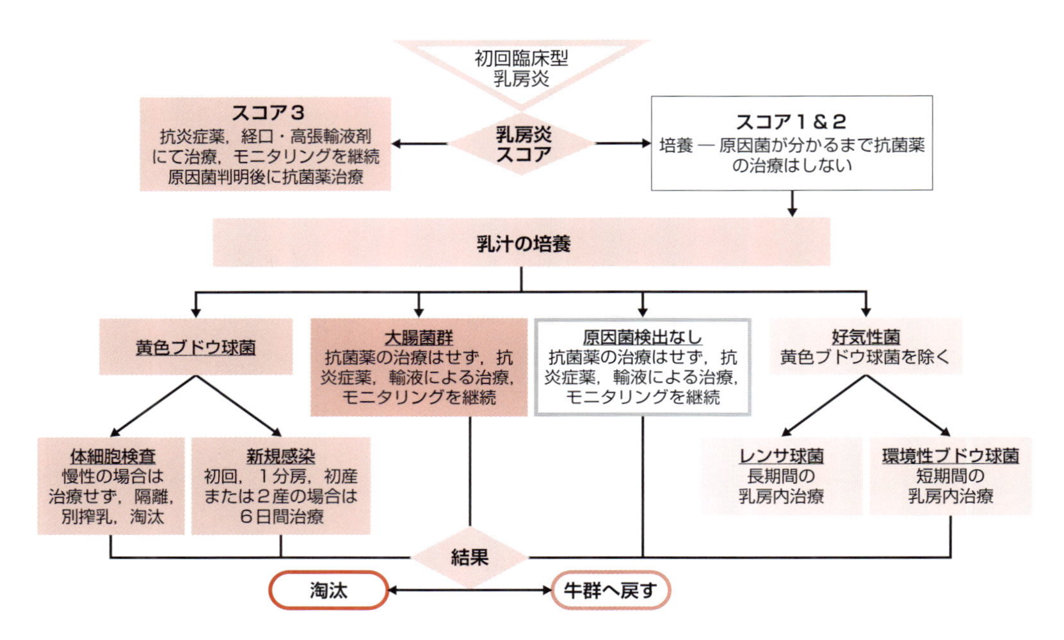

図10　乳房炎治療プロトコール

4－3

繁殖管理

繁殖管理を行う前に必要な知識

生産性を高めるためには，生産効率を高めることが必要である。生産効率を高めるためには，計画的な繁殖を行い，年間の分娩頭数を維持しながら，可能な限り経産牛の分娩頭数を確保することが必要である。しかし，乳生産能力向上のための遺伝的な改良，飼養頭数の大規模化，規模拡大に伴う管理技術・家族経営から法人経営への移行など，様々な生産性および生産効率を高める状況変化とはうらはらに，繁殖効率は低下してきた。その改善策として，牛の生産能力を発揮させ繁殖効率を高める目的で，飼養管理と繁殖管理の考え方が導入された。

飼養管理技術については，乳牛の管理形態と，乳牛の生産能力および代謝能力の生理的な変化に合わせた餌を中心とする取り組みとして，国内では入手可能な粗飼料の内容に応じて，現在でも多くの検討がなされている。繁殖管理の獣医学的な技術としては，ハードヘルスあるいはプロダクションメディスンの概念が導入され，個体診療から分娩後に繁殖性を低下させるハイリスク群の早期発見・早期治療による繁殖効率の向上，すなわち農場での年間の繁殖障害の治療に関わる診療コストの削減を目標とした，定期的な分娩後の検診が行われるようになった。

繁殖および生産状況を客観的に理解するためには，身近な情報を効果的に利用することが重要である。さらに，問題点を具体的に絞りこむためには，生産に関する生データを加工し必要な情報につくり替えるテクニックが必要である。そのためには，データの項目，データ収集の方法，データの性質を知る必要もある。本節では，繁殖管理を行う前に必要な知識を説明する。

繁殖の問題の分類

受胎しない繁殖上の問題は大きく２つに分類できる。

１つ目は不妊症で，生殖器の異常および疾患により受精の成立が妨げられている状態

表1　繁殖管理の基本

繁殖管理の目的	乳用牛の受胎から分娩までの過程
①効率よく繁殖を行うこと	①牛が発情行動，発情徴候を発現できること
②繁殖上の問題を早く見つけて，早く対処すること	②牛の発情，授精適期を見つけることができること
③経営における支出を抑え，収入を高めて，収益性を上げること	③人工授精を行うこと
	④早期に不受胎牛を発見し再授精を行うこと
	⑤受胎の確認後，妊娠が維持できる環境を整備すること

である。不妊症には，春機発動すべき時期を過ぎても，あるいは分娩後の生理的卵巣休止期を過ぎても卵巣が正常に機能せず，無発情などの異常を示し，交配できないもの（卵胞発育障害，卵巣囊腫，鈍性発情，黄体遺残など），または発情は発現するが卵巣や子宮などに異常があり，交配しても受精が成立しないもの（排卵障害，卵管疾患，子宮内膜炎など）が該当する。

2つ目は不育症で，受精が成立しても胚～胎子が死滅あるいは流産して成育しない状態である。受精が成立しても妊娠が維持されないもの（流産，胎子ミイラ変性，胎子浸漬など）が該当する。

農場で受胎ができない問題がある場合の多くは不妊症であるため，はじめに不妊症を，次に不育症を疑う。不妊症では交配（人工授精）までに至らない問題があるのか，交配（人工授精）はできるが受胎できない問題があるのかについて，個体診療では診断により，群管理では繁殖情報から判断して対処することが必要である。

繁殖管理の基本

繁殖管理の目的は，①効率よく繁殖を行うこと，②繁殖上の問題を早く見つけて，早く対処すること，③経営における支出を抑え，収入を高めて，収益性を上げることである（**表1**）。繁殖を管理するということは，農場に飼養されている動物の繁殖（受胎・妊娠・分娩）状況を農場の経営計画，生産計画から逸脱しないように管理することである。利用可能な繁殖管理技術は様々であるが，獣医師や畜産アドバイザーが繁殖管理の中心となるのではなく，生産者が中心となる繁殖管理をつくるための支援をする立場を忘れずに，農場経営を考えたものでなければならない。

乳用牛の受胎から分娩までの繁殖過程は，大きく4つのコンポーネントに区分され，すべてが滞りなく行われることが前提であることを十分に理解しておく。すなわち，①牛が発情行動，発情徴候を発現できること，②牛の発情，授精適期を見つけることができること，③人工授精を行うこと，④早期に不受胎牛を発見し再授精を行うこと，である（**表1**）。人工授精を行うことが最も大切なことであるが，授精しても半分以上は受胎しない。そのため，授精後に不受胎牛を早期に高率に摘発するための方策も重要となる。さらに，もう1つ加えるとしたら，⑤受胎の確認後，妊娠が維持できる環境を整備することである。

繁殖管理の支援をはじめる前に必要なこと

現状の把握がないままでは改善目標の設定，または取り組みの評価ができず，無責任な対応となってしまう。それゆえ，まずは対象農場の生産環境，飼養管理，作業形態など，牛を取り巻く環境と生産者の日々の作業について理解する必要がある。そのために，生産者と十分に会話をして，農場・牛群の現状を可視化および分析する。一般的には，繁殖に関係する成績の継続的な情報収集またはモニタリングが必要である。それらの情報から現状の把握，および問題点の抽出（産次，分娩後日数，季節ごとなど）ができ，目標の設定が可能となる。繁殖成績のモニタリング，可視化には，コンピュータ専用ソフトの使用，搾乳機器に標準装備された記録システムの利用，繁殖カレンダーなど紙ベースの記録の利用，乳用牛群検定組合 Web システムや牛群成績表の利用など様々な方法がある。農場の頭数規模，管理者・生産者の能力に合う継続できるスタイルのものを選択すればよい。

情報からまずは農場の状況を把握する

農場の問題を読み取るためには，農場の生産データを利用する。国内の生産データのなかでも，乳用牛群検定成績データからは，継続的に農場の経産牛1頭1頭の生産，繁殖，健康管理，移動状況を把握することができる。一般的には，農場に配布された紙の帳票を見て判断する。慣れた人は，それぞれの牛群検定組合から，対象農場の生産および移動に関する生データをテキスト形式で数年間分受け取り，加工してグラフ作成，分析を行うことで個体および牛群について多くの情報を得ることもできる。北海道では2015年にリリースされた牛群検定 Web システム DL（酪農情報連結システム：Dairy-Data Linkage System）があり，組合加入者は牛群検定データを柱に，繁殖管理ツール，バルク乳情報の活用ツール，損失の視覚化ツールを利用し，繁殖を含めたデータの管理および可視化が容易にできる。紙の帳票とは異なり，コンピュータでもスマートフォンでも利用できる便利なシステムとなっている。

農場の生産状況の把握で忘れてはならない生産情報に，バルク乳の検査結果（旬報）がある。集乳団体が買い取る乳価を決定するための検査であり，すべての農場が月に2回，または3回の検査を受けている。バルク乳は，食品としての出荷を前提にした乳であり，農場で異常のない牛から集められた乳として捉えることができる。旬報は農場内の牛全体の飼養管理状況や経営状況を間接的に判断する情報として利用できる。

また，農業共済組合の獣医師は，家畜共済加入農場のカルテデータにある病傷事故および死亡・廃用事故の記録を有効に使うことで，農場の管理上の問題を見つけ出す情報につくり替えることができる。

こうした牛群検定データおよび家畜共済カルテデータを有機的に結び付けることで，飼養管理上の問題を産次別，泌乳ステージ別，季節別に時系列で分析することができるようになる。それぞれの生データの入手，ハンドリング，データの統合，データの記述，データの分析，分析結果の解釈には，データへの理解と慣れが必要である。そして最も重要なことは，農場の状況を想像しながらデータを扱うこと，つまり，経時的な変化を追う時には農場内の牛の移動，産次数の変化，季節の変化，草地管理の有無，餌の切り替えなどのデータの背景となる状況を想像してデータの解析に取り組むことである。そうすることで，農場の問題に対する具体的な仮説を立て，農場訪問時の注意点を整理することができる。

情報から推察する安定した農場

生産の安定している農場は，経産牛頭数がストール数，乾乳スペースに適した頭数で変動が少ない。また，計画的に牛の更新が行われているため，経産牛の産次別の頭数比率は産次が増えるに従い減少し，何年間にもわたり頭数比率が安定している。仮に，経産牛の平均産次数3産以上を目標とする場合，経産牛の年間の分娩頭数，分娩間隔にもよるが，年間の更新率は25％以下，初産の頭数割合は経産牛全体の25～30％以下，および5産以上は25％が1つの目標となる。効率のよい更新とは，分娩後300日を超えて泌乳の終了後に計画的に売却目的で除籍されていることが望ましい。分娩直後，または泌乳初期の死亡または廃用は，いかなる理由であれ，乳生産の停止および個体の除籍による経済的損失が大きい。乳用牛の理想的な更新は，乳量または乳質などに問題を抱える生産性の低い牛を，泌乳後期以降に計画的に除籍することである。計画的な更新のためにも，周産期の疾病の低減，および効率のよい繁殖が必要不可欠となる。これらの状況は，牛群検定の生産および移動に関する生データを入手し，適切に加工することで把握できる。

繁殖以外の情報から農場の問題を把握する方法

1. 経産牛頭数と後継牛頭数の月ごとの推移

頭数の推移は，農場で乳生産を担う基本となる数である。搾乳牛のストール数，乾乳牛の飼養スペース，分娩房の数により算出される頭数に過不足がなく安定していることが第一である。頭数が毎年全体の10％以上増減する場合には，計画的な牛の更新，後継牛の補充ができていないなどの問題が潜んでいる。牛舎の新築，増築を行う場合には頭数の変化が大きくなるが，後継牛の保有状況，繁殖率から目標とする経産牛の頭数を確保するための計画を立案する必要がある。

2. 産次別経産牛頭数の月ごとの推移

数年間の産次別頭数の推移を見ることで，農場内の問題を抱える産次数を類推することができる。前の産次の頭数に対して減少している頭数が多い産次に注目をする。産次数の構成を知るためには，牛群検定データが適している。しかし，牛群検定データの特徴として，分娩後初回の牛群検定を受ける前に除籍されてしまった個体の多くは，最終の分娩情報が欠落している。そのため，前の産次よりも次の産次の頭数が急に減少している場合には，次の産次の分娩記録がないことの理由を考える。1つ目には，前の産次で繁殖障害，または妊娠後期の乳房炎・肢蹄の疾患により，搾乳期間終了後に除籍された可能性がある。2つ目には，妊娠はしていたが次の分娩前，または分娩直後に産褥熱，乳房炎，代謝性疾患などの疾病により早期に除籍されてしまった可能性が考えられる。牛群検定データから，分娩記録がなく，分娩直後に除籍になった牛を類推することもできる。最終の受胎に至る授精年月日をもとに，妊娠期間 280 日を加算して，次産次の予定分娩日を算出しておく。除籍年月日と予定分娩日の差が正の日数であった場合は，分娩後日数と定義して分娩直後の除籍として考えることも必要なことがある。

3. 除籍牛の産次別，分娩後日数別内訳

前述の除籍の内訳を知っておく必要がある。除籍の情報は，牛群検定データの牛の個体（移動）データ内の除籍日と除籍理由を使用する。除籍時の分娩後日数，産次数は，検定日の生産データも同時に使わなければならない。データの性質上，牛の移動を管理するデータと生産を記録するデータは別のため，個体と生産の両データを個体識別番号（牛番号）により統合後，除籍時の産次数，最終分娩日，分娩後日数を確認する。

産次別頭数から問題を探る方法

繁殖管理以前に，以下のように生産現場の問題点を突き詰めていくことができる。

①次の産次の頭数が急激に減少している産次がないか確認する。

②除籍された牛の産次数構成，分娩後日数，除籍理由を確認する。

③頭数が急激に減少する前の産次の除籍理由，または急激に頭数が減った産次の分娩直後の除籍理由に注目する。

④頭数がたまってしまう産次は次の分娩に至らない問題があり，空胎日数が延長しても繁殖を繰り返していることが多い。

⑤分娩後 300 日を超えて繁殖障害で除籍が多い場合には，頭数がたまってしまう産次の

泌乳初期，および最盛期のエネルギーバランスの低下による不受胎牛の増加を疑う。個体乳量と餌の設定のバランスがとれていないことがある。その場合には，牛のボディコンディションの低下，ルーメン充満度の低下，乳成分（泌乳初期の乳脂率の増加，低乳タンパク質率の持続，低 MUN〈乳中尿素態窒素〉濃度）などを確認して牛のエネルギー状況の評価も行い，問題の探索を行う。

⑥分娩後の周産期疾病（代謝障害，消化器病など）が繁殖を開始する前に多い場合には，周産期疾病を防ぐことを考える。多くは乾乳期の管理上の問題があるため，乾乳牛のいるスペース（休息，採食，飲水），環境，餌，水，換気，牛のルーメン充満度を確認し，周産期疾病につながる問題の探索を行う。

＊いずれの場合にも，改善すべきポイントが絞れたら具体的な対策を提案し，その評価をできる限り短期間に行わなければならない。評価は，繁殖成績のように結果が出るのに時間がかかるものではなく，乳量および乳質などの組み合わせで容易に評価できるものを考える。

繁殖情報から農場の繁殖問題を分類する

妊娠率（授精対象牛の予定発情回数に対する受胎確認頭数率〈発情発見率〉×受胎率）は経時的な繁殖のよい指標の1つとして利用されているが，これはコンピュータを使用したデータ管理が主体となる。ここでは，農場に行き，聞き取る情報から繁殖状況の概要を認識し，問題を分類する1つの考え方を説明する。

必要な数値は，現在の経産牛頭数，分娩後初回人工授精開始予定日，人工授精が実施されている頭数，妊娠牛を確認する授精後日数，妊娠判定の検診間隔，受胎が確認されている経産牛頭数，分娩間隔の代表値，および空胎日数の代表値である。代表値は平均値でも中央値でも構わない。数値を扱う際は，繁殖状況を評価するための繁殖指標を算出する対象牛の数が全経産牛のどれくらいの割合なのかを常に考えて行う。多くの繁殖指標は，一部の牛から算出された結果であるため，注意が必要である（**図1**）。

1. 分娩後予定どおり授精が実施できているかの確認

経産牛で現在授精が実施できている頭数割合を算出する。

人工授精が実施されている頭数÷経産牛頭数

次に，現在の農場の分娩間隔と初回授精開始予定日から，理想として授精が実施されているべき頭数の割合を算出する（仮定として，分娩は年間通して均等に分布していることとする）。

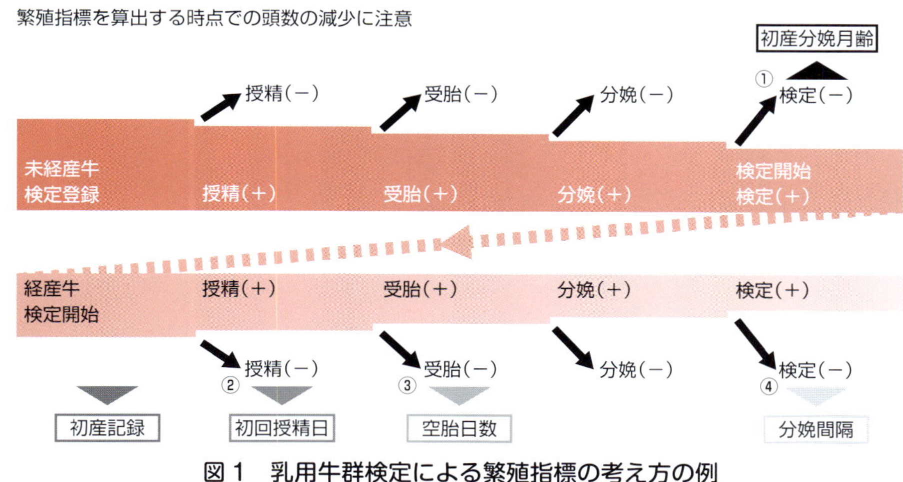

図１　乳用牛群検定による繁殖指標の考え方の例

{分娩間隔－(初回授精開始予定日 ＋10)}÷分娩間隔

分娩間隔から授精を行わない期間を除き，分娩間隔のなかで授精されている期間を算出し，全体の分娩間隔で割り，割合を算出することで，農場内の経産牛が1年中均等な間隔で分娩していると仮定すると，理想的な授精が実施されている割合を示すことになる。初回授精開始予定日に10を加算するのは，分娩後，初回授精を開始する日から発情まで，個体により20日後までバラつくため，バラつく期間の真ん中である10日目を初回授精開始予定日に加え，平均授精開始日とするためである。両者の比較を行い，理想の授精実施頭数割合よりも実際の授精実施頭数割合が低い場合には，分娩後授精が実施されない問題があると考える。

2. 授精後に予定どおり受胎しているかの確認

経産牛で現在受胎が確認できている頭数割合を算出する。

受胎が確認されている頭数÷経産牛頭数

次に，現在の分娩間隔，農場の空胎日数，妊娠牛を確認する授精後日数，妊娠判定の検診間隔から理想として受胎しているべき頭数の割合を算出する（仮定として，分娩は年間通して均等に分布していることとする)。

{分娩間隔－(空胎日数 ＋ 妊娠牛を確認する授精後日数＋(妊娠判定検診間隔÷2)}÷分娩間隔

牛群検定による受胎の判定では，妊娠牛を確認する授精後日数は70日（ノンリターン70日），妊娠判定の検診間隔は30日（検定間隔およそ1カ月）とする。仮に分娩間隔430日，空胎日数150日とすると，

[430－{150＋70＋(30÷2)}]÷430 ≒ 0.45(45%)

となる。空胎日数は受胎に至る最終授精の分娩後日数，妊娠の判定は最終授精から70日後，および30日に1回の確認のため，個体によっては授精後70～99日に妊娠の判定となり，30日のバラツキを生じ，バラつく期間の真ん中は30÷2＝15日となる。妊娠判定を行う平均分娩後日数は，150＋70＋15となる。仮に妊娠牛を確認する授精後日数が35日，検診間隔が14日とすると，

[430－{150＋35＋(14÷2)}]÷430 ≒ 0.55(55%)

となる。このように妊娠牛の確認方法によって，数値が異なることに留意する。両者の比較を行い，理想の受胎しているべき頭数割合よりも実際に受胎が確認されている頭数割合が低い場合，分娩後授精が適切に実施されているのであれば，授精後受胎しにくい問題があると考える。

3. 授精および受胎の問題の改善に向けた分析

1つ目は，上記の分析を産次別に行い，問題を抱える産次を特定する。その産次の周産期の管理，周産期の問題，泌乳初期の乳量に対する飼料設計などを確認することで，繁殖率低下につながる要因を排除するための具体的な対策を立てることができる。

2つ目は，上記の農場で行う計算は分娩時期が均等であることを前提としている。しかし，分娩時期は農場によっても，年によっても頭数の分布が異なるため，分娩直後の頭数の変化により，月々の結果にバラツキが生じる。継続的に安定した数値で評価を行うためには，割る数を経産牛頭数とはせずに工夫する必要がある。授精が実施できている頭数割合では，分娩後授精開始日に達した経産牛頭数を割る数とし，受胎が確認できている頭数割合では，農場で分娩後最短で受胎を確認したい分娩後日数（一般には，授精開始日＋授精後妊娠判定開始日）に達した経産牛頭数を割る数とする。

定期繁殖検診

定期繁殖検診は実施目的により，大きく3つに区分できる（**図2**）。第1に，フレッシュ牛の分娩後の子宮修復，および卵巣機能回復の確認であり，1カ月以内に行う

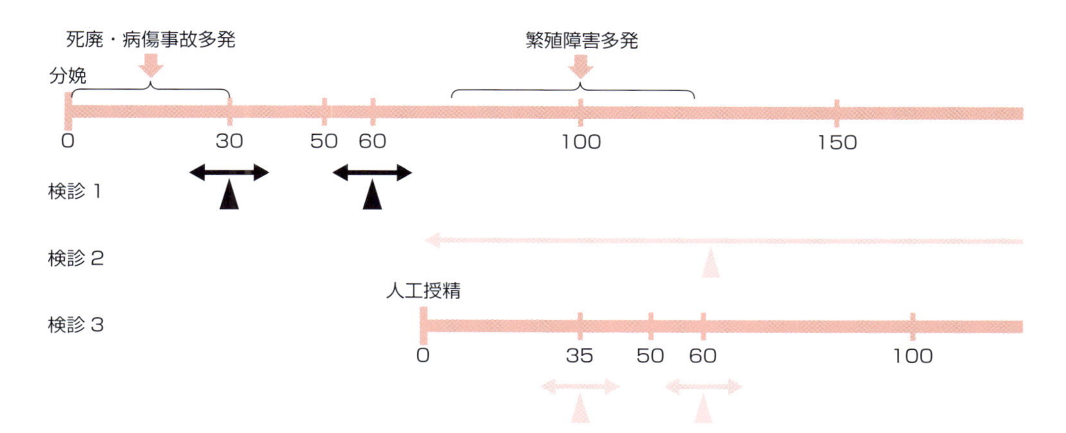

定期繁殖検診内容概略

検診 1	フレッシュ牛検診	分娩後 30 日前後	子宮・卵巣機能回復状態確認，重度障害治療
	任意授精待機期間前検診	授精待機期間前	初回授精前の状況確認
検診 2	発情遅延牛摘発	該当牛適宜	任意授精待機期間後繁殖障害，発情不明牛の診断・早期治療
検診 3	空胎判定（直腸検査）	AI 後 35 日および 60 日前後	空胎（不受胎）牛の摘発

図 2　定期繁殖検診の概略（対象牛の分娩後のステージと検診内容）

ファーストフレッシュ牛の検診，繁殖に供用を開始する前に行う人工授精開始前の検診に分けることもできる。第 2 に，授精開始時期を過ぎても授精が行われていない，未授精牛の診断，および早期治療である。第 3 に，授精が実施されている個体の不受胎の早期摘発（空胎判定），および対処，そして，その後 2 週間以上の間隔をあけた妊娠の再確認（いわゆる妊娠判定）である。頭数規模に合わせて推奨される検診間隔はあるが，不受胎の早期摘発を行う場合には少なくとも 2 週に 1 回行うことが望ましい。

診断に使用される道具は，担当獣医師により様々であるが，近年はポータブルの超音波画像診断装置が生殖器および副生殖器の様々な診断に利用されている。

定期繁殖検診に必要な知識と技術

分娩後の受胎前の牛を対象とした繁殖検診は，牛体，子宮の修復および卵巣周期回復の状態を評価し，次の産次の生産に向けた人工授精，妊娠および分娩までの一連の過程を，できる限り計画的かつ早期に終了させるための作業である。そのためには，周産期の飼養管理状況，分娩管理状況，周産期の生殖周期回復過程の内分泌状況などについて，検診時に検診対象牛から情報を得てイメージをつくりあげなければならない。多くの検診者が行う子宮および卵巣の形態学的な診断はそれら過程の結果であり，これからの経過の一時点と考える。検診時に，それらの過程を適切にイメージするためには，その場でできるだけ多くの情報を得る努力が必要である。

周産期の飼養管理状況であれば，牛のボディコンディション，ルーメン充満度，毛ヅヤ，乳房の色，被毛・皮膚の状況，乳量，乳質，採食量，餌の内容，周産期疾病の有無，低カルシウム血症の予防，乾乳期の乳房炎治療などの情報に目を向ける。分娩管理状況は，分娩状況の聞き取り，外陰部・腟前庭・腟・子宮腟部の視診または触診，頸管からの漏出粘液の視診，さらに頸管・子宮・卵巣の直腸壁を介した触診により推測する。

管理状況の確認に加えて，外陰部（腫脹，充血，皺，陰裂，下垂部形状），腟粘膜（色，湿潤状態），子宮腟部の皺壁（色，腫脹，開口，緊縮）などの視診，頸管・子宮・卵巣の直腸壁を介した触診により，生殖に関わる視床下部－下垂体－卵巣軸の内分泌状況を類推する。卵巣の構造物から分泌される生殖関連ホルモンによって副生殖器の状況が変化するため，卵巣以外の検査項目から卵巣の構造物を予測し，その答えを卵巣の検査で最後に確認する。

繁殖検診で基本となる診断の技術は，牛の外貌の観察，外部生殖器の視診，腟鏡による子宮腟部の視診，および直腸検査による子宮・卵巣などの触診である。繁殖検診では直腸検査による診断は１つの技術に過ぎず，卵巣を触診する前にほかの検査結果からその牛の生殖内分泌状況を想像して，卵巣構造物が予測できることがとても大切である。任意の授精待機期間（VWP）の牛であっても，繁殖障害の牛であっても，牛体の観察および生殖道の遠位端である外陰部から子宮に向けての検査によって，生殖内分泌状況および卵巣構造物の予測が行えるようにならなければならない。

定期繁殖検診の評価

繁殖管理が酪農経営のなかの生産管理の一部であることは，誰もが理解していることである。定期繁殖検診は，繁殖管理のなかの，獣医師が生産者を支援する１つの取り組みであることも周知のことである。農場における繁殖の問題は様々であり，その取り組みも様々である。発情観察および人工授精のタイミングの確定が困難な農場では，ホルモン剤を利用した様々な発情誘起または定時人工授精プログラム，発情発見補助具または補助装置が利用されることがある。

いずれにしても，それらの取り組み後の繁殖率，費用対効果・経済的効果，および作業効率の向上の確認も行わなければならない。定期繁殖検診の場合には，早期発見および早期治療を目的とした未授精牛および不受胎牛の対応も含まれるため，それらの評価も必要である。一般に，疾病を対象とした早期発見および早期治療の目標は，治療効果を高め回復に至るまでの治療費の削減，治療数の削減，作業効率の向上である。定期的に検診を行う場合には，その農場の成績を継続的に評価できるシステムを作成し，検診の効果を客観的に判断できるようにする。

定期繁殖検診の限界

定期繁殖検診の開始点は，分娩後であることがほとんどである。病傷および死亡・廃用事故の半数近くは分娩後30日以内に発生する。周産期の疾病の多くは，直接的または間接的に子宮修復，卵巣周期の回復を遅延させるため，繁殖検診を行う以前に農場の周産期の問題についての整理と分析が必要となる。しかし一般的な定期繁殖検診は，周産期の繁殖以外の問題を解決する内容が含まれていない。周産期疾病の低減およびそれらの予防対策を進めるためには，分娩後が開始点では遅すぎる。

定期繁殖検診を行ってもその効果が現れない農場は，2つに区分して考える。1つ目は，成績が優秀で繁殖検診だけではこれ以上成績の伸びが期待できない農場で，2つ目は，周産期管理上の問題があり，定期繁殖検診により授精の開始をコントロールしてはいるが受胎に至らずに成績が伸びない農場である。どちらの場合にも，繁殖成績の変化だけを見てもその状況をさらに改善することは不可能である。分娩後，最初に定期繁殖検診をする以前に起きた問題にも目を向け，繁殖障害または生殖機能の低下に結び付く問題であれば，それらを改善しなければ繁殖検診の効果も発揮されないことがある（**図3**）。

ハードヘルスを基礎にした牛群の定期健康診断（健診）

繁殖管理は，生産者が中心となり，農場の経営を支える目的で行うものである。繁殖を中心にした取り組みは，目標を繁殖率の向上とする以上，繁殖率を低下させるリスク（起こる可能性を高める）要因に目を向けることが求められる。その取り組みの1つに，ハードヘルスを基礎とした牛群健康診断がある。疾病の発生予防を中心とした取り組みであり，牛の健康度を時系列的に評価する。

定期繁殖検診で使われる「検診」は，文字どおり分娩後のハイリスク集団を対象に，病気に罹っているかどうか，異常がないかを検査するために診察することである。そのため，周産期に問題のある農場では，繁殖検診だけでは顕在化していない根本的な原因を見つけ出すことができないので，その原因を解決するための対応ができない。分娩直後に発生する様々な問題を低減させるためには，まずは乾乳期（分娩前）管理，および分娩管理の注意点を確認しておかなければならない。その状況を評価するためには，飼養環境の変化も考慮に入れた牛の健康度を評価しなければならない。それぞれの管理および環境を評価するためには，その時点だけを評価するよりも，その前からの変化量をもとに考えることで，農場固有の状況も考慮した適切な評価ができる。すなわち，健康な牛を対象に，動物の移動に合わせて定期的にモニタリングを行い，その変化により現

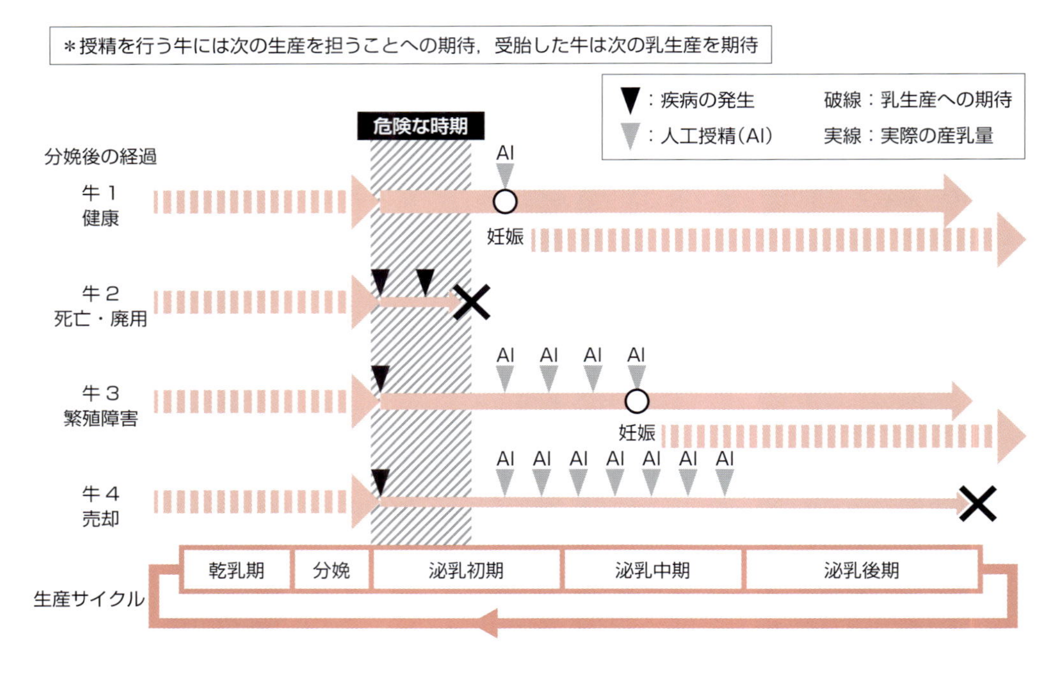

図３　乳牛の生産サイクルと疾病の影響

在の管理および環境が牛に適しているか評価する。いわゆる定期的な管理および健康評価のための牛群の健康診断を行う。健康診断の対象は臨床上問題のない健康な牛のため，健康診断後の対応は個体の治療ではなく生産者への管理指導になる。最終的に，生産者のための牛群の健康診断（健診）となるように牛群管理全体の流れを把握して行うのが，ハードヘルスを基本にした牛群健診である。繁殖管理における定期繁殖検診から定期牛群健診への流れがこれからは必要であろう。

周産期疾病予防を考えた牛群の定期健康診断（健診）の一例

疾病の防除，そして繁殖率の向上に結び付けることを目的とする。そのため，次の分娩が予定されている牛について，分娩前から分娩後にかけて定期的に健康診断を行う。次の生産を支えるために，乾乳期（分娩前）および分娩管理を牛のモニタリングにより客観的に評価する。モニタリング項目は，**図４**に示すとおりであり，各スコアリングのとり方は「1-2　身体モニタリング」を参照されたい。

①受胎に至る授精後200日の牛から健康診断を開始する。乾乳前からの状態把握のため，経産牛は泌乳後期，未経産牛は育成期の健康度を調査する。このステージの牛は，経産牛または未経産牛でも一番安定している時期であり，健康度のモニタリング成績の

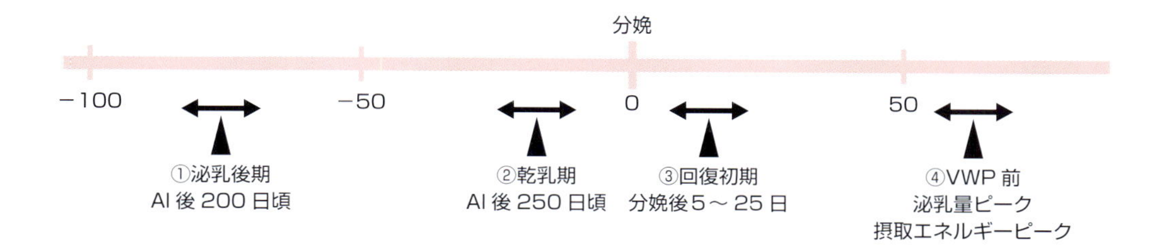

対象牛群の観察項目（牛群の問題点を牛群の健康状態から読み取る）

	①泌乳後期	②乾乳期	③分娩後回復初期	④VWP 前
ボディコンディション	◎	◎	◎	◎
ルーメンフィルスコア	◎	◎	◎	◎
牛体衛生スコア（乳房）	○	○	○	○
糞スコア（性状・消化）	○	○	○	○
頸管粘液スコア*1	−	−	◎	△
産道損傷スコア*2	−	−	◎	△
尿ケトン体*3・pH*4	−	−	◎	△

VWP：任意授精待機期間，◎：必ず確認，○：行うべき，△：前回健診時に問題のあった場合に再確認
＊1 頸管粘液スコア：頸管内の粘液を採取し，色，膿の混入，臭気，固形物の有無により評価し，子宮内環境を推察するもの
＊2 産道損傷スコア：分娩時の子宮腟部，腟，外陰部の損傷程度を損傷の有無，腫瘍の有無で評価し，分娩状況を推察するもの
＊3 尿ケトン体：分娩直後のエネルギー状況を評価し，ボディコンディションスコアおよびルーメンフィルスコアとあわせて乾乳から現在までの採食状況，エネルギーバランス状況を推察するもの
＊4 尿 pH：分娩直後の代謝性アシドーシス，ルーメンアシドーシスなどの傾向を糞の性状，ルーメンフィルスコアとともに採食および消化器系の状況を推察するもの
4つとも腟のなかに手を入れて評価，採取を行う

図 4　ハードヘルスを基礎とした定期健康診断（牛の状態から問題を解析）

基準と考える。空胎日数が遅延している牛で，ボディコンディションスコア（BCS）が3.75 以上の場合は，周産期の管理を事前に注意する必要がある。

②受胎に至る授精後 250 日の牛を対象とする。乾乳期（分娩前）に当たるステージで健康度を確認し，泌乳後期または育成期からの変化を確認する。乾乳期（分娩前）のステージでは環境および餌の内容が変化するため，移動後少なくとも 1 週間経過した後に健康度のモニタリングを行う。餌の内容については，乾乳期では泌乳期と比較して濃厚飼料の割合が減り，基礎（粗）飼料の割合が高いため，ルーメン充満度は増加し，BCS は変化しないことが理想的である。この時期に血液を採取して，非エステル型脂肪酸，およびヘマトクリットの測定を行い，乾乳期のエネルギー状態と牛群の管理状況を評価するのも効果的である。

③分娩後 5〜25 日の牛を対象とする。乾乳期・分娩管理，分娩後の牛のエネルギー状態を把握するために，分娩後早期に牛の健康度を確認する。現地で評価を行うために，一般的な牛体のモニタリング，糞の検査，頸管粘液，産道，尿によるケトン体・pH 測定

を行う。分娩直後は生理的に要求エネルギー量に対して摂取エネルギー量が少なく，エネルギーバランスが負に傾く時期である。その状況は分娩直前から起こっているため，分娩直後の牛のBCSは，分娩前と比較して変化しないのが望ましく，減少しても0.25までとする。それ以上の低下は，多くの体脂肪の動因が疑われ，その後の繁殖率の低下につながる。ルーメンフィルスコアは3以上が理想的である。頸管粘液および産道，尿の検査は膣内に手を入れて行うと容易である。群での評価では，尿ケトン擬陽性または陰性，pH8.0以上の相対的な割合の変化に注目する。

④分娩後60日またはVWP前の牛を対象とする。分娩後60日頃に最もBCSが低下する。この時期には，分娩前と比べて生理的にBCSの減少は認められるが，その後の繁殖性を考慮するとその低下は0.50までであることが望ましい。それ以上のBCSの低下では，乾乳期ならびに分娩後初期の摂取エネルギー不足による持続的な低エネルギー状態を考える必要がある。現状のBCSがエネルギー状態の回復過程にあるのか確認するためには，ルーメンフィルスコア（スコア3以上），被毛（フケなし，光沢感，白黒境界明瞭），皮下の充実（水っぽさなし，緊張感あり），お尻周りの皮下脂肪（増加する兆し），糞の状況（未消化繊維が少なく均一）などから評価する。この健康診断対象牛は，近く繁殖に供用するため，子宮の修復および卵巣周期が回帰しているのかも確認する。自然発情で授精を行っている農場で，分娩後に一度も発情が確認されていない場合には，この健康診断で子宮，子宮頸管および卵巣の構造物（特に黄体の硬さと卵巣表面の凹凸，卵胞のサイズと硬さ）の触診により，発情のステージを推察し，次回発情日を予測することが大切である。

⑤その後行う繁殖障害牛の早期発見・治療，および早期不受胎の判定は一般の定期繁殖検診に準じて行う。

牛群の定期健康診断（健診）の結果の解釈

2週間間隔で健康診断を行う場合，経産牛飼養頭数が80頭以下の農場では，健康診断時の各ステージの検査対象の個体数が少ない。そのため，個体の泌乳後期からの推移を時系列的に評価し，そのなかで最近1～2カ月に健康診断を実施した牛の変化の方向性から管理状況を評価する。規模の大きな農場で，各ステージの牛を10頭程度確保できる場合には，毎回の健康診断で時系列の変化で逸脱した変化を示す個体の頭数割合を算出し，前回の健康診断時と比較して，逸脱した頭数割合の変化から管理状況の問題点がないか評価する。

定期健康診断は，継続することが大切であり，対象農場の規模，訪問頻度，農場が求める改善点，健康診断内容などに応じてアレンジすることも必要である。

DC305を活用した牛群管理：繁殖管理の紹介

牛群管理ソフトとして現在，世界最強といわれるプログラムがデーリィコンプ（DairyComp 305：DC305）である。今や世界中に普及し，多くの言語に訳されて利用されている。同時に，世界屈指の研究者やコンサルタントらによって，日々進化を続けている。残念ながらDC305の日本語版に関しては，漢字だけあるいはアルファベットとその頭文字だけで表現できるほかの言語とは完全に異なるため，その実現はきわめて困難な状況にある。しかし，英語表記のままであるにもかかわらず，この日本においてもその有用性から獣医師を中心にその利用が急速に広がりを見せていることは，日本の酪農産業あるいは酪農家にとってきわめて有意義なことであり，大きな変化であると思われる。

DC305は，その利用の仕方によって酪農における無数のデータのモニタリングが可能であるし，各自の考えによって必要な図や表を逐次つくり出していく能力を有している。

それらを踏まえながら，以下にまず基本的で使用頻度の高い牛群の繁殖，生産，健康指標のモニタリングに関して図表化したものを掲示した。これらはすべて数値で表記できるが，視覚で理解するのがより効果的である。次に，遺伝情報のモニタリングについてその一部を紹介した。酪農現場において，近年急速に注目を浴びているゲノム解析やメイティングについて，獣医師，畜産業従事者とも理解を深める必要が出てきている。ここ数年のアメリカにおける平均空胎日数や分娩間隔の急速な改善と娘牛妊娠率（Daughter Pregnancy Rate：DPR）などに代表される，遺伝的繁殖性の回復には密接な関係があると考えられる。

中長期的にどのような牛群をつくるのかを明確にして，その農場の望む遺伝改良が行われ，それが実際の農場の牛のパフォーマンスにどう影響を与えているのかをモニタリングし，確認する必要性が出てきている。牛群管理を担う獣医師や家畜アドバイザーの新たな挑戦が必要な分野ではないかと考え紹介した。ここに示したように，牛群管理あるいは繁殖管理に利用するコンピュータプログラムは，より柔軟に対応可能であり，日々進化するものが求められる。

1. 繁殖成績の基本的なモニタリングと評価

①妊娠率：発情発見率（授精率）を評価する（**図5，6**）
②様々な角度から受胎率を評価する（**図7〜11**）
③初回授精とVWPを評価する（**図12，13**）

A：データ

	Date	Br Elig	Bred	授精率 Pct	Pg Elig	Preg	妊娠率 Pct
①	12/12/15	67	37	55	66	14	21
②	1/02/16	63	41	65	60	20	33
③	1/23/16	56	36	64	55	18	33
④	2/13/16	57	40	70	55	21	38
⑤	3/05/16	48	26	54	47	13	28
⑥	3/26/16	58	35	60	58	20	34
⑦	4/16/16	63	39	62	62	14	23
⑧	5/07/16	64	45	70	62	16	26
⑨	5/28/16	62	40	65	59	18	31
⑩	6/18/16	58	40	69	58	12	21
⑪	7/09/16	72	52	72	71	18	25
⑫	7/30/16	64	45	70	64	20	31
⑬	8/20/16	66	42	64	66	11	17
⑭	9/10/16	80	49	61	78	20	26
⑮	10/01/16	78	53	68	78	18	23
⑯	10/22/16	72	46	64	71	20	28
⑰	11/12/16	64	44	69	0	0	0
⑱	12/03/16	44	28	64	0	0	0
	Total	1028	666	65	1010	273	27

B：データの図表化

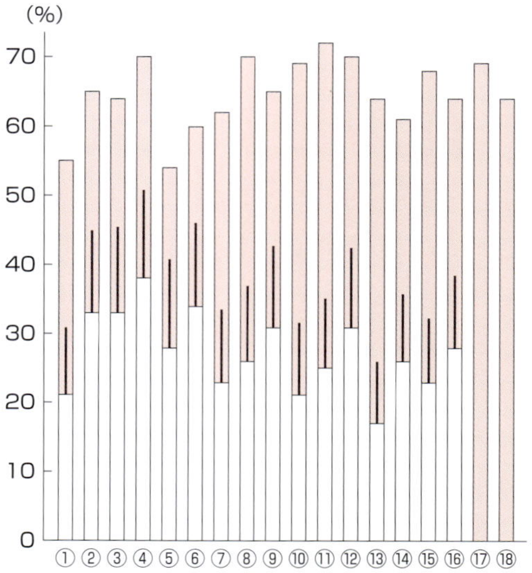

図5　妊娠率の経時的な推移

A：21 日周期の妊娠率が数値として過去 1 年分表記されている
B：A のデータを妊娠率の授精率（茶）と妊娠率（白）としてグラフ化したものである（黒棒は妊娠率 95％信頼区間）

④再授精と授精間隔を評価する（**図 14〜17**）

⑤目標とした妊娠実頭数が得られているかを評価する（**図 18**）

2. 生産性や健康のモニタリングと評価

①乳量と泌乳曲線を評価する（**図 19**）

②乳牛の健康度を評価する（**図 20〜23**）

③牛の価値（Cow Value）の評価と積極的な DNB（Do Not Breed，授精除外）戦略（**図 24，25**）

3. 遺伝情報のモニタリングと評価

①遺伝的繁殖性の評価と実際（**図 26，27**）

②遺伝的生産寿命（連産性 PL）の評価と実際（**図 28**）

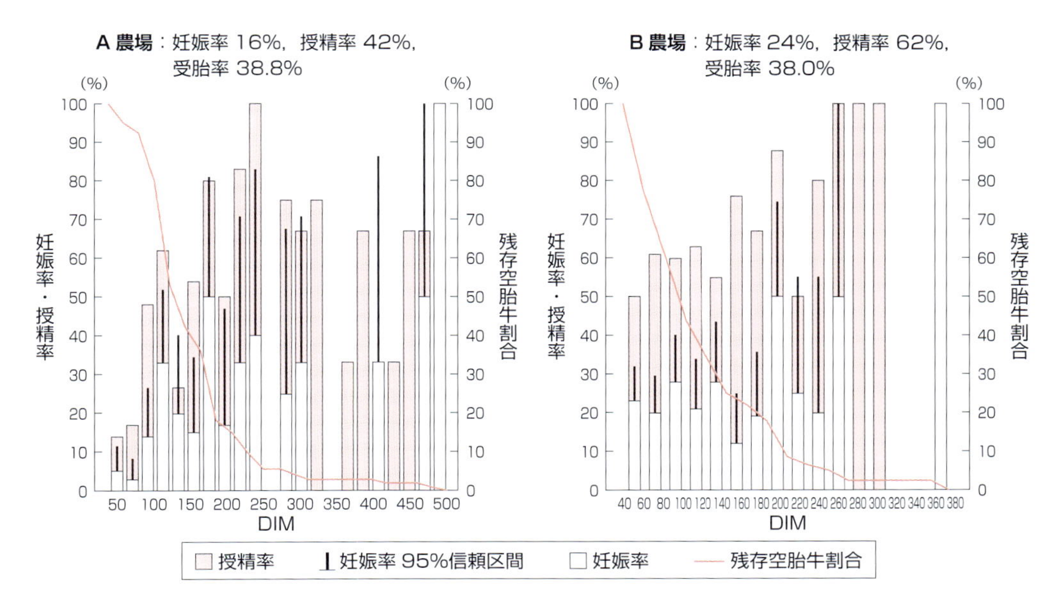

図 6　搾乳日数ごとの妊娠率と残存空胎牛割合

VWP（Voluntary Waiting Period）50 日における搾乳日数（Days In Milk：DIM）ごとの授精率（茶）と妊娠率（白）そしてその残存空胎牛割合（茶実線）を表す。

A 農場：DIM80 日以内の授精率と妊娠率が低く，その後上昇してくる。妊娠率の低い農場で典型的にみられ，乾乳・周産期・泌乳初期に問題がある場合が多い。総体的な受胎率は B 農場よりよい

B 農場：妊娠率のよい農場の典型的な例で，泌乳初期から授精率および妊娠率が安定的に高い。この農場では，DIM100 日で空胎牛は 50%を切る

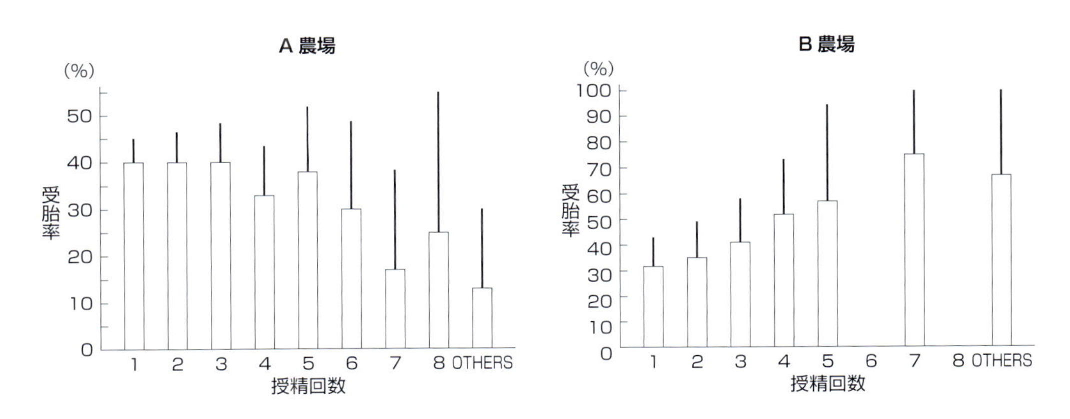

図 7　授精回数別受胎率

A 農場：初回からその後も安定的な受胎率を示す（黒棒は受胎率 95%信頼区間）

B 農場：初回が悪く，その後徐々に改善している。このような場合，乾乳から泌乳初期（移行期）管理の問題がある場合が多い

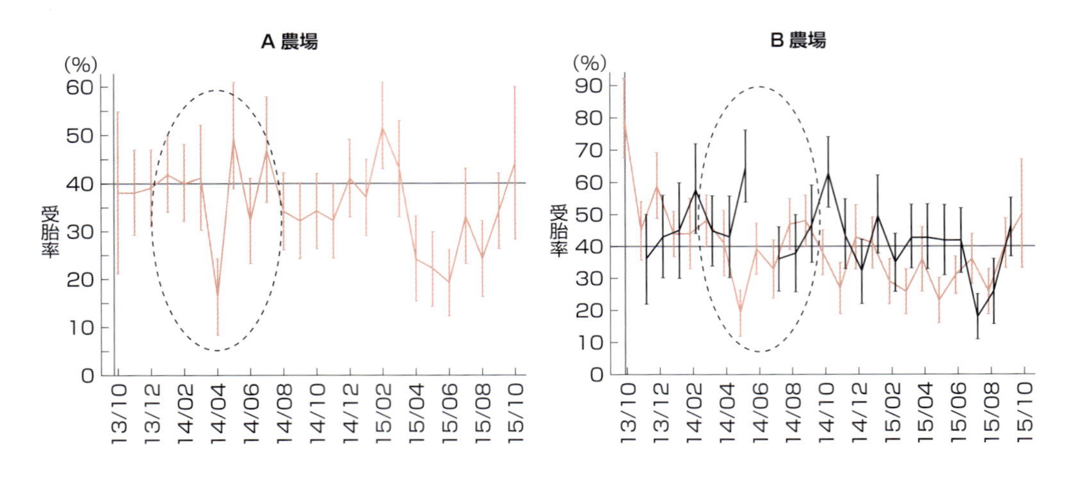

図 8　授精回数別：継時的（月別）受胎率

茶実線は初回授精における受胎率，黒実線は 2 回目授精における受胎率を表す。横軸は年月（年 / 月）を表す
A 農場：初回授精における受胎率がある時急に低下している
B 農場：2 回目授精の同じ時期にはあまり影響はみられない。初回授精を受けた牛群が，乾乳から泌乳初期そして初回授精までに，体調などに影響を受けることがあったかどうかを考えるヒントになる

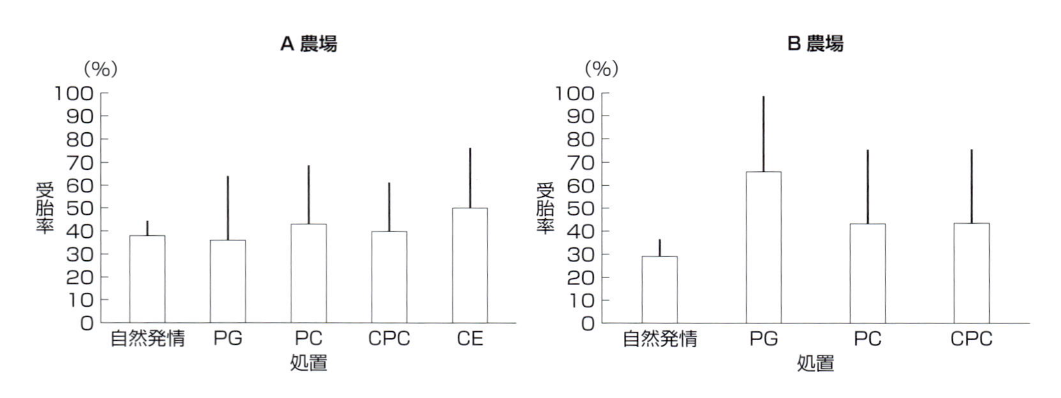

図 9　自然発情と処置別受胎率

各ホルモン処置による受胎率がその農場の自然発情受胎率と比較して劣っていないか確認する。B 農場のように，自然発情受胎率がホルモン処置受胎率に比べ明らかに低い場合もある。自然発情の発見精度や授精のタイミングなどを確認する必要がある。後述する再授精間隔などとの関連も考慮する
PG：プロスタグランジン，PC：ショートシンク，CPC：オブシンク，CE：シダーシンク

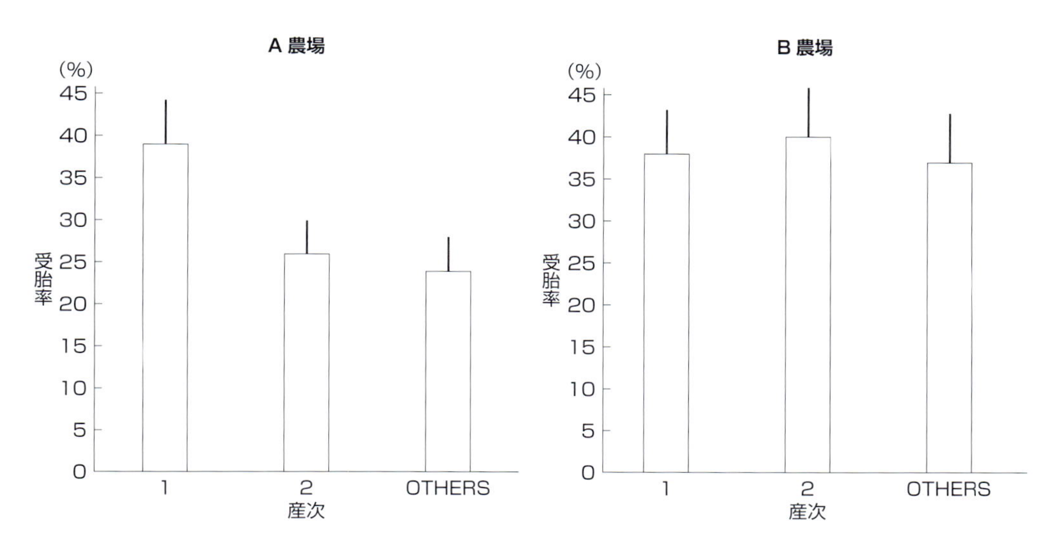

図 10　産次別受胎率

A 農場：初産はより高く経産牛で低くなっている。一般的にみられる傾向であるが，この農場の総体的受胎率を上げるには，経産牛に視点を当てる必要がある
B 農場：総体的に妊娠率や受胎率のよい農場は，このようにどの産次でも平均した受胎率を得ている

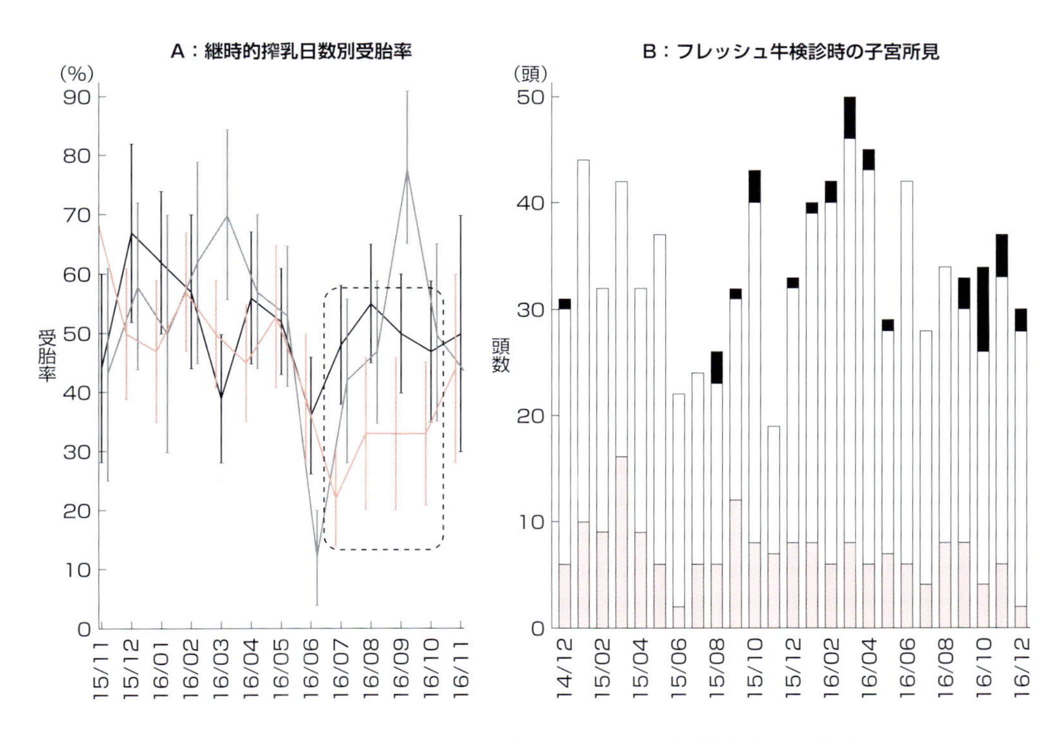

図 11　継時的搾乳日数別受胎率とフレッシュ牛検診時の子宮所見

A：茶実線が DIM50 ～ 69 日，黒実線が 70 ～ 89 日，グレー実線が 90 ～ 109 日の授精を表す。7 ～ 10 月にかけ 50 ～ 69 日授精だけが低下している。これは初回授精率が低下している可能性を示唆し，乾乳から移行期の管理（環境，飼料の変化など）を確認する必要がある
B：フレッシュ牛検診時の子宮の状態を表す。白が健康，黒が蓄膿症，茶が子宮炎と診断された頭数

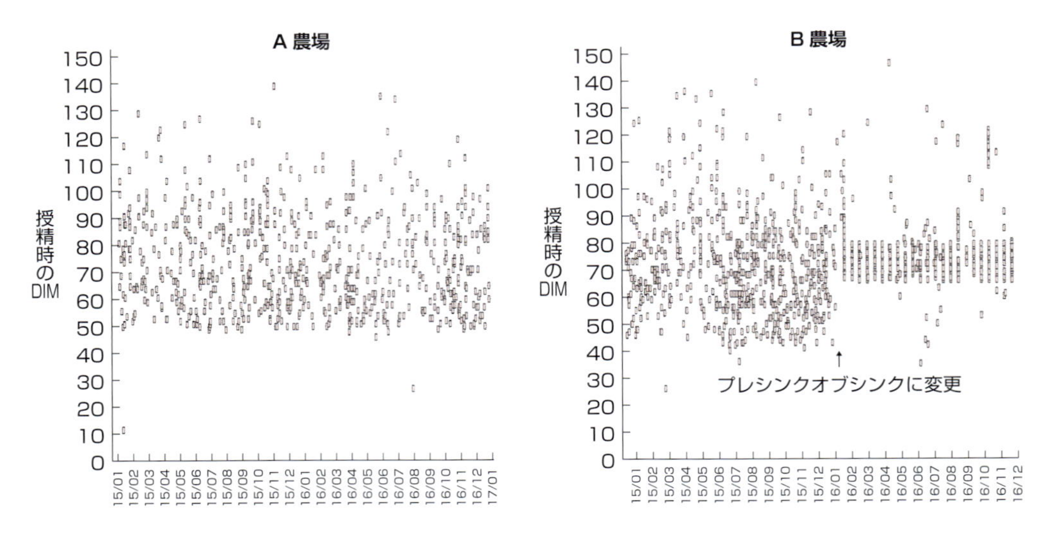

図 12　初回授精の分布と VWP

A 農場：初回授精の開始がコントロールされているかを確認する。初回授精開始が設定した VWP に対してどう分布しているのか？
B 農場：初回授精をプレシンクオブシンクに変更し，その VWP を 2 週間ほど意図的に遅らせた例を表す。授精開始は遅れたが，初回授精の 90%以上が 65 ～ 80 DIM の間に行われるようになった

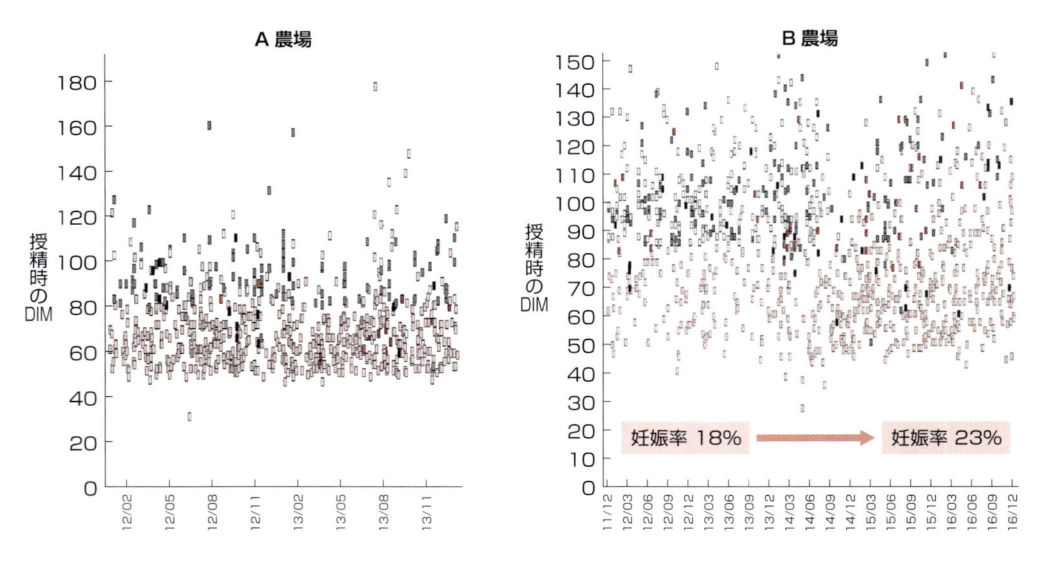

図 13　初回授精の授精処置方法

初回授精がどのような処置によって行われているかを確認する。
A 農場：茶が自然発情，黒はオブシンクなどによる初回授精を表す。この農場では DIM80 くらいまでの初回授精は自然発情によって授精され，その後オブシンクなどホルモン剤による初回授精が行われている
B 農場：自然発情による初回授精が少なく，多くがホルモン剤による授精に頼っていた。活動量計の導入によって，DIM の早い時期から自然発情による授精を増加させ，妊娠率を飛躍的に伸ばすことに成功した

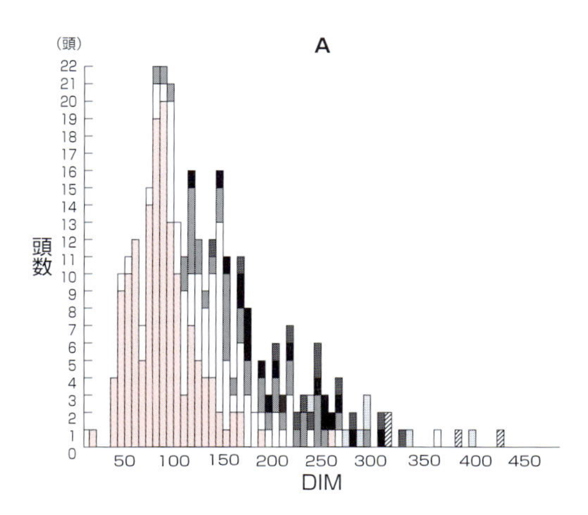

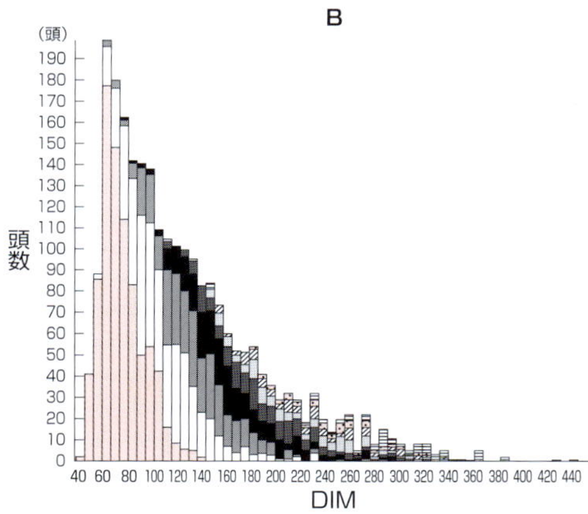

図 14　再授精パターンの比較

初回授精の後，2 回目，3 回目の再授精がスムーズに行われているかを確認する。茶が初回，白が 2 回目，グレーが 3 回目授精を表す。

A：初回授精開始がまばらに広がるなか，再授精もまばらになっており，全体として授精に対するコントロールができていないことを示している

B：茶，黒，グレーがそれぞれ 1 つの塊（層）となっており，再授精がおおよそうまくいっていることを示している

A 農場

再授精間隔 Heat Interval	95% 信頼区間 95% CI	受胎率 % Conc	受胎頭数 # Preg	空胎頭数 # Open	その他 Other	流産頭数 Abort	総受精 頭数 Total	再授精 割合 % Tot	授精頭数 / 受胎頭数 SPC
1-3days	24-41	32	37	79	7	1	123	16	3.1
4-17days	21-44	31	18	40	16	0	74	9	3.2
18-24days	23-37	30	53	126	31	2	210	27	3.4
25-35days	21-39	29	25	61	6	2	92	12	3.4
36-48days	28-42	35	59	112	28	0	199	25	2.9
Over 48days	22-42	31	24	53	9	1	86	11	3.2
TOTALS	28-35	31	216	471	97	6	784	100	3.2

B 農場

Heat Interval	95% CI	% Conc	# Preg	# Open	Other	Abort	Total	% Tot	SPC
1-3days	–	33	3	6	1	0	10	2	3.0
4-17days	21-50	34	13	25	0	0	38	8	2.9
18-24days	42-55	48	94	100	7	3	201	42	2.1
25-35days	27-46	36	32	57	10	1	99	21	2.8
36-48days	22-43	32	24	52	8	0	84	18	3.2
Over 48days	26-55	39	15	23	5	0	43	9	2.5
TOTALS	36-45	41	181	263	31	4	475	100	2.5

図 15　再授精間隔と受胎率

再授精間隔を確認する

A 農場：受胎率 31%（1/3.2）の農場。授精後 1 ～ 3 日以内に 16%が再授精が行われていて，授精のタイミングに問題があることが疑われる。同時に次の周期である 18 ～ 24 日に再授精されている割合が 27%と低くなっている。発情発見方法，発情の強さやバラツキなど考慮しなければならないことが多い

B 農場：授精後数日の再授精がほとんどなく，多く（42%）が 18 ～ 24 日後の性周期で行われその受胎率も 48%（1/2.1）と良好で，全体としても 40%（1/2.5）を維持している。このような農場の多くは高い妊娠率を示す

〈再授精間隔の指標と逸脱時に疑う問題点〉

1 ～ 3 日　<5%　発情発見精度とタイミング

4 ～ 17 日　<10%　発情発見精度

18 ～ 24 日　>40%　正常周期とその発見

25 ～ 35 日　<15%　後期胚死滅と発情発見精度

A 農場：受胎率 38.5%，授精率 47%，妊娠率 18%

産次		実頭数	授精回数	初回授精（搾乳日数）	授精間隔	平均空胎日数
By LGRP	% COW	# COW	Av TBRD	Av DIMFB	Av HINT	Av DOPN
1	25	35	2.7	62	40.4	113
2	14	20	3.0	101	58.3	190
3	61	87	2.5	87	36.1	132
=========	====	======	=======	=======	=======	=======
Total	100	142	2.6	83	40.5	136

B 農場：受胎率 38.5%，授精率 58%，妊娠率 22%

By LGRP	% COW	# COW	Av TBRD	Av DIMFB	Av HINT	Av DOPN
1	32	283	2.4	65	26.6	96
2	23	208	2.7	79	31.2	119
3	45	397	2.7	79	31.5	120
=========	====	======	=======	=======	=======	=======
Total	100	888	2.6	74	29.8	112

図 16　妊娠スピードに影響する要因

A 農場と B 農場の受胎率は 38.5%（1/2.6）とまったく同じであるが，平均空胎日数には 24 日間の開きがある。A 農場は B 農場と比べ，初回授精（搾乳日数）で 9 日，授精間隔で 11 日の遅れがある。初回授精開始日と授精間隔は，妊娠スピードに最も影響する要因であるため，確認しなければならない。授精間隔は 30 日以下が目標となる

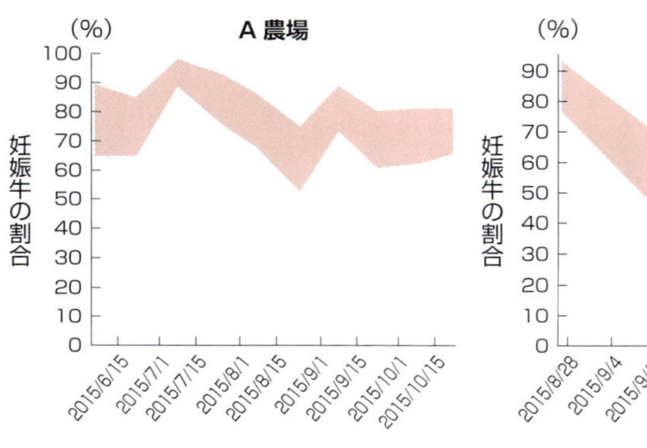

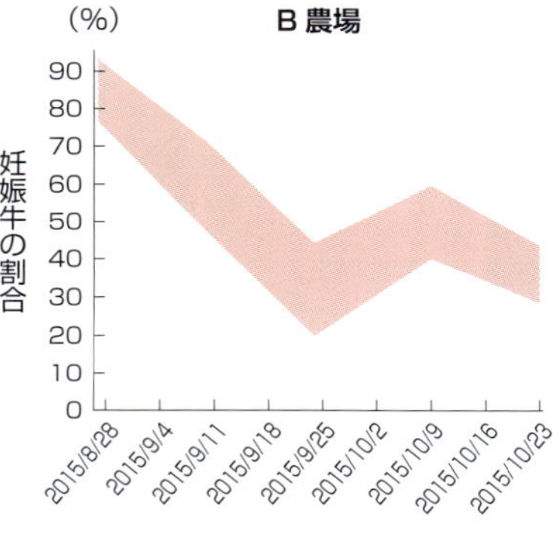

図 17　検診時における妊娠 / 空胎割合の推移

検診時妊娠鑑定における妊娠牛の割合を一定（統計的）の幅を持って示している
A 農場に変化はないが，B 農場では低下している。再授精に関する発情発見が何かの原因で低下していることを示している。発情発見や発情徴候に変化があるのかを数値ではなく視覚として訴える

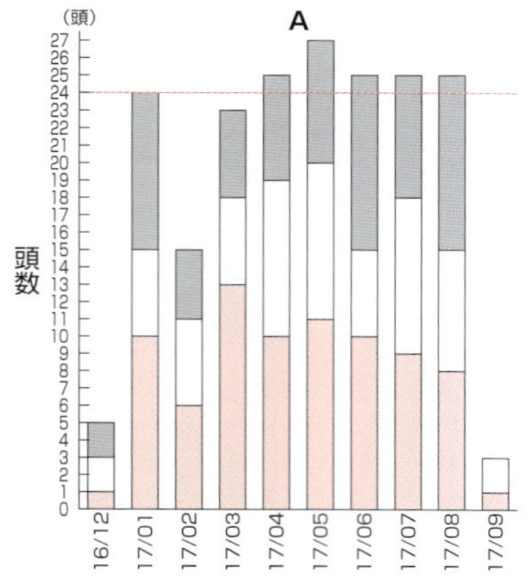

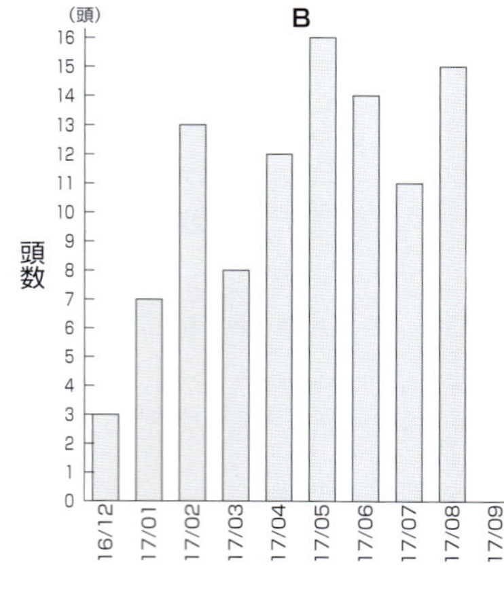

図 18　月別の目標妊娠頭数と分娩頭数予測

A：茶は初産牛，白が 2 産牛，グレーは 3 産以上牛の分娩予測であり，2016 年 12 月は残り少なく 2017 年 9 月はこの時点でまだ妊娠鑑定されていない。この農場の経産牛における分娩目標頭数は月平均 24 頭に定めており，それを達成しているかどうかを見ることが最も重要である
B：同農場における未経産牛の分娩予定頭数である。A を見ながら未経産牛の販売戦略などを立てることができる

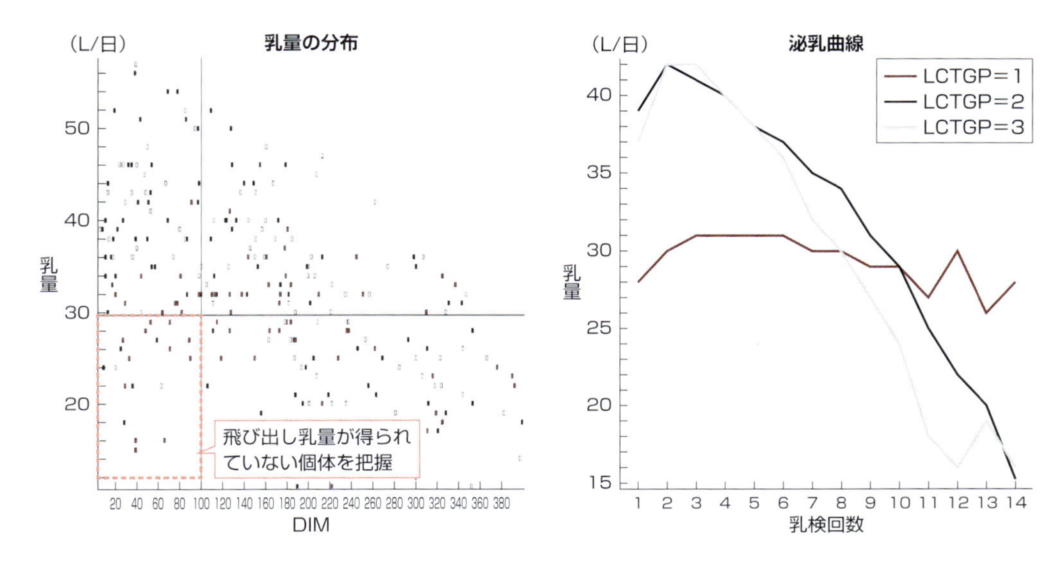

図 19　乳検乳量の分布と泌乳曲線との比較

茶は初産，黒は 2 産，グレーは 3 産以上を表す
泌乳曲線と比較して十分な乳量を得られていない個体を把握する

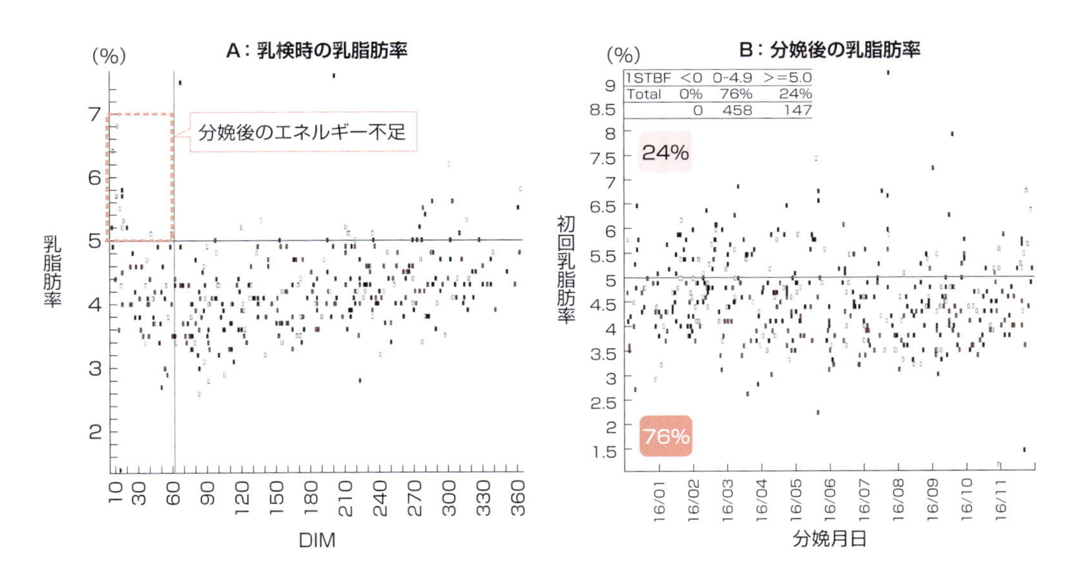

図 20　乳検時の乳脂肪率と分娩後の乳脂肪率の分布

A：乳検時の乳脂肪率の分布を，横軸を DIM にして表す。茶は初産，黒は 2 産，グレーは 3 産以上。この農場では分娩後 2 カ月以内で乳脂肪率が 5%を超えている個体が多く，分娩後のエネルギー不足が懸念される
B：縦軸に分娩後初回乳検時の乳脂肪率，横軸に分娩月日にして，1 年間の分娩後の乳脂肪率を表わす。通年で分娩後の乳脂肪率が高く，24%の個体が乳脂肪率 5%を超えていた。フレッシュでの乾物摂取量や飼料設計に問題がないか，移行期の管理の見直しが必要となる

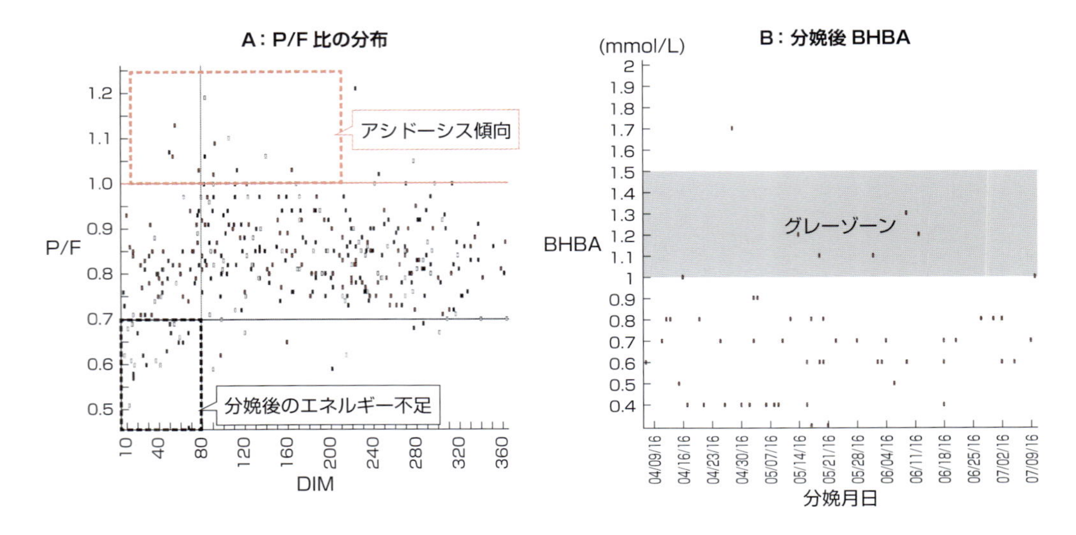

図 21　各個体の P/F 比と分娩後 BHBA の分布

茶は初産，黒は 2 産，グレーは 3 産以上を表す
A：泌乳前期で P/F 比（乳タンパク質 / 乳脂肪率比）の低い牛が散見され，エネルギー不足の牛が多いことが分かる。また P/F 比が 1 を超えてアシドーシスの牛が増加してきていないか，飼料設計のバランスを確認する
B：分娩後血中 β-ヒドロキシ酪酸（BHBA）のデータを入力することで，経時的な変化をモニタリングすることもできる。季節や乾乳管理の変化によって分娩後の BHBA の変動を評価できる。分娩後 3 ～ 14 日の BHBA が 1 ～ 1.5 mmol/L の個体は潜在性ケトーシス要注意牛を疑う。分娩頭数に対して経産牛で 15%以上の潜在性ケトーシス牛がいる場合は周産期病のリスクが高まりその後の繁殖性にも問題が生じてくる

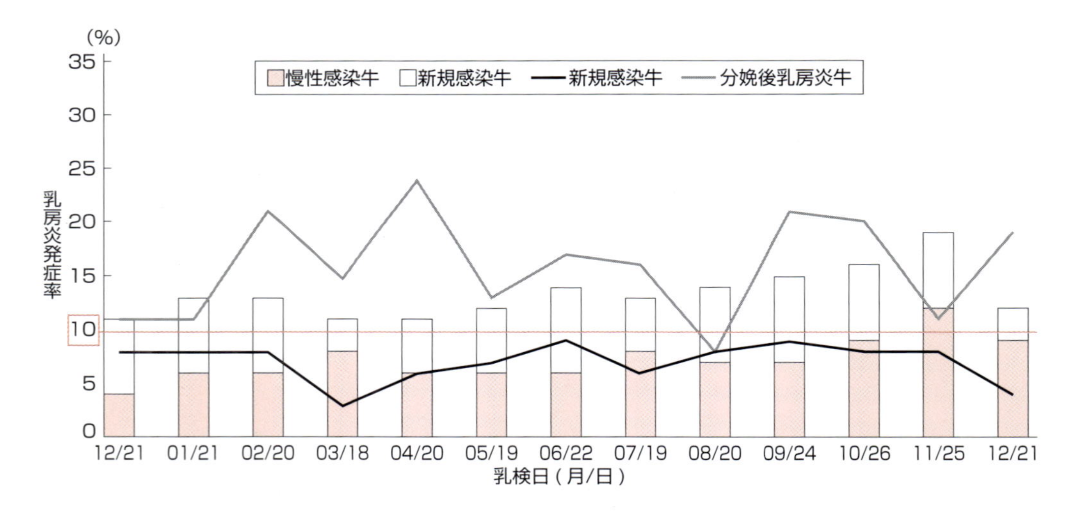

図 22　乳房炎新規感染リスクの推移と乳房炎慢性感染牛の推移

乳検時の体細胞リニアスコア 4 を基準にし，その月の乳検時に新たにリニアスコア 4 以上になった牛を「乳房炎新規感染牛」，前月に引き続きリニアスコア 4 以上の場合は「慢性感染牛」，また分娩後の初回乳検時にリニアスコア 4 以上であった牛を「分娩後乳房炎牛」として，それぞれそのリスクの推移をグラフで表している。乳房炎の新規感染および分娩後の乳房炎発症率は 10%以下に抑えたい
この農場の場合，毎月の乳房炎の新規感染リスクは低いが，分娩後の乳房炎発症率はほぼ毎月 10%を超えて推移しており，乾乳期治療の不備または移行期の管理に問題がある可能性が疑われる

A：分娩後初回乳検時体細胞スコア

LOG1	<4.0	4.0-5.9	>=6.0
Total	83%	11%	6%
	346	48	24

分娩後リニアスコア

分娩月日

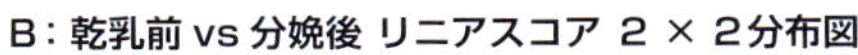

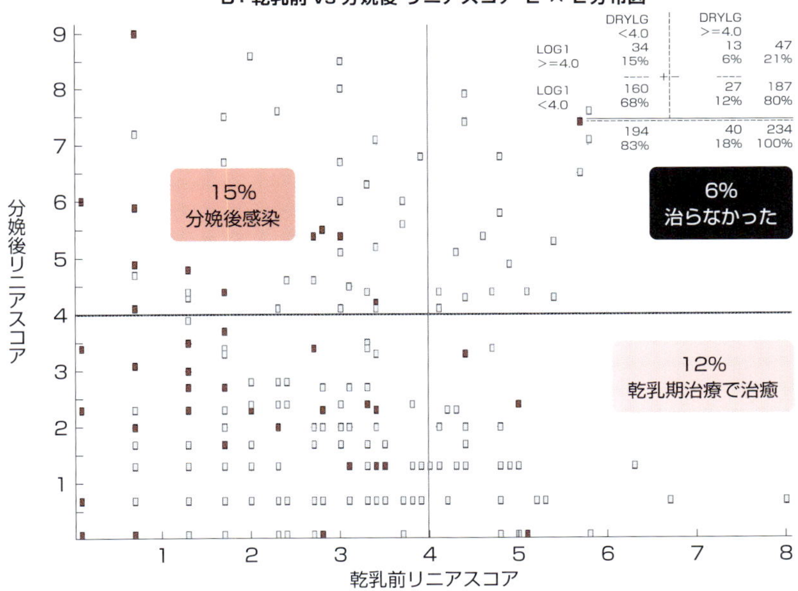

図 23　体細胞リニアスコアの分娩後と乾乳前との比較

A：過去 1 年間の初回乳検時すなわち分娩後の体細胞リニアスコアの分布図。茶は初産，黒は 2 産，グレーは 3 産以上。スコア 4 以上は乳房炎の罹患が疑われる。スコア 6 以上は 1%以下にしたい。この農場では分娩時期にかかわらず分娩後の乳房炎罹患牛が多く，スコア 6 以上の牛も 6%もいる

B：横軸が乾乳前の最後の乳検時の体細胞リニアスコア，縦軸は同じ牛の分娩後リニアスコアを表している（評価対象牛は 2 産以上）。乾乳期治療に問題があるのか，分娩前後の管理に問題があるのかを調べるために見る。乾乳期治療はそれなりに治癒できているが，それよりも乾乳前に乳房炎ではなかった個体の分娩後の乳房炎発症率が 15%もある。この農場では移行期や分娩房での管理に問題を抱えていることが分かる

個体番号		泌乳ステージ	乳量		繁殖ステージ			Cow Value	受胎時の付加価値	蹄病歴	乳房炎歴	四変歴
ID	LACT	DIM	MILK	RELV	RPRO	DSLH	DCC	CWVAL	PGVAL	XLAME	LMAST	LDA
2703	5	309	32	109	NO BRED	130	0	267	2,247	2	0	0
2719	5	353	28	106	PREG	158	158	2,231	2,155	0	0	0
2720	5	320	0	101	DRY	263	263	2,218	5,966	0	0	0
2723	5	275	51	109	PREG	95	95	3,881	1,984	0	0	0
2724	5	197	26	90	PREG	117	117	1,170	1,150	1	0	0
2726	5	161	45	113	BRED	8	0	2,895	720	0	4	0
2729	5	305	0	65	DRY	264	264	250	3,998	0	0	0
2732	5	60	56	106	BRED	5	0	4,196	296	0	0	0
2747	5	120	42	86	NO BRED	0	0	1,027	895	0	1	0
2751	5	321	31	107	PREG	154	154	2,357	2,146	0	0	0
2752	5	176	38	88	PREG	100	100	1,857	1,169	1	3	0
2755	5	289	24	81	PREG	123	123	543	543	0	0	0
2757	4	512	24	150	NO BRED	200	0	0	6,265	0	0	0
2773	5	132	43	100	BRED	14	0	2,198	612	0	0	0
2780	4	486	20	97	NO BRED	295	0	−93	3,089	0	0	0
2795	5	115	52	112	BRED	4	0	3,902	459	1	0	0
3071	4	225	32	111	BRED	14	0	1,321	1,764	0	0	0
3077	5	205	26	73	NO BRED	0	0	20	−575	0	0	0
3078	5	99	48	108	BRED	18	0	3,274	486	0	3	1
3080	4	217	40	113	PREG	141	141	4,134	3,281	0	0	0
3083	4	233	32	105	PREG	159	159	3,144	2,877	0	0	0

Cow value（乳検や検診ごとに更新する）

Parameter	Value
Cull Milk	24
Replacement	3,001
Heifers	342
To Sell	27
To Keep	419
Average	CWVAL 3185
Open	151
Average	PGVAL 1213
Preg	222
Average	PGVAL 3758

図 24　Cow Value

産乳レベルから現在の牛群内での価値を評価する。Cow Value に影響する因子には，農場の個体乳量，乳価，牛群維持コスト，年齢（産次数），泌乳ステージ（DIM），繁殖ステージ（空胎，授精中，受胎），生産レベル（過去から現在の乳量）がある。これらのデータを入力すると，自動計算によって Cow Value が算出される

Cow Value の計算結果からそれぞれの個体について淘汰して新しく初産と入れ替えた方がよいのか，農場に残しておいた方がよいのかを判断する。Cow Value はあくまでも現在の産乳レベルと農場の泌乳レベルから計算される数値であり，数値が低いほど農場内における泌乳レベルが低いことを表しているが，過去の病歴や実際の管理のしやすさなども含めて淘汰選考の一部として採用する

A：HFIとCow Valueの一覧を表示した例

ID	LACT	PEN	DIM	RPRO	MILK	SCC	CWVAL	PGVAL	HFI	LMAST	LLAME	LDA
4774	1	2	53	OK/OPEN	20	20	−902	210	63	0	0	0
4777	1	2	52	OK/OPEN	32	20	3,072	706	43	0	0	0
4780	1	2	55	BRED	36	40	4,482	354	77	0	0	0
4782	1	2	44	OK/OPEN	25	20	709	1,022	15	0	0	0
3734	3	3	72	OK/OPEN	41	50	1,717	846	16	1	0	0
3756	3	3	69	BRED	52	10	4,580	556	31	1	0	0
3766	3	3	64	NO BRED	48	20	1,399	2,704	81	3	0	0
3767	3	3	49	OK/OPEN	44	690	3,126	728	81	2	0	0
3774	3	3	48	OK/OPEN	61	10	7,243	554	91	2	0	0
3777	3	3	71	BRED	48	50	3,769	566	81	0	0	0
3785	3	3	52	OK/OPEN	49	30	4,252	678	81	0	0	0
3794	3	3	88	BRED	40	30	2,472	564	21	3	0	0
3798	3	3	48	OK/OPEN	52	50	5,317	660	66	1	0	0
3800	3	3	83	BRED	46	50	3,409	645	14	1	0	0
3801	3	3	70	OK/OPEN	55	20	5,129	795	16	1	0	0
4329	2	3	57	OK/OPEN	53	20	6,750	462	7	0	0	0
4336	2	3	77	BRED	45	10	4,761	443	60	1	1	0
4346	2	3	75	BRED	49	20	5,635	410	69	0	0	0
4358	2	3	100	BRED	36	10	2,669	816	39	0	0	0
4365	2	3	57	OK/OPEN	53	20	6,919	478	69	0	0	0
4373	2	3	62	OK/OPEN	44	260	3,942	777	25	0	0	0
4375	2	3	84	BRED	43	40	4,692	289	98	0	0	0
4378	2	3	80	OK/OPEN	36	30	1,767	974	30	1	0	0
4384	2	3	58	OK/OPEN	51	10	5,891	586	99	0	0	0
4386	2	3	63	OK/OPEN	38	40	2,305	864	50	1	0	0
4390	2	3	65	BRED	47	10	5,438	371	98	0	0	0
2675	6	4	71	OK/OPEN	47	780	1,684	566	11	4	0	0
2732	5	4	79	BRED	56	10	3,977	206	3	0	0	0
3111	5	4	41	FRESH	59	10	5,106	370	24	0	0	0
3216	4	4	83	OK/OPEN	47	20	2,324	707	32	5	0	0
3230	4	4	74	OK/OPEN	52	70	3,315	705	22	7	0	0

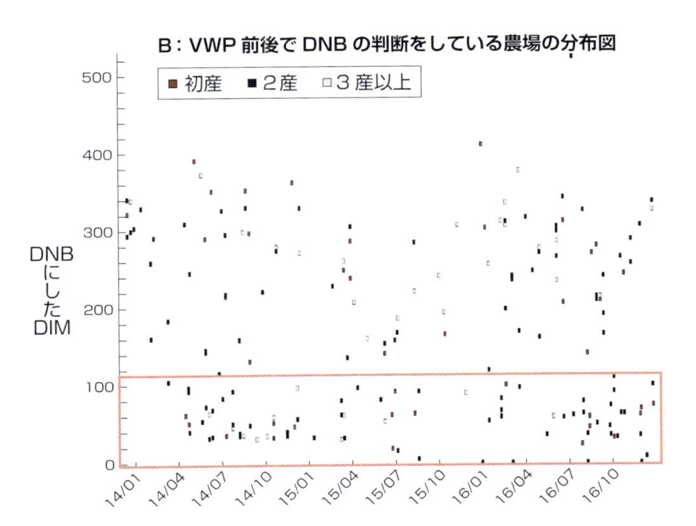

図25 HFIとCow ValueからVWPの時点で立てる授精戦略

初回～2回目乳検をパスした後，とCow Value（CWVAL）からDC305で生産能力予測を立てる。ちょうどVWP前後となるため，初回授精を控えた牛の今後の授精戦略に活用する

A：HFI（Herd's Female Index）とCow Valueの一覧を表示した例

- Cow Valueの低い牛（特にマイナスの牛）：個体を確認し，来乳期も搾乳するか否かを早期に判断する。また過去の疾病歴も参照する。同じCow Valueであれば病歴の多い個体がより淘汰候補となるかもしれない
- HFIの高い牛：その農場において血統的により残したい個体。ホルスタインを授精する。初産牛など受胎率の高い個体は性選別精液を授精する
- HFIの低い牛：その農場において血統的には残したくない個体。和牛授精または胚移植。HFIの高い個体から採卵し，低い個体に移植できるとより理想的である

B：実際にVWP前後でDNBの判断をしている農場の分布図

A：牛群全体

妊娠率 27%，受胎率 44%，空胎日数 103 日

Date	Br Elig	Bred	Pct	Pg Elig	Preg	Pct	Aborts
12/10/15	72	52	72	72	25	35	7
12/31/15	65	31	48	65	15	23	2
1/21/16	73	48	66	72	17	24	2
2/11/16	80	42	52	80	19	24	4
3/03/16	86	58	67	84	29	35	4
3/24/16	81	51	63	81	18	22	2
4/14/16	92	52	57	91	20	22	5
5/05/16	103	64	62	102	36	35	2
5/26/16	85	47	55	85	18	21	0
6/16/16	88	53	60	88	15	17	1
7/07/16	98	69	70	97	23	24	2
7/28/16	94	62	66	94	20	21	4
8/18/16	88	51	58	87	30	34	1
9/08/16	73	54	74	71	26	37	0
9/29/16	62	45	73	59	17	29	1
10/20/16	62	37	60	62	18	29	0
11/10/16	67	49	73	0	0	0	0
12/01/16	64	45	70	0	0	0	0
Total	1302	816	63	1290	346	27	37

B：DPR 上位 50%

妊娠率 32%，受胎率 50%，空胎日数 98 日

Date	Br Elig	Bred	Pct	Pg Elig	Preg	Pct	Aborts
12/10/15	20	12	60	20	9	45	0
12/31/15	22	11	50	22	3	14	0
1/21/16	32	24	75	31	8	26	1
2/11/16	36	21	58	36	8	22	3
3/03/16	36	23	64	36	14	39	1
3/24/16	34	26	76	34	9	26	2
4/14/16	35	23	66	35	11	31	1
5/05/16	40	25	62	40	16	40	1
5/26/16	32	21	66	32	10	31	0
6/16/16	38	24	63	38	11	29	0
7/07/16	37	29	78	37	12	32	0
7/28/16	30	20	67	30	12	40	1
8/18/16	26	18	69	26	13	50	1
9/08/16	18	14	78	18	8	44	0
9/29/16	20	15	75	18	5	28	0
10/20/16	24	14	58	24	6	25	0
11/10/16	27	20	74	0	0	0	0
12/01/16	29	20	69	0	0	0	0
Total	480	320	67	477	155	32	11

C：DPR 下位 50%

妊娠率 23%，受胎率 40%，空胎日数 109 日

Date	Br Elig	Bred	Pct	Pg Elig	Preg	Pct	Aborts
12/10/15	36	27	75	36	10	28	4
12/31/15	32	14	44	32	9	28	0
1/21/16	32	22	69	32	8	25	1
2/11/16	37	19	51	37	10	27	1
3/03/16	40	27	68	38	11	29	3
3/24/16	37	20	54	37	6	16	0
4/14/16	46	27	59	45	8	18	3
5/05/16	50	28	56	49	15	31	1
5/26/16	42	23	55	42	7	17	0
6/16/16	39	21	54	39	3	8	1
7/07/16	50	33	66	49	8	16	2
7/28/16	55	35	64	55	8	15	3
8/18/16	52	30	58	51	15	29	0
9/08/16	46	32	70	45	15	33	0
9/29/16	33	21	64	32	9	28	0
10/20/16	29	21	72	29	10	34	0
11/10/16	30	21	70	0	0	0	0
12/01/16	26	20	77	0	0	0	0
Total	656	400	61	648	152	23	19

図 26　娘牛妊娠率（DPR）と妊娠率

娘牛妊娠率（DPR）が牛群の繁殖成績に影響を及ぼしているのかを評価する。DPR とは娘牛の生理周期を再開する能力，発情兆候を示す能力，受胎能力，そして受胎し妊娠した状態を維持する能力を示す。DPR が＋1.0 ならば 0 の牛と比べ 21 日間の発情サイクルの間，妊娠率が 1％高いとされる。また空胎日数が 4 日間短くなるとされる

ある農場の妊娠率は 27%，受胎率 44%，空胎日数 103 日である（A）。この牛群で，DPR が上位 50%のグループと下位 50%のグループで妊娠率と受胎率を比較したところ，B の DPR 上位 50%のグループでは妊娠率 32%，受胎率 50%，空胎日数 98 日であるのに対し，C の DPR 下位 50%のグループでは妊娠率 23%，受胎率 40%，空胎日数 109 日である。このことは，DPR が高いと繁殖成績を向上させることを示唆している

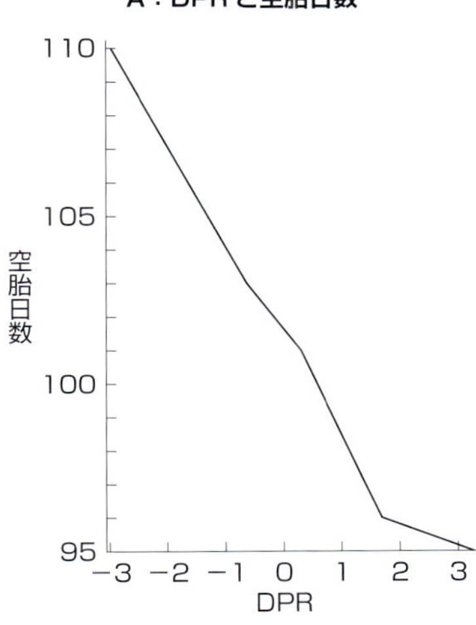

B：CCR（Cow Conception Rate）と受胎率

CCR 上位 50%

LCT GP	95% CI	% Conc	# Preg	# Open	Other	Abort	Total	% Tot	SPC
1	44-59	51	84	80	51	7	215	46	2.0
2	43-60	52	65	61	44	4	170	37	1.9
3	42-67	55	32	26	20	3	78	17	1.8
TOTALS	47-57	52	181	167	115	14	463	100	1.9

CCR 下位 50%

LCT GP	95% CI	% Conc	# Preg	# Open	Other	Abort	Total	% Tot	SPC
1	42-62	52	50	46	42	5	138	16	1.9
2	36-53	45	58	72	57	9	187	21	2.2
3	31-41	36	136	241	170	15	547	63	2.8
TOTALS	37-44	40	244	359	269	29	872	100	2.5

図 27　遺伝的能力が繁殖成績に及ぼす影響

A：親牛の DPR が高いグループほど空胎日数が短縮される
DPR ごとに平均の空胎日数を算出すると DPR が高くなるにつれて空胎日数が短縮されている傾向がみられる
B：また，経産牛受胎率（CCR）と実際の受胎率を比較してみたところ，CCR が上位 50%のグループでは受胎率（% Conc）が 52%だったのに対し，下位 50%のグループでは受胎率が 40%であり，CCR にも差がみられる。なお，CCR とは経産牛時に受胎する能力を示す。CCR が＋1.0 ならば 0 の牛と比べ経産牛の時に受胎する確率が 1 %高いとされる

PL 上位 50%

Event	Total	Dec15	Jan16	Feb16	Mar16	Apr16	May16	Jun16	Jul16	Aug16	Sep16	Oct16	Nov16	Dec16
分娩	68	2	2	7	3	8	5	4	3	13	4	9	6	2
受胎	58	2	9	5	4	4	5	3	5	5	5	10	1	0
流産	7	1	1	0	2	1	0	0	1	0	1	0	0	0
授精に供しない	5	0	0	0	0	0	1	1	0	0	2	0	1	0
売却	5	0	0	1	1	0	0	2	0	1	0	0	0	0
死廃	5	0	0	0	0	0	0	0	2	0	1	0	2	0
乳房炎	9	0	0	0	0	1	1	1	0	2	0	0	3	1
蹄病	9	0	0	3	0	1	0	2	1	1	1	0	0	0
ケトーシス	1	0	0	0	0	1	0	0	0	0	0	0	0	0
TOTALS	167	5	12	16	10	16	12	13	12	22	14	19	13	3

PL 下位 50%

Event	Total	Dec15	Jan16	Feb16	Mar16	Apr16	May16	Jun16	Jul16	Aug16	Sep16	Oct16	Nov16	Dec16
分娩	62	10	5	5	0	4	6	3	4	7	6	6	4	2
受胎	61	5	10	4	11	7	2	2	4	6	3	4	3	0
流産	10	0	0	0	0	2	2	0	1	1	1	1	1	1
授精に供しない	14	0	0	4	2	0	1	1	1	2	1	2	0	0
売却	14	1	2	2	1	1	1	0	2	2	0	2	0	0
死廃	13	0	3	1	0	0	1	0	1	1	1	3	2	0
乳房炎	14	0	0	0	0	8	1	0	0	0	0	1	1	3
蹄病	30	0	2	2	1	4	1	3	2	3	7	5	0	0
ケトーシス	1	0	0	0	0	0	0	0	0	0	1	0	0	0
第四胃変位	1	0	0	0	0	0	0	0	0	0	0	0	1	0
TOTALS	220	16	22	18	15	26	15	9	15	22	20	24	12	6

図 28　遺伝的生産寿命と生産パフォーマンス

遺伝的生産寿命（Productive Life：PL）と疾病について評価する。PL は個体の在群期間を表す。PL が＋1.0 ならば牛群在群期間が 1 カ月延長される。PL が上位 50%と下位 50%のグループに分けてそれぞれの疾病頭数を比較してみたところ，流産頭数や淘汰頭数，その他疾病に差が見て取られ，耐用年数だけでなく耐病性との関わりも示唆される

4－4

蹄の管理

蹄管理のハードヘルス

蹄管理のハードヘルスは，1次，2次，3次予防（「1－1　乳牛群に対するハードヘルスの基本的な概念とアプローチの原則」参照）を振り分けながら同時進行しないと成功しない。例えば趾皮膚炎（Digital Dermatitis：DD）においては，重度病変の牛から原因菌が多く排菌されることから，次いで起こる拡散を防ぐためには2次予防（早期発見・早期治療）および場合によっては3次予防（高度の個体治療）を行ってこそ，群への影響を抑えることができる。他方，中～重度のDDに対して1次予防（蹄浴）だけでコントロールしようとしても治癒しないばかりか拡散を誘起し得る。したがって蹄管理のハードヘルスでは，予防的な見識に加えて，的確に蹄の病変を診断し，治療できるスキル（特別な器具機材および労力）が必要になる。

跛行の解決：予防，発見，治療
(Lameness : Prevention, Detection and Treatment)

一般的に，乳牛の跛行対策はすなわち蹄の健康管理であり，護蹄管理あるいは蹄管理と呼ばれる。この理由は，乳牛の跛行の多くが蹄の問題からくるものだからである*1。そして，蹄管理の基本はLameness：Prevention, Detection and Treatment，すなわち予防し，発見し，治療することである。これがルーチンに行われてこそ，蹄管理のハードヘルスが成り立つといえる。

蹄管理の基本となる趾蹄の解剖図（矢状断面）と各部の名称を**図1**に示した。

＊1：跛行牛の80%が蹄病に罹患しており，蹄病の80%は後肢に起こる。蹄病の50%は蹄角質病変，残りは皮膚病変だがほとんどはDDである。

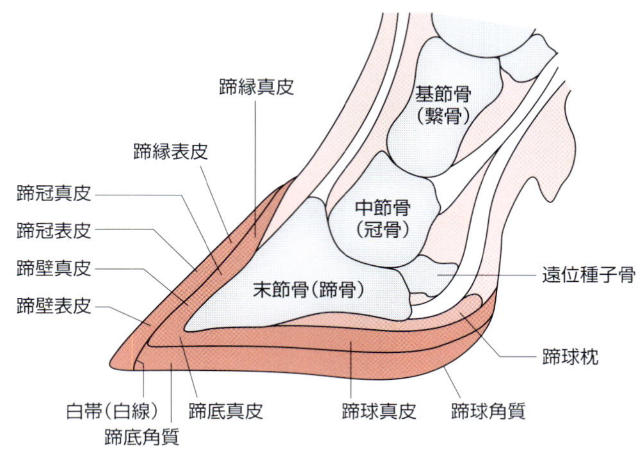

図１　趾蹄の解剖図（矢状断面）

どこに，何が，どのようにあるから，どの程度の何病である

農場の蹄病に関する課題を解決するためには，まず最初にどの蹄病がどの程度問題か見当をつける必要がある。そのための情報収集には，農場担当の削蹄師の情報が有益である。最近，削蹄記録を残していく削蹄師も多く，削蹄電子カルテ（削レポ，㈱コヤマ・システム）も一定の支持を得ている。また，通常の一般診療のなかからでも蹄病の種類とその程度は把握できる。それらの情報をもとに農場の担当者との話し合いが行われる。その話し合いの内容とは，「何の蹄病が問題なので，その予防解決策を模索しよう」ということである。この「蹄病の把握」において食い違いが生じた場合，的外れな予防策をとってしまうことがある。例えば阿部の経験では，「蹄底潰瘍が多発している」という削蹄師情報を受け，農場が蹄浴を行ったものの跛行牛は減らず，数頭が重度の跛行を呈したケースがあった。そこで獣医師が診療したところ，「ブラックスポット」を認めたことから，跛行の原因は「蹄底潰瘍ではなくて外傷性蹄皮炎」であると判明した。外傷の原因として通路マットの鉄芯の露出を見つけ，この農場での問題は解決した。このケースから，近代的なフリーストール牛舎においても外傷性蹄皮炎は侮れないことを認識させられたが，ここでの本質はそこではない。単なる病名でのやり取りでは，至らないことがままあるということである。

世界的な蹄病の権威であるアメリカ・ウィスコンシン州立大学のDr. Cookを中心に作成された最新版の「牛の蹄病の識別と病状スコア表（通称ABCスコアシート）」を4～7ページに紹介する。「どこに，何が，どのようにあるから，どの程度の何病である」と報告し合うことができれば，削蹄師や農場との連絡でも，また獣医師同士でも，より精度の高い話し合いをすることが期待できる。例えば，「中度」（2段目）の「白帯

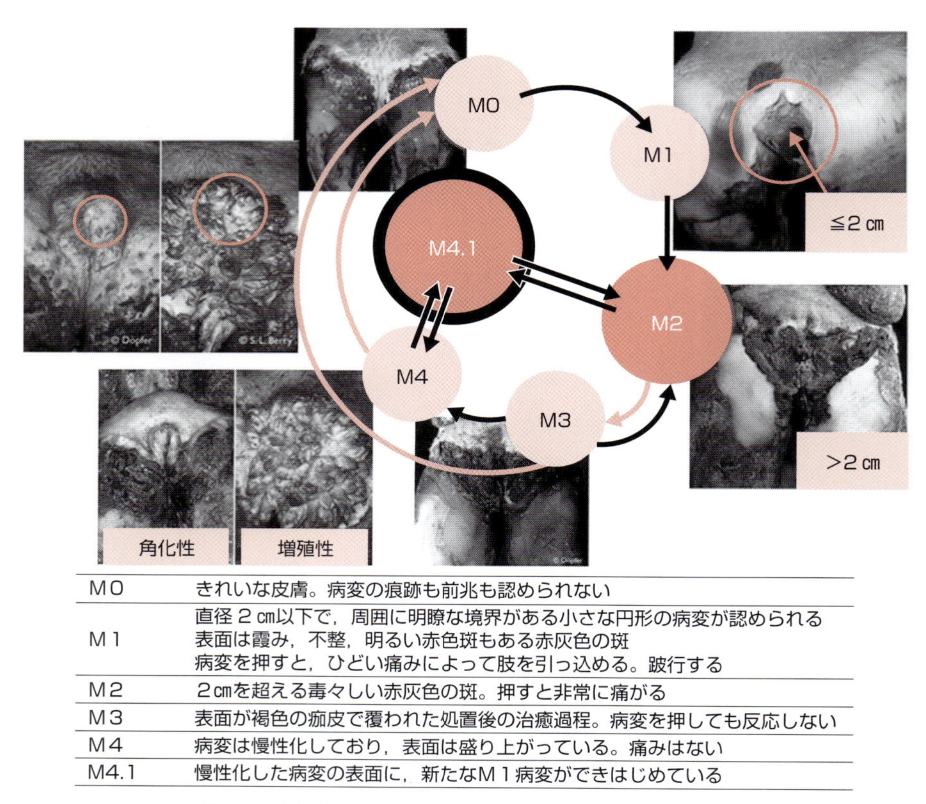

M0	きれいな皮膚。病変の痕跡も前兆も認められない
M1	直径２cm以下で，周囲に明瞭な境界がある小さな円形の病変が認められる 表面は霞み，不整，明るい赤色斑もある赤灰色の斑 病変を押すと，ひどい痛みによって肢を引っ込める。跛行する
M2	２cmを超える毒々しい赤灰色の斑。押すと非常に痛がる
M3	表面が褐色の痂皮で覆われた処置後の治癒過程。病変を押しても反応しない
M4	病変は慢性化しており，表面は盛り上がっている。痛みはない
M4.1	慢性化した病変の表面に，新たなM１病変ができはじめている

図２　趾皮膚炎（DD）の進行度を示すMステージ

MステージのMは，DDを1974年にはじめて報告したMortellaroの頭文字である　　Döpfer, 1997

膿瘍・白帯裂」がみられたら，「白帯が分離しているが，蹄冠には達していないので，中度の白帯病」といえるのである。このように訓練していけば共通認識が養われるであろう。「趾間過形成」と「DD」で「イボ」という呼び名が行き交い，電話で往生したという話も聞く。成り立ちからすると趾間過形成は「イボ」ではなく「タコ」であるし，「イボ」を持たない「DD」もある。蹄病の識別や病状においては，共通の認識が非常に重要である。

趾皮膚炎（DD）

趾皮膚炎（DD）は今や世界を席巻しており，我が国でも多くの酪農場に拡散している，感染性の皮膚炎を主体とするメジャーな蹄病である。この分野の権威であるDr. Döpferらは，DDの“表情”は一定ではなく，それぞれ急性期や慢性期またはそれらへの移行期などに，ある法則性を示すとしている（**図２**）。

群のなかのDDの状況を確かめる方法として，以下の３とおりがある。

・全頭削蹄の折に削蹄師が確認する。または，削蹄師に同行して観察する。

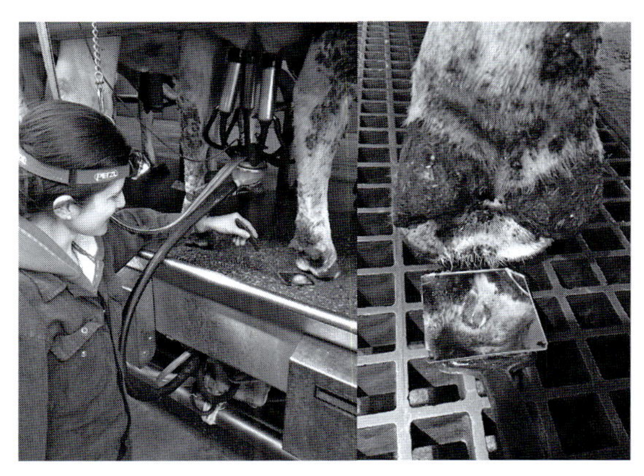

写真１　鏡を使ったDDチェックの様子

写真２　アプリを利用したDDチェックの様子

・パーラで後ろから観察する（**写真１**のように鏡を使う方法もある）。
・搾乳後，連動スタンチョンに捕まっている牛の後ろにしゃがんで，目線を低くして観察する（**写真２**はiPhoneとiPad用アプリを利用したDDチェック）。

治療について，M4.1の状態を治療してもＭ０へ治癒するものよりもＭ２へ進行する方が多いとの報告（**図２**）もある一方，Döpferらは治療しないよりもした方がよいとも述べている。DDへの個体治療時の注意点は以下のとおりである。

・牛の居住空間で行う場合は，洗い水中に多量の病原菌（トレポネーマ）が存在することを考慮する（ペーパータオルかガーゼで拭ってゴミ袋に入れる）。
・オキシテトラサイクリン（OTC）またはリンコマイシンを塗布する*2。
・サリチル酸の応用も世界的に検討されている（Kofler, 2015）。
・Vetwrap包帯は８の字を１周でよい（食い込み防止）。
・包帯は３日以上着けてはいけない（汚染の閉じ込め，食い込み防止）*3。

＊２：抗菌薬を使用した場合，出荷制限を考慮する。
＊３：阿部は食い込まない包帯（Elasticon，Johnson & Johnson）を利用し，５日ほど着けている。

以下のURLでは，Dr. Döpfer製作のスライド講義（動画）が観られる。〈http://dairyhoofhealth.info/lesions/digital-dermatitis/the-cycle-of-digital-dermatitis-infections/〉　また，Apple storeから入手できるiPhoneとiPad用のDD観察用アプリ「DD Check」も利用可能である。〈http://www.zinpro.com/lameness/dairy/dd-check-app〉

蹄角質病変（CHD）

蹄底潰瘍や白帯病などの蹄角質病変（Claw Hoan Disorders/Disruption：CHD）は，

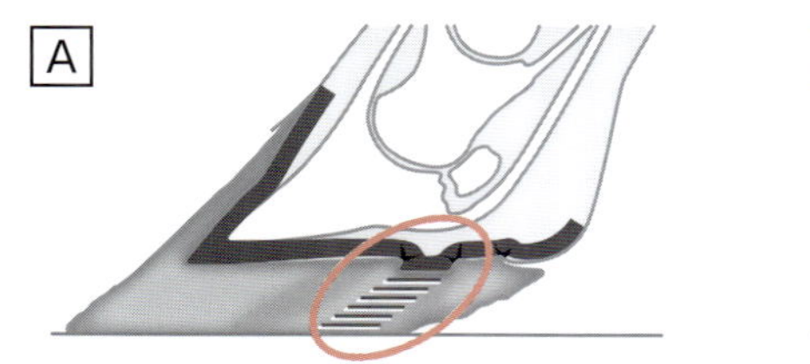

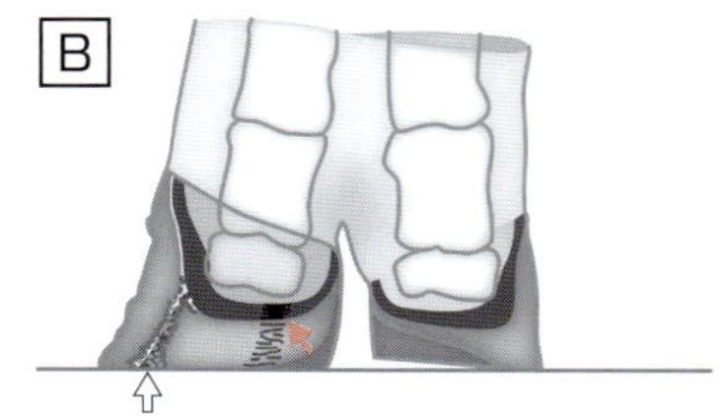

図3　過長蹄の蹄

A：趾の負重軸が後方へ傾くと，蹄内部では丸の部分で局所的なダメージが起こる　Raven，1985より作図
B：後方から見ると軸側寄りの蹄骨端が局所的に真皮を圧迫して蹄底潰瘍を起こし（⬆），反軸側では白帯を離解させて白帯病を起こしている（⇧）

主として栄養（潜在性ルーメンアシドーシス）と負重による局所の血液循環障害がもとで発症し，さらに感染を伴ってダメージが重くなる。それらを予防（軽減）するために，以下の飼養管理について検証する必要がある。

1. 栄養

現代の酪農経営においては，潜在性ルーメンアシドーシスと隣合わせの状態であることは周知であろう。そのような状態と以下に述べる環境などの兼ね合いで，状況は深刻になる。ギリギリの線で生産性と健康のバランスを保っているはずの飼料設計を少しでも見誤っていたならば，状況は一変する。要するに，ほかの要因がそのリスクを吸収しきれなければ蹄角質病変が多発するのである。ただし，この発生状況は時間差をもって（通常数週間～1,2カ月後）判明（発症）するので，発生後にその原因が何だったのか追求が難しくなる。

2. 負重と削蹄

一言で負重といっても様々な状況が考えられるが，例えば待機室で1時間以上待たされた牛は，ストレス状態に陥るといわれている。これは蹄局所へのストレス*4になるばかりでなく，搾乳後のかため食いにつながり，ルーメンアシドーシスの進行を引き起こす。

「削蹄」は蹄局所の負重を健康に保つための最前線の防御ラインである。例えば，削蹄不足で過長蹄に陥っている時は，体重を支える趾軸が後方に傾いてしまい，蹄底潰瘍になりやすく，同様に白帯病のリスクも高まる（**図3**）。蹄が伸び過ぎて蹄踵に軸が傾いた時にとる典型的な姿勢が外向姿勢であり（**図4**），さらにその発展形がX脚（**図5**）である。これらの姿勢変化は削蹄適期を表している。

餌の変化，負重や環境の変化など，蹄を取り巻くストレスが加わった際に，それらをたちまち解決することは困難である。そこで頻繁に蹄底からアプローチして，真皮にかかる負担を限局化から平均化することが，「定期的全頭削蹄」の目的といえる。従来から年2回の削蹄が望ましいといわれてきたが，現在では年に3回とも4回ともいわれている。し

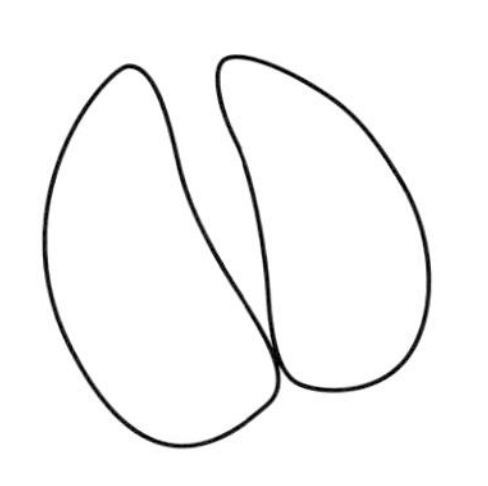
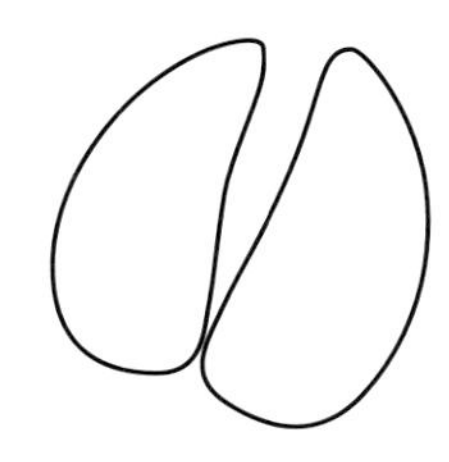

図4　外向姿勢

外向姿勢は，負重を少しでも内側蹄に移そうとしている牛の努力の姿勢である（削蹄適期を示している）

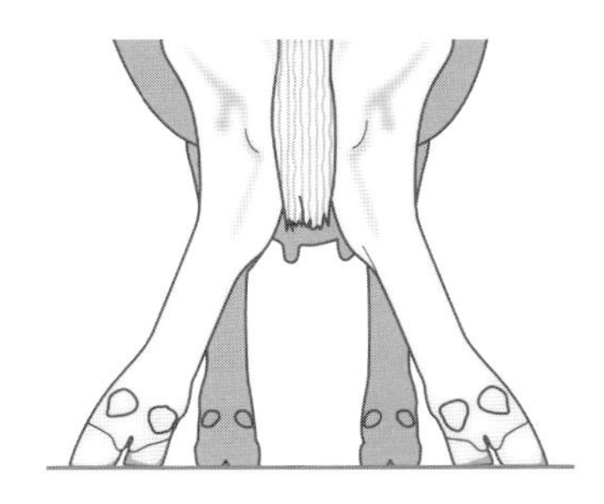

図5　X脚

Raven，1985より作図

飛節を寄せ，外向姿勢をとる。外向だけではもはや外側蹄への負重が逃がし切れない牛の，涙ぐましい努力の姿勢である

かしながら，考え方として「定期的削蹄」から「計画的削蹄」へ変えた方がよいこともあると提唱したい。全頭一律ではなく牛の個体差に着眼した削蹄を行うべきケースもあるということである。例えば，45日に1度削蹄師が酪農場を定期訪問して乾乳牛を削蹄するような管理をしている場合，その前日あるいは当日に搾乳時や連動スタンチョン繋留時の後姿が外向姿勢をとっていたり，足踏みしているような牛（蹄病が疑われる牛）の削蹄も一緒に行う配慮が必要である。確かに，全頭一斉の削蹄では蹄病を疑う牛の選別を行う手間は省けるし，（特にDDの）全頭チェックができるなどの利点がある。しかし全体的な過削を誘発するおそれもなきにしも非ずである。すなわち，削蹄する必要のない牛の蹄に刃物を当てていくうちに，知らず知らず過削してしまうミスを生じてしまう。また，農場側の「どうせならしっかり削蹄してもらいたい」との願望が，過削を誘発するおそれもある。いずれにせよ獣医師と削蹄師との連携は必須であり，できれば削蹄中に訪問して，削蹄後の確認も行い，どの程度の何病が，どのくらいの頭数いたのかを把握すべきである。

＊4：蹄骨の軸側蹄踵寄りの屈筋粗面の部位の真皮が限局的に圧迫を受けることで蹄底潰瘍を引き起こす。

3．環境

前述の待機室の場面が夏の暑い牛舎で起これば，問題はさらに深刻となる。その意味で，ストレスを助長させるような環境要因はすべて蹄病の誘因となる。すなわち，ヒートストレスの改善やベッドの改善，密飼いの是正，通路の目地の切り方，路面の凹凸など，1つ1つが牛体および蹄局所へのストレスになり得るので，注意が必要である。

4．治療

CHDに対する治療は，①矯正的削蹄，②蹄底ブロック装着，③綿花パックが有効と思われる。

ここで1つ警鐘を鳴らしておきたい。牛にとって蹄病による疼痛は相当なストレスと

写真３　模範的な蹄浴槽
写真提供：Döpfer

写真４　１頭ずつ通過させるためにサイドボードを付けた蹄浴槽

想像できる（跛行牛は明らかに横臥時間が短い）。牛は元来被食動物であるため，狙われやすい跛行牛は常に安心していられないからである。また，実際の治療時に「よくぞここまで我慢した」と可哀想に思ってしまう局所症状を持つ牛も少なくない。和牛の診療においては，「跛行」は明日に延ばさずその日に対応する疾病である。その点，乳牛の跛行の診療は早期発見・早期治療ができているかどうか疑問である。その要因が人側にあるのであれば，日常診療のあり方として改善の余地があろう。

蹄浴

ここでは，DD，CHD にかかわらず，蹄管理の１次予防の基本となる蹄浴槽などハード面を中心に述べる。

1. 効果的な蹄浴

写真３は模範的な蹄浴を示した。蹄浴槽は２槽（はじめは水，次に薬液）あり，それぞれの浴槽に同じ足が２回浸かるようにしなければならない（2-Dunk Rule）。したがって，浴槽には適正な長さ（３m 程度）と副蹄が浸る程の深さ（12 cm以上）が要求される。

写真４は，１頭ずつ通過させるためにサイドボードを設置したものである（コンパネを立てかけてある）。こうすることで，「どうにかして入らないで行き過ぎようと企てる牛」も，蹄浴槽に入らざるを得ない。右の板に付いているノズルで薬液の追加を容易に行える。

写真５は，通路に合わせたつくり付けのものである。牛が通過中に滑らないように木で仕上げ，大きな水抜き栓があるため速やかに排水できる。

写真６では既製品のフットバスを４台並べて設置してある（どの牛も必ず入らなければ通れない）。写真の手前側から牛が入る。薬液交換時は一番手前の薬液を捨て，奥の３つを手前にずらし，一番奥に新しい薬液の入ったものを設置し，奥の槽が最もきれい

写真5　通路に合わせたつくり付けの蹄浴槽

写真6　既製品を並べて設置した蹄浴槽

写真7　泡の蹄浴

になるようにする。いずれにせよ5%硫酸銅を使う場合は，150頭が通過したら交換すべきである（それより少数でも，あまりに汚れた場合はその都度交換が必要である）。

写真7は泡の蹄浴である。薬液を泡状にする特別な装置を使う。趾に十分な時間，薬液を塗布することができる。

どの仕掛けにおいても，通常週に2〜3回，通年行うように考えたい。削蹄師やパーラ担当者などの情報からDDが増えたと感じられたら，毎日行う必要がある。ただし蹄浴はあくまで予防策であり，発症したものを治癒させるためのものとは考えない方がよい。はっきりした症例は，菌を蔓延させないよう蹄浴を通さず治療すべきである。

2. 蹄浴が敬遠される理由

我が国では蹄浴が一般的になされているとは言い難いようである。蹄浴が馴染まない理由としては，①面倒である，②廃液（特に銅剤）の問題がある，③通路で牛が滞る，④冬場に凍結する，⑤思うような効果が出ない，などが挙げられる。従業員を雇っている農場では特に①が問題となるが，それ以外では③が最も多い理由であろう。

牛の停滞に直結するのは「設置場所」と蹄浴への「馴致」が考えられる。経験的に，設置場所はパーラの出口から最低3mは離した方がよいようである。近いと，牛は扉が開いた時点でパーラから出て行かないことがある。

3. 蹄浴への馴致とは

蹄浴をはじめるに当たって，牛にスムーズに蹄浴槽を通過してもらうために，まず馴致が必要である。馴致の一例を以下に挙げる。

① 1～3日目：将来蹄浴槽を設置する場所にオガ粉または砂を薄く敷き，徐々に厚くする。
② 4～6日目：蹄浴槽を設置し，そのなかにオガ粉または砂を厚く敷く。
③ 7～9日目：蹄浴槽のなかにオガ粉または砂と，水を少なめ（深さ約3cm）に入れる。
④ 10～12日目：蹄浴槽のなかにオガ粉または砂と，水をしっかり（深さ約15cm）入れる。以降はオガ粉も砂もいらない。

このように，しっかりと馴致してから取り掛からないと，搾乳などほかの作業に影響が出て，結局作業体系の面から蹄浴がルーチンにならない。

酪農現場での蹄浴の実際

1. 様々な製剤と廃液の問題

世界で主流の蹄浴剤は，5～10%硫酸銅（または亜鉛）と3～5%ホルマリンであり，両者ともに殺菌作用と趾端の角質強化の目的を有する。それぞれ推奨濃度を下回ると効果が減じ，上回ると角質を脆くしたり，傷や弱い皮膚に刺激を与えてしまう。さらに「銅」については環境への配慮が必要であるため，できるだけ少量の使用にとどめる工夫がなされている。**表1**に国内で流通している非または省硫酸銅の蹄浴剤を示した。例えば，イオン化銅製剤であるニューフーフコンセントレイトは，銅含有量が少ないため，ラグーン（糞尿溜）への廃棄が可能とされている（自治体の環境基準に準ずる必要あり）。また，銅の含有率を下げた複合剤であるヘルシーフットは，pHを酸性に傾かせることで有機物（糞）混入による劣化を防ぎ，交換頻度を少なくさせようとしている。ベストカップルは単剤での消毒・殺菌効果はないが，硫酸銅と混合することで有機物による消毒効果低減に抵抗し，硫酸銅剤の劣化を防ぐ。銅を使わない製剤としては，ドロマイトホワイトD（石灰），グリーンアグロン（天然アルミ鉱石），フーフタイム（ハーブ抽出液）なども販売され，それなりの効果を発揮しているようである。消石灰やドロマイト石灰は，海外ではあまり使われていないが，我が国では普及しており，80Lの水に20kgの石灰を混和した「石灰乳」の蹄浴が主流である。ただし，同法においては皮膚のタダレ（石灰焼け）に注意する必要がある。

表１　国内の代表的な非または省硫酸銅の蹄浴剤

商品名(製造会社)	成分	備考
ニューフーフコンセントレイト (VETS PLUS Inc.)	・イオン化銅 ・界面活性剤	・フットバスで水 100 L に本製剤を 5 L を混ぜて使用する ・500 頭通ったら取り替える
ヘルシーフット (GEAオリオンファームテクノロジーズ㈱)	・銅 ・亜鉛 ・酸性 pH 剤 ・界面活性剤	・患部にスプレーする場合は，製剤：水=1：3 で希釈し，1 日 2 回，朝夕の搾乳時にスプレーする ・2 ～ 3 日スプレーしても改善がみられない場合は，ショック療法として希釈せずに使用する ・フットバスで水 100 L に本製剤 1 L を混ぜて使用する ・およそ 150 頭通ったら取り替える
ベストカップル (Agro Chem, Inc.)	・無機酸 ・無機塩	・フットバスで水 100 L に硫酸銅を 2.5 ～ 5 kgを混ぜ，そこに本製剤を 350 mL 添加して蹄浴開始 ・100 頭通過ごとに 350 mL の本製剤を追加投入する。最大 700 頭まで使用可 ・本製剤は硫酸銅剤の延命を目的にしており，単剤での消毒・殺菌効果はない。必ず硫酸銅剤と一緒に使用する
ドロマイトホワイト D (㈲エクセルパル)	・水酸化カルシウム ・マグネシウム	・フットバスで水 150 L に本製剤を 40 kg混ぜて使用する ・80 ～ 90 頭が通ったら取り替える
グリーンアグロン (Stalosan)	・天然アルミ鉱石	・患部にスプレーする場合は，製剤：水=1：4 で希釈し，1 日 2 回，朝夕の搾乳時にスプレーする ・1 カ月目，フットバスで水 100 L に本製剤 15 kgを混ぜ，週 3 回使用する 2 カ月目，フットバスで水 100 L に本製剤 15 kgを混ぜ，週 2 回使用する 3 カ月目以降は，フットバスで水 100 L に本製剤 10 kgを混ぜ，週 2 回使用する
フーフタイム (Laboratoire M2)	・タイム(ハーブ)抽出液(チモール) ・界面活性剤	・100 L のフットバスに対して本剤 1 L を使用する ・1 L(フットバス 100 L)当たり 200 頭(200 回)使用したら交換する
フーフシュアー・エンデュランス(ファームテックジャパン) (局所治療用:コンバット／コンクエスト)	・植物精油 ・数種の有機酸 ・湿潤剤	・フットバス 3% ・噴霧 25% ・環境や生態に悪影響がない

続いて，環境基準と排液について述べる。銅の公害といえば「栃木県足尾銅山鉱毒事件」に代表されるが，現在，環境基準値は 1 kg（田土に限る）当たり 125 mg未満であることが求められている。北海道の多くの黒ボク土*5 地帯は土壌中の銅が比較的少なく（0.6 mg / kg），麦や野菜において銅欠乏状態ともいわれている。これを解消するために，土壌への低濃度の硫酸銅散布が常套手段とされていることを考えると，硫酸銅の廃液については土地土地に合わせた考え方ができるともいえる。他方，糞尿をバイオマス発電に利用する場合は，硫酸銅の混入は発電効率を下げるため敬遠される。最も適法で，環境に配慮した排液方法は，糞尿とは別に溜めて，産廃業者に引き取ってもらうことであろう。

＊5：黒ボク土（くろぼくど）：火山灰が積もってできた火山灰土で，北海道，東北，関東，九州に多くみられる。

2. 蹄浴の頻度

蹄浴の頻度は，農場における蹄病の拡散度合によって調節されなければならない。蹄病の拡散度合を測るには，パーラや連動スタンチョンで蹄を直接観察する方法のほか

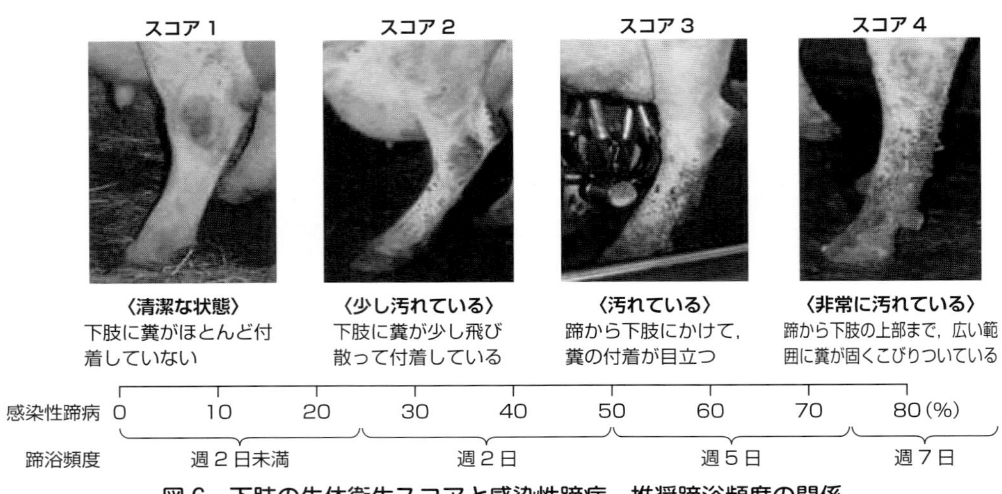

図６　下肢の牛体衛生スコアと感染性蹄病，推奨蹄浴頻度の関係

Tomlinson, 2014

に，もう１つある。Dr. Cookは，下肢の汚れスコアとDDの相関を確かめることによって，汚れ具合と蹄浴頻度を関連付けている（図６）。例えば，下肢の牛体衛生スコア（「1-2　身体モニタリング」参照）の３と４が75％以上いる牛群に対しては蹄浴は週７日行うべきで，50％以上75％未満の牛群には週５日，25％以上50％未満の牛群には週３日，25％未満の牛群には週２日程度でよい。ただし，これはあくまで目安であるため，この方法で決めた頻度で蹄浴を２週間ほど行った後に，必ずDDのスコアリングを行って，蹄浴の効果を算定すべきである。その際，明らかな跛行を呈する（または病変が確認できるようなDD）牛については，個体治療を行わねばならない。蹄浴に過度な期待をしすぎると逆効果につながりかねない。当該牛は一向に快方に向かわず，蹄浴槽を介して牛群にDDを拡散してしまう（蹄浴が敬遠される理由⑤）。

3. 体系立てた対策（図７）

下肢の汚れスコア３と４の牛が25％以上を占めていたり，その割合が急激に増加したならば，そのタイミングで適切な頻度で蹄浴を行いながら，ほかにカウコンフォート，床面，栄養面にも目を配り，農場内の問題を把握する。そのうえで実行計画を立て，体系立てた跛行対策を行う必要がある。

4. 農場・削蹄師・獣医師の連携

DDや趾間フレグモーネのような感染性の疾患ではなく，蹄底潰瘍や白帯病のようなCHDが多発するようであれば，削蹄を含めて見直す必要がある。すなわち，削蹄が足りないのか，過削蹄（全頭削蹄の直後の高発生率）なのかをチェックする。栄養の問題や暑熱問題などによりルーメンアシドーシスが深刻化して蹄葉炎が進み，脆弱な蹄が急

農場内の問題の把握			実行計画			
ロコモーションスコア	削蹄の評価	蹄病の分析	蹄の衛生状態と蹄浴	カウコンフォート	床面の状態	飼料給与と栄養
牛群内での蹄病の発生割合を把握する	技術と能力	最も多く発生している蹄病は何か？	飼養環境に見合った適切な蹄の消毒	タイムバジェット	外傷	亜急性ルーメンアシドーシスの防止
経済損失を計算する	予防削蹄，維持削蹄，治療削蹄の判断	感染性 VS 非感染性	蹄浴槽の設計	牛床の快適性	滑りやすさ	微量ミネラルとビタミン
	蹄病変の識別	潰瘍 VS 白帯病		暑熱ストレス	衝撃	
					摩耗	

図 7　体系立てた跛行対策

Tomlinson, 2014

成長したのであれば，近々削蹄に入ってもらう必要があるだろう。いずれにせよ，農場と削蹄師との関係は日頃から良好であることが望まれる。いざという時は，依頼から2週間以内に削蹄に来てもらいたいものである。逆に，削蹄師に問題を指摘された農場から連絡を受けた獣医師は，即座に問題把握のために行動し，解決のための対策を提示すべきである。その場合，もちろん対策のなかに「3次予防（個体治療）」も入ってくる。臨床症状を示している牛に対しては，フットワークを軽くして，即刻治療を行いたい。そうすることで，当該牛の消耗を防ぎ，感染の拡散を防ぎ，農場との信頼関係の維持・構築ができるはずである。

蹄病の3次予防（個体治療）の基本

蹄病の治療は8つの要素からなる。それぞれについて，順に解説していく。

1. 用具の保守管理

何をおいてもまずは器具，なかでも切れる削蹄鎌でなくては仕事にならない。鎌型剥刀でも，刮削刀でもよいが，お勧めしたいのは獣医用細身鎌 ㈱タイワ）である（**写真8**）。この鎌は刃の幅が狭いので，趾間や病変周囲の微妙な削切に適しており，右利き用1本ですべて行うことができる。

削蹄鎌の砥ぎ方にも様々ある。阿部は，電動グラインダーを用いる方法を使用している（佐藤寛信 指導級削蹄師の方法に準拠）。まず，マジックインキで「新しいしのぎ筋」を設定し（**図8**），研磨用のディスクを付けた電動グラインダーで思い切って研磨する（**写真9**）。横に水を用意しておき，研磨で熱を持った鎌を冷やしながら行うことで

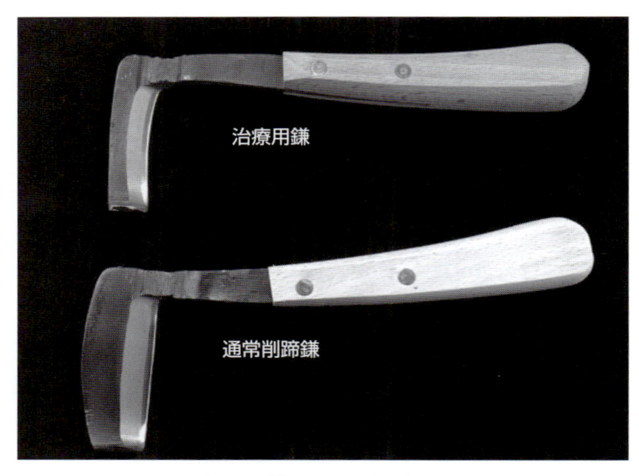

写真８　獣医用細身鎌（上）

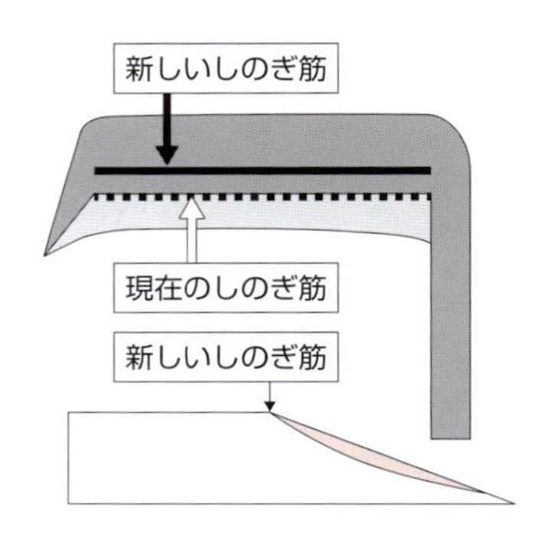

図８　削蹄鎌の砥ぎ方①

しのぎ筋を峰側にずらすことで刃の角度を寝かせると切れ味が増す。さらに刃が凹むほど研磨することで，手研ぎする範囲が減る

「焼の戻り」を防ぐことができる（特に刃先に近付く時は１回ずつ冷やしながら行う）。刃が凹むほど研磨できたら，中砥（なかと）（＃1,000程度）および仕上げ砥（しあと）（＃3,000以上）を用いて研磨する。次いで，砥石の行程では，厚さの薄い砥石（キングホームトイシ，松永トイシ㈱）を使うと曲がりのある蹄刀を研ぐのに都合がよい（**図９，写真10**）。この時に，前の行程でしっかり凹みを付けておけば砥石の角度が決まりやすい。しのぎ筋と刃先に砥石を当てることを意識すれば一定の角度で研磨でき，研磨の領域が少ないため早く済むのが，この方法の最大の利点である（**写真11，12**）。ちなみにスリムグラインダー低速型RG100H（リョービ㈱）は，持ちやすく，ペーパーディスク（C9～C14）を付けての削蹄にも適する。

2．問診・視診

詰問（きつもん）にならぬよう，通常の牛の観察のなかでの異常行動を聞き取り，現在の様子を観察し，「今はどの足が，どのように跛行しているようですが，見つけた時はどうでしたか？」のように比較する。しかし，枠場が近づいて来た時に嫌がって逃げる際，跛行が消えることがある。また，左右の足に障害があると跛行が減じるように思われるので見誤らぬよう注意が必要となる。作業の効率を上げるために，保定枠場に誘導するのを手伝いながら行うのが通例であろう。

3．保定

通常は現地の農場にある枠場を用いるが，可動式の場合，牛の動線に合わせて設置すると比較的スムーズに入ってくれる。牛の繋留場所に持って行ける「脱着式」の枠場によって，効率アップを図ることができる（**写真13**：脱着式保定枠場 ころさく，販売 へそくりん，代表 阿部紀次）。

写真９　研磨グラインダーを用いる方法

刃先に向かうにつれて注意深く研摩する。刃先部分は１往復ごとに水で冷やしながら行う

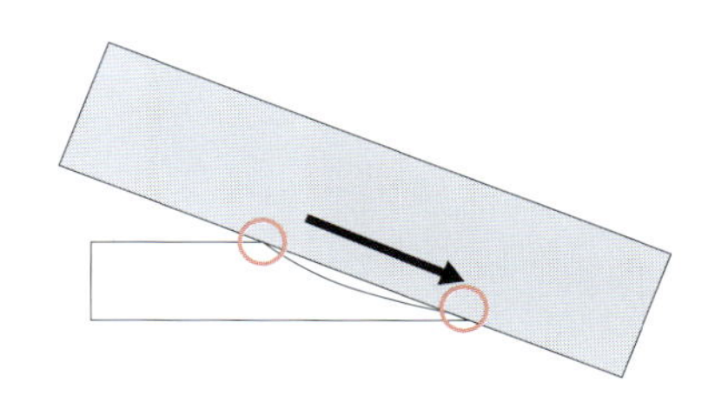

図９　削蹄鎌の砥ぎ方②

しのぎ筋と刃先の両方に砥石が接していることを感じながら研ぐ。「一研入魂！」

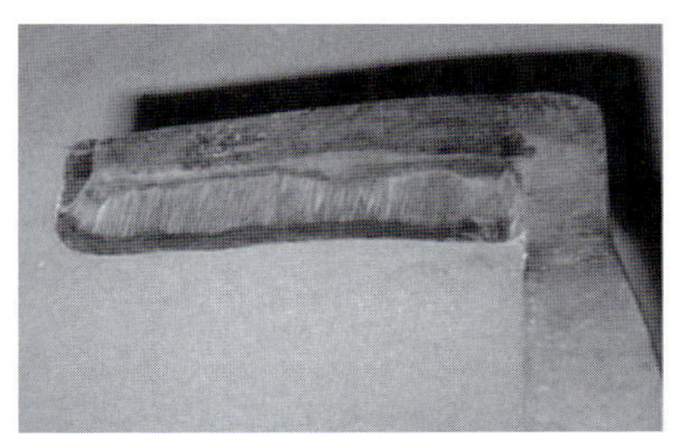

写真11　中砥終了時

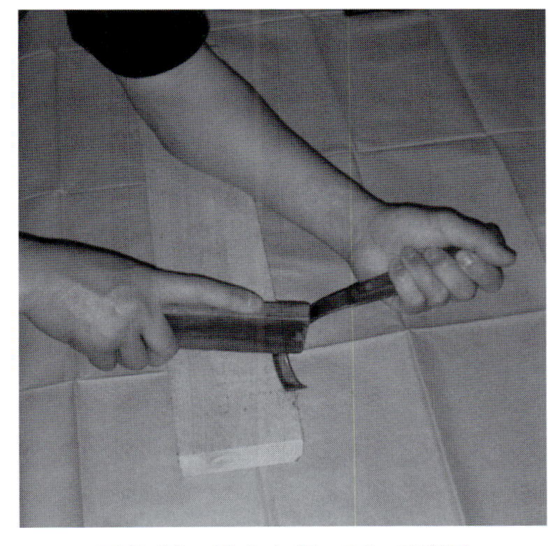

写真10　図９を行っている様子

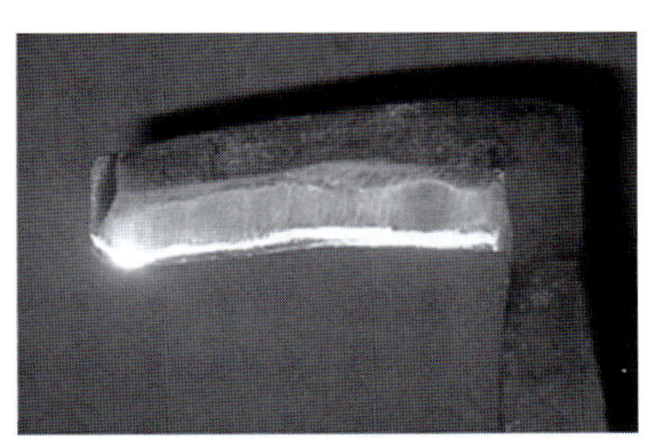

写真12　仕上げ砥終了時

この後裏面も砥ぐと，滑りが増す

4．触診，維持削蹄

触診の原則は，病巣中心より離れた部分からはじめて，徐々に中心に向かって行うことである。検蹄器を用いた検蹄も同様な手順で行う。

維持削蹄について，ダッチメソッド，カンザスメソッド，日本の伝統的な方法のそれぞれどれがよいのか，方法論の論議は決着していない（それぞれに理由があり実績もある）。

5．矯正的削蹄

蹄病治療においても，外傷管理の基本である「病変の安静」を実現させたい。病変周

写真 13　脱着式保定枠場（ころさく，へそくりん）は，連動スタンチョンに居る牛にはめ込んで使う

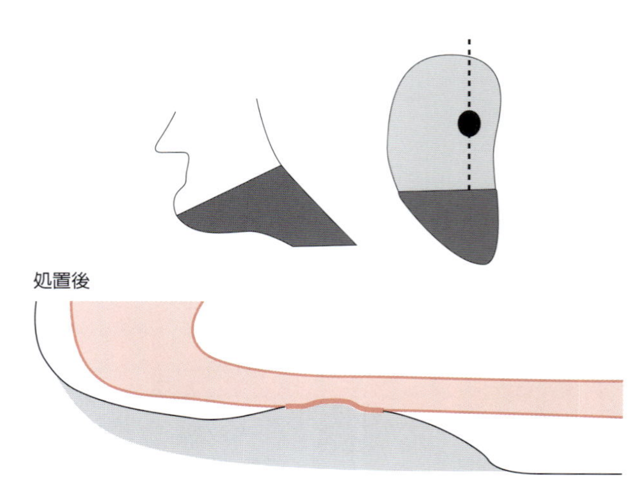

図 10　角質除去時の注意（例：蹄底潰瘍）

処置のポイント
・蹄尖方面の負面を残して蹄踵方面を低くする（ヒールレス）
・病変周囲の浮いた角質を除去する＆デブリードマン

囲を大きく削切し，健康蹄をできる限り残すことで免重（めんじゅう）（荷重を減じること）を図ることができる。DD が潜んでいそうな深い蹄球びらんも，なだらかに仕上げておくとよい。

6. 外科的処置（含麻酔，ブロック装着，包帯）

明らかに真皮に到達している病巣で，治療に疼痛を伴うことが予想される場合は，積極的に外側趾静脈内または総趾静脈への静脈内麻酔を応用すべきと考える。病変にアプローチする際に出血させると，健康蹄へのブロック装着にも支障を来すが，静脈内麻酔時の駆血帯は出血防止にも役立つ。

病変周囲の角質が刺激されると，肉芽が過剰に増生し，飛び出してしまう。悪性肉芽は暗赤色で，疼痛が激しく，容易に出血する。その場合，飛び出た肉芽を切ると同時に，周囲の角質を取り除く（薄くしておく＝刺激物を除去する）ことに主眼を置きたい（**図 10**）。この考え方は，趾間過形成時の軸側蹄壁の治療時にも応用すべきである。

阿部は，病変の安静を考慮した包帯法として，綿花を罹患蹄に分厚く当てる「綿花パック」を多用している。

7. 術後処置

「ただ事務的に，1 週間ごとの包帯交換」をルーチンにするのではなく，病変の具合や跛行の状態に合わせて術後処置のタイミングを図る方が治癒が早い可能性が高い。意外にも蹄ブロックの下に病変が潜んでいたり，外傷が深かったり（骨に及ぶ場合は跛行がなかなか軽減しない），または DD 菌が波及して悪化してしまうことも問題視されて

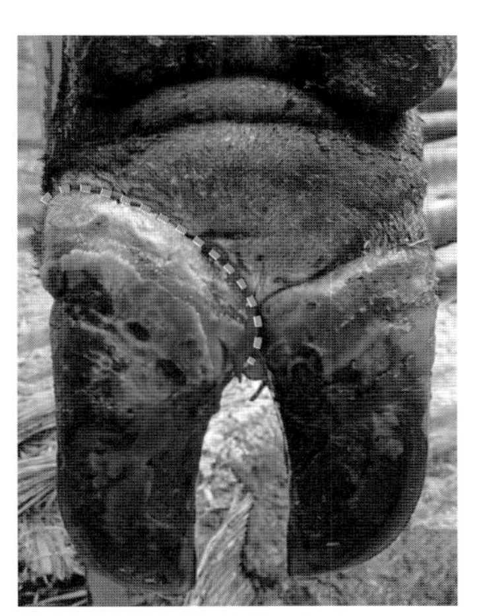

写真 14　趾間フレグモーネ治療後，放置された包帯が食い込んだ包帯病

点線は包帯が食い込んだ箇所を示す

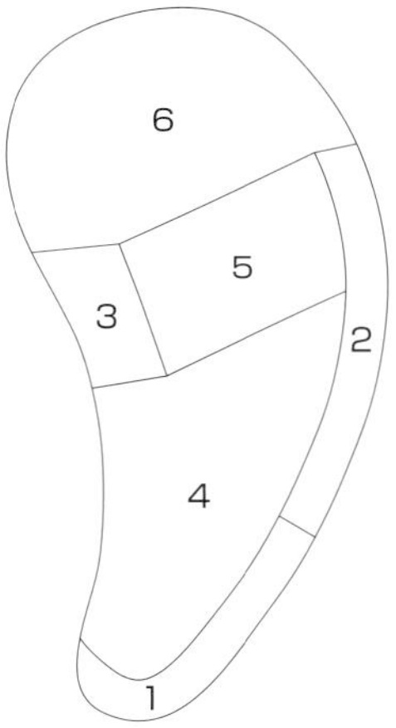

図 11　蹄地図による蹄底の区分

いる。また，関節内に感染が及ぶと，病変の開口部からだけでは洗浄できないことから，断趾術が応用される場合もある。阿部の経験では，ほとんどの例でその後産歴を有する。

一方で，DD の処置により伸縮包帯を施した例で，うっかり包帯を除去しないで食い込んだ「包帯病」も認められることがある（**写真 14**）。それを防止する意味でも，欧米では明るい色の包帯を用い，比較的短時間（48～72 時間）で除去すべきとしている。しかし，食い込まない包帯（例：Elasticon, Johnson & Johnson）を用いて，適切な強さで巻かれた包帯なら安全といえるであろう（阿部は，綿花パックなら 2 週間，DD の 8 の字包帯なら 5 日間装着している）。

8. 記録

症例をハードヘルスに結び付けるには，記録が重要である。病変の地図は，現在世界共通となっている（**図 11**）ので，カラーページ（4～7 ページ）に掲載されたチャートとともに活用していただきたい。

3 次予防とされる個体治療依頼が来た時にすぐ応えられるかどうかは，個のスタンスや診療所体制の問題もある。最後に，ハードヘルスにおける早期発見早期治療の概念を具体化するとすれば，1 頭の治療をした後，ほかに跛行している牛が農場にいないかどうかを積極的に確認することも重要である。

4－5

伝染病の防疫

注目すべき伝染病

酪農場では，農場経営に悪影響を与える目には見えない病原体が常に農場に侵入する機会を狙っている。そのなかでも長期間にわたる対策が必要となり，生産性に大きな影響を及ぼす伝染病について記述する。なお，防疫対策の基本的な考え方や具体的な推進については，農林水産省から要綱や要領が，ガイドラインとして示されているので，参考にされたい。

1. ヨーネ病

本病は慢性で頑固な下痢，削痩を示し，法定伝染病に定められている。発症までの数カ月から数年間は明確な症状を示さずに経過する。我が国では，農場における適切な飼養衛生管理の徹底を指導し，家畜伝染病予防法に基づく定期検査を行い，感染牛の摘発，淘汰を推進している。

①原因

本病の原因菌はヨーネ菌（*Mycobacterium avium* subsp. *paratuberculosis*）と呼ばれ，抗酸性染色により赤色に染まり，結核菌によく似た形態をしている。しかしながら結核菌用の培地には発育できず，その発育にはマイコバクチンと呼ばれる特殊な成分を必要とし，寒天培地上のコロニー形成には２カ月以上を要する遅発育菌である。

②疫学

牛，めん羊，山羊などの反芻動物に感染する。我が国でも近年，本病の摘発頭数が増加する傾向にある。主に初生期に病牛の糞便に汚染された乳汁を介して経口感染するが，同居牛への水平感染や重症の妊娠牛では胎子への胎盤感染も起こる（**図1**）。

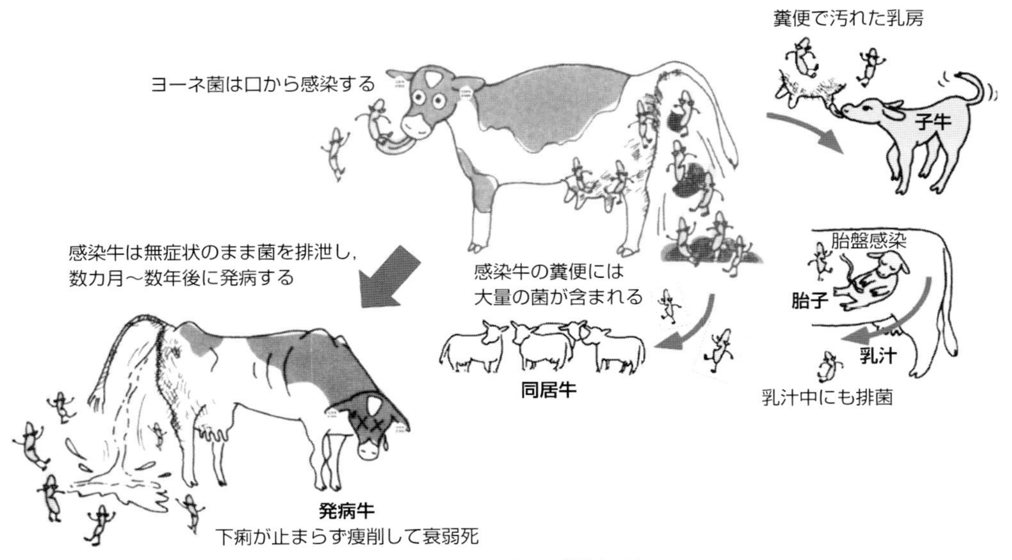

図1　ヨーネ病の感染経路

大庭千早（空知家畜保健衛生所）原図

写真1　慢性下痢により削痩した患畜

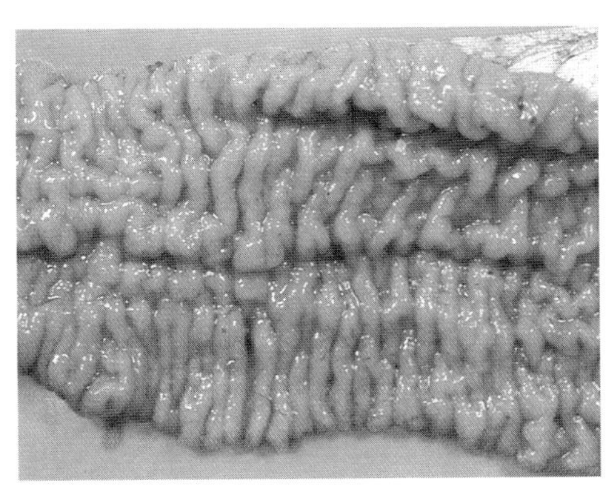

写真2　皺壁状に肥厚した回腸の粘膜面

「家畜疾病カラーアトラス増補版」より転載

③臨床症状

間歇（かんけつ）性の下痢が特徴的な臨床症状である。病状の悪化により削痩（**写真1**），乳量の低下などを引き起こし，感染が進行すると回腸粘膜など皺壁状に肥厚した特徴病変（**写真2**）として，と畜検査により発見される場合もある。本菌は，発症牛の糞便中に発病数カ月前から多量に排泄され，糞便またはこれに汚染された乳汁や飲料水などによって経口感染する。妊娠や分娩などのストレスが本病の発病誘因になると考えられている。新生子牛は感染しやすく，成牛での感染率は低くなる。発症は，通常3～5歳齢で分娩1カ月以内に認められることが多い。感染牛であっても無症状で経過する事例も多くみられる。発病牛は，一般的に数カ月から1年で衰弱死する。

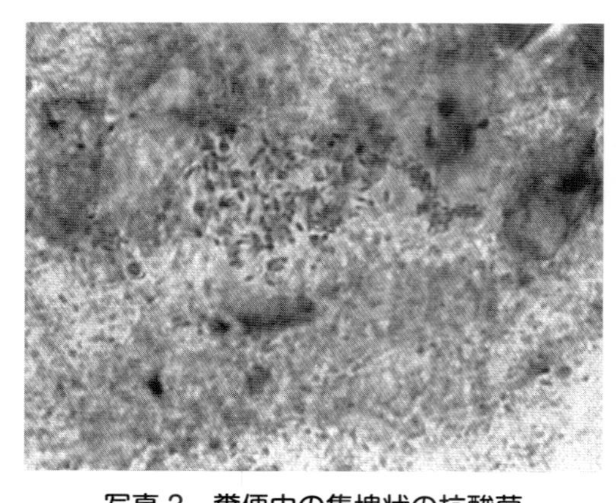

写真３　糞便中の集塊状の抗酸菌

「家畜疾病カラーアトラス増補版」より転載

写真４　石灰乳を塗布された哺育牛用のカーフハッチ

写真提供：十勝家畜保健衛生所

④診断

本病の診断は，家畜伝染病予防法施行規則第９条別表第１の検査の方法により行う。一般的には，予備的抗体検査法（スクリーニング法：ヨーネ病診断用抗原固相化酵素抗体反応キットによる検査）を実施し，陽性である場合，リアルタイムPCR法による検査（ヨーネ菌DNAの検出）を実施するか，もしくは予備的検査を省き直接的にリアルタイムPCR法による検査を行い，陽性の場合は，患畜と診断する。また，慢性で頑固な水様性下痢などの臨床症状を示し，細菌検査（直接鏡検）で集塊状の抗酸菌（**写真3**）が検出された場合や，マイコバクチン添加ハロルド培地を用いた細菌検査（分離培養）で陽性となった場合も，患畜として診断する。そのほかに，酵素免疫測定法（エライザ法）やヨーニン検査，補体結合反応法などの検査を組み合わせた検査法もある。

⑤予防・治療

現在，実用的なワクチンならびに治療法はない。家畜伝染病予防法に基づく定期的な検査に加え，国の「ヨーネ病防疫対策実施要領」に基づき，牛舎の徹底した消毒と定期的な検査を実施し，感染牛の早期摘発と淘汰，汚染物の徹底した消毒が重要である。本病を疑う症状が確認された場合には，速やかに獣医師または家畜保健衛生所に連絡し，必要な検査を受ける。ヨーネ菌は，逆性石鹸などの消毒薬には抵抗性を持っており，塩素系，ヨード系の消毒薬や消石灰の散布や石灰乳の塗布（**写真4**）が有効である。また，導入牛については事前に陰性を確認したうえで，導入後は一定期間隔離飼育し，検査をすることにより，農場への侵入を最小限とすることが可能となる。

2．牛ウイルス性下痢・粘膜病（BVD－MD）

本病は感染牛に下痢，呼吸器症状などがみられるほか，妊娠牛では死流産，奇形などの産子の先天性異常などの繁殖障害もみられる疾病で，届出伝染病に指定されている。

写真５　内水頭症を呈した新生牛

写真提供：根室家畜保健衛生所

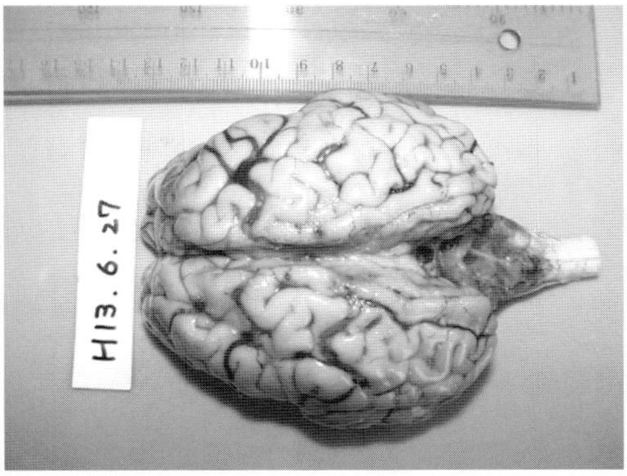

写真６　小脳形成不全

写真提供：根室家畜保健衛生所

特に妊娠牛に感染した場合，胎子は感染時の胎齢により生涯にわたってウイルスを体内に保有し続け，体外に排出し続ける持続感染牛（PI 牛）となり，同一牛群内の汚染源や他農場への伝播源となる。そのため，計画的な予防接種と飼養衛生管理，農場における定期的な検査による PI 牛の摘発や自主的淘汰などを推進する必要がある。

①原因

本病の原因は，牛ウイルス性下痢ウイルス（Bovine Viral Diarrhea Virus：BVDV）で，フラビウイルス科ペスチウイルス属に分類される RNA ウイルスである。細胞病原性（CP）と非細胞病原性（NCP）の生物型があるほか，遺伝子型で１型，２型，３型に分かれる。

日本において法律上の正式名称は BVD-MD だが，ウイルス分類学上のウイルス名が BVDV であることから BVDV 感染症という疾患名が使われることもある。

②疫学

本病は季節，地域に関係なく発生し，牛，水牛，山羊，めん羊，豚，鹿などに感染するが，牛での感受性が最も高い。

近年，本病は全国的にも増加傾向にあり，特に PI 牛は，生産農場のみならず預託農場や共同放牧場を介して感染が拡大する要因となっている。

③臨床症状

多彩な症状を示すことが知られており，本ウイルスの NCP 株が抗体陰性の妊娠牛に感染すると胎子への垂直感染が成立し，死流産や内水頭症（**写真５**），小脳形成不全（**写真６**）などの先天性異常を引き起こす。胎齢 45～125 日に感染し，流産することなく出生に至った個体は免疫寛容となり，ウイルスを一生持ち続ける PI 牛となるため，ウイ

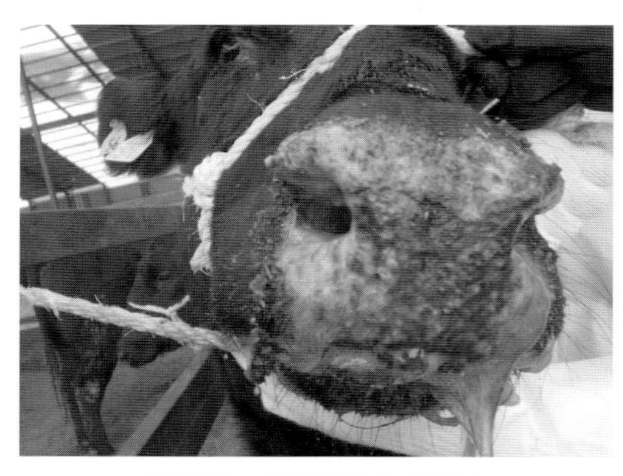

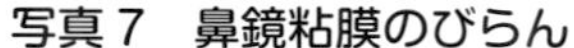

写真7　鼻鏡粘膜のびらん

写真8　粘膜病牛の回腸

写真提供：根室家畜保健衛生所

ルスが鼻汁，乳汁，尿，糞便中に排泄される。PI牛は，CP株の重感染により致死的な粘膜病を発症する高リスク群と考えられており，発病牛は鼻粘膜の充血，第三胃，第四胃および腸管粘膜におけるびらん，潰瘍，出血など（**写真7，8**）が認められる。また，胎齢100～150日に感染した胎子では内水頭症，脳幹，網膜，視神経の低形成が生じることがある。なお，胎齢150日以降での感染では抗体を有した子牛が娩出される。一方，非妊娠牛では不顕性に終わることが多く，子牛で一過性の発熱や下痢を示すことがあるが，抗体の上昇により2～3週間程度で回復する。PI牛および一過性の牛では顕著な異常はみられないことが多い。

④診断

生前時では，血清や白血球，鼻腔拭い液や下痢便からウイルス分離を行う。死亡時には肺，腎臓やリンパ節からウイルスを分離する。また，RT-PCR法などの遺伝子検査方法や抗原検査キットも市販されている。PI牛の診断には，一過性との判別を行うため，少なくとも3週間の間隔をあけて再度抗原検査を実施し，判定する。

⑤予防・治療

一過性感染は，自然治癒するがPI牛および粘膜病は治療法がないため予防が重要となる。国の「牛ウイルス性下痢・粘膜病に関する防疫対策ガイドライン」に基づき，家畜伝染病予防法第12条の3の飼養衛生管理基準の遵守とともに，適切な初乳を給与し，本病を疑う症状が確認された場合には，速やかに獣医師または家畜保健衛生所に連絡し，必要な検査を受ける。PI牛の侵入などを防止するため，繁殖雌牛などの所有者は導入牛の抗原検査や隔離に努め，発生状況に応じて予防接種を励行する。予防接種に当たってはワクチンの接種時期および種類に十分注意する。また，預託農場，共同放牧場などは，預託前に飼養農場において実施した抗原検査が陰性の牛のみを受けるよう努める。PI牛が摘発された場合には，当該牛の早期淘汰を推進するとともに，当該牛と

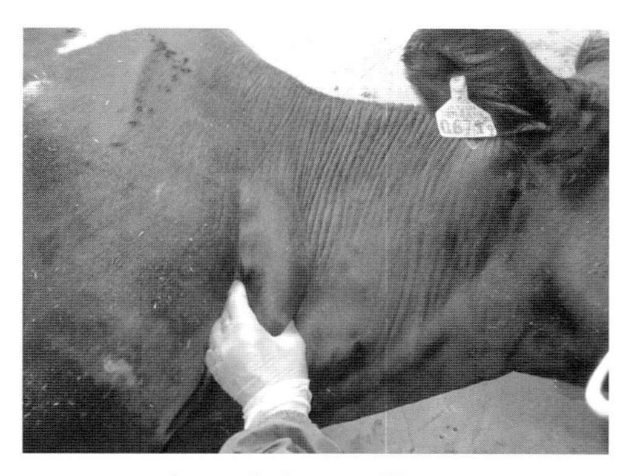

写真９　体表リンパ節の腫脹

写真提供：根室家畜保健衛生所

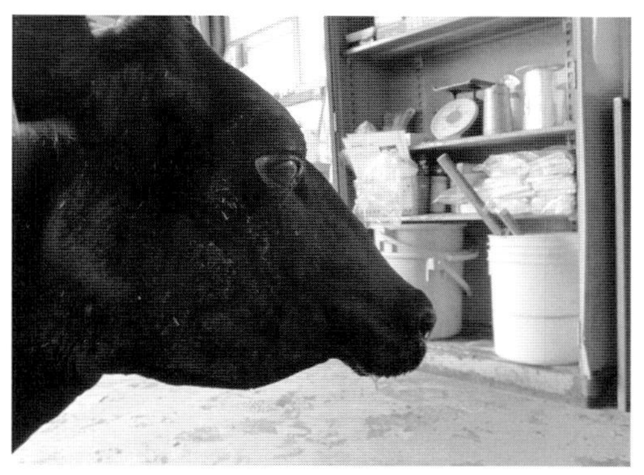

写真 10　眼球突出

写真提供：根室家畜保健衛生所

同居していた牛，当該牛の自主淘汰以降 10 カ月間に摘発農場で生まれた新生子牛について，出生後速やかに抗原検査を実施し，また，PI 牛が摘発された時点で，当該 PI 牛が存在していた期間に摘発農場において飼養していた妊娠牛が他農場に移動していた場合には，可能な限り当該他農場を特定し，その分娩子牛について，出生後，抗原検査を実施する。北海道では，2016 年，本病の発生予防，蔓延防止のため５つの基本方針を定め，地域ぐるみでの対策を推進しており，他県においても国のガイドラインに沿った取り組みが実施されつつある。

3.　牛白血病

本病は，ウイルス感染による地方病性の成牛型白血病とウイルス感染の関与が確認されていない散発性白血病（子牛型，胸腺型，皮膚型）の総称であり，届出伝染病に指定されている。地方病性白血病の大部分は無症状であるが，一部が発症し体表リンパ節の腫脹（**写真９**），削痩，元気喪失，眼球突出（**写真 10**）などを示し，死の転帰をたどる。発症牛が確認された農場において経済的な被害が生じることから，個々の農場における清浄化の達成を目指すことを基本としている。

①原因

地方病性白血病は，牛白血病ウイルス（Bovine Leukemia Virus：BLV）の感染によって発症する。このウイルスはレトロウイルス科オルソレトロウイルス亜科デルタレトロウイルス属に分類され，牛のリンパ球に感染し，抗体が産生された後も排除されず，持続感染する。一方，散発性白血病はウイルスの関与はないと考えられている。

②疫学

本病は，1998 年より届出伝染病として義務付けられた。発生報告数は，年々増加しており，そのほとんどは地方病性白血病である。BLVは牛のリンパ球に感染するため，感染牛の血液，乳汁が感染源となる。汚染された注射針，直腸用検査手袋の連続利用など，出血を伴う獣医療行為や去勢，除角，鼻環装着などに用いる器具の未消毒による水平伝播，アブやサシバエなどの吸血昆虫による機械伝播が感染経路と考えられており，胎内感染や経乳感染も成立する。

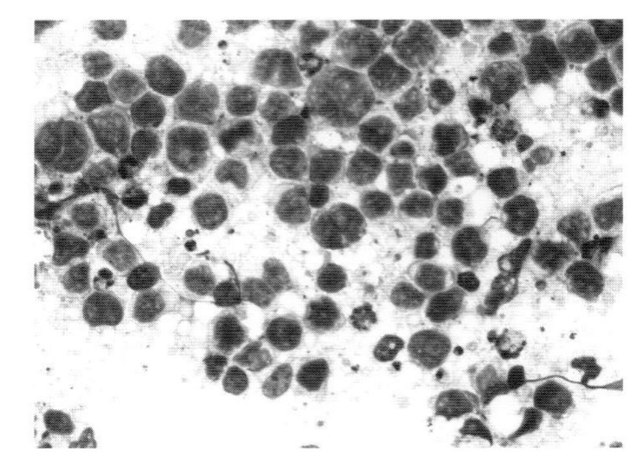

写真11　異型リンパ球

写真提供：十勝家畜保健衛生所

③臨床症状

地方病性白血病，散発性白血病ともに共通する特徴病変はいずれも全身性のリンパ腫であり，体表リンパ節や直腸検査による骨盤腔内の腫瘤の触知などから診断可能な場合もある。腫瘍形成は全身リンパ節を中心に，全身諸臓器に広く認められるが，特に心臓，前胃，第四胃，子宮に顕著である。地方病性白血病は4～8歳で発症することが多く，当初は削痩，元気消失，眼球突出，下痢，便秘が見られる。末梢血液中には量的な差はあるが，常に異型リンパ球の出現が見られる（**写真11**）。しかし，感染牛のすべてが発症するわけではない。感染牛の60～70％は無症状のキャリアとなり，約30％は持続性リンパ球増多症を呈するが，臨床的には正常とされる。数カ月～数年の無症状期を経て数％の牛はリンパ腫を発症する。

④診断

地方病性白血病は，ウイルス学的検査によって診断できる。診断法としては，抗体検査ならびにPCR法によるウイルス遺伝子検査が一般的で，シンシチウム法を用いたウイルス分離法もある。散発性白血病では，病理学的検査で診断する。

⑤予防・治療

本病に対するワクチンや治療法はない。地方病性白血病については，感染牛を確実に摘発し，ウイルスの伝播を防ぐことが有効な防疫手段となる。具体的な手法については，国の「牛白血病に関する衛生対策ガイドライン」に基づき，農場内感染拡大防止対策や農場への侵入防止対策を実施することが必要である。農場内感染拡大防止対策として，まず本病の浸潤状況のいかんにかかわらず，人為的に感染を拡大するおそれのある注射針，直検手袋の確実な交換，除角，去勢，削蹄，耳標装着，鼻環装着などの器具の消毒を実施する。浸潤が確認されている農場においては，前記に加え，感染牛と非感染牛の分離飼育や感染牛の分娩場所の洗浄，消毒や産子は，可能な限り分離飼育する。

感染牛の初乳中には，BLV 感染リンパ球が存在し，子牛への感染源となるので，非感染牛由来の初乳または初乳製剤を給与するのが望ましく，加温（60℃ 30 分）や凍結処理したものも有用である。また，BLV は血液（感染リンパ球）を介して伝播することから，吸血昆虫（アブおよびサシバエ）の発生が見られる時期は，牛舎周囲へのネットの設置（アブに対しては網目が 1 cm以下，サシバエには 0.2 cm以下）や，ネットへのサシバエ対策として脱皮阻害剤の定期的散布による幼虫駆除や周辺の除草が有効といわれている。

本病の清浄化を目指す農場においては，感染牛を把握することが基本であることから，全頭検査を実施し感染牛の淘汰を進める。検査は定期的に実施し，感染の拡大の有無を確認する必要がある。なお，多くの農場においては，短期間で清浄化対策を進めることは容易でないことから，経営状況に配慮しつつ，中長期的な視点に立って計画的に対策を講じていく必要がある。農場への侵入防止対策としては，抗体検査または遺伝子検査を実施し，陰性が確認された牛を導入することが望ましい。なお，感染の有無が不明な牛については，導入後，可能な限り早期に検査を実施する。預託先となる農場や共同放牧場などでは，預託前に抗体検査または遺伝子検査を実施し，感染牛群と非感染牛群とに分けて飼育する。預託終了時も同様に検査を実施する。

4. サルモネラ症

本病は下痢など腸炎を主徴とするが，関節部の腫脹，呼吸器系の異常を示す場合もあり，届出伝染病に指定されている。また，近年では届出伝染病に指定されていない血清型による発生もみられている。サルモネラは，自然界に広く分布する細菌で，様々な種類の動物で感染が成立し，ヒトの食中毒の原因となる公衆衛生上重要な病原菌でもある。従来，牛では，集団飼育される子牛に多発する傾向にあったが，1990 年代以降，搾乳牛における発生が増加しており，発熱，下痢，流早死産などを引き起こし，死廃および乳量減少，抗菌薬投与に伴う生乳廃棄など発生農場に多大な経済損失を生じさせている。

①原因

牛のサルモネラ症では，*Salmonella* Typhimurium，*Salmonella* Dublin，*Salmonella* Enteritidis によるものが届出伝染病に指定されている。近年，届出対象以外の血清型による発生も見られ，主なものとしては，*Salmonella* O4 群：i：−，*Salmonella* Infantis が挙げられる。

②疫学

分離頻度の高い血清型は，*Salmonella* Typhimurium，*Salmonella* Dublin であるが，

写真12　水様性の下痢症状を示した成牛

写真提供：十勝家畜保健衛生所

写真13　水様性の下痢が続き牛体の汚れがみられた成牛

写真提供：十勝家畜保健衛生所

近年，*Salmonella* O4群：i：－の分離が増加傾向にある。ネズミ，野鳥や汚染した飼料などを介して，あるいは保菌動物の導入により農場に侵入したサルモネラは発症，あるいは未発症のまま容易に保菌化し，垂直・水平感染によって農場内に感染を広げる。

③臨床症状

急性，慢性の黄灰白色水様性の下痢（**写真12，13**），脱水症状，可視粘膜の蒼白を示し，重症例では菌血症・敗血症を呈する。急性例では発熱，食欲減退，悪臭のある黄色下痢便ならびに粘血便，削痩，脱水症状などを示す。慢性に経過した場合，腸炎に起因する脱水，削痩などによって発育不良となる。成牛では，不顕性感染例が多いが，水様性下痢ならびに血便（**写真14**），泌乳量減少などを示す症例も認められる。そのほか，関節部の腫脹や呼吸器系の異常，流早死産を示す場合もある。

④診断

ほかに同様の症状を呈する疾病も多いため，下痢便，流産胎子，死亡牛の主要臓器（肝臓，脾臓，肺，リンパ節）などからサルモネラを分離する細菌学的検査を行う（**写真15**）。そのほかにも臨床症状，病理所見，疫学的要因などを考慮して，総合的な診断を行う。

⑤予防・治療

予防は，定期的な検査による保菌動物の摘発，隔離，汚染環境の徹底した消毒などの措置に加え，保菌動物の導入阻止，ネズミや衛生害虫の駆除や野生動物の侵入防止，飼育環境・器具の消毒など，日常的な衛生管理の徹底が必要である。ワクチンも市販されているが，感染を完全には防ぐことはできないため，前述の衛生対策の実行が不可欠で

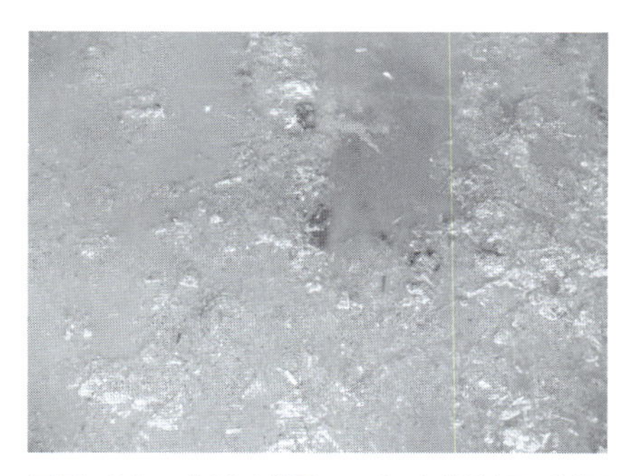

写真 14　血液が混じった水様性下痢便

写真提供：十勝家畜保健衛生所

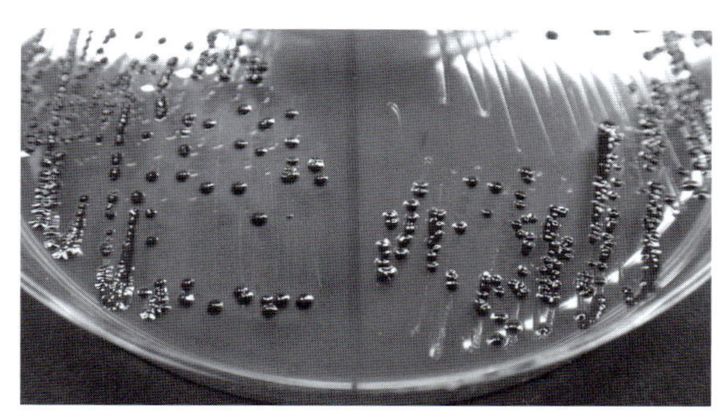

写真 15　MLCB 寒天培地に発育したサルモネラ菌のコロニー

写真提供：十勝家畜保健衛生所

ある。

治療には，抗菌薬の投与が有効であるが，近年，多剤耐性化が進む傾向にあることから，使用薬剤の選択には十分注意が必要である。また，下痢による脱水症状が激しい場合には，抗菌薬に加え，止瀉剤投与，輸液などの対症療法を併用する。

伝染病の発生予防

酪農家が自分たちの家畜を様々な病原体から守るためには，日頃から飼養衛生管理の大切さを認識することが求められ，獣医師をはじめ畜産関係者もその重要性を説明し，指導していく必要がある。家畜伝染病による被害を最小限にとどめるためには，「発生の予防」「早期の発見・通報」および「迅速・的確な初動」が重要である。こういった対策を着実に実行するため，畜産農家が最低限守るべき事項として家畜伝染病予防法に「飼養衛生管理基準」が定められている。この基準は，以下の骨子に基づき，畜種ごとに基本となる衛生管理の事項（牛では 22 項目）について，より具体的に分かりやすく設定されている。

1. 農場の防疫意識の向上
2. 消毒等を徹底するエリアの設定と実行
3. 毎日の家畜の健康観察と異状時の早期通報・出荷停止
4. 埋却地の確保
5. 感染ルート等の早期特定のための記録の作成と保存
6. 大規模農場に対する追加措置

写真 16　農場入り口の看板と消石灰帯

写真 17　踏み込み消毒槽

写真提供：十勝家畜保健衛生所

酪 農家が具体的にできること

骨子の1～3の項目が病気を農場に持ち込まない，広げないためのキーワードとなる。

まず1つ目の「農場の防疫意識の向上」では，農場の方（従業員の方も含め）が，病気を農場に持ち込まない，広げないという意識を持つことが大切である。立派な設備や機器があってもそれを利活用するのは人であり，しっかりと衛生対策の意識を持つことが大切である。

2つ目の「消毒等を徹底するエリアの設定と実行」では，人と車両の出入りをしっかりとチェックする。不特定多数の人が無防備のまま農場に出入りすることは，避けなければならない。そのためには，農場の出入り口には，立ち入り制限の看板の設置や消石灰の散布（**写真 16**），踏み込み消毒槽の設置（**写真 17**），入場者の衣服・靴・手指の消毒などが必要である。また，農場には，集乳や飼料配送，獣医師，人工授精師，削蹄師，家畜商などの人が車両で出入りするので，農場入り口には，消毒器の設置や消石灰を散布し，しっかりと消毒する（**写真 18**）。

3つ目の「毎日の家畜の健康観察と異状時の早期通報・出荷停止」では，まずは畜舎の管理であり，畜舎のなかを常に清掃，消毒（**写真 19**）することはもちろん，畜舎の入り口や周囲に消石灰を散布することも重要である。消石灰は強アルカリ性であることから，キツネやネズミなどの野生動物がその上を横切るのを嫌うため，消毒効果だけでなく畜舎への侵入防止にもつながる。また，ネズミは病原体を持ち運ぶ可能性が高いことから，定期的に駆除する。さらに，牛の管理も重要であり，飼育牛の健康状態の把握はもちろんであるが，導入牛や預託先から戻ってきた牛は，原則3週間は隔離して健康状態の把握に努める。隔離することで個体の観察が容易となり，万が一病気に罹った牛がいても，農場で飼養しているほかの牛への感染拡大を最小限に抑えることができる。新

写真 18　車両のタイヤ消毒

写真 19　動力噴霧器による牛舎消毒

たに隔離舎を建てることは経費がかかるが，頭数が少なければ，車庫や物置などの一部を自分たちで改築して利用することもできる（**写真 20**）。

なお，異状を認めた場合は，獣医師の診療を受け，異状の原因が伝染性疾病によるものではないことが明らかになるまでは，出荷を自粛する。

写真 20　隔離舎

このような取り組みが守られているかどうかについて，「病気を農場に持ち込まないチェックリスト」（**表 1**）があるので，畜産アドバイザーや獣医師も農場が行っている対策をチェックしてほしい。1つでも「×」が付けば病原体の侵入する隙間があることになる。このチェックリストの項目内容を日課として実行することが「病気を持ち込まない」こととなり，それが「病気を持ち出さない」ことにつながる。「×」がついた農場は，「○」となるまで改善に取り組む必要があることから，獣医師や畜産指導者も必要なアドバイスを行う。

地域ぐるみでの取り組み

毎年，酪農家を対象に乳質向上のため，ミルカーやポジティブリストの点検が行われているが，農場での飼養衛生管理基準の遵守を地域ぐるみで点検し，情報を共有することは，衛生水準の底上げにつながる。ぜひ，地区段階や振興会段階で取り組んでもらいたい。また，地域における防疫活動には，市町村，農業協同組合，農業共済組合などの地域関係機関・団体で構成する家畜自衛防疫組織（自防）の役割は非常に重要である。自防の活動内容は地域により差があるが，日頃は主に，疾病予防のためのワクチン接種

表１　病気を農場に持ち込まないチェックリスト

チェック項目		チェック欄
人の出入り	1　関係者以外の立ち入りを制限している	
	2　車両出入り口に消石灰を定期的に散布している	
	3　出入り口に踏み込み消毒槽を設置し，定期的に消毒薬を交換している	
	4　入場者の作業着・長靴は消毒されている，または農場で用意している	
	5　入場者の手指は洗浄・消毒をしている	
畜舎の管理	6　畜舎の入り口・周囲に消石灰を定期的に散布している	
	7　ネズミなどの駆除を定期的に行っている	
家畜の管理	8　家畜を導入した際は，原則３週間の隔離飼育をしている	

やヨーネ病やサルモネラ症が発生した際の緊急消毒や講習会の開催などを行っている。

地域の防疫体制を強化するには，酪農家各々の衛生対策に加え，地域の自防活動の円滑な運用を図ることが大変重要である。家畜保健衛生所などと連絡を密にし，地域の畜産農家が連携した自防活動の点検と推進が不可欠である。

伝染病発生時の農場および獣医師の対応

1. 農場の対応

飼育牛（導入牛または預託先から戻ってきた牛を含む）に異状を認めた際には，直ちに隔離するとともに獣医師の診療を受け，監視伝染病でないことが確認されるまでの間，農場から家畜の出荷・移動を行わないようにする。監視伝染病であることが確認された場合は，家畜保健衛生所や獣医師の指導に従う。

2. 獣医師の対応

獣医師は，異状を認めた牛が監視伝染病であった場合には，家畜伝染病予防法に基づき都道府県知事（家畜保健衛生所長）に対し，口頭または文書で以下の内容を報告しなければならない。

①届出者の氏名および住所
②家畜の所有者の氏名または名称および住所
③監視伝染病の種類ならびに患畜・疑似患畜（法定伝染病の場合），真症・疑症（届出伝染病の場合）の区分
④家畜（死亡した家畜を含む）の種類，性および年齢（不明の時は推定年齢）
⑤患畜・疑似患畜（法定伝染病の場合），真症・疑症（届出伝染病の場合）の家畜またはこれらの死体の所在の場所
⑥発見の年月日時および発見時の状態
⑦発病の推定年月日
⑧その他参考となるべき事項

また，獣医師法では，「獣医師は，飼育動物の診療をしたときは，その飼育者に対し，飼育に係る衛生管理の方法その他飼育動物に関する保健衛生の向上に必要な事項の指導をしなければならない」と定められており，農場に対し，それぞれの伝染病の蔓延防止対策に必要となる指導を行う。監視伝染病の種類によって対策も異なる事項もあることから，家畜保健衛生所に相談するとともに，必要に応じて自防とも連携して対策に取り組む。

伝染病の被害を最小限にとどめるためには，「発生の予防」「早期の発見・通報」および「迅速・的確な初動」が重要である。酪農場は，家畜伝染病予防法に定める「飼養衛生管理基準」を遵守することにより，悪性の伝染病の発生予防のみならず，慢性疾病の予防，育成率や増体の向上など，経営面でも大きな効果が得られる。そのため，獣医師からも日頃の診療などを通じて指導願いたい。

なお，監視伝染病に関する最新の情報については，農林水産省のホームページ〈http://www.maff.go.jp/j/syouan/douei/kansi_densen/kansi_densen.html〉に掲載されているので，参照されたい。

伝染病サーベイランスと地域清浄化

サーベイランスとは，ある特定の疾病対策を講じるために，一定動物群内でその疾病の摘発を目的として継続的に行われる調査のことである。

伝染病は，病原体と宿主がそろってはじめて成立する疾病である。伝染病対策のためのサーベイランスとしては，対象とする疾病に応じて病原体そのものの検出を主体とするか，あるいは宿主の感染状況の検査を主体とするかによって方法が選択される。例えば，環境常在性の高い細菌などは，定期的な牛舎内の拭き取り培養によって細菌の有無を確認し，その結果から牛群内の保菌動物の存在を推測する。それによって，牛群内各個体の病原菌保有状況を精査するステップに進む。また，検査室における病原体の取り扱いが困難あるいは複雑である伝染病の場合には，宿主の抗体保有状況を調査することによって，病原菌の有無を推測する。サーベイランスの方法は，到達目標に応じて選択されることによって，より効果を発揮する。すなわち，清浄化の確認が最終目的であれば病原因子が存在しないことの確認が必要となり，発症予防を当面の目標とするのであれば，感受性動物の抗体保有状況を把握しておくことが必要となる。

伝染病サーベイランスの有益性

日本においては2016年現在，71種類の家畜の感染性疾患が届出伝染病として，28種類が家畜（法定）伝染病として家畜伝染病予防法の中で定義されている。発生の報告が義務付けられているこれらの疾患については，都道府県ごとに月単位で届け出数が公表されるので，発生状況を把握することが可能である。これによって予防防疫体制の十分な整備が可能となる。罹患牛の属する牛群あるいはその飼養地域は，重点的監視対象として扱われることが可能となるばかりでなく，その牛群の感染状況をさらに検査することによって病原因子の侵入門戸の推測が可能となり，防疫対策のための貴重な情報となる。特徴的な病態から病原因子を特定し，発生情報を共有することは伝染病の拡散を阻止し，その伝染病の牛群内での蔓延を防ぐことができる。すべての感染性因子を常に監視することは不可能であるので，伝染病の発生状況を把握して監視すべき疾病を地域によってあるいは年代によって特定することは，疾病対策を講じるために有益な手段である。

方法と評価方法

伝染病のサーベイランスを実施するために必須とされるのは，対象とする感染性因子の分離識別法が確立されていること，およびその感染性因子に対する抗体の検出法が確立されていることである。病原因子の確認あるいはその因子に対する抗体反応が確認できれば，発症状況に頼ることなく伝染病の流行を把握できるため，サーベイランスには必須の手法である。また，サーベイランスの効果をいっそう高めるためには，それらの手法が迅速かつ正確に実施できる体制が必要となる。

1．病原因子の確認

監視対象とする伝染病の病原因子となる微生物が，宿主あるいは環境から分離されるか否かを確認する。飼養されているすべての牛を検査することが，最も確実な方法である。導入牛や出生牛など，新たに牛群に加わる個体のチェックをして，監視対象としている微生物を保有する個体を侵入させないことを継続し，新たな牛群を構築していくと，やがて牛群はその対象微生物を保有しない個体のみの構成となる。すべての伝染病に対してこの方法が適用できるわけではないが，多頭数飼育化が進みつつある酪畜経営において，飼養個体すべての検査を随時実施することは不可能な場合が多い。したがって，対象とする伝染病の症状あるいは発生様式の特徴に即したサンプリング法（標本抽出法）を選択し，検査対象数を絞り込む必要性が生じる場合もある。

2．抗体の有無あるいは保有状況の調査

監視対象とする伝染病に感染した個体がいるかどうかを，抗体の保有状況から推測する。この方法を用いる場合には，対象とする伝染病のワクチンがその牛群で使用されていないことが前提条件となる。なぜならば，ワクチン接種によって抗体が付与されたの

か，自然感染によって抗体が獲得されたのかの区別が困難なためである。近年のマーカーワクチンの開発によって，その識別が可能となっている感染性疾患もある。また，結核やヨーネ病などのように皮内検査による遅延型過敏反応を利用した診断が実施されている疾病では，それらの検査診断の実施歴も把握したうえで，抗体による当該伝染病のサーベイランスを行う。いずれにせよ，抗体保有状況をもとに伝染病の発生を監視するのであれば，人工的に抗体を産生させた処置がなされたか否かの状況を把握したうえでの調査でなければならない。病原因子の確認の場合と同様，適切な標本数を設定することによって，牛群全体の抗体保有状況を類推することも可能となる。スポット検査ともいわれるこの方法は，呼吸器感染症や下痢症など同居感染の起こりやすい伝染病では，予防防疫上貴重な情報をもたらすことがある。

清浄化に向けたプログラムおよび欧州における実例

ある伝染病の清浄化とは，群内からその病原因子および感染歴のある個体を撲滅し，疾病の発生を制御することである。日本では口蹄疫や豚コレラなどにこの方法がとられる。一方，群内のほとんどの個体に抗体を保有させても，疾病の発生を見かけ上抑えることは可能である。しかしながら，発症しないことによって病原因子保有個体の発見摘発が遅れ，その個体が移動などによって群れが変わり，抗体を持たない個体と接触する機会を得た際に，流行を引き起こす可能性が残される。伝染病の伝播様式と発症機序によっては，狂犬病のように群内の抗体保有率を高めることによって清浄化を維持することが可能な疾病もあるが，ほとんどの伝染病の場合，清浄化とは病原因子を撲滅させることである。

人類はこれまでに，天然痘ウイルスの地球上からの撲滅に成功している。このウイルスは宿主域が限られていたこと，効果的なワクチンが開発されていたこと，そのワクチンの広範な接種の取り組みが可能であったことなど，防疫予防対策を大規模に統制できたことが撲滅へとつながった。牛群の伝染病対策においても，いくつかの疾患で取り組みがなされているが，地球規模での統一した取り組みが実施されることは稀である。

撲滅計画が実施されるためには，①その伝染病の病原因子の効率的かつ迅速な確認法があること，②ある程度の地域（できれば国単位）で実施が可能であること，③その伝染病の経済的損失が撲滅計画実施のための必要経費よりはるかに大きい（費用対効果が大きい）と推測されること，などが必要とされる。①は③と密接に関連している。保証される畜産物の価値がきわめて高ければ，手間暇のかかる検査であっても撲滅計画を実施する意義は大きい。新興再興感染症の場合は，この関係が度外視されることもある。②に関しては，農畜産物流通に際し関与する機関の多い日本では，各機関が伝染病に関する知識を共有することが大前提であり，そのもとで実施計画が立案される。③の費用

表2　欧州におけるBVDV撲滅計画の動向

国・年	内容
スウェーデン	
1993	農家からの要望によって任意で大規模検査実施，費用は全額農家負担
1996	公的資金援助開始
1997	乳質改善対策としてBVDV撲滅を導入
1999	と畜場規制開始
2002	BVDVコントロール義務化
ノルウェー	
1993	産官学（乳業会社，食肉公社，研究機関）と発生農家が計画，任意で実施
1998	公的なサーベイランス開始
2001	総仕上げ段階に
フィンランド	
1994	精液，受精卵，輸入牛のBVDV検査義務化 以後，行政がスポットテストを継続的に実施
デンマーク	
1994	農家組合が自費で検査開始
1996	立法措置を伴う公的援助開始
ドイツ	
～2000	北欧をモデルに国内各地で個別行動
2000	ワクチン併用が自国では有効と判断し，実施方法変更 公的に進行中の牛ヘルペスウイルス1型（BHV-1）対策の一部に導入
オーストリア	
1998	自主的な撲滅計画
2001	一地域の繁殖農家が任意で撲滅計画実施
2004	行政主導による撲滅計画開始
スイス	
2004	全国牛繁殖協会がBVDコントロールを提言
2005	情報提供と啓蒙
2008	法制化　夏から撲滅計画開始　清浄化されるまで5年単位で見直し
アイルランド	
2010	獣医師を含めた畜産関連団体と政府が対策団体設立
2012	自主的な摘発淘汰のための検査開始
2013	出生子牛の検査を義務化
スコットランド	
2010	BVDV撲滅プラン制定
2012	年1回の出生牛検査を義務化
2014	非汚染農場の牛のみが移動可

対効果に関しては，畜産経営形態，農業体系事情，食品流通状況などによって，同じ伝染病でも条件は異なってくる。また，効果的なワクチンあるいは簡単な治療法などが存在し，撲滅するまでもなく対応可能な伝染病の場合には，畜産経営上清浄化する必要性は低くなる。

牛がいるところではどこでも，少なからず経済的損失を及ぼすと考えられている伝染病として，BVDV感染症がある。BVDVに対するワクチンは世界各国で開発され，感染症としての発症機序も解明されてきている。しかしながら，伝播経路の解明が困難な事例や，非定型な病態の発現が多いことなどから，サーベイランスの有効性が低下する場合が多かった。その対策として，欧州ではBVDVの撲滅を目指して国単位でコントロールプログラムを実施してきた。その歴史を**表2**に示した。北欧（**表2**の上4カ国）での地道な取り組みが効果をあげてきたことによって，徐々に欧州域内各国の取り組みへと拡大した。各国の農業事情や内政状況は様々であるが，BVDV感染症撲滅の基本は，PI 牛の摘発淘汰が柱となっている。スウェーデンで最初に実施されたプログラムは，まず全国的にワクチンの使用を中止することであった。これによって，抗体保有状況の監視に基づく要注意区域の特定が可能となった。ELISA 法によってバルク乳中の抗体価を測定し，BVDV 浸潤状況を類推して汚染状況によって農家を分類した。その分類をもとに，国内全農家を段階的に検査して発生状況を把握し，PI 牛を摘発淘汰して清浄化に至った。

4－6

抗菌薬の使い方

食用動物は伴侶動物（小動物）と異なり，最終的に生産物が食品としてヒトに摂取される運命にある。したがって，食用動物の抗菌薬治療には，小動物にない特殊性がある。特に注意しなければならないものが，抗菌薬の可食部位における残留と，抗菌薬治療に伴う薬剤耐性菌の出現と畜産物を介したヒトへの伝播である。

牛に使用する抗菌薬の種類と作用機序

抗菌薬（抗生物質と合成抗菌薬）は微生物を死滅させたり，発育を阻害する化学物質である。抗生物質は抗菌作用を示す微生物由来の化学物質をいう。最初の抗菌薬は1909年にPaul Ehrlichと秦 佐八郎により梅毒スピロヘータの有効性を指標として発見されたサルバルサンといわれている。1929年に最初の抗生物質であるペニシリンがAlexander Flemingにより発見された。その後，様々な抗菌薬が発見され，人体用あるいは動物用として臨床応用されている。現在，牛を対象動物として承認されている抗菌薬の系統と作用機序を**図1**および**表1**に示した。このうち，第三世代セファロスポリンであるセフキノムやセフチオフル，フルオロキノロン系抗菌薬および15員環マクロライドであるツラスロマイシンは，医療において最も重要視されており，第二次選択薬とされている。

残留

抗菌薬は，対象動物に投与された後，消化管や投与部位から吸収され，体内に分布し，代謝物として，または未変化体（親化合物）のまま尿や糞便などに排泄され，体内から時間の経過とともに消失する。残留とは，投与後に徐々に消失する体内の親化合物や代謝産物（薬物という）が十分に消失する前にと殺されてその肉などが食用にされたり，搾乳が行われてその牛乳などが出荷されたりすることにより，肉や乳などの畜産物中に残ることをいう。

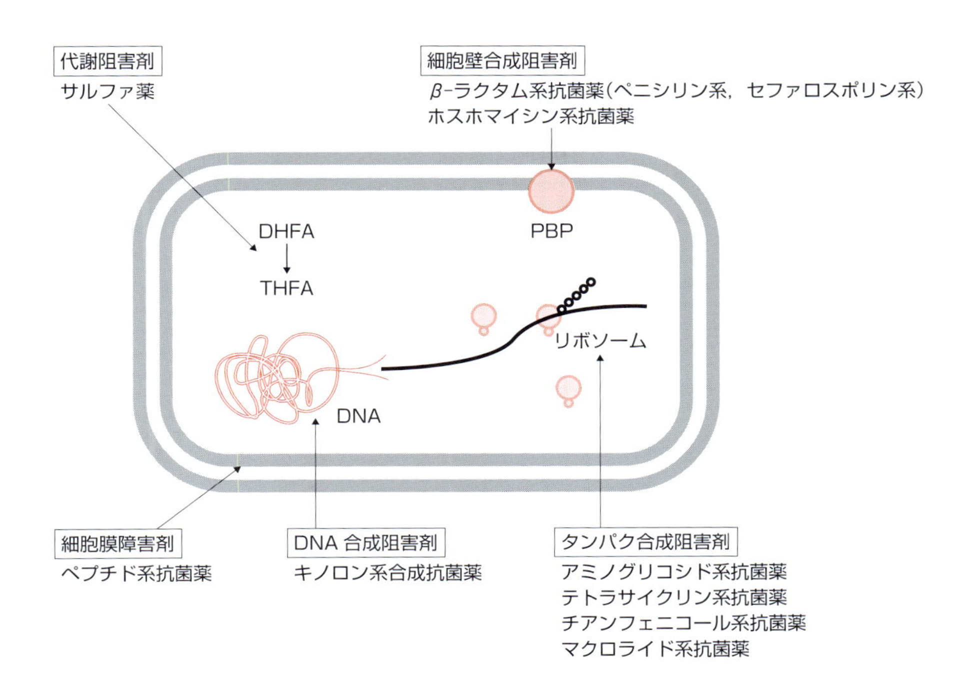

図 1　牛に使用される抗菌薬の種類と作用機序

表 1　作用機序ごとの抗菌薬の種類

細胞壁合成阻害剤	ペニシリン系	アスポキシリン，アモキシシリン，アンピシリン，クロキサシン，ジクロキサシリン，ナフシリン，ペンジルペニシリン，メシリナム
	セファロスポリン系	セファゾリン，セファピリン，セファロニウム，セフロキシム，セフキノム，セフチオフル
タンパク合成阻害剤	アミノグリコシド系	カナマイシン，ゲンタマイシン，ジヒドロストレプトマイシン，ストレプトマイシン
	テトラサイクリン系	オキシテトラサイクリン，クロルテトラサイクリン
	チアンフェニコール系	チアンフェニコール，フロルフェニコール
	マクロライド系	エリスロマイシン，タイロシン，チルミコシン，ツラスロマイシン
細胞膜障害剤	ペプチド系	コリスチン
DNA 合成阻害剤	キノロン系	オキソリン酸
	フルオロキノロン系	エンロフロキサシン，オルビフロキサシン，ダノフロキサシン，マルボフロキサシン
代謝阻害剤	サルファ薬	スルファジメトキシン，スルファモノメトキシン
その他の抗菌薬		ナナフロシン，ビコザマイシン，ホスホマイシン

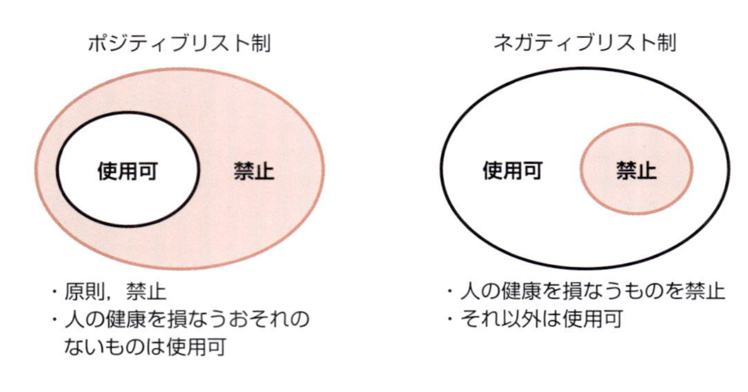

図２　ポジティブリスト制とネガティブリスト制

1. 残留基準

過剰に薬物が残留する食品をヒトが摂取すると，時に健康に影響することが想定される。そこで，動物用医薬品を使用した食用動物から得られた畜産物をヒトが安全に摂取するために，残留基準が設定されている。食品に残留する薬物をヒトが一生涯摂取し続けても健康に影響を及ぼさない量を１日許容摂取量（Acceptable Daily Intake：ADI）と呼ぶ。ADIは，実験動物を用いた毒性試験，生殖・発生毒性試験，遺伝毒性試験などから，抗菌薬では腸内細菌に及ぼす影響を調べる試験などから求めた無毒性量（No Observed Adverse Effect Level：NOAEL），無毒性濃度（No Observed Adverse Effect Concentration：NOAEC）などの値のうち，最も小さい値（量）を安全係数（Safety Factor）で除して求める。一般に安全係数は100が用いられる。食品からヒトが摂取する薬物の量をADI以下に抑えることで安全性を確保できる。したがって，ヒトが食品から摂取する薬物の残留基準（最大残留基準値，Maximum Residue Limit：MRL）を設定するとともに，モニタリングなどでMRLを超える濃度で薬物を含む食品を流通させないことが重要である。MRLは，食品に残留してもヒトの安全性に問題がないとの観点で設定される値で，動物用医薬品を承認された用法および用量どおりに使用後，動物の組織，乳，卵中に含まれる薬物の残留を経時的に測定した残留試験成績に基づいて，それぞれの食品に設定される。

2. ポジティブリスト制

食品に残留する動物用医薬品の残留基準はこれまでネガティブリスト制により規制されてきた（**図2**）。この制度は，ヒトの健康を損なうものを食品衛生法に基づき禁止する一方，それ以外は使用を認めてきた。しかし，2006年5月29日の食品衛生法の改正に基づき，食品中に残留する農薬，飼料添加物および動物用医薬品について，一定の量を超えて残留する食品の販売などを原則禁止する制度（ポジティブリスト制）が施行された。ポジティブリスト制では，動物用医薬品を① MRLが設定されているもの，②対象外物質として告示されているもの，および③ MRL が設定されていないものの3つのカテゴリーに分類している。①の MRL は，対象物質と対象食品ごとに設定され，各食品について規定された MRL を超える濃度で残留してはならない。②は，ヒトの健康を損なうおそれのないことが明らかであるものとしてポジティブリスト制の対象外である。③の食品は，0.01 ppm（一律基準）を超えて残留してはならないとされている。

3. 休薬期間と使用禁止期間

休薬期間とは，動物用医薬品の承認申請者が実施した残留試験成績に基づいた，最後の投与から出荷を待たなければならない期間をいう。したがって，食用動物に使用される動物用医薬品すべてに設定されている。動物用医薬品には，「本剤を投与後下記の期間は食用に供する目的で出荷等は行わないこと。牛，豚および馬：○○日間」の表現で表示されている。農林水産省は，申請者の提出する資料により休薬期間を設定している。

一方，畜産分野で残留基準が定められている薬物は，「医薬品，医療機器等の品質，有効性及び安全性の確保等に関する法律」（薬機法）第83条の4に基づく「動物用医薬品の使用の規制に関する省令」（使用規制省令）により基準が定められている。いわゆる使用基準と呼ばれるものである。使用基準は，残留の防止を目的に成分と投与方法（飼料添加剤，飲水添加剤，注射剤，注入剤など），その用法および用量の上限ならびに使用禁止期間が定められている。使用禁止期間とは，食用に供するためにと殺あるいは搾乳するまでの，投薬してはいけない期間であり休薬期間と内容的には変わらない。しかし，使用基準を遵守しない場合は，「3年以下の懲役もしくは300万円以下の罰金に処し，またはこれを併科する」と罰則が定められており，法的に使用を禁止した期間となっている。

従来は食用動物用の抗菌薬が承認される時に設定されてきたが，牛海綿状脳症の発生を受け，食の安全・安心を確保するとの観点から，食用動物に使用される医薬品すべてに設定されるようになった。使用基準に準拠して動物用医薬品を食用動物に投与する限りは，ポジティブリスト制に適合する。なお，使用基準が定められた動物用医薬品でも，獣医師が診療に関わる食用動物の治療または予防のためにやむを得ないと判断した場合には，使用基準に定められた使用方法以外の使用方法で使用することができる（特例使用）。その場合は，食用に供される畜産物でヒトの健康を損なうおそれのあるものの生産を防止するために，獣医師は必要とされる出荷制限期間を明示した出荷制限期間指示書により動物の所有者へ指示しなければならない。

4. 動物用医薬品の適正使用のための法的措置

食用動物に動物用医薬品を適正に使用しなければ，食品中に薬物が残留するほか，抗菌薬であれば薬剤耐性菌の出現という問題も想定される。したがって，食用動物を対象

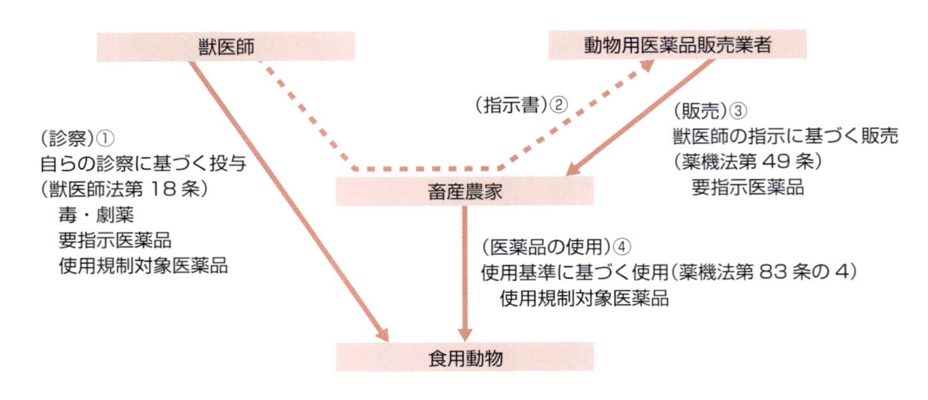

図 3　抗菌薬の適正使用に関する法規制の概要

とする臨床獣医師にとっては，動物用医薬品の適正使用はきわめて重要である。動物用医薬品の適正使用のための法的措置を**図 3** に示した。ワクチンや抗菌薬など毒・劇薬や要指示医薬品，さらには使用規制対象医薬品を要診察医薬品といい，獣医師法第 18 条で自らの診察に基づく投与が義務付けられている。抗菌薬などの要指示医薬品を獣医師が直接的に投与できない場合は，獣医師が食用動物の飼育者に対して指示書を発行し，薬機法第 49 条に基づいて指示書により動物用医薬品販売業者から要指示医薬品が販売される。要指示医薬品とは，副作用の強いもの，あるいは病原菌に対して耐性を生じやすいもので，農林水産大臣が指定している。要指示医薬品を受領した飼育者は，使用基準に基づく使用が薬機法第 83 条の 4 により定められている。使用基準を遵守しないと先に述べた罰則が適応される。

薬剤耐性

抗菌薬の作用は，微生物に対するものだけでなく，薬剤耐性菌の選択と伝播に関わることもある。薬剤耐性菌の選択は，食用動物の治療を困難にするのみならず，肉や乳などの生産物を介してヒトに伝播し，ヒトの健康に影響する可能性がある。食用動物に使用される抗菌薬には，法律上，医薬品（抗菌剤）と飼料添加物（抗菌性飼料添加物）の区別がある。抗菌剤は，医薬品であり疾病の治療を目的としたもので「薬機法」の規制を受けている。医薬品は治療のみならず疾病の予防目的にも使用される場合もあるが，我が国の動物用抗菌薬は原則として治療用である。これは耐性菌の出現要因である過剰使用を防ぐためである。

一方，抗菌性飼料添加物は，食用動物における発育の促進および飼料効率の改善ならびにコクシジウムや内部寄生虫を駆除することにより生産性を向上させることを目的としたもので，海外では抗菌性発育促進物質（Antimicrobial Growth Promoter：AGP）

とも呼ばれ，「飼料の安全性の確保及び品質の改善に関する法律」（飼料安全法）の規制を受けている。なお，低濃度で長期間使用される飼料添加物と同一成分であって飼料に添加しても，治療を目的に高濃度で短期間使用する抗菌薬は，飼料添加剤と呼ばれ医薬品の範疇である。

1. 薬剤耐性菌の定義

薬剤耐性（Antimicrobial Resistance）とは細菌が突然変異やほかの細菌から薬剤耐性遺伝子を獲得することにより，感染症治療のための抗菌薬に抵抗性を示す現象をいう。具体的には，ある一定濃度（耐性限界値：ブレークポイント）の抗菌薬に対して，試験管内で細菌の発育を阻止できない現象をいい，抗菌薬存在下で発育する細菌を薬剤耐性菌と呼ぶ。反対に，細菌が死滅または発育を阻止される場合を感受性と呼び，これを持つ細菌を感受性菌という。薬剤耐性は絶対的な概念ではなく相対的なもので，薬剤耐性菌であっても抗菌薬の濃度を高めれば細菌は死滅する。薬剤耐性の量的な尺度を最小発育阻止濃度（Minimum Inhibitory Concentration：MIC）で表すことができる。これは試験管内で希釈した抗菌薬を含む培地（寒天培地あるいは液体培地）に被検菌を接種し，細菌の発育を抑えた最小の抗菌薬濃度をいう。

2. 薬剤耐性菌の出現

抗菌薬の役割は，抗菌薬による突然変異菌の誘発ではなく，あくまで抗菌薬使用による薬剤耐性菌の選択にある。これは病気の動物における体内での現象にとどまらず，広く生態系における現象である。環境には，農薬をはじめ種々の抗菌薬が放出されている。したがって，薬剤耐性菌の選択の場は，非常に多くの細菌が生息する，ヒトや動物の腸管と環境である。

最近，抗生物質産生菌のゲノム上に，産生する抗生物質に対する薬剤耐性遺伝子の存在が明らかとなった。このような薬剤耐性遺伝子は，細菌の破壊に伴い自然界に放出され，様々な遺伝学的な機構により細菌に取り込まれて自然界に保存され，薬剤耐性遺伝子のプールとなる（Antibiotic Resistome）。一方，合成抗菌薬（サルファ薬やキノロン系など）に対する耐性の一部は，薬物排出ポンプという機構により担われている。この薬物排出ポンプに関連する遺伝子は様々な細菌のゲノム上に数多く発見されているが，機能が不明である場合が多い。つまり抗生物質と同様に合成抗菌薬，あるいはこれから開発されるであろう抗菌薬に対しても，細菌は準備状態にあることを示しており，抗菌薬の使用は慎重でなければならない。

3. 抗菌薬の慎重使用

最近，世界保健機関（WHO）は薬剤耐性菌対策として，抗菌薬の慎重使用（Prudent Use）の励行を勧告している。従来，抗菌化学療法には「適正使用」という言葉が汎用されてきたが，「慎重使用」はさらに注意をして抗菌薬を使用するという意味を含めた用語である。つまり，抗菌薬の使用のみならず使用しないという選択肢も含めた考え方である。

農林水産省は，2013年に慎重使用のガイドラインを制定し，獣医師や畜産農家に対し慎重使用ガイドラインを説明したリーフレットを配布し，普及・啓発活動を展開している。慎重使用ガイドラインの要点は以下のことである。

①適切な飼養衛生管理による感染症の予防

感染症の予防が抗菌薬の使用量を削減し，薬剤耐性菌を制御するうえできわめて重要である。したがって，適切な飼養環境による健康維持とワクチンによる感染症の発生予防を推進する。

②適切な病性の把握と診断

過去の感染症の発生状況などの疫学情報を把握し，獣医師の診察により原因菌を特定したうえで治療方針を決定する。

③抗菌薬の選択と使用

薬剤感受性試験を実施してから有効な抗菌薬を選択する。医療上重要なフルオロキノロン系や第3世代セファロスポリン系などの第二次選択薬は，第一次選択薬が無効な場合にのみ使用する。

④関係者間の情報の共有

薬剤耐性菌の発現状況や抗菌薬の流通量などに関する情報を共有する。

抗菌薬の投与方法

牛の薬物治療においては個体治療が中心である半面，群単位の治療が行われることがある。この場合，抗菌薬の飼料添加や飲水添加などの経路での治療となる。群単位の治療では，外見上健康な動物への投薬も行われることから，抗菌薬の過剰使用あるいは誤用につながりやすいことが懸念されている。我が国の食用動物用の抗菌薬は薬剤耐性菌の選択を抑制するため治療目的での使用が中心であり，予防目的の使用は原則認めていない。しかし，群単位の抗菌薬使用では最終的に健康な動物にも投与することから，予防的治療（Metaphylaxis）と呼ばれている。大多数の動物用抗菌薬が経口投与剤であることを考えれば，用法・用量の遵守がきわめて重要である。

4－7

ワクチネーション

ワクチンと牛は，古くから関係が深く，vaccine という名称もラテン語の雌牛 vacca に由来している。イギリスの Jenner は，牛痘に感染した乳搾り人が痘瘡（天然痘）に感染しないことを観察し，このことを証明すべく乳搾り女の腫れ物を 8 歳の少年の腕に接種した。48 日後，痘瘡患者の膿胞材料を接種し，痘瘡を発病しないことを実証した。Jenner が開発したこの牛痘接種法は，同属異種ウイルスを用いた自然の弱毒生ワクチンであった。痘瘡ワクチンにより人類は，1980 年地球上から痘瘡を根絶することができた。人類が地球上から根絶したもう 1 つの感染症は，2011 年の牛疫であり，この根絶にもワクチンが大きな役割を演じた。

ワクチンの目的と特徴

1．ワクチンの目的

感染症を防ぐにはワクチン接種による予防が最も有効な手段である。特に，治療薬がほとんどないウイルス感染症にとって，ワクチンは唯一の防御手段である。日本における感染症の流行防止や撲滅に貢献したワクチンとしては，狂犬病不活化ワクチン，豚コレラ生ワクチン，ニューカッスル病生ワクチン，マレック病生ワクチンなどを挙げることができる。

一方，細菌性感染症の場合，抗菌薬による治療が可能であったことから，罹ってから治せばよいと考えがちであった。しかし，畜産物の安全性が求められるようになると，抗菌薬の残留が問題となり，さらに耐性菌問題が加わり，治療よりも予防すべきとの認識が高まった。このことは，動物用医薬品販売高の推移（**図 1**）が如実に示している。2000 年頃までは抗菌薬が全動物用医薬品販売高の約 50％を占めていたが，2005 年からはワクチンを含めた生物学的製剤の販売高が抗菌薬を上回るようになり，2014 年には 40％近くを占めるようになった。

2．生ワクチンと不活化ワクチン

ワクチンは，生ワクチンと不活化ワクチンに大別される。文字どおり，ワクチンの本

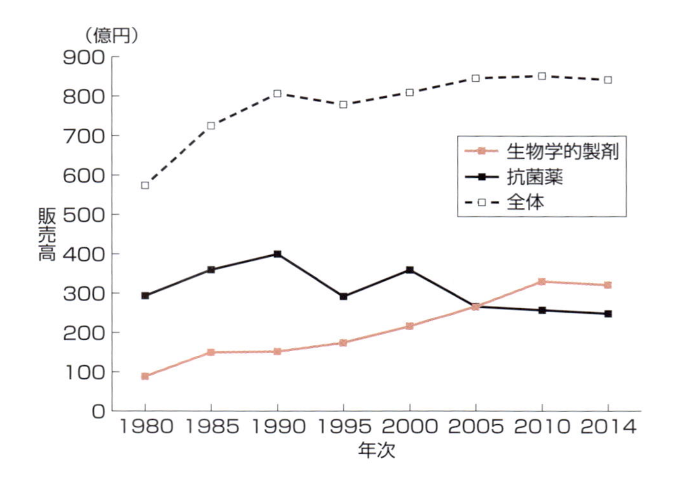

図１　動物用医薬品販売高の推移

表１　Pasteur の弱毒生ワクチン株の作出法

開発年	病原体	作出法
1880 年	*Pasteurella multocida*	長期間培養（3～8カ月間隔で継代）
1881 年	炭疽菌	高温培養（42～43℃）
1885 年	狂犬病ウイルス	異種宿主で継代（ウサギの脳で継代）

態であるウイルス株や細菌株が生きているもの（感染性があるもの）を生ワクチン，不活化され感染性がないものを不活化ワクチンと呼ぶ。なお，細菌の毒素をホルマリンなどで不活化したトキソイドも不活化ワクチンの範疇である。

生ワクチンとして使用するためには，その病原性を減弱させる必要があり，フランスの Pasteur がその方法を開発した。**表１**に示すように Pasteur は，病原微生物を①長期間培養する，②高温で培養する，③異種宿主で継代することで弱毒株を作出した。これらの手法は現代においても活用され，多くの弱毒生ワクチンがつくられた。

不活化ワクチンを開発したのは，1886 年アメリカの Salmon である。当時，アメリカで流行していた豚コレラの病豚から桿菌を分離し，豚コレラの病原体であると考えた。加熱した菌体を豚に接種し，免疫原性があることを確認し，不活化ワクチンの基礎を築いた功績は大きい。なお，当然のことであるが，この不活化ワクチンは豚コレラを予防することはできなかった。

生ワクチンと不活化ワクチンの特徴を比較したものを**表２**に示す。生ワクチンは，弱毒化するために工夫と長期間を要することから開発コストが高くなるが，不活化ワクチンは，病原体が分離・培養できれば直ちに作成でき開発コストは低い。一方，製造時には，不活化ワクチンの場合，抗原量を多くしなければならないことから大量培養，その

表2　生ワクチンと不活化ワクチンの比較

項　目		生ワクチン	不活化ワクチン
経済性	開発コスト	高い	低い
	製造コスト	低い	高い
特徴	体内増殖	あり	なし
	アジュバント	不要	必要
	投与量	少ない	多い
有効性	主に誘導される免疫	液性・細胞性免疫	液性免疫
	免疫持続期間	長い	短い
	移行抗体の影響	大きい	小さい
安全性	過敏症の発現	ほとんどなし	あり
	迷入病原体	可能性あり	なし

後の精製工程，アジュバントの添加などが必要になり，コストが高くなる。

有効性に関しては生ワクチンの場合，液性免疫と細胞性免疫の両者が誘導できることから免疫持続期間も長い。しかし，接種後に体内での増殖が必要であるため，移行抗体の影響を強く受けることになり，接種する時期に注意を要する。不活化ワクチンの場合，誘導されるのは液性免疫のみで，その免疫持続期間も短い。なお，この欠点を補うために油性アジュバントを加えた不活化ワクチンも開発され，免疫持続期間が長くなった製剤もある。

牛に使用するワクチンの種類と適応疾病

1. ワクチンの種類

牛に使用されるワクチン（2016年10月現在）の一覧を**表3**に示した。表中の下線は，シードロット製剤として承認されたものである。シードロット製剤とは，ワクチンを製造する製造用株とその培養に使用する培養細胞を事前に厳密に管理することで，最終製品の試験の一部を省略できるようにしたものである。シードロット製剤として承認されると，原則として国家検定の対象から外される。ただし，家畜伝染病予防法の法定伝染病に使用するワクチン（例えば炭疽生ワクチン）や承認されてから6年以内の新規ワクチン（再審査期間中のワクチンを含む）などは，国家検定を受けなければならない。

2. 子牛期の呼吸器系感染症の予防

牛の呼吸器系感染症は，哺乳期から育成期に多発し群全体に広がることから，若齢期からしっかり免疫を付与する必要がある。ウイルス性感染症である牛伝染性鼻気管炎，牛RSウイルス感染症，牛ウイルス性下痢-粘膜病（BVD-MD），牛パラインフルエン

表3　牛に使用するワクチンの一覧

1．呼吸器系感染症に対するワクチン

製剤名	製品名	製造販売業者*
イバラキ病生ワクチン	イバラキ病ワクチン-KB	京都微研
牛伝染性鼻気管炎生ワクチン	IBR ワクチン-KB	京都微研
牛 RS ウイルス感染症生ワクチン	“京都微研„牛 RS 生ワクチン	京都微研
牛流行熱（アジュバント加）不活化ワクチン	牛流行熱ワクチン・K-KB	京都微研
牛流行熱・イバラキ病混合（アジュバント加）不活化ワクチン	“京都微研„牛流行熱・イバラキ病混合不活化ワクチン	京都微研
牛伝染性鼻気管炎・牛パラインフルエンザ混合生ワクチン	ティーエスブイ2	ゾエティス
牛伝染性鼻気管炎・牛ウイルス性下痢-粘膜病・牛パラインフルエンザ・牛 RS ウイルス感染症混合生ワクチン	“京都微研„牛４種混合生ワクチン・R	京都微研
牛伝染性鼻気管炎・牛ウイルス性下痢-粘膜病２価・牛パラインフルエンザ・牛 RS ウイルス感染症混合（アジュバント加）不活化ワクチン	ストックガード5	ゾエティス
	“京都微研„キャトルウィン-5K	京都微研
	ボビバック5	共立
	ボビバック B5	共立
牛伝染性鼻気管炎・牛ウイルス性下痢-粘膜病・牛パラインフルエンザ・牛 RS ウイルス感染症・牛アデノウイルス感染症混合生ワクチン	“京都微研„牛５種混合生ワクチン	京都微研
	ボビエヌテクト5	日生研
牛伝染性鼻気管炎・牛ウイルス性下痢-粘膜病２価・牛パラインフルエンザ・牛 RS ウイルス感染症・牛アデノウイルス感染症混合生ワクチン	“京都微研„カーフウィン6	京都微研
牛伝染性鼻気管炎・牛ウイルス性下痢-粘膜病２価・牛パラインフルエンザ・牛 RS ウイルス感染症・牛アデノウイルス感染症混合ワクチン	“京都微研„キャトルウィン-6	京都微研
マンヘミア・ヘモリチカ（１型）感染症不活化ワクチン（油性アジュバント加溶解用液）	リスポバル	ゾエティス
ヒストフィルス・ソムニ（ヘモフィルス・ソムナス）感染症・パスツレラ・ムルトシダ感染症・マンヘミア・ヘモリチカ感染症混合（アジュバント加）不活化ワクチン	“京都微研„キャトルバクト3	京都微研
牛伝染性鼻気管炎・牛ウイルス性下痢-粘膜病・牛パラインフルエンザ・牛 RS ウイルス感染症・牛アデノウイルス感染症・牛ヒストフィルス・ソムニ（ヘモフィルス・ソムナス）感染症混合（アジュバント加）ワクチン	“京都微研„キャトルウィン -5Hs	京都微研

下線は，シードロット製剤として承認されたもの。2016 年 10 月現在の牛に使用するワクチンの一覧。承認はあるが，製造販売を中止している製剤などは除外した

用法および用量	効能または効果
乾燥ワクチンに添付の溶解用液を加えて溶解し，1mLを皮下注射	イバラキ病の予防
乾燥ワクチンに添付の溶解用液を加えて溶解し，1mLを筋肉内注射	牛伝染性鼻気管炎の予防
乾燥ワクチンに添付の溶解用液を加えて溶解し，1mLを筋肉内注射	牛RSウイルス感染症の予防
3mLずつ4週間隔で2回筋肉内注射	牛流行熱の予防
2mLずつ4週間隔で2回筋肉内注射	牛流行熱およびイバラキ病の予防
乾燥ワクチンに添付の溶解用液を加えて溶解し，両側鼻腔内に1mLずつ計2mLを1回投与	牛伝染性鼻気管炎および牛パラインフルエンザの呼吸器症状に対する予防
乾燥ワクチンに添付の溶解用液を加えて溶解し，2mLを筋肉内注射	牛伝染性鼻気管炎，牛ウイルス性下痢-粘膜病，牛パラインフルエンザおよび牛RSウイルス感染症の予防
2mLを3～5週間隔で2回筋肉内注射。追加免疫用として使用する場合は，半年～1年ごとに2mLを筋肉内注射	牛伝染性鼻気管炎，牛ウイルス性下痢-粘膜病，牛パラインフルエンザおよび牛RSウイルス感染症の予防
乾燥ワクチンに添付の溶解用液を加えて溶解し，2mLを筋肉内注射(妊娠牛を除く)	牛伝染性鼻気管炎，牛ウイルス性下痢-粘膜病，牛パラインフルエンザ，牛RSウイルス感染症および牛アデノウイルス(7型)感染症の予防
乾燥ワクチンに添付の溶解用液を加えて溶解し，その2mLを筋肉内注射	牛伝染性鼻気管炎，牛ウイルス性下痢-粘膜病，牛パラインフルエンザ，牛RSウイルス感染症および牛アデノウイルス(7型)感染症の予防
乾燥生ワクチンに液状不活化ワクチンを加えて溶解し，その2mLを筋肉内注射。追加免疫用として使用する場合は，半年～1年ごとに2mLを筋肉内注射	牛伝染性鼻気管炎，牛ウイルス性下痢-粘膜病，牛パラインフルエンザ，牛RSウイルス感染症および牛アデノウイルス(7型)感染症の予防
乾燥ワクチンに添付の溶解用液を加えて溶解し，1カ月齢以上の健康な牛の頚部に2mL皮下注射	牛のマンヘミア(パスツレラ)・ヘモリチカ1型菌による肺炎の予防
2mLを1カ月間隔で2回筋肉内注射	ヒストフィルス・ソムニ感染症，パスツレラ・ムルトシダの感染による肺炎およびマンヘミア・ヘモリティカの感染による肺炎の予防
乾燥生ワクチンに液状不活化ワクチンの全量を加えて溶解し，その2mLを1カ月齢以上の牛に筋肉内注射。本ワクチン注射から4週後に"京都微研〟牛ヘモフィルスワクチン-Cを追加注射	牛伝染性鼻気管炎，牛ウイルス性下痢-粘膜病，牛パラインフルエンザ，牛RSウイルス感染症，牛アデノウイルス(7型)感染症およびヒストフィルス・ソムニ感染症の予防

*：京都微研：㈱微生物化学研究所，ゾエティス：ゾエティス・ジャパン㈱，共立：共立製薬㈱，日生研：日生研㈱，動衛研：(国研)農業・食品産業技術総合研究機構，化血研：(一財)化学及血清療法研究所，インターベット：㈱インターベット，科飼研：㈱科学飼料研究所

2．消化器系感染症に対するワクチン

製　剤　名	製　品　名	製造販売業者*
牛疫生ワクチン	牛疫組織培養予防液	動衛研
牛コロナウイルス感染症(アジュバント加)不活化ワクチン	“京都微研”キャトルウィン BC	京都微研
牛サルモネラ症(サルモネラ・ダブリン・サルモネラ・ティフィムリウム)(アジュバント加)不活化ワクチン	ボビリス®S	インターベット
	牛サルモネラ2価ワクチン	科飼研
牛大腸菌性下痢症(K99 保有全菌体・FY 保有全菌体・31A 保有全菌体・O78 全菌体)(アジュバント加)不活化ワクチン	牛用大腸菌ワクチン［imocolibov®］	科飼研
牛ロタウイルス感染症3価・牛コロナウイルス感染症・牛大腸菌性下痢症(K99 精製線毛抗原)混合(アジュバント加)不活化ワクチン	“京都微研”牛下痢5種混合不活化ワクチン	京都微研

3．死流産・生殖障害を示す感染症に対するワクチン

製　剤　名	製　品　名	製造販売業者*
アカバネ病生ワクチン	アカバネ病生ウイルス予防液	化血研
	アカバネ病生ワクチン	京都微研
	アカバネ病生ワクチン“日生研”	日生研
アカバネ病・チュウザン病・アイノウイルス感染症混合(アジュバント加)不活化ワクチン	牛異常産 ACA 混合不活化ワクチン“化血研”N	化血研
	日生研牛異常産3種混合不活化ワクチン	日生研
	“京都微研”牛異常産3種混合不活化ワクチン	京都微研
アカバネ病・イバラキ病・チュウザン病・アイノウイルス感染症混合(アジュバント加)不活化ワクチン	ボビバック　ＡＣＡＩ　４	共立
アカバネ病・チュウザン病・アイノウイルス感染症・ピートンウイルス感染症混合(アジュバント加)不活化ワクチン	“京都微研”牛異常産4種混合不活化ワクチン	京都微研

4．皮膚・体表・外貌の異常を示す感染症に対するワクチン

製　剤　名	製　品　名	製造販売業者*
牛クロストリジウム感染症3種混合(アジュバント加)トキソイド	“京都微研”牛嫌気性菌3種ワクチン	京都微研
牛クロストリジウム感染症5種混合(アジュバント加)トキソイド	“京都微研”キャトルウィン-C15	京都微研
乳房炎(黄色ブドウ球菌)・乳房炎(大腸菌)混合(油性アジュバント加)不活化ワクチン	スタートバック®	共立

5．神経症状・運動障害を示す感染症に対するワクチン

製　剤　名	製　品　名	製造販売業者*
破傷風(アジュバント加)トキソイド	破傷風トキソイド「日生研」	日生研
牛クロストリジウム・ボツリヌス(C・D型)感染症(アジュバント加)トキソイド	“京都微研”キャトルウィン-BO 2	京都微研
牛ヒストフィルス・ソムニ(ヘモフィルス・ソムナス)感染症(アジュバント加)不活化ワクチン	“京都微研”牛ヘモフィルスワクチン-C	京都微研

6．出血・血尿・血便を示す感染症に対するワクチン

製　剤　名	製　品　名	製造販売業者*
牛レプトスピラ病(アジュバント加)不活化ワクチン	スパイロバック	ゾエティス
炭疽生ワクチン	炭そ予防液“化血研”	化血研

下線は，シードロット製剤として承認されたもの。2016 年 10 月現在の牛に使用するワクチンの一覧。承認はあるが，製造販売を中止している製剤などは除外した

用法および用量	効能または効果
乾燥ワクチンに添付の溶解用液を加えて溶解し，1mLを皮下注射	牛疫の予防
1mLずつ約1カ月間隔で2回筋肉内注射	牛コロナウイルス病の予防
2mLずつを2～3週間隔で2回頚部皮下注射，以後，約1年ごとに2mLを1回頚部皮下に追加注射	サルモネラ・ティフィムリウムおよびサルモネラ・ダブリンによる牛サルモネラ症の発症予防
母牛に分娩予定日の1カ月前に1回，または分娩予定日の2カ月前および1カ月前の2回，それぞれ5mLを皮下注射。次年度からは，分娩予定日の1カ月前に1回5mLを皮下注射	K99，FYおよび31A保有毒素原性大腸菌による子牛下痢症の予防
妊娠牛に1mLずつ1カ月間隔で2回筋肉内注射。第1回は分娩予定日前約1.5カ月に，第2回は分娩予定日前約0.5カ月に注射。ただし，前年に本剤の注射を受けた牛は分娩予定日前約0.5カ月に1回注射	母牛を免疫し，その初乳による産子の牛ロタウイルス病，牛コロナウイルス病および牛の大腸菌症の予防

用法および用量	効能または効果
乾燥ワクチンに添付の溶解用液を加えて溶解し，1mLを皮下注射	アカバネウイルスによる牛の異常産の予防
3mLずつ4週間間隔で2回筋肉内注射	牛のアカバネ病，牛のチュウザン病およびアイノウイルスによる牛の異常産の予防
3mLずつ4週間隔で2回筋肉内注射，追加免疫用として使用する場合は半年～1年ごとに3mLを筋肉内注射	牛のアカバネ病，牛のチュウザン病，アイノウイルス感染症およびイバラキウイルスの感染による牛の異常産の予防
2mLずつ約1カ月間隔で2回筋肉内注射	牛のアカバネ病，チュウザン病，アイノウイルス感染症およびピートンウイルスの感染による異常産の予防

用法および用量	効能または効果
2mLを臀部筋肉内注射	牛の気腫疽および悪性水腫の予防
3カ月齢以上の牛に1回2mLを1カ月間隔で2回臀部筋肉内注射し，その後6カ月間隔で注射。第2回目の注射は第1回目とは異なる部位に行う	気腫疽，悪性水腫およびクロストリジウム・パーフリンゲンスA型菌による壊死性腸炎の予防
健康な妊娠牛の分娩予定日の45日前(±4日)，10日前(±4日)および分娩予定日の52日後(±4日)の計3回，1用量(2mL)ずつを牛の頚部筋肉内に左右交互に注射	黄色ブドウ球菌，大腸菌群およびコアグラーゼ陰性ブドウ球菌による臨床型乳房炎の症状の軽減

用法および用量	効能または効果
5mLずつ2週間の間隔で2回頚部皮下注射	破傷風の予防
1mLを2カ月齢以上の牛に4週間隔で2回筋肉内注射	牛のボツリヌス症の予防
2mLずつ3～4週間隔で2回臀部筋肉内注射	ヒストフィルス・ソムニ(ヘモフィルス・ソムナス)による牛の伝染性血栓栓塞性髄膜脳炎の予防

用法および用量	効能または効果
2mLを4週齢以上の健康な牛に4週間隔で2回皮下注射	牛のレプトスピラ(血清型ハージョ)の感染予防
0.2mLを頚側または背側に皮下注射	炭疽の予防

*：京都微研：㈱微生物化学研究所，ゾエティス：ゾエティス・ジャパン㈱，共立：共立製薬㈱，日生研：日生研㈱，動衛研：(国研)農業・食品産業技術総合研究機構，化血研：(一財)化学及血清療法研究所，インターベット：㈱インターベット，科飼研：㈱科学飼料研究所

ザおよび牛アデノウイルス感染症に対しては混合生ワクチンと混合不活化ワクチンがあるので，移行抗体が低下する2カ月齢頃から接種する。不活化ワクチンは3～5週間隔で2回接種するのが基本であるが，生ワクチンも移行抗体の消失時期が個体により異なることから，2回接種することで1回目の接種で効果を示さなかった個体も2回目の接種で効果が発揮される確率が高くなる。細菌性感染症であるヒストフィルス・ソムニ（ヘモフィルス・ソムナス）感染症，パスツレラ・ムルトシダ感染症およびマンヘミア・ヘモリチカ感染症に対しては不活化ワクチンを2回接種する。

なお，新生牛に対しては，母牛にワクチンを接種し，その初乳を介した移行抗体で防御する方法が有効である。初回種付けの2カ月前にウイルス性呼吸器感染症に対する混合生ワクチンを，さらに分娩予定日の2カ月前に混合不活化ワクチンを1回接種する。

3. 消化器系感染症の予防

生後3週齢以内の子牛は，病原性大腸菌，ロタウイルス，コロナウイルスなどの感染による下痢を起こし，死亡率も高い。これらの予防にも，妊娠末期の母牛にワクチンを接種し，初乳中の移行抗体で防御する方法が有効である。

牛サルモネラ症は発生する地域が限定されるので，過去に発生のある地域で接種することが基本となる。

4. 死流産・異常産の予防

妊娠牛に感染して死流産や異常産を起こすウイルス感染症としてアカバネ病，チュウザン病，アイノウイルス感染症，ピートンウイルス感染症およびイバラキ病があり，いずれに対してもワクチンが開発され市販されている。これらの感染症は，媒介する吸血昆虫の活動期が地域により異なるので，接種時期に注意が必要である。アカバネ病生ワクチンは1回接種，混合不活化ワクチンは2回接種が基本である。

5. クロストリジウム感染症の予防

クロストリジウム属の細菌が起こす気腫疽，悪性水腫，壊死性腸炎などは致死性の高い感染症である。これらに対しては混合不活化ワクチンが利用できるので，汚染地域ではワクチンによる予防を心掛ける。通常，1カ月間隔で2回の接種が必要である。

6. 乳房炎の予防

乳房炎は，酪農業における最重要疾病であり，100種以上の細菌や真菌の感染で発症する。乳房炎の治療には抗菌薬が有効であり，乳房注入剤が汎用されてきたが，2016年3月に乳房炎に対する初めてのワクチンが日本で承認された。すでに，8月に1ロットが国家検定に合格しており，市販されている。**表3**にも示したが，本ワクチンの効能効果は，あくまで「黄色ブドウ球菌，大腸菌群およびコアグラーゼ陰性ブドウ球菌による臨床型乳房炎の症状の軽減」であり，予防できるワクチンではないので，日頃の衛生管理，搾乳管理などを怠ってはならない。使用方法は，**表3**を参照されたい。

ワクチン使用の注意点

1. 一般的な注意

「用法用量を守り，使用上の注意をよく読んで正しく使う」ということがワクチンを使用するうえでの大前提となる。用法とは「筋肉注射」などの接種方法・経路のことであり，用量とは「2 mL」などの接種量のことである。ワクチンの開発に当たって，基礎的な試験や野外臨床試験を実施して用法用量を定めており，その他の用法用量では安全性や有効性が保証できない。したがって，この用法用量を厳守しなければならない。

使用上の注意は，基本的事項と専門的事項に大別されワクチンの添付文書に記載されている。すべてのワクチンに共通する注意事項のほか，当該ワクチンに対してのみ関係する注意事項が記載されているので，よく読む必要がある。以下に主な注意点とその理由を解説する。

①ワクチンの購入と保管

ワクチンは法律（「医薬品，医療機器等の品質，有効性及び安全性の確保等に関する法律」，薬機法〈旧名・薬事法〉）により「要指示医薬品」に指定されているため，獣医師の処方箋の交付または指示を受けなければ購入できないことになっている。

貯蔵方法として通常，2～10℃となっており，直射日光，加温または凍結により品質が保てなくなるので，冷蔵庫に保管しなければならない。

②ワクチンの取り扱いと廃棄

使用時よく振り混ぜて均一にする。雑菌などの混入を避けるため，ワクチン容器のゴム栓の消毒，接種部位の消毒を行い，滅菌済みの注射器（特に注射針）を使用し1頭ごとに取り替える。注射器の使い回しは，牛白血病などの感染拡大につながるので厳禁である。使い残しのワクチンは，雑菌の混入や効力の低下のおそれがあるので使用しない。

使い残しのワクチンと使用済みの容器は，消毒または滅菌後に地方公共団体条例などに従い処分，もしくは感染性廃棄物として処分する。使用済みの注射針は，針回収用の専用容器に入れ，その廃棄は，産業廃棄物収集運搬業および産業廃棄物処分業の許可を有した業者に委託する。

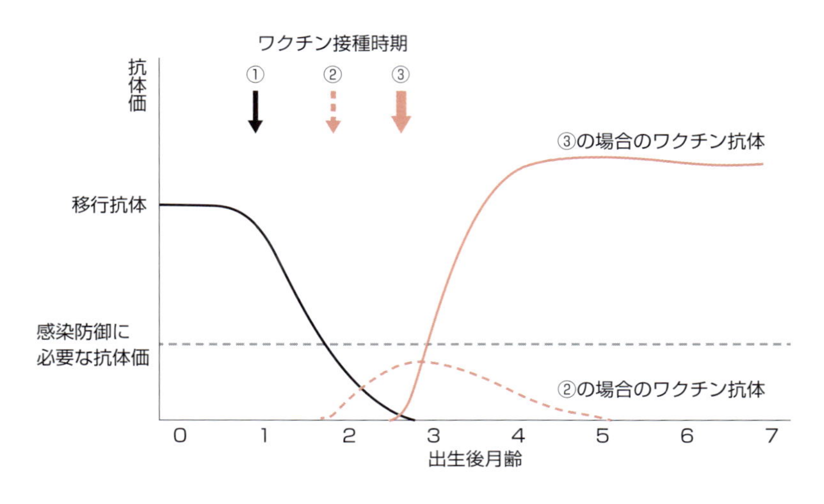

図2　ワクチンの接種適期

2. ワクチン接種とその適期

使用上の専門的事項として(1)警告，(2)対象動物の使用制限など，(3)重要な基本的注意が記載されているので，必ず読まなければならない。警告の例としては，BVD-MDに対する生ワクチン株は胎子に感染し持続感染牛となることから，BVD-MD生ワクチンを含む混合生ワクチンは，「妊娠牛，交配後間がないもの又は3週間以内に種付けを予定している牛には接種しないこと」とされている。また，当然のことであるが，健康な牛に接種し，発熱，下痢などの牛に接種してはならない。

ワクチンを接種する際に最も注意を要するのは，移行抗体の保有状況である。出生後初乳を飲んだ子牛には母牛とほぼ同程度の抗体が付与される。**図2**に示したように，この移行抗体は，徐々に減少して通常3カ月程度で消失する。移行抗体が高い時点（**図2：①**）でワクチンを接種すると，まったく抗体が産生されないし，移行抗体がまだ残っている時点（**図2：②**）で接種すると，十分な抗体価が得られない。移行抗体が消失する時点（**図2：③**）がワクチン接種の適期である。もちろん移行抗体の消失時期は，母牛の抗体レベルによるので，ワクチン接種適期は一様ではないし，抗体レベルを測定する簡易な方法も実用化されていない。このため前述したように間隔を空け2回接種することも必要になる。また，野外でのワクチン接種に際しては，接種前までワクチンをアイスボックスなどに入れて適正な温度管理を心掛ける。

3. 接種後の注意

ワクチン接種後，少なくとも2日間は安静に努め，移動などは避けることが重要である。また，ワクチン接種後の副作用，特に接種後短時間で起きるアナフィラキシーショックに注意しなければならない。重篤な副作用の場合は，速やかに獣医師の診察を受けることが必要である。

「ワクチンを打ったのに発症した」とのクレームを聞くことがあるが，ワクチン開発時の試験は，コントロールされた動物や実験室で行ったものであり，野外臨床試験でも少数例（60頭程度）を用いてその有効性は確認されている。しかしながら，野外の牛のなかには，免疫機能が十分に発達していない個体，栄養障害やストレス状態にある個体などがいるので，ワクチンを接種しても十分に抗体が上がらない牛もいる。また，上述したように移行抗体の高い時期でのワクチン接種は無意味である。ワクチンは，感染症を予防できる唯一のものであるが，その効果は，必ずしも100％でないことを認識したうえで使用し，併せて通常の飼養衛生管理を適正に行うことが肝要である。

References

4−1
・Grummer RR：*J Anim Sci*, 73, 2820-2833（1995）
・LeBlanc SJ, Lissemore KD, Kelton DF, et al.：*J Dairy Sci*, 89, 1267-1279（2006）
・Grummer RR：*Vet J*, 176, 10-20（2008）
・Hayirli A, Grummer RR, Nordheim EV, et al.：*J Dairy Sci*, 86, 1771-1779（2003）
・Ingvartsen KL, Dewhurs RJ, Friggens NC：*Livest Prod Sci*, 83, 277-308（2003）
・及川 伸：臨床獣医，33（7），52-57（2015）
・及川 伸：臨床獣医，33（8），50-54（2015）
・及川 伸：獣医畜産新報，61（7），547-554（2008）

4−2
・Current Concepts Bovine Mastitis 4th ed.（NMC 1996）
・Farnsworth JR：*Agri Pract*, 13, 5-8（1992）
・Fransworth JR：*Vet Clin North Am Food Anim Pract*, 9, 469-474（1993）
・Jayarao BM, Wolfgang DR：*Vet Clin North Am Food Anim Pract*, 19, 75-92（2003）
・Ruegg PL：*Vet Clin North Am Food Anim Pract*, 28, 149-163（2012）
・Ruegg PL：*Vet Clin North Am Food Anim Pract*, 28, xi-xii（2012）
・Lago A, Godden S, Bey R, et al.：NMC 48th Annual Meeting Proceedings, 246-247（2009）
・後藤 洋：家畜診療，599（5），271-276（2013）

4−3
・及川 伸 監修：乳牛群の健康管理のための環境のモニタリング，酪農ジャーナル2010年度臨時増刊号，酪農学園大学エクステンションセンター（2011）

4−4
・及川 伸：臨床獣医，33（6），35-39（2015）
・Steven B：Lameness - Prevention, detection, and treatment, DeLaval Milkproduction.com, 12（2013）〈http://www.milkproduction.com/Library/Scientific-articles/Animal-health/Lameness--Prevention-detection-and-treatment/〉2017年10月19日参照
・Weaver AD：牛の外科マニュアル（田口 清 監訳），240-313，チクサン出版社（2008）
・Döpfer D, Koopmans A, Meijer FA, et al.：*Vet Rec*, 140, 620-623（1997）
・Mason S：Dairy Cattle Hoof Health, 12（2014）〈http://dairyhoofhealth.info/lesions/digital-dermatitis/the-cycle-of-digital-dermatitis-infections/〉2017年10月19日参照
・Döpfer D：Learn more about hoof care〈http://dd.thymox.com/〉2017年10月19日参照
・Mason S：Dairy Cattle Hoof Health, 17（2016）
・Zinpro.com：〈http://www.zinpro.com/lameness/dairy/dd-check-app〉2017年10月19日参照

4－5
・清水 悠紀臣ら：獣医伝染病学（第5版），近代出版（1999）
・見上 彪：獣医感染症カラーアトラス（第2版），文永堂出版（2006）
・ヨーネ病防疫対策実施要領：農林水産省消費・安全局長通知 平成25年4月1日24消安第5999号
・田島誉士：日獣会誌，65（2），111-117（2012）
・牛ウイルス性下痢・粘膜病に関する防疫対策ガイドライン：農林水産省消費・安全局動物衛生課長通知 平成28年4月28日消安第734号
・牛ウイルス性・下痢粘膜病の有効な対策の基本方針：北海道農政部生産振興局家畜衛生担当課長通知 平成28年2月22日
・村上賢二，小林創太，筒井俊之：日獣会誌，62（2），499-502（2009）
・牛白血病に関する衛生対策ガイドライン：農林水産省消費・安全局長通知 平成27年4月2日26 消安第6117号
・中岡祐司，立花 智：家畜診療，57（5），279-285（2010）
・高橋弘泰，信本聖子，岡本 絵梨佳ら：第64回家畜保健衛生所業績発表会集録，75-79（2017）
・Heffernan C, Misturelli F, Nielsen L, et al.：*Vet Res*, 164, 163-167（2009）
・Lanyon SR, Hill FI, Reichel MP, et al.：*Vet J*, 199, 201-209（2014）
・Moennig V, Becher P：*Anim Health Res Rev*, 16, 83-87（2015）
・田島誉士：臨床獣医，33（7），12-15（2015）

4-6
・田村 豊：家畜診療，51（5），291-300（2004）
・田村 豊：家畜診療，52（9），533-542（2005）
・動物用抗菌剤研究会 編：動物用抗菌剤マニュアル，インターズー，東京（2004）
・田村 豊（共著）：動物の感染症 第三版，56-63，近代出版，東京（2011）
・田村 豊（共著）：牛病学 第三版，201-204，近代出版，東京（2013）

4－7
・農林水産省動物医薬品検査所，動物用医薬品，医薬部外品及び医療機器製造販売高年報，〈http://www.maff.go.jp/nval/iyakutou/hanbaidaka/index.html〉2017年10月19日参照
・農林水産省動物医薬品検査所，動物医薬品等データベース〈http://www.nval.go.jp/asp/asp_dbDR_idx.asp〉2017年10月19日参照
・平山紀夫：動物用ワクチン―その理論と実際―，3-9，文永堂（2011）

第5章 レベルアップのための追加項目

5－1

ハードヘルスにおける経済評価法：費用便益分析

いかなる産業においても「効率よく」生産して利益を上げることが経営上の最重要ポイントであり，もちろん，酪農業でも例外ではない。しかし，この「効率よく」とは実際どのようなことを指すのだろうか。農場の乳量を増やすために多額の投資をして増頭すれば，確かに生産量は増えることになる。また，分娩後の疾病を減らす試みとして，種々の添加剤を飼料に加えることで，確かに群の健康度合いが向上し，結果として乳生産の向上は見込めるかもしれない。このような取り組みは，日々どこでも見られることであるが，はたしてその試みは本当に効率がいいのかを評価する必要がある。獣医師あるいは畜産技術者としては，単に生産量が増えたことで自分のアドバイスや対策を有効とするのは片手落ちで，何かしらの検証を加えることが大切である。

そのような場合に有用な評価法として費用便益分析法（Cost-Benefit Analysis）が用いられる。この方法は，ある対策あるいは取り組みに関わる費用（Cost）とそこから得られた便益（Benefit）を比較して，その効果を評価する手法である。

生産量と生産性

酪農場における生産物として乳を考えた場合，乳量が生産量（Production）となり，1 kg当たりの取引単価に生産量（1 日，1 カ月，1 年）を掛けたものが乳代（便益）となる。一方，乳生産に必要な経費（費用）としては，飼料費，水道光熱費，家畜購入費，人件費などが考えられる。必要経費を増やせば，ある程度の生産量の増加につながることは想像にかたい。しかしながら，生産性（Productivity）の向上になるかというとそうではない。それは以下の式が成り立つからである。

生産性＝生産量（便益）÷必要な経費（費用）

つまり，便益＝費用であれば生産性は 1 であり，儲けも損もないことになる。生産量が増加しても必要な経費がそれ以上に支出された場合，生産性が 1 を切って例えば 0.8 となったりすると，実際には損をしたことになる。経済活動としては最低でも 1 を超えなければならない。そして上述の「効率よい」とはこの数値がより高くなることを意味している。

費用便益分析法（Cost-Benefit Analysis）の実際

この評価法は，上述のとおり，講じた対策が生産性向上に有効であったかどうかの判定やその継続の可否判断をする際にはもちろん，今後の対策を検討してその妥当性を評価する際にも有効なシミュレーションとして使用できる。

分析を行う際に注意すべき点としては，便益および費用の項目を精査することである。計算に用いる数値の根拠は明確にすべきである。シミュレーションによる評価の場合は特に，設定される牛群のレベル，推定される各種データの根拠となる実証データあるいは研究データなどを示す必要がある。評価の結果により客観性を持たせることに注意を払わなければならない。

以下に及川らが実際に行った費用便益分析法について例示する。

1. 実際の効果に基づいてその対策の有効性を評価した例（及川ら，1998）

対策：放牧乳用育成牛の消化管内寄生線虫に対するイベルメクチン製剤の投与

公共放牧地においてイベルメクチン製剤の投与による寄生虫対策が有効であるかどうかを判断するための試験が行われ，その経済的効果が評価された。入牧後28日と60日に育成牛に薬剤を投与して，その増体量に対する効果を判定した。また，併せて初回人工授精日齢も調査した。

費用として2回投与分のイベルメクチン製剤と器材および獣医師の技術料が計上された。便益として，退牧時の体重から入牧時の体重を差し引き，放牧期間中の増体量が算出された。イベルメクチン製剤を投与することで無投与対照牛と比較して，明らかに体重の増加が認められた。その効果を便益として評価するために，全放牧日数から投与牛が対照牛の退牧時平均体重に達した時点での放牧日数を差し引いた日数（節約された放牧日数）を求め，それに1日当たりの放牧預託料金を乗じた金額を算出した。また，投与牛では初回人工授精日齢が早まったので，その分初回分娩日齢が若くなることによる便益が計算された。なお，血液検査からも線虫駆虫により健康度の向上が示された。本対策は通常の放牧管理内で実施可能であった。

費用は製剤代1,528円，器材・技術料で1,086円，便益は節約された放牧料金3,984円，初回人工授精日齢が早くなったことで初産月齢が若くなった効果9,900円であり，費用・便益比は1：5.3と算出された（**表1**）。なお，この公共放牧地では毎年約200頭の放牧があったことから，対策を取り入れた場合，費用52万2,800円，便益が277万6,800円となり，225万4,000円の収益があると試算された。以上から本対策が有効であ

表1　放牧育成牛1頭当たりの費用と便益

	項目	金額	根拠
費用	イベルメクチン製剤代	1,528円	投与量；0.02 mL/体重1 kg 2回投与
	器材・技術料	1,086円	543円/回 2回投与
	計	2,614円	
便益	放牧料金	3,984円	節約された放牧日数；33.2日 放牧料金；120円/日 33.2日×120円/日
	初回人工授精日齢	9,900円	初回人工授精日齢；対照牛559日，投与牛532日 初産月齢1カ月延長で11,000円の損失[a] (559日−532日)×11,000円/30日
	計	13,884円	

費用：便益=1：5.3(2,614円：1万3,884円)
a：北海道NOSAI，1991・JA上士幌，2003

ると判断され，翌年から放牧衛生プログラムに組み込まれた。

2. 研究データなどに基づいてその対策の有効性をシミュレーションした例（及川，2015）

対策：泌乳初期の潜在性ケトーシス牛に対するプロピレングリコールの投与

潜在性ケトーシスの発生率が40%の牛群において，プロピレングリコールの投与による対策効果の推計を行った。過去の研究成果において，対策を講じることによって潜在性ケトーシスが牛群にもたらす経済損失が削減されることが示されていることから，その削減された損失を便益，必要とされる種々の対策費を費用と考えた。牛群における発生リスク，検査などに関しても研究論文のデータを用いた。なお，牛群規模を100頭と設定して算出した。

①潜在性ケトーシスによる経済的な損失の推定

カナダのGeishauserらは潜在性ケトーシスによる損失を1乳期当たり78カナダドルと見積もっている。その根拠として，乳量が2週間にわたり2L/日低下すること（8カナダドル），空胎日数が2週間延長すること（28カナダドル），臨床型ケトーシスになるリスクが3倍高くなること（22カナダドル），第四胃変位になるリスクが3倍高くなること（20カナダドル）をそれぞれ示している。なお，臨床型ケトーシスと第四胃変位の群における発生率をそれぞれ5%と2%に設定している。彼らの試算根拠に準じて日本における損失を推計したところ，**表2**のとおり1頭の潜在性ケトーシス牛は約2万5,000円の損失をもたらすと予測された（ただしこの試算において発生が予想されている臨床型ケトーシスと第四胃変位による乳量減少や空胎日数の延長による損失などは

表2　潜在性ケトーシスによる損失額の推定

項目	損失額	根拠
乳量減少	2,520円	2L/日の損失2週間[a] 乳価；90円/kg 2L×14日間×90円
空胎期間の延長	16,800円	14日延長[a] 1日延長で1,200円の損失[b] 14日間×1,200円
臨床型ケトーシス発生リスクの増加	2,250円	治療費；15,000円[c] 群の発生率；5%[a] リスク比；3.0[a] 15,000円×5%×3.0
第四胃変位発生リスクの増加	3,600円	治療費；60,000円[d] 群の発生率；2%[a] リスク比；3.0[a] 60,000円×2%×3.0
計	25,170円	

a：Geishauser ら, 2001
b：家畜改良事業団ホームページ
c：3日間の輸液治療費（乳量や繁殖などの損失は含まない）
d：第四胃変位整復術と2日間の輸液治療費（乳量や繁殖などの損失は含まない）

含まれていない)。なお，空胎の延長や治療費に関しては日本のデータを用いた。

②潜在性ケトーシス牛に対するプロピレングリコールの投与効果に対する費用便益分析

Geishauserらは潜在性ケトーシスの損失額を根拠として，潜在性ケトーシスの発生率が40％の時の牛群100頭に対して，分娩後1週目と2週目に検査を行い，潜在性ケトーシスと診断された牛に250gのプロピレングリコールを1日2回で3日間行う対策を講じた場合の費用対効果を試算している。すなわち，この検査方法では潜在性ケトーシスの90％の牛が摘発できることから，便益を2,808カナダドル（100頭×40％〈発生率〉×90％〈摘発率〉×78カナダドル）と計算した。また，費用として，検査料200カナダドル（100頭×2回×1カナダドル〈1回の検査料〉），投薬料360カナダドル（100頭×40％〈発生率〉×90％〈摘発率〉×10カナダドル〈1頭当たりの投薬量〉），摘発できなかった牛による損失額312カナダドル（100頭×40％〈発生率〉×10％〈摘発できない率〉×78カナダドル）を加えて計872カナダドルとしている。以上より，100頭牛群に対しての費用・便益比は1：3.2と評価され，対策の有用性が示されている。及川はこの結果をもとにして日本のデータで費用便益分析を行った。すなわち，費用は24万3,880円，便益は90万6,120円と試算され，費用・便益比は1：3.7と算出された（**表3**）。この結果は推計ではあるが，カナダと同様に効果が期待できると考えられた。よって，同レベルの発生率を持っていた及川担当の農場において，本対策の実行が決定された。なお，このような対策は通常の農場管理から見て人的にも無理なく実行可能であった。

表 3　潜在性ケトーシスの発生率が 40％の 100 頭牛群に対策を講じた際に予想される費用と便益

	項目	金額	根拠
費用	検査料	100,000 円	1 回の検査料 500 円[a] 分娩 1，2 週目の 2 回検査[b] 100 頭×2 回×500 円
	投薬料	43,200 円	投薬牛；36 頭 100 頭×40％(発生率[b])×90％(摘発率[b]) プロピレングリコール(250 mL)；200 円 / 本[c] 朝夕の 2 回投薬を 3 日間[b] 36 頭×2 回×3 日間×200 円
	摘発できなかった潜在性ケトーシス牛による損失	100,680 円	潜在性ケトーシス牛；4 頭 100 頭×40％(発生率[b])×10％(摘発できない率[b]) 潜在性ケトーシスによる損失；25,170 円(**表 2**) 4 頭×25,170 円
	計	243,880 円	
便益	対策によって潜在性ケトーシスの損失が回避されたことによる利益	906,120 円	回避できた頭数(＝投薬牛)；36 頭 100 頭×40％(発生率[b])×90％(検査での摘発率[b]) 潜在性ケトーシスによる損失；25,170 円(**表 2**) 36 頭×25,170 円
	計	906,120 円	

費用：便益＝1：3.7（24 万 3,880 円：90 万 6,120 円）
a：ポータブル測定器のカートリッジ代
b：Geishauser ら，2001
c：プロピレングリコールの一般的な薬価

財務的価値と社会的価値

便益と費用の比（換言すれば生産性）について，どのくらいが妥当であるかは，そのケースごとに評価する必要がある。すなわち，主として財務的価値を優先する場合は，便益と費用の差あるいは比が大きい程有効である。しかし，例えばある対策が地域を対象とするものであり，地域の活性化に必要で社会的価値が評価されるのであれば，その差や比がそこまで大きくなくてもよい場合もある。このように費用便益分析の結果はその対策の目的とする内容で評価を見極めなければならない。

5－2

アニマルウェルフェア（家畜福祉）

アニマルウェルフェアとは何か

英語ではAnimal Welfare，カタカナにするとアニマルウェルフェア，日本語に訳すと家畜（動物）福祉となる。アニマルウェルフェアとは，産まれてからと畜されるまでの間，できるだけストレスを抑えて飼育し，輸送しようとする考え方である。

日本では「家畜にも福祉？」と違和感を覚える人が多いようだ。福祉という言葉には，社会保障，社会福祉，障害者福祉，生活保護など社会的弱者を支援するというイメージが強いからである。Welfareには幸福や幸せという意味もあるが，福祉と訳してしまうとこの意味が抜け落ちてしまう。そこで，（公社）畜産技術協会では「快適性に配慮した家畜の飼育管理」と定義し，アニマルウェルフェアとカタカナ表記するようにしている。

人間に生きる権利が保障されているのであれば，人間以外の動物にもその権利を与える必要があると考える「動物の権利」思想は，「アニマルウェルフェア」の考え方とは根本的に異なるものである。「動物の権利」思想は家畜を人間のために利用することを否定するが，「アニマルウェルフェア」の考え方は動物を人間のために利用することを認め，「苦痛・苦悩」を排除した飼育管理を目指すというものであり，これまでの畜産の在り方を反省し，感受性を持つ生き物としての家畜に心を寄り添わせ，誕生からと殺されるまでの間，快適性に配慮した飼育方法を目指そうとする科学的な考え方である。

動物愛護

動物に対する日本独自の思想として，「動物愛護」があり，我々日本人に深く浸透している。「動物の愛護及び管理に関する法律（動物愛護管理法）」もある。動物愛護とアニマルウェルフェアはどう違うのかという質問も多い。動物愛護とは「動物をかわいがり保護する」ことで，主語は人であり，人の心情や行為がある。一方アニマルウェルフェアは動物自体の状態が主体であり，人の心情や行為ではない。アニマルウェルフェアは，あくまでも動物がどう感じているかを客観的に判断，類推するものである。

カウコンフォート

カウコンフォートとは，牛を快適な環境で飼育すれば生産性も向上するという生産者の立場からの考え方であり，アメリカやカナダから広がり日本の酪農家や指導機関でも使われるようになった。牛にとってはアニマルウェルフェアでもカウコンフォートでも同じことであり，管理者にとっては牛が快適になるような飼育管理に取り組むことである。しかし，カウコンフォートは消費者の立場からではないこと，カウ＝乳牛だけであり，アニマルコンフォートとはほとんどいわれないことから，世界的にはアニマルウェルフェアを使うことが一般的である。

アニマルウェルフェアの歴史と国際的な動向

アニマルウェルフェアの考え方のもとになったものが，イギリスの主婦ルース・ハリソンによって1964年に書かれた著書『アニマル・マシーン（工場畜産)』である。経済成長に伴い家畜の飼養頭数が大幅に増加した結果，家畜の集約的飼育方式が一般化してきた。この本のなかでルース・ハリソンは，「命のある家畜を人間の欲求のままに，まるで肉，乳，卵の製造機械のようにしか扱っておらず，あたかも工場でそれらを生産しているようだ」と訴えた。この本によってアニマルウェルフェアという考え方が市民に広まり，イギリス議会はノースウェールズ大学教授のブランベルを委員長とする専門委員会をつくり，科学的調査を行ってブランベルレポートとして答申した。そこには「福祉とは，肉体的健康および精神的健康の双方をカバーする広義な言葉である。したがって，福祉は動物自体の構造，生理および行動から判断する動物自体の心的体験に関する科学的事実をもとに考慮されねばならない」と述べられている。そして家畜であっても生存している限り，不必要な痛みや苦しみを受けないという権利の保障を求める「アニマルウェルフェア」という思想から，家畜の飼育方式を規制するための法的体制が整えられはじめた。

EUでは，1998年に農用動物保護指令が施行され，さらに採卵鶏，豚，子牛のそれぞれに飼養基準が定められている。成牛のものはまだないが，子牛に関しては1991年に採択され1997年に一部改正された指令がある。そこでは，8週齢以降の単飼ペンでの飼養や哺乳時以外の繋ぎ飼いを禁止し，面積，照明，飼料などについても規定している。

1993年にイギリス政府により設立された農用動物福祉審議会（Farm Animal Welfare Committee：FAWC）は，次の5つの自由（5フリーダムス）を提唱し，これがアニマルウェルフェアに関する世界的な共通認識となっている。

①飢えと渇きからの自由，②疾病や怪我からの自由，③不快環境からの自由，④正常行動を発現する自由，⑤恐怖や苦悩からの自由である。これらの自由を最大限満たすこ

とが家畜の福祉レベルを向上させることにつながる。家畜自身が「どう感じているか」を科学的に捉えることが，きわめて重要となる。

国際獣疫事務局（OIE）は，日本も加盟している国際的獣医防疫機関である。疾病の伝播防除にとどまらず，家畜の健康とアニマルウェルフェアは密接な関係にあると認め，アニマルウェルフェアの世界基準となるガイドラインの作成を検討している。2004年の総会で，アニマルウェルフェアの原則に関する指針を採択し，2005年には，アニマルウェルフェアの4つの基準を採択している。4つの基準とは，食用家畜のと殺，陸上輸送，海上輸送，病気管理目的の処分に関するものである。その後，家畜種別の飼育管理に関する基準が検討されはじめ，2012年にアニマルウェルフェアと肉牛生産システム，2013年にアニマルウェルフェアとブロイラー生産システム，2015年にアニマルウェルフェアと乳牛生産システムが採択されている。

海外のアニマルウェルフェア認証制度の動向

欧米では，動物保護団体や生産団体により飼育基準（評価法）が定められている。まず，最もよく知られている英国王立動物虐待防止協会（Royal Society for the Prevention of Cruelty to Animals：RSPCA）の評価法を紹介する。RSPCAはイギリスの最も古い動物保護団体であり，消費者にアニマルウェルフェアに配慮して飼育された生産物を提示するため，1994年に「Freedom Food」という食品ラベルを開発した。5フリーダムスを満たすことをベースとして作成された評価基準であり，これらを満たしていればその生産物にこのラベルを表示し販売できる。飼育管理のみならず，輸送，と殺まで，1年に1回程度チェックされる。現在，肉用鶏，七面鳥，アヒル，採卵鶏，雛，豚，羊，肉用牛，乳用牛，養殖用鮭および養殖ニジマスについての基準が作成されている。さらに，イギリス環境・食糧・農村地域省（DEFRA）が作成したCode of Recommendations for the welfare of livestockに記された法律を熟知することも要求されている。

アメリカでは，2003年に設立されたNPOの人道的家畜管理（Humane Farm Animal Care）がアニマルウェルフェアの認証をしており，「Certified humane raised and handled」のラベルで乳，肉，卵が販売されている。

アメリカやカナダのオーガニック食品を販売する大手の食品チェーンであるホールフーズマーケット（Whole Foods Market）は，2011年にアニマルウェルフェアの認証システムを導入し，店頭で販売されているすべての牛肉，鶏肉および豚肉に5段階のウェルフェアレベルを示すラベルを貼付している。

ドイツやオーストリアでは，有機畜産の判断基準にAnimal Needs Index（ANI）という牛，豚，鶏に関する飼育環境の評価基準が利用されている。乳牛用のANIでは，運動，社会的関係，床，照明と空調，ストックマンシップ（管理者と牛との関係）の5

項目から細かく点数を付け，その合計点数で福祉レベルが評価される。

EU では，2004 年から 2009 年まで総額 1,700 万ユーロをかけ，44 の大学や研究機関が参加した Welfare Quality プロジェクトによるアニマルウェルフェア評価法を開発した。牛（乳用牛，肉用牛，ヴィール子牛），豚（繁殖豚，肥育豚），鶏（産卵鶏，ブロイラー）のものがある。適切な行動，適切な畜舎，適切な健康性，適切な行動の各側面にそれぞれ 2～4 つの評価基準を，さらに各評価基準に 30～60 個の各測定項目を設定している。最終的に農場の福祉レベルを優，良，可，不可のいずれかに判定する。今後は，この評価法を洗練し第三者機関による認証を目指していく。

国内のアニマルウェルフェアの動向

海外のアニマルウェルフェアの動きを受けて，農林水産省は「アニマルウェルフェアについて」というホームページを作成している。（公社）畜産技術協会および（公社）日本馬事協会も，アニマルウェルフェアの考え方に対応した飼養管理指針を家畜種別（肉用牛，乳用牛，ブロイラー，採卵鶏，豚，馬）に作成している。それらをもとに写真や図を加えて解説した「アニマルウェルフェアの向上を目指して― AW を向上させるための飼養管理―」も用意されている。このように，国内でもアニマルウェルフェアへの対応が開始されている。

では，酪農家がどのような飼育をすれば，「快適性に配慮した家畜の飼育管理」と言え，第三者がアニマルウェルフェア的な飼育であると判断できるのだろうか。そこで，瀬尾らはこれまでの研究知見や，すでに海外にあるアニマルウェルフェア評価基準をもとにして，日本でも利用できる乳牛用のアニマルウェルフェア評価基準を作成している。

国内のアニマルウェルフェア認証制度

2016 年 5 月に（一社）アニマルウェルフェア畜産協会が設立された。瀬尾らが作成した乳牛用アニマルウェルフェア評価法をたたき台とし，協会メンバーで話し合いを重ね，基準の見直しや評価項目を追加し，改良を加えた。その評価基準（**表 1**）により，アニマルウェルフェアの認証を行うこととした。家畜の飼育者は，どのようなことに気を配りながら飼育したらよいのかを記したものである。認証基準は，「動物」「管理」「施設」のベースごとに分かれており，各ベースとも 80％以上を満たすことを認証の条件としている。本協会の認証制度は，家畜，飼育管理方法および飼育環境を評価し，認証するものである。認証を得るには，初年度は夏季と冬季の年 2 回，協会の審査員により立ち入り審査を受ける必要がある。認証を受けた農場は，協会が定める認証マークを製品や農場看板に表示することができる。認証された製品が販売されることにより，生産者や消費者に知ってもらう機会を増やすことができ，消費者の選択の幅が広がる。消費者はアニマルウェルフェアに関心があったとしても，どのようなものか漠然としたイメージでしかなかったが，このラベルを付けた商品を選ぶことでアニマルウェルフェアに取り組んでいる生産農場を支援できる。2017年には，そのような牛乳・乳製品が販売される見込みである。なお，評価基準は定期的に改良予定のため，最新版はアニマルウェルフェア畜産協会ホームページ〈http://animalwelfare.jp〉を参照されたい。

表1　乳牛のアニマルウェルフェア評価法（2016年度）

A　動物ベース評価基準
（搾乳牛TS：繋ぎ，搾乳牛FS：フリーストール，搾乳牛FB：フリーバーン，育成：育成牛，　哺乳：哺乳子牛）

評価項目	対象	評価基準	チェック方法(測定方法)
BCS	搾乳牛TS 搾乳牛FS 搾乳牛FB 育成	BCSスコア2.0以下の牛が1頭もいない	横臥している牛を除き，できる限り全頭調査する。該当牛がいた場合，その個体番号を記録する
牛体の清潔さ	搾乳牛TS	清潔度スコア3と4に分類された牛の割合が， ①乳房18%以下 ②上肢とわき腹26%以下 である	ランダムに選んだ30頭以上を調査する(ただし，調査対象牛が30頭未満であればできる限り全頭調査) (スコアは別途定める) 清潔度スコア：牛体衛生スコア(26ページ)を一部変更したもの
	搾乳牛FS 搾乳牛FB	清潔度スコア3と4に分類された牛の割合が， ①乳房20%以下 ②上肢とわき腹17%以下 である	
	育成	清潔度スコア3と4に分類された牛の割合が，上肢とわき腹17%以下である(ただし，調査日に放牧地またはパドックが利用できる場合は調査対象外とする)	
飛節の状態	搾乳牛TS 搾乳牛FS 搾乳牛FB	飛節スコア(23ページ)3以上の牛の割合が22%未満である	ランダムに選んだ30頭以上を調査する(ただし，調査対象牛が30頭未満であればできる限り全頭調査) (スコアは別途定める)
尾の折れ	搾乳牛TS 搾乳牛FS 搾乳牛FB	尾を人為的に折られた牛が1頭もいない	全頭調査する(ただし，尾が折れている牛がいれば該当牛の番号を控え，管理者に理由を聞き，その管理者によって人為的に折られていないか確認)
蹄の状態	搾乳牛TS	放牧を行っている場合，蹄冠部スコア*1 3以上が1頭もいない，かつロコモーションスコア(28ページ)2以上の牛の割合が14%未満である(ただし，蹄冠部スコア3以上やロコモーションスコア2以上である場合，適切な治療を行っていればよい) 放牧を行っていない場合，蹄冠部スコア3以上が1頭もいない(ただし，蹄冠部スコア3以上である場合，適切な治療を行っていればよい)	ランダムに選んだ30頭以上を調査する(ただし，調査対象牛が30頭未満であればできる限り全頭調査) (スコアは別途定める)
	搾乳牛FS 搾乳牛FB	ロコモーションスコア2以上の牛の割合が14%未満である(ただし，ロコモーションスコア2以上である場合，適切な治療を行っていればよい)	
外傷	搾乳牛TS 搾乳牛FS 搾乳牛FB 育成	飛節を除いた，首，前膝，背中，後膝などの部位に傷，擦りむけ，タコ，出血，腫れ，化膿などの外傷(直径2㎝以上)が見られる牛の割合が7%未満である	できる限り全頭を調査する
皮膚病	搾乳牛TS 搾乳牛FS 搾乳牛FB 育成	皮膚病を発症している牛が1頭もいない 皮膚病を発症している場合，適切な治療を行っている	できる限り全頭を調査する

A　動物ベース評価基準
（搾乳牛 TS：繋ぎ，搾乳牛 FS：フリーストール，搾乳牛 FB：フリーバーン，育成：育成牛，哺乳：哺乳子牛）

評価項目	対象	評価基準	チェック方法(測定方法)
病傷事故頭数被害率	搾乳牛 TS	地域平均値以下である	調査前年度 1 年分の共済記録を用いる ただし，何らかの理由により増加した場合は過去 3 年間の平均値を用いる
	搾乳牛 FS		
	搾乳牛 FB		
	育成		
	哺乳		
死廃事故頭数被害率	搾乳牛 TS	地域平均値以下である	調査前年度 1 年分の共済記録を用いる ただし，何らかの理由により増加した場合は過去 3 年間の平均値を用いる
	搾乳牛 FS		
	搾乳牛 FB		
	育成		
	哺乳		
第四胃変位発生率	搾乳牛 TS	疾病発生率が成乳牛頭数の 1%以下である	調査前年度 1 年分の共済記録を用いる ただし，何らかの理由により増加した場合は過去 3 年間の平均値を用いる
	搾乳牛 FS		
	搾乳牛 FB		
除籍牛平均月齢	搾乳牛 TS	地域平均値以上である	牛群検定成績表における調査月の「除籍牛平均月齢」を用いる ただし，何らかの理由により低下した場合，調査月から過去 3 年間の「除籍牛平均月齢」の平均値を用いる（過去 3 年間とする場合，牛群検定成績表において当年，前年および前々年の同月の「除籍牛平均月齢」の平均値を算出したものを使用） 牛群検定を行っておらず検定成績表がない場合，管理者から調査月より過去 1 年間もしくは過去 3 年間に除籍した牛の月齢を聞き，その平均値を算出したものを用いる
	搾乳牛 FS		
	搾乳牛 FB		
異常行動	搾乳牛 TS	犬座，舌遊び，異物舐め，熊癖といった異常行動が 1 頭もいない	実際に調査する
	搾乳牛 FS		
	搾乳牛 FB		
	育成		
	哺乳		
逃避・逃走反応	搾乳牛 TS	逃避反応スコア*2 の平均値が 5.3 以下である	ランダムに選んだ 30 頭以上を調査する（ただし，調査対象牛が 30 頭未満であればできる限り全頭調査）（スコアは別途定める）
	搾乳牛 FS	逃走反応スコア*3 の平均値が 3.3 以下である	
	搾乳牛 FB		

B　施設ベース評価基準
（搾乳牛 TS：繋ぎ，搾乳牛 FS：フリーストール，搾乳牛 FB：フリーバーン，育成：育成牛，哺乳：哺乳子牛）

評価項目	対象	評価基準	チェック方法(測定方法)
水槽の寸法・給水能力	搾乳牛 TS	①ウォーターカップの場合は 2 頭ごとに 1 つ以上である ②給水能力は 2 L/10 秒以上である	貯水タンクがある場合，タンクからの配管から最も遠いウォーターカップの吐水量を計測する 貯水タンクがない場合，配管をみて，末端のウォーターカップの吐水量を計測する
水槽の寸法・給水能力	搾乳牛 FS	① 20 頭に 1 カ所以上の割合で，各群につき 2 カ所以上設置してある ②不断給水されている	形の異なるものを，メジャーを用いて全て計測する 群が 20 頭以上の場合，頭数に応じて給水器を設置しているかを調査する
	搾乳牛 FB		
	育成	① 1 群に 1 基以上で，20 頭当たり 1 カ所以上設置している ②不断給水されている	
暑熱対策［THI と風速］	搾乳牛 TS	THI〔T：気温(℃)　H：相対湿度(%)〕［=0.8×T+0.01×H×(T−14.3)+46.3］が 72 未満である THI が 72 以上の時，風速が 2 m/ 秒以上である	温度および湿度は，数カ所の牛床上において，牛体の高さで計測し最大値を用いる 風速は，数ヵ所の牛床上において牛体の高さで計測し，平均値を用いる
	搾乳牛 FS		
	搾乳牛 FB		
牛舎内照度	搾乳牛 TS	牛舎内照度が 70 LUX 以上ある	乳房付近の照度を数カ所の牛床で計測し平均値を用いる
	搾乳牛 FS		
	搾乳牛 FB		
騒音	搾乳牛 TS	牛舎内に 80 dB 以上の断続的な騒音がない	牛の頭部付近で計測し最大値を用いる
	搾乳牛 FS		
	搾乳牛 FB		

B　施設ベース評価基準
(搾乳牛 TS：繋ぎ，搾乳牛 FS：フリーストール，搾乳牛 FB：フリーバーン，育成：育成牛，哺乳：哺乳子牛)

評価項目	対象	評価基準	チェック方法(測定方法)
空気の質	搾乳牛 TS 搾乳牛 FS 搾乳牛 FB 育成	牛舎内アンモニア濃度が 25 ppm 未満である	牛が利用し得る通路・牛床・飼槽を計測し，最大値を用いる
休息エリア寸法	搾乳牛 TS	1 頭当たり牛床面積が 1.8 ㎡以上ある	牛床数ヵ所を計測し，最小値を用いる(ただし一般的な牛より小型の牛の場合は考慮する) 牛が利用し得る畜舎面積を計測する
	搾乳牛 FS 搾乳牛 FB	1 頭当たり畜舎面積が 4.0 ㎡以上ある	
繋留方法	搾乳牛 TS	搾乳，給餌，人工授精などの一時的な使用以外，スタンチョンを使用していない	実際に調査する
カウトレーナ	搾乳牛 TS	原則として，できる限りカウトレーナは使用しない やむを得ず使用している場合，以下の条件をすべて満たす ①変圧のできない電牧電源が使用されていない ②本体のアースが牛舎の外で埋設されている ③カウトレーナは通常立位状態の牛の背中から 5 ㎝以上離れている	①②カウトレーナのアース，電源をアンケートで確認する ③カウトレーナの高さはすべて調査する(放牧期でカウトレーナを使用していない場合は，舎飼い期に調査)
人用踏み込み槽	搾乳牛 TS 搾乳牛 FS 搾乳牛 FB	清潔な消毒槽がある	実際に調査する
分娩房	搾乳牛 TS 搾乳牛 FS 搾乳牛 FB	以下の条件をすべて満たした分娩房を設置し使用している(放牧地で分娩させる場合を除く) ① 1 頭当たり 10 ㎡以上ある ②清潔で乾いた敷料で覆われている ③ 30 頭に 1 カ所以上ある	実際に調査し，アンケートによる聞き取り調査も行う
1 頭当たりの牛床数	搾乳牛 FS 育成	1 頭に 1.1 ストール以上である	ストール数と牛の頭数を数え，1 頭当たりを計算する
設備の不良	搾乳牛 TS 搾乳牛 FS 搾乳牛 FB 育成	施設全体に飼養管理上問題になるような欠陥がない	牛舎内の設備をすべて調査し，外傷や隙間風を生じるような欠陥がないか確認する。
放牧	搾乳牛 TS 搾乳牛 FS 搾乳牛 FB	搾乳牛を，疾病牛を除いて，以下の条件で全頭放牧している ①放牧可能時期には，毎日，昼夜，昼間または夜間に牛を放している(早春，悪天候，暑熱時などを除く) ②冬季にも，毎日，パドックもしくは放牧地に牛を放している(悪天候時を除く) ③放牧地もしくはパドックの 1 日の利用時間は 4 時間以上である(悪天候時を除く) ④牛舎内への出入りが自由でない場合，放牧地もしくはパドックにおいても摂食，飲水が常に可能である ⑤牛舎内への出入りが自由でない場合，全頭が入れるシェルターまたは物陰がある(ただし，一部の牧区のみに日陰のない場合，パンティング行動がみられるような暑熱時には，その牧区への放牧を避けていればよい) ⑥牛舎から放牧地，パドックへの通路およびパドックが過度にぬかるんでいない(悪天候時を除く) ⑦放牧地，パドック，通路などの牧柵に有刺鉄線を使用していない ⑧放牧地の面積が成牛 1 頭当たり，昼夜放牧の場合 25 a 以上，夜間放牧または昼間放牧の場合 15 a 以上ある	実際に調査し，アンケートによる聞き取り調査も行う (ただし，①において，ぬかるみがあった時，管理者にその理由を確認し，悪天候により生じたものと判断できた場合は保留とし，後日再調査)

B　施設ベース評価基準
（搾乳牛 TS：繋ぎ，搾乳牛 FS：フリーストール，搾乳牛 FB：フリーバーン，育成：育成牛，哺乳：哺乳子牛）

評価項目	対象	評価基準	チェック方法（測定方法）
牛体ブラシ	搾乳牛 FS 搾乳牛 FB	牛体ブラシを設置している ただし牛体ブラシを設置していない場合でも，管理者が全頭に対し，週 1 回以上ブラッシングをしていればよいとする	実際に調査し，アンケートによる聞き取り調査も行う

C　管理ベース評価基準
（搾乳牛 TS：繋ぎ，搾乳牛 FS：フリーストール，搾乳牛 FB：フリーバーン，育成：育成牛，哺乳：哺乳子牛）

評価項目	対象	評価基準	チェック方法（測定方法）
濃厚飼料給与量	搾乳牛 TS 搾乳牛 FS 搾乳牛 FB	濃厚飼料の給与量が乾物重量換算で平均採食量の 50％以下である	調査月の牛群検定成績表を用いる（牛群検定を行っていない場合，管理者の記録簿から確認）平均採食量は有機畜産物の日本農林規格を参照する
1 人当たりの飼養頭数	搾乳牛 TS 搾乳牛 FS 搾乳牛 FB	酪農業従事者 1 人当たりの搾乳牛飼養頭数が 30 頭以下である	実際に調査し，アンケートによる聞き取りも行う
飼槽の清潔さ	搾乳牛 TS 搾乳牛 FS 搾乳牛 FB 育成	①飼槽表面が平らで，破損している箇所が見られない ②飼料のこびりつき，飼料の変敗がみられない	飼槽すべてを調査する
水槽の清潔さ	搾乳牛 TS 搾乳牛 FS 搾乳牛 FB 育成	水槽内に ①腐敗した飼料の沈殿 ②過度のぬめり ③過度の糞便の付着 ④藻の付着 がみられない	水槽すべてを調査する
迷走電流	搾乳牛 TS 搾乳牛 FS	検出された電圧が 0.5 V 未満である	水槽と水槽周囲の床，もしくは水槽と牛床間の電圧を迷走電流計測器により測定する
哺乳子牛への初乳給与	哺乳	①生後 6 時間以内に確実に初乳を給与する ②吸乳が不可能な場合，哺乳用カテーテルなどで生後 24 時間以内に初乳を給与する ③ 3 日間以上，初乳もしくは全乳を給与する	アンケートによる聞き取り調査を行う
哺乳子牛への給水	哺乳	人工乳（スターター）を給餌されている子牛が，十分な量の新鮮な水を常時飲水できる	人工乳（スターター）を給与している子牛を対象にする。カーフハッチや子牛房飼育の場合は 1 頭ずつ評価し，群飼育の場合はその群に飲水できる設備があるかを調査する
離乳時期	哺乳	離乳は ① 6 週齢以前に行わない ② 1 日の固形飼料の採食量が 1 kgを超えるか，あるいは 3 日間続けて 0.5 kgを超えること	アンケートによる聞き取り調査を行う
哺乳子牛への粗飼料給与	哺乳	2 週齢以上の子牛に良質な粗飼料を給与すること	アンケートによる聞き取り調査を行う
牛床の軟らかさ	搾乳牛 TS 搾乳牛 FS	① 50 mm以上の敷料（ワラ・オガクズなど） ②マットレスに少量の敷料を敷いている ③ 150 mm以上の砂	敷料の少ない牛床で，敷料を横にならして，牛床の前中後で敷料の深さを計測し，その牛床の平均を出す数カ所の牛床の最小値を用いる
	哺乳	50 mm以上の深さがあり，よく乾燥し，カビの生えていない清潔な敷料を用いている	敷料の少ない施設（単飼・群飼ペン）で敷料の深さを測定する
牛床の滑りやすさ	搾乳牛 TS 搾乳牛 FS	長靴を牛床に押し当てて，滑らない	糞を避け，長靴のかかと部分を押し当てて計測する
牛床の清潔さ	搾乳牛 TS 搾乳牛 FS 育成	糞がのっている牛床の割合が，全体の 25％未満である	牛床すべてをみて，糞がのっている牛床をカウントする

C　管理ベース評価基準
（搾乳牛 TS：繋ぎ，搾乳牛 FS：フリーストール，搾乳牛 FB：フリーバーン，育成：育成牛，哺乳：哺乳子牛）

評価項目	対象	評価基準	チェック方法（測定方法）
断尾	搾乳牛 TS 搾乳牛 FS 搾乳牛 FB	1 頭も実施していない（導入時から断尾されている場合は除く）	全頭調査し，断尾されている牛がいれば該当牛の番号を控え，管理者に理由を聞く ただし，理由から当牧場の管理者によって人為的に断尾されていないようであれば，基準を満たすとする
除角	搾乳牛 TS 搾乳牛 FS 搾乳牛 FB	除角していない場合（遺伝的に無角となる精液を利用している場合も含む）は基準を満たすとする 除角している場合，生後 4 週齢以内に行っている（麻酔下での実施が望ましい）	アンケートによる聞き取り調査を行う
副乳頭	搾乳牛 TS 搾乳牛 FS 搾乳牛 FB	副乳頭を除去していない場合は基準を満たすとする 副乳頭を除去している場合 ①生後 7 日齢以内での副乳頭除去 ②それ以降は麻酔下で実施	アンケートによる聞き取り調査を行う
削蹄回数	搾乳牛 TS 搾乳牛 FS 搾乳牛 FB	① 1 年に 2 回以上削蹄を行っている（周年放牧の場合は除く） ②放牧を行っている場合，年 1 回以上の削蹄を行っている（周年放牧の場合は除く）	実際に調査し，アンケートによる聞き取り調査も行う
起立不可能な牛（ダウナーカウ）への対応	搾乳牛 TS 搾乳牛 FS 搾乳牛 FB	①起立できない牛を移動させる場合，肉体的損傷をさらに起こすような方法を行っていない（牛体に傷がつかないような処置もないまま，引きずり出すなど） ②給餌・給水などの世話をし，放置しない	アンケートによる聞き取り調査を行う
装着器具	搾乳牛 TS 搾乳牛 FS 搾乳牛 FB	首輪や脚輪，頭絡などを利用している場合，その器具が牛を傷つけることのないように取り付けている	できる限り全頭調査する
哺乳道具の洗浄	哺乳	①洗浄：ブラシなどで汚れ（有機成分）を落とす ②殺菌：洗剤を用いる ③保管：逆さにして保管する，重ねない	アンケートによる聞き取り調査を行う
哺乳子牛へのミルクの給与	哺乳	哺乳はすべて，乳首付きバケツや哺乳ボトル，自動哺乳システムのいずれかを用いて行っている	アンケートによる聞き取り調査を行う
哺乳子牛の社会行動	哺乳	カーフハッチ・単飼ペンが，子牛同士がお互いを確認できるような設備である	調査員が子牛の目線に立って評価する
哺乳子牛の群飼	哺乳	獣医師の指示や伝染病など特別な理由がない場合，8 週齢以降の子牛が群飼されている	アンケートによる聞き取り調査を行う
哺乳子牛の繋留	哺乳	常時繋留の場合，70 ㎝以下の長さの短いロープで繋留していない	実際に調査する
取り扱い	搾乳牛 TS 搾乳牛 FS 搾乳牛 FB	牛の誘導時にスタンガンや電撃棒などの，電気刺激を与える器具は使用しない （牛に 1 頭ずつ名前をつけ名前で読んだり，牛に声かけしたりしていることが望ましい）	アンケートによる聞き取り調査を行う
死亡獣畜取扱場への搬入	搾乳牛 TS 搾乳牛 FS 搾乳牛 FB 育成 哺乳	死亡獣畜取扱場（化製場）へ牛を搬入する場合，獣医師による安楽殺を行ったうえで輸送している	アンケートによる聞き取り調査のうえ，関係書類により確認する

（一社）アニマルウェルフェア畜産協会

＊1　蹄冠部スコア：蹄の状態を判定するもの。蹄葉炎や趾皮膚炎などの蹄病により蹄が悪化している牛を発見できる。蹄冠や趾間の赤みや腫れの程度から判定する

＊2　逃避反応スコア：人への恐怖度合いを判定するもの。繋ぎ飼い牛舎で牛が係留されている場合において，評価者が牛にゆっくり接近して，牛が後退しようとするか触れられるかをスコア化したもの

＊3　逃走反応スコア：人への恐怖度合いを判定するもの。放し飼い牛舎や放牧地など牛が自由に動くことのできる場合において，評価者が牛にゆっくり接近して，牛が逃げはじめるまでの距離を基準となる距離と照らしあわせてスコア化したもの

5－3

農場コンサルティングにおける留意ポイント

農場のコンサルティングでは，乳牛群の生産性の維持，向上を図るために，乳牛が飼養されている環境から得られるデータを分析・評価する必要がある。具体的には，飼料データ，畜舎データ，乳質データ，作業手順データ，搾乳システムデータ，疾病データ，繁殖管理データなど多岐にわたる。これらの項目はそれぞれさらに多くの細分化された項目を含む。しかしながら，数値化できるデータの場合，管理システムが確立されれば，比較的容易にその活用を図ることが可能である。一方，このように乳牛の能力や飼養管理状況を評価する以外に，社会学的側面からの視点として，「農場における人間同士の連携」に関する分析が重要である。

家族経営の農場であれば，仕事上での連携について大きな問題を生じることは少ないと思われるが，農場が大規模化して法人経営あるいは企業経営となった場合は，日常の牛群管理においてそこで働く人間同士（農場従業員，獣医師や畜産関係者などの支援者）の良好な協力体制が求められる。すなわち，目的意識の統一や技術の平準化のための教育システムの構築，あるいは人事管理データなどを有効活用することが重要になる。

コンサルティングにおいて，学理的な知識に基づいた的確な分析はむろん大切であるが，それをいかに農場の組織内に理解してもらえるように伝えるか，浸透させるかは，農場運営上きわめて重要である。また，技術の伝達を図る際には組織連携が良好であることが必要である。したがって，単なるデータの分析や説明にとどまることなく，農場関係者との信頼関係を構築するために，円滑なコニュニケーションを励行し，農場の全体運営に配慮したアプローチを心掛けなければならない。

農場組織を知る

図1に一般的な大規模農場の組織図を示した。一般会社組織と同様であり，各部署には部長，課長，係長，主任に相当する従業員がしばしば配置される。コンサルティングの依頼を受けた場合，まずは農場の組織（部署の場所的位置関係も含めて）を理解し，そのうえで，自分がどのような仕事（役割）を任されているのかを把握することが大切である。また，データの分析結果をどのように組織還元すべきか，その伝達ルートなど

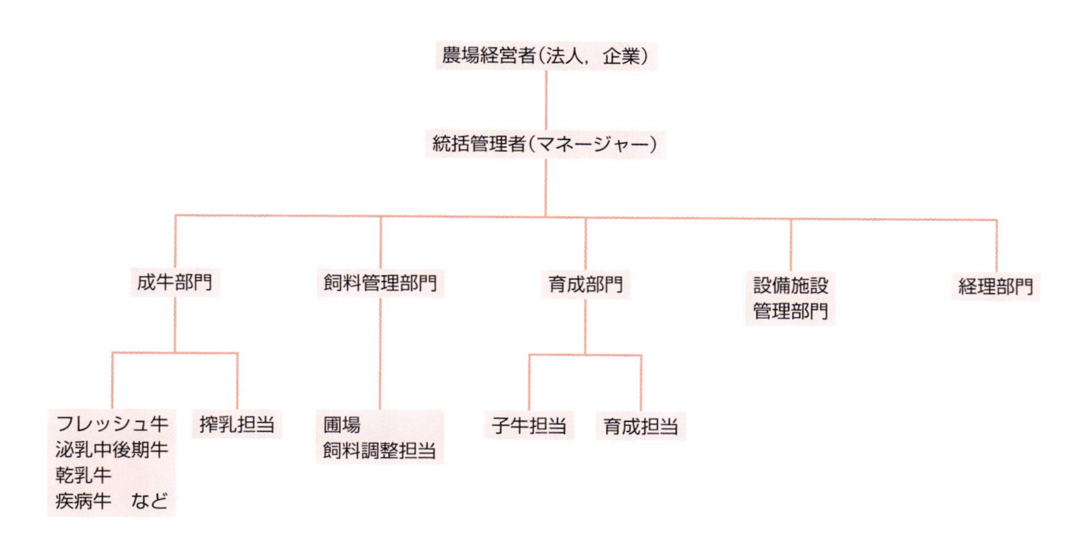

図１　大規模酪農場における組織体制

についても，各部署とのコニュニケーションをとおして理解していく必要がある。なお，農場の作業時間帯，農場運営に関係している出入りの会社あるいは業者なども把握しておくべきことに含まれる。

コンサルティングに求められるスキル

かつて北米でハードヘルスやプロダクションメディスンの取り組みが盛んになってきた1980年代の後半に，実践者にとってどのようなスキルが重要であるかについて議論されたことがある。結論的には，セールスマンつまり営業マンに学ぶということであった。すなわち，いい意味でクライアント（農場主）に対するサービス対応に精通している職種を大いに参考にすることであり，以下に述べるコンサルティングに必要な５つの基本スキルに通ずる。

1. データの分析能力

依頼のあった問題について5W1Hなどに基づいて論点整理をし，さらに関連データを収集して，論理的に分析する能力である。学理的な知識に関しては本書の各章を参照されたい。

2. インタビューテクニック

問題に関連した情報を関係者から聞き出すテクニックであり，質問形式が「Yes」か「No」の二者択一形式（Closed-Ended Question）や自由に回答してもらう形式（Open-

Ended Question）をうまく織り交ぜながら行うテクニックである。ある程度の経験が必要であることは言うまでもないが，質問の前に論理的組み立てができていないと筋道の通った質問ができない。質問相手に対する精神的なプレッシャーを与えると本質が聞き出せないので，インタビューする側には心の余裕が必要である。聴く姿勢が何より大切である。

3. プレゼンテーション能力

説明資料の作成あるいはその説明に関する能力であり，パソコンなどの操作スキルも必要とされる。どのような形式の伝達（時間を含む）がその農場では効果的かを見定める必要がある。(1) パワーポイントによるスライド上映，(2) レジュメや資料の配布，(3) ホワイドボードや模造紙にディスカッションをしながらの重要ポイントの書き込み，(4) 現地における口頭での伝達など，いろいろな形式があるので，状況に応じて選択する。すべての調査データを開陳するのではなく，データを精査して必要なポイントを絞って説明する方が効果的である。得てしてデータが多くなり過ぎると論点がぼやけることがある。必要であれば，別の機会に再度追加説明を考えてもよい。

4. ミーティング運営

情報伝達が円滑に行えるように農場組織におけるミーティングの運営を考えることも必要である。会議の際には，課題や決定事項を出席者で確認し合い，共有できる議事録やメモなどを作成する。

5. 教育情報の伝達能力

農場の従業員の知識や技術を平準化あるいは統一するために適切な教育情報を伝達する能力である。その際，現況の問題点を明確にしたうえで伝達項目を決定する。場合によっては，個人の能力を引き出すコーチングの技術も必要になる。コーチングはやる気を醸成するものであるので，欠点を指摘し，強制するのではなく，個人を尊重し長所を伸ばすことが重要である。

＊インタビュー，プレゼンテーション，ミーティング，教育伝達のいずれもその根幹においてコミュニケーションスキルが要求されるが，必ずしも流暢な言い回しが不可欠というわけではない。重要なポイントは，言いたいことをいかに相手に分かってもらうかという視点である。

標準作業手順（Standard Operation Procedure：SOP）

上述のとおり，農場の生産性を維持，向上させるためには従業員の技術が効率よく平準化される必要があり，それを実現するために有効な方法として標準作業手順がある。これは，農場の色々な作業においてそれに従事する人たちが共通の認識と手技で実施するための手順書である。

この手順書の書き方に特別な決まりはないが，コンサルティングに携わる支援者を混じえて農場関係者と協議のうえ決定される。おおむね以下のような内容を含む。①手順の種類（例えば，乳房炎治療に関する手順書，混合飼料調整に関する手順書，ミルクラインの洗浄に関する手順書など），②目的，③管理者とその従事者の役割と責任，④使用する器具，機材，⑤手順（1）仕事の順序，（2）可能性のある危害とその予防処置，⑥標準作業手順の見直しあるいは再検討の期日（定期的に関係者で話し合って手順の改定を検討する）。以上のように，農場 HACCP の取り組みに通ずる（「5−4　農場 HACCP」参照）。なお，新しい技術の伝達あるいは従来の技術の確認については，講習会の実施や農場内での定期的な検証を実施する。

農場コンサルティングは，専門的な観点から，農場に情報を提供し，ふさわしい行動指針を示すことである。しかしながら，その指針あるいは対策に効果があるのかどうかが分からないまま，漫然と継続されていることがある。問題点あるいは課題の解決において，期限を設定して，その都度，コンサルティングの内容が有効かどうかを判定することが大切である。なお，その対策の効果を得るためには的を射たコミュニケーションと信頼関係が何よりも重要であることを忘れてはならない。

5－4

農場 HACCP

ヒトの健康に直接関わる食品の安全・安心に対する消費者の関心は非常に高く，病原微生物の汚染や異物の混入などのない安全な食品の供給が強く求められている。畜産物の安全性の向上のためには，生産農場における衛生管理を向上させ，健康な家畜を生産することが重要である。農林水産省は，家畜の衛生管理の基本となる「飼養衛生管理基準」に基づき，食品の衛生管理システムの国際的な標準とされるHACCP方式を活用した衛生管理を行うことにより安全な畜産物を生産し，消費者に供給するため，農場HACCP認証基準を公表し農場HACCPの普及および取り組みの推進を図っている。ここでは，農場HACCPの概要とその認証制度について紹介する。

農場 HACCP

1. 食の安全性確保

我が国では，食品衛生法，と畜場法，家畜伝染病予防法など各種法令により畜産物の安全性が確保されてきたが，集団食中毒，偽装表示，牛海綿状脳症の発生などをきっかけに食の安全に対する不安を解消するため，2003年5月に食品の安全性の確保に関する施策を総合的に推進することを目的として食品安全基本法が制定された。同法では，農林水産物の生産から販売に至る一連の食品供給工程において，事業を行う人は，それぞれの持ち場において食品の安全性の確保のために必要な措置を適切に行う責任と義務を持つこととされた。これにより，食品供給工程の上流に位置する畜産物の生産農場においても食品の安全性確保のための措置を講ずる責務を負うこととなった（**図1**）。

安全な食品を生産するためには，その製造から加工，流通，消費に至る一連の衛生管理が必要であり，それぞれの段階で衛生管理を徹底し，安全性を確保するとともに各段階が緊密に連携することにより安全な製品を消費者へ供給することが重要である。

農林水産省は，2004年9月に食品の生産段階における安全性の徹底を図るため，畜産物の生産に関係する家畜伝染病予防法を改正し，家畜の所有者が守らなければならない飼養衛生管理基準を制定した。

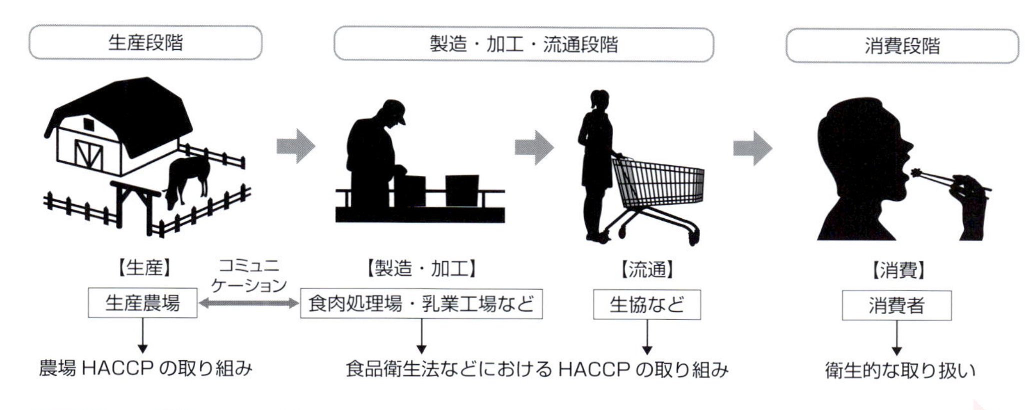

図１　畜産物の安全性を確保する仕組み

「安全」と「安心」

「安全」は，科学的，客観的に確保することができる。「安心」は，ヒトの感性に安堵感，信頼感を与えることによって達成されるものであり，「安心」を科学的に確立することはできない。

2. HACCP と農場 HACCP

①HACCP

HACCP システムは，安全な食品製造におけるリスク管理の１つの手法であり，ヒトが食べる食品の安全性を脅かす原因物質を，ヒトが食べる前に除去し，ヒトに安全な食品を供給する手法である。HACCP とは，Hazard Analysis Critical Control Point の略称であり，「危害要因分析必須管理点」と訳される。アメリカ航空宇宙局（NASA）が宇宙飛行士の安全な食品を製造するために構築した食品衛生管理システムである。Hazard Analysis は，ヒトへの健康被害を及ぼす可能性のある生物学的，化学的または物理的要因（危害要因）を分析・評価することを，Critical Control Point は，必須管理点を設定して，そこを重点的に管理することによって安全性を担保することを意味している。

つまり，原料の入荷から製造，出荷までのすべての工程において危害を予測し，その危害を防止するための重要管理点を特定し，そのポイントを継続的に監視・記録し，異常が認められたらすぐに対策を取って解決することにより，不良製品の出荷を未然に防ぐ衛生管理手法である。

②農場 HACCP

課題の原因を把握して工程を改善すれば安全な製品がつくれるという HACCP システムの考え方は，食品製造に限らず，家畜の健康やヒトに対する畜産物の安全性確保に

◆牧野，畜舎などの開放された環境下で飼育
☞病原体などの侵入門戸が多い

◆素畜の導入から出荷までの管理期間が長期
☞飼養管理・健康管理に手間がかかる

◆滅菌などの病原体を殺滅する工程がない
☞微生物が常在(生体と糞尿の分離困難)

図2　畜産農場の特性（食品の製造・加工段階との相違点）

も役立つものである。畜産農場の場合，開放的な環境など畜産農場の特性（図2）があり，厳格な衛生管理が行われている食品の製造工場と同一レベルで対応することはできないが，危害要因（病原微生物，化学物質，異物など）の混入を防ぎ健康な家畜と安全な畜産物を生産するための基本的な事項を管理し，これを外部に証明するためには，HACCP の手法を取り入れた衛生管理システムの導入が必要となり，「農場 HACCP」が開発された。

農場 HACCP の導入に関し，その統一性や消費者への透明性を確保する観点から，2009 年 8 月に「畜産現場における飼養衛生管理向上の取組認証基準（農場 HACCP 認証基準)」が農林水産省から公表された。

農場 HACCP は，畜産農場における衛生管理を向上させるため，管理ポイントを設定し，継続的に監視・記録を行うことにより，農場段階で危害要因をコントロールする手法である。法令や規則を遵守したうえで，一般的な衛生管理の取り組みにより制御できる危害要因は「一般的衛生管理プログラム」で，危険度（リスク）の高い危害要因は「HACCP 計画」でそれぞれ管理し，システムの定期的な検証・改善により，飼養衛生レベルや畜産物の安全性を継続的に向上させる取り組みである。

3. 農場 HACCP の導入手順

農場 HACCP システムの基本的な導入手順は，表1 に示す 12 手順（7 原則）による。これは，国連食糧農業機関（FAO）と世界保健機関（WHO）の合同食品規格委員会であるコーデックス（Codex）委員会のガイドラインに示されている手順であり，農場 HACCP 認証基準もこれに準拠している。手順 1 から 5 までは HACCP の準備作業で，以降，危害要因分析により必須管理点を設定し，許容限界，監視方法および検証方法を設定しシステムを運用して定期的に検証を行い，システムの見直しと改善を PDCA（計画，実行，検証，改善）サイクルにより継続的に繰り返す。

4. 農場 HACCP 認証基準

農場 HACCP 認証基準は，第Ⅰ部「認証基準」と第Ⅱ部「畜種別衛生管理規範」の 2

表１　Codex HACCP ガイドラインの適用の 12 手順

手順 1	HACCP チームの編成	
手順 2	対象品目の明確化	
手順 3	意図する用途の確認	
手順 4	フローダイアグラムの作成	
手順 5	フローダイアグラムの現場確認	
手順 6	危害要因分析(HA)の実施	(原則 1)
手順 7	必須管理点(CCP)の設定	(原則 2)
手順 8	許容限界の設定	(原則 3)
手順 9	監視(モニタリング)方法の設定	(原則 4)
手順 10	改善措置の設定	(原則 5)
手順 11	検証方法の設定	(原則 6)
手順 12	記録と保存方法の設定	(原則 7)

表２　農場 HACCP 認証基準（第Ⅰ部　認証基準）

認証基準の主な取組項目	主な内容
第１章 範囲，引用文書，用語	用語の定義など
第２章 経営者の責任	経営者による HACCP 実施の誓約，HACCP チームの任命，内部・外部コミュニケーションの確立など
第３章 危害要因分析の準備	原材料，用途，工程一覧図(フローダイアグラム)の文書化・保持・更新など
第４章 一般的衛生管理プログラムの確立と HACCP 計画の作成	危害要因分析の実施と必須管理点・許容限界の決定，監視方法・是正措置の確立など
第５章 教育・訓練	従事者の教育・訓練の実施など
第６章 評価，改善および衛生管理システムの更新	内部検証の実施，消費者や出荷先からの情報収集・分析，衛生管理システムの更新など
第７章 衛生管理文書リストおよび文書，記録に関する要求事項	各要件に関する農場の衛生管理文書の作成など

部構成となっており，第Ⅰ部は農場 HACCP の導入に必要な要求事項を設定し，経営者の責任，一般的衛生管理プログラムの確立と HACCP 計画の作成，文書・記録に関する要求事項などについて記載されている（**表 2**）。この認証基準は，後述する認証時の基準となる。第Ⅱ部畜種別衛生管理規範は，各畜種（乳用牛，肉用牛，豚，採卵鶏，肉用鶏）ごとに，農場 HACCP をモデル的に示したものであり，畜舎の要件，家畜の取り扱い，従事者の衛生と安全などについて記載されている。なお，この畜種別衛生管理規範は，要求事項ではなく，一般的衛生管理プログラムの確立の際の参考という位置付けである。

5. 農場 HACCP 認証基準の特徴

農場 HACCP 認証基準は，以下のような特徴を持つ。

①相互コミュニケーションにより農場での役割を果たす

食品の安全性は，農場から食卓までの各事業者が相互に連携を取って責務を果たすことにより確保されるため，相互コミュニケーションを確実に実施することを強調している。

②一般的衛生管理と HACCP 計画により家畜・畜産物の安全性を確保する

農場における作業工程全般について危害要因分析を行い，必須管理点を決めて HACCP 計画により管理を集中させ，必須管理点以外は作業手順書などのなかに法規制や一般的衛生管理などの事項を集約させることにより衛生管理システムを簡素化することを推奨している。

③継続的改善の仕組みで家畜・畜産物の安全性と生産性の向上を図る

農場 HACCP は，危害要因分析，予防策の策定，結果の評価，検証，システムの改善・更新を連続的に進める継続的改善システムである。農場では，家畜の疾病を引き起こす要因を分析し，排除または管理するための手段を講ずることにより家畜の健康を維持し，畜産物の安全性と生産性の向上につながる。

④すべての農場において HACCP システムを構築できる

農場の規模や経営形態に関係なくすべての農場において HACCP システムが構築可能である。農場 HACCP はシステムの導入であり，設備や施設のハード面の増強を求めるものではないため，家族経営の小規模農場であっても外部の専門家の協力を得てソフト面で補完することにより認証基準を満たす衛生管理システムの構築が可能である。

6. 農場 HACCP の導入による効果

農場 HACCP を導入した農場では，次のような効果が得られている。

①飼養衛生管理・生産性の向上（出荷日数の短縮，廃棄率や事故率の改善，病歴の確実な把握，薬剤費の削減），②食の安全性の向上（生乳中の細菌数や体細胞数の低減，動物用医薬品の休薬期間の徹底，注射針の管理による安全性向上），③外部からの評価（農場 HACCP 構築の評価による販路拡大，出荷先からの信用向上），④波及効果（家畜保健衛生所などの外部機関との連携強化，クレームへの記録に基づく論理的な原因究明，従業員の衛生意識の向上と農場の衛生レベルの向上，教育訓練とマニュアル化による作業性と効率の向上）

認証制度

HACCP の考え方を取り入れた家畜の飼養衛生管理（農場 HACCP）を推進するた

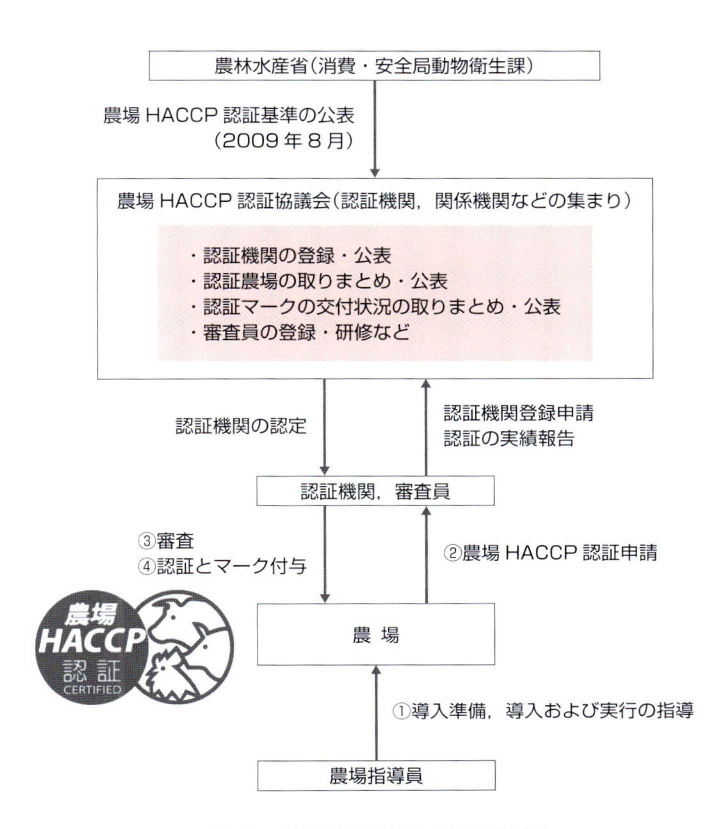

図 3　農場 HACCP の認証体制

め，農場 HACCP 認証基準が公表され，この認証基準に基づき，2011 年 12 月から民間認証機関による第三者認証である農場 HACCP 認証がはじまった。

1. 認証体制

農場 HACCP の認証体制を**図 3** に示した。農林水産省（消費・安全局動物衛生課）が農場 HACCP 認証基準を公表した後，同基準に基づいた認証の実施，認証の適正化およびその普及推進を目的として農場 HACCP 認証協議会が設立された。同協議会は，認証機関，関係機関などから構成され，主な活動は農場の認証を行う認証機関の認定，認証機関が農場の認証を行う際の審査員の登録，認証農場の公表などである。

認証事業を行う認証機関は，農場 HACCP 認証協議会の審査を受け，認証機関として認定されなければならず，2011 年 11 月に（公社）中央畜産会，2012 年 3 月にエス・エム・シー㈱が認証機関として認定され，農場の認証を行っている。

2. 審査員

農場 HACCP 認証の審査員になるための要件は，「中央畜産会が実施する審査員養成

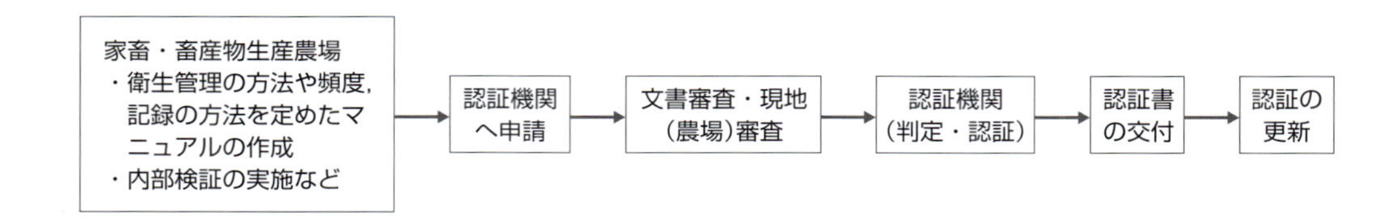

図 4　農場 HACCP 認証取得までの流れ

研修を受講し，農場 HACCP 審査員試験に合格していること」および「畜産分野で 3 年以上の衛生指導の経験を有すること」の 2 点である。要件を満たす者が農場 HACCP 認証協議会へ登録申請を行い，登録されると審査員となる。2016 年 12 月現在で，約 180 名の審査員が登録されている。

なお，農場 HACCP の指導を行う農場指導員に試験や登録制度はなく，中央畜産会などが実施する農場指導員養成研修を受講し農場指導員となる。すでに農場指導員研修の受講者は 2,000 名を超えている。

どのような人が審査員になっているか？

審査員の所属先は，家畜保健衛生所，畜産会・畜産協会，家畜畜産物衛生指導協会，農業共済組合，開業獣医師，動物用医薬品のディーラー，飼料会社，大学などである。審査員の要件を満たせば，獣医師でなくとも審査員になれる。

認証手順

認証の対象は畜産農場で，畜種は牛，豚および鶏である。認証農場は，牛では乳用または肉用，豚は養豚，鶏は採卵または肉用に区分され公表される。認証取得までの流れを**図 4** に示した。

1. 農場 HACCP の構築

農場は，農場 HACCP 認証基準で要求されている文書類を作成し，一定期間システムを運用し内部検証の記録などを添付して認証機関へ認証を申請する。申請は，申請書と農場 HACCP 認証基準で要求する文書（**表 3**）を提出する。

また，審査には，認証機関が定めた審査手数料，審査員の旅費などが必要である。

2. 審査

農場からの申請を受けた認証機関は，主任審査員と審査員からなる審査チームを任命

表3　農場HACCP認証基準で要求する文書リスト

第１章	所在地・生産物（認証）の範囲の規定書
第２章	衛生管理方針
	衛生管理目標
	組織図
	HACCPチームの組織表（役割分担表）
	外部コミュニケーション規定書
	内部コミュニケーション規定書
	特定事項への備え（規定書）
第３章	原材料・資材リスト
	製品説明書（特性・意図する用途を規定したもの）
	フローダイアグラム（工程一覧図）
	現状作業を明確化した文書（作業分析シートなど）
	生産環境の文書化（平面図，ゾーニング，動線）
第４章	ハザード分析ワークシート
	HACCP計画表（HACCP記録の一部）
	一般的衛生管理プログラムの規定書（整理表） （法規制との関連性を規定した文書を含む，特に飼養衛生管理基準との関連）
第５章	従事者の力量評価，教育・訓練の規定書（教育訓練プログラム）
第６章	内部検証の規定書
	内部検証の実施記録
	情報の分析・システム更新の記録
第７章	衛生管理文書リスト

し，審査は文書審査と現地審査の２段階で行われる。

文書審査の目的は，提出された文書から申請農場における農場HACCPシステムを検証し，現地審査で不適合になりそうな懸念事項についてあらかじめ農場に伝え，現地審査までに改善を促すことである。文書審査は，農場HACCP認証基準で要求されている文書が提出されているか，その内容が認証基準の要求事項に合致しているかの適合性を審査する。文書審査で適合と認められた農場は，現地審査へ移行する。

現地審査の目的は，農場HACCPシステムが認証基準に適合して運用されているか，提出された文書が現状を正しく反映しているかなどを現地で確認することである。現地審査では，経営者，HACCPチーム責任者，作業従事者などへのインタビュー，各種記録の確認，農場のサイトツアーなどを通して農場HACCPにおける役割の理解度，システムの運用状況などから，農場の衛生管理システムが有効に機能しているかの有効性を審査する。審査結果は，審査チームから認証機関へ報告される。

3. 認証機関における判定

審査チームからの審査結果の報告をもとに，認証機関は認証判定委員会で認証について最終的な判定を行い，認証することが適当と判断されると認証書が交付される。また，希望により認証マークを農場に提示することができる（**図3**）。

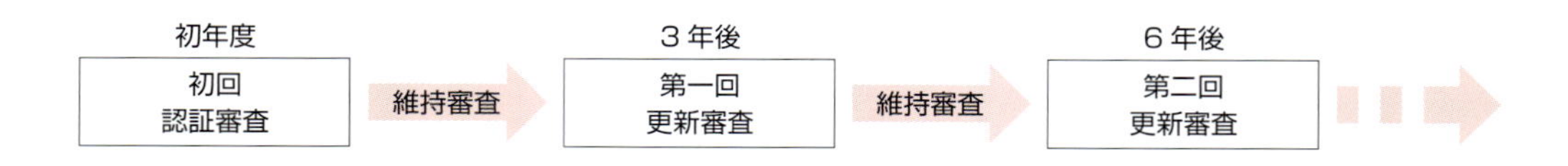

図5　認証審査のスケジュール

4. 更新

認証の有効期間は，3年間である。認証後も3年ごとに認証基準に適合しているか初回認証審査と同様に更新審査を受けることにより，認証の有効性が確保されている。また，認証取得から更新審査の中間でも農場 HACCP システムが継続的に機能しているかを確認するため，維持審査が実施されている（**図5**）。

5. 認証農場の公表

認証機関は，認証農場を公表するとともに，認証機関から認証農場の報告を受けた農場 HACCP 認証協議会も認証農場をホームページ〈http://jlia.lin.gr.jp/haccp-k/〉で公表している。2012年4月にはじめて認証農場が誕生後，2017年8月末現在127戸の農場が認証されている。

農林水産省は，2018年度までに農場 HACCP に取り組む農場を約1万戸，認証農場を約500戸に拡大する政策目標を掲げ，畜産物の輸出環境の整備にもつながる農場 HACCP の推進を図っており，消費者に加え製造・加工および流通業界からの関心も高く，今後さらに，農場 HACCP 認証農場が増えることが期待されている。

References

5－1
・及川 伸，川匂文男，平賀健二ら：日本獣医師会雑誌，51（5），237-240（1998）
・及川 伸：日本獣医師会雑誌，68（1），33-42（2015）
・Geishauser T, Leslie K, Kelton DF, et al.: *Compend Contin Educ Pract Vet*, 23, s65-s71（2001）
・（一社）家畜改良事業団〈http://liaj.lin.gr.jp/japanese/manual/indexh11.html〉2017年10月19日参照

5－2
・（一社）アニマルウェルフェア畜産協会〈http://animalwelfare.jp/〉2017年10月19日参照
・松木洋一（編著）：人も動物も満たされて生きる ウェルフェアフードの時代，養賢堂（2016）
・佐藤衆介：アニマルウェルフェア，東京大学出版会（2005）
・瀬尾哲也：アニマルウェルフェア（家畜福祉），乳牛管理の基礎と応用（柏村文郎ら 監修），Dairy Japan，327-336（2012）
・佐藤衆介，加隈良枝 監訳：動物福祉の科学，緑書房，東京（2017）
・鎌田壽彦，佐藤 幹，祐森誠司ら 編：動物の飼育管理，文永堂出版，東京（2017）

5－4
・（公社）中央畜産会：畜産農場における飼養衛生管理向上の取組認証基準（農場 HACCP 認証基準）の理

解と普及に向けて（平成28年度改訂版）（2016）
・（公社）中央畜産会：農場HACCP認証審査のために（2016）

索引

あ

か

さ

た

な

は

ま

や

ら

わ

英・数

編著者

及川　伸（おいかわ しん）

酪農学園大学 獣医学群 獣医学類 ハードヘルス学ユニット 教授，博士（獣医学）。

酪農学園大学大学院 獣医学研究科修士課程を修了後，岩手県庁に奉職。遠野，二戸，盛岡の家畜保健衛生所において防疫，衛生，病性鑑定業務に従事。1996 年に酪農学園大学にて学位を取得。1997 年酪農学園大学獣医学部 講師（獣医内科学教室），2004 年アメリカ ウィスコンシン州立大学 Farm Animal Production Medicine 教室 客員准教授を経て，2006 年酪農学園大学獣医学部 教授（生産動物医療学教室）。2008 年より現職。乳牛の健診を実践しながら，牛群の生産性向上のためのフィールドデータの利活用技術を研究している。

これからの乳牛群管理のための
ハードヘルス学 成牛編

2017 年 12 月 1 日　第 1 刷発行

編著者……………………及川　伸

発行者……………………森田　猛

発行所……………………株式会社 緑書房
〒 103-0004
東京都中央区東日本橋 2 丁目 8 番 3 号
TEL 03-6833-0560
http://www.pet-honpo.com

編　集……………………松田与絵，柴山淑子

カバーデザイン…………メルシング

印刷・製本………………アイワード

ISBN 978-4-89531-319-3　Printed in Japan